建筑结构与抗震

主　编　王颖佳　满先慧
副主编　黄明非　王晓莹　易雅楠
　　　　王　捷　潘东宏　杜小将
参　编　王　维　刘成明　周晓丹
　　　　邓力凡

北京理工大学出版社
BEIJING INSTITUTE OF TECHNOLOGY PRESS

内容提要

本书依据最新颁布、实施的相关国家规范、标准等编写，全书共分5篇、19个模块：第1篇建筑结构与抗震基础知识（模块1~4），介绍了建筑结构认知、建筑结构与结构抗震基本概念、建筑结构体系、建筑结构与结构抗震设计基本原则；第2篇钢筋混凝土结构（模块5~10），介绍了钢筋混凝土结构材料、钢筋混凝土受弯构件、钢筋混凝土受压构件、钢筋混凝土构件正常使用极限状态计算、预应力混凝土结构、装配式混凝土结构；第3篇钢结构（模块11~14），介绍了钢结构的材料、钢结构的连接、钢结构轴向受力构件、钢结构受弯构件；第4篇砌体结构（模块15~16），介绍了砌体结构材料及砌体主要力学性能、砌体结构设计概述；第5篇建筑结构抗震（模块17~19），介绍了建筑结构抗震设防、建筑结构抗震概念设计、地震作用和建筑结构抗震。此外，本书最后还另附荷载取值、截面性质、内力系数表等附表，以便读者在学习和工作中使用。

本书可作为高职高专土建类相关专业建筑结构及建筑结构抗震课程的教材，也可供相关工程技术人员参考使用。

版权专有　侵权必究

图书在版编目（CIP）数据

建筑结构与抗震 / 王颖佳，满先慧主编. -- 北京：北京理工大学出版社，2025.1.
ISBN 978-7-5763-4776-0
Ⅰ. TU352.104
中国国家版本馆CIP数据核字第2025KN7989号

责任编辑：江　立	文案编辑：江　立
责任校对：周瑞红	责任印制：王美丽

出版发行 / 北京理工大学出版社有限责任公司
社　　址 / 北京市丰台区四合庄路6号
邮　　编 / 100070
电　　话 / （010）68914026（教材售后服务热线）
　　　　　（010）63726648（课件资源服务热线）
网　　址 / http：//www.bitpress.com.cn
版 印 次 / 2025年1月第1版第1次印刷
印　　刷 / 天津旭非印刷有限公司
开　　本 / 787 mm×1092 mm　1/16
印　　张 / 19
字　　数 / 499千字
定　　价 / 89.00元

图书出现印装质量问题，请拨打售后服务热线，负责调换

前 言

职业教学改革不断深入，土建行业工程技术日新月异，相应国家标准、规范，行业、企业标准、规范不断更新，作为课程内容载体的教材也必然要顺应教学改革和新形式的变化，适应行业的发展变化。传统高职高专教材已不能满足现阶段高职学生的岗位需求，编者对课程及教材进行了重构与创新，诸如淡化或减少结构计算，注重原理讲解及抗震构造措施工程实际运用等；遵循职业教育发展规律和学生认知规律，调整教材内容结构，将建筑结构知识与建筑抗震知识有机结合，采取模块化结构体系，将教材分为建筑结构与抗震基础知识、钢筋混凝土结构、钢结构、砌体结构、建筑结构抗震5篇，每篇下又细分为3~5个模块，内容由浅到深、层层递进。

本书的编写努力将基本知识、工程概念，以及相关学科的最新发展有机结合，力求讲清概念、突出重点，注重基本理论、淡化过程推导、重视构造。为帮助学生克服学习过程中反映的建筑结构与结构抗震课程存在的"内容多、概念多、公式符号多、构造规定多"，以及复习不易抓住要领的问题，各模块还编排了"模块小结"，总结、归纳了各模块的基本知识和主要内容，并配有典型的例题和一定数量的习题巩固和提高应用所学知识的综合能力。

本书由重庆建筑科技职业学院王颖佳、满先慧担任主编，重庆建筑科技职业学院黄明非、王晓莹、易雅楠、王捷，重庆市设计院有限公司潘东宏，重庆市铜梁区龙廷城市开发建设有限公司杜小将担任副主编，重庆工商职业学院王维、重庆君道渝城绿色建筑科技有限公司刘成明、重庆双陈之兴劳务有限公司周晓丹、重庆建工集团股份有限公司邓力凡参与编写。具体编写分工：王颖佳编写模块1~3、模块17~19，满先慧编写模块5~6、模块10，黄明非编写模块7~8，王晓莹编写模块11~14，易雅楠编写模块15~16，王捷编写模块9，潘东宏参与编写模块10，杜小将参与编写模块13，王维参与编写模块14，刘成明参与编写模块3，周晓丹编写模块4，邓力凡参与编写模块3。

本书在编写过程中，参考、借鉴并引用了许多优秀教材、著作、相关文献资料及相关网络资源，在此一并表示衷心的感谢。

由于本书涉及的范围广、内容多，加之编者的水平有限，书中难免存在不妥和疏漏之处，恳望读者批评指正，以便修订完善。

编　者

目　录

第1篇　建筑结构与抗震基础知识……1

模块1　建筑结构认知……2
1.1　建筑结构与结构抗震发展概况……3
- 1.1.1　建筑结构的发展……3
- 1.1.2　建筑结构发展趋势……4
- 1.1.3　建筑结构抗震的发展……5

1.2　建筑结构与结构抗震相关标准规范……6

1.3　建筑结构与结构抗震课程特点和学习方法……7
- 1.3.1　课程特点……7
- 1.3.2　学习方法……8

模块2　建筑结构与结构抗震基本概念……9
2.1　建筑结构和建筑的关系……10
2.2　建筑结构的分类及应用……12
- 2.2.1　建筑结构的定义……12
- 2.2.2　建筑结构的分类……12
- 2.2.3　各类结构在工程中的应用……14

2.3　建筑结构抗震及基本概念……17
- 2.3.1　地震类型……17
- 2.3.2　地震波和地震动……19
- 2.3.3　地震等级和地震烈度……19

模块3　建筑结构体系……21
3.1　基本结构构件……22
3.2　常用结构体系……23
- 3.2.1　框架结构……24
- 3.2.2　剪力墙结构……24
- 3.2.3　框架-剪力墙结构……25
- 3.2.4　筒体结构……26

模块4　建筑结构与结构抗震设计基本原则……28
4.1　结构设计基准期和设计使用年限……29
- 4.1.1　设计基准期……29
- 4.1.2　设计使用年限……29

4.2　作用与作用组合……29
- 4.2.1　结构上的作用与作用效应……29
- 4.2.2　荷载代表值和荷载设计值……30
- 4.2.3　作用组合……31

4.3　极限状态设计法的基本概念……32
- 4.3.1　建筑结构的极限状态……32
- 4.3.2　结构极限状态设计表达式……32

4.4　地震作用与抗震验算……34
- 4.4.1　重力荷载代表值……34
- 4.4.2　地震作用组合……35
- 4.4.3　结构的抗震验算……35

第2篇　钢筋混凝土结构……37

模块5　钢筋混凝土结构材料……38
5.1　混凝土……39
- 5.1.1　混凝土的强度……39
- 5.1.2　混凝土的变形……41

5.1.3 混凝土结构的耐久性规定……43
5.2 钢筋……45
　5.2.1 钢筋的种类……45
　5.2.2 钢筋的力学性能……46
　5.2.3 钢筋的冷加工……49
　5.2.4 混凝土结构对钢筋性能的要求……50
　5.2.5 钢筋的选用……51
5.3 钢筋与混凝土的粘结……51
　5.3.1 粘结力的概念……51
　5.3.2 粘结力的组成……51

模块6 钢筋混凝土受弯构件……53
6.1 受弯构件构造要求……54
　6.1.1 截面形式及尺寸……54
　6.1.2 混凝土……55
　6.1.3 梁的钢筋……56
　6.1.4 板的钢筋……58
　6.1.5 纵向受拉钢筋的配筋率……59
　6.1.6 梁、板截面的有效高度……60
6.2 受弯构件正截面承载力计算……60
　6.2.1 受弯构件正截面的受力性能……60
　6.2.2 单筋矩形截面的受弯承载力计算……63
　6.2.3 双筋矩形截面梁正截面受弯计算……71
　6.2.4 单筋T形截面的承载力计算……74

6.3 受弯构件斜截面承载力计算……81
　6.3.1 斜截面受力分析……82
　6.3.2 斜截面承载力计算……86
　6.3.3 保证斜截面受弯承载力的构造措施……92

模块7 钢筋混凝土受压构件……98
7.1 受压构件构造要求……98
　7.1.1 概述……98
　7.1.2 截面形式及尺寸……99
　7.1.3 材料要求……99
7.2 轴心受压构件承载能力计算……100
　7.2.1 普通箍筋柱轴心受压承载能力计算……101
　7.2.2 配有间接钢筋的轴心受压柱受压承载能力计算……104
7.3 偏心受压构件承载能力计算……106
　7.3.1 偏心受压构件正截面的破坏特征……106
　7.3.2 偏心受压构件正截面承载能力计算的基本原则……107
　7.3.3 偏心受压构件正截面承载力计算公式……108
　7.3.4 对称配筋矩形截面偏心受压构件正截面承载力计算方法……110
　7.3.5 偏心受压构件的斜截面受剪承载力计算……114

模块8	钢筋混凝土构件正常使用极限状态计算	117
8.1	满足承载能力极限状态的基本要求	118
8.2	裂缝宽度验算	118
	8.2.1 裂缝的发生及其分布	118
	8.2.2 裂缝宽度验算	119
8.3	受弯构件的变形验算	120
	8.3.1 钢筋混凝土梁抗弯刚度的特点	120
	8.3.2 受弯构件的短期刚度 B_s 计算	121
	8.3.3 受弯构件的长期刚度 B 计算	122
	8.3.4 受弯构件挠度计算	122

模块9	预应力混凝土结构	124
9.1	预应力混凝土的发展	125
9.2	预应力混凝土梁的工作原理	125
9.3	预应力混凝土结构的分类	126
	9.3.1 先张法	127
	9.3.2 后张法	127
	9.3.3 体外预应力技术	128
	9.3.4 预应力混凝土的材料	128
	9.3.5 锚具和夹具	128
9.4	张拉控制应力与预应力损失	130
	9.4.1 张拉控制应力 σ_{con}	130
	9.4.2 预应力损失	131
	9.4.3 预应力损失值的组合	136
9.5	预应力混凝土构件的构造要求	136

模块10	装配式混凝土结构	140
10.1	装配式混凝土建筑	141
	10.1.1 装配式建筑的定义	141
	10.1.2 装配式建筑的分类	141
	10.1.3 装配式混凝土建筑在国外的发展历史	141
	10.1.4 装配式混凝土建筑在我国的发展	142
10.2	装配整体式混凝土建筑与全装配式混凝土建筑	144
10.3	装配式混凝土建筑结构体系类型	145
	10.3.1 装配整体式框架结构	145
	10.3.2 装配整体式剪力墙结构	146
	10.3.3 装配整体式框架-剪力墙结构	147
10.4	装配率的概念与计算方法	148
	10.4.1 《标准》的适用范围	148
	10.4.2 装配式建筑的评价指标	148
	10.4.3 装配率计算和装配式建筑等级评价单元	148
	10.4.4 装配率计算法	148
	10.4.5 装配式建筑的基本标准	149
	10.4.6 装配式建筑的两种评价	149
	10.4.7 装配式建筑的等级评价	149
10.5	装配式混凝土结构设计技术要点	150
	10.5.1 装配式混凝土建筑布置原则	150

10.5.2 装配式混凝土结构适用高度…………151
10.5.3 装配式混凝土结构高宽比…………152
10.5.4 装配式混凝土结构抗震等级…………153

第3篇 钢结构…………156

模块11 钢结构的材料…………158
11.1 钢材的力学性能…………159
11.1.1 钢材的应力-应变（σ-ε）曲线…………159
11.1.2 钢材的塑性…………160
11.1.3 钢材的冷弯性能…………161
11.1.4 钢材的冲击韧性…………161
11.1.5 钢材的可焊性…………162
11.2 钢材的破坏…………162
11.2.1 塑性破坏…………162
11.2.2 脆性破坏…………162
11.3 建筑钢结构用钢材…………163
11.3.1 碳素结构钢…………163
11.3.2 低合金高强度结构钢…………163
11.3.3 耐大气腐蚀用钢（耐候钢）…………163
11.3.4 建筑钢材的规格…………164

模块12 钢结构的连接…………166
12.1 钢结构构件间的连接…………167
12.1.1 焊缝连接的特点…………167
12.1.2 螺栓连接的种类及特点……167
12.1.3 铆钉连接的种类及特点……168
12.1.4 冷弯薄壁轻型钢结构的紧固件连接的种类及特点…………168
12.2 焊缝连接…………168
12.2.1 焊接方法…………168
12.2.2 焊缝连接与焊缝的形式……170
12.2.3 焊缝质量级别…………171
12.2.4 焊缝符号及标注方法……172
12.2.5 对接焊缝的构造和计算…………174
12.2.6 角焊缝的构造和计算……178
12.2.7 焊接残余应力和残余变形…………187
12.3 普通螺栓连接…………189
12.3.1 普通螺栓连接的构造……189
12.3.2 普通螺栓连接的受力性能…………191
12.4 高强度螺栓连接…………193
12.4.1 高强度螺栓的材料和性能等级…………194
12.4.2 高强度螺栓的紧固方法和预拉力…………194

模块13 钢结构轴向受力构件…………198
13.1 轴向受力构件的截面形式……199
13.2 轴向受力构件的强度和刚度……200
13.2.1 轴心受力构件的强度……200
13.2.2 轴心受力构件的刚度……200

- 13.3 实腹式轴心受压柱……202
  - 13.3.1 构造……202
  - 13.3.2 截面设计步骤……202
- 13.4 格构式轴心受压柱……205
  - 13.4.1 格构式轴心受压柱绕虚轴方向的整体稳定……205
  - 13.4.2 格构式轴心受压柱的柱肢稳定……205
  - 13.4.3 缀材设计……205
- 13.5 偏心受压柱……206
  - 13.5.1 强度……206
  - 13.5.2 刚度……206
  - 13.5.3 整体稳定……206
  - 13.5.4 局部稳定……206

模块14 钢结构受弯构件……209
- 14.1 钢梁的形式和应用……210
- 14.2 钢梁的强度和刚度……211
  - 14.2.1 强度……211
  - 14.2.2 刚度……212
- 14.3 钢梁的整体稳定和局部稳定……213
  - 14.3.1 整体稳定……213
  - 14.3.2 局部稳定……215
- 14.4 次梁与主梁的连接……219
- 14.5 梁与柱的连接……220

第4篇 砌体结构……224

模块15 砌体结构材料及砌体主要力学性能……225
- 15.1 砌体结构材料……226
  - 15.1.1 块材……226
  - 15.1.2 砂浆……227
  - 15.1.3 专用砌筑砂浆……227
- 15.2 砌体种类……228
  - 15.2.1 无筋砌体……228
  - 15.2.2 配筋砌体……229
- 15.3 砌体的力学性能……230
  - 15.3.1 砌体的受压性能和抗压强度……230
  - 15.3.2 砌体的轴心抗拉、弯曲抗拉和轴心剪强度……234

模块16 砌体结构设计概述……237
- 16.1 建筑结构与抗震发展概况……238
  - 16.1.1 横墙承重体系……238
  - 16.1.2 纵墙承重体系……238
  - 16.1.3 纵横墙承重体系……239
  - 16.1.4 内框架承重体系……239
- 16.2 砌体结构的构造要求……240
  - 16.2.1 一般构造要求……240
  - 16.2.2 多层砌体房屋抗震设计一般规定……242
  - 16.2.3 多层砌体房屋抗震构造措施……244
- 16.3 过梁、墙梁、挑梁及雨篷……246
  - 16.3.1 过梁……246
  - 16.3.2 墙梁……247
  - 16.3.3 挑梁……249
  - 16.3.4 雨篷……250

第5篇　建筑结构抗震 ……………… 252

模块17　建筑结构的抗震设防 ……… 253
17.1　抗震设防烈度 ………………… 254
17.1.1　地震烈度的概率密度分布 …………………… 254
17.1.2　抗震设防和抗震设防烈度 …………………… 254
17.1.3　设计基本地震加速度 …… 254
17.2　抗震设防目标 ………………… 254
17.3　抗震设计方法 ………………… 255
17.4　抗震设防类别 ………………… 255
17.5　抗震设防标准 ………………… 255

模块18　建筑结构抗震概念设计 …… 257
18.1　场地的选择 …………………… 258
18.1.1　避开抗震危险地段 ……… 258
18.1.2　选择有利于抗震的场地 …………………… 259
18.2　建筑体型的选择 ……………… 259
18.2.1　建筑平面布置 …………… 260
18.2.2　建筑立面布置 …………… 260
18.2.3　房屋的高度 ……………… 261
18.2.4　房屋的高宽比 …………… 262
18.2.5　防震缝的合理设置 ……… 262
18.3　结构材料和结构体系的选择 … 263
18.3.1　结构材料的选择 ………… 263
18.3.2　结构体系的选择 ………… 264
18.3.3　抗震等级 ………………… 265
18.4　多道结构抗震设防 …………… 266
18.5　结构整体性 …………………… 267
18.6　隔震与减震设计 ……………… 267

模块19　地震作用和建筑结构抗震 … 270
19.1　地震作用 ……………………… 271
19.2　单自由度体系的水平地震作用 … 271
19.2.1　计算简图及公式推导 …… 271
19.2.2　地震反应谱 ……………… 272
19.2.3　设计反应谱 ……………… 273
19.3　多自由度体系的水平地震作用 … 275
19.3.1　计算简图 ………………… 275
19.3.2　多质点体系的振型和自振周期 …………………… 275
19.3.3　多自由度弹性体系的地震作用计算方法 …………… 276
19.4　竖向地震作用 ………………… 278
19.4.1　高耸结构及高层建筑 …… 278
19.4.2　大跨度结构 ……………… 278
19.5　结构抗震验算 ………………… 279
19.5.1　结构抗震计算原则 ……… 279
19.5.2　结构抗震计算方法的确定 …………………… 279
19.5.3　结构抗震验算内容 ……… 280

附录1　荷载取值 ……………………… 283

附录2　钢筋的公称直径、公称截面面积及理论质量 ……………………… 287

参考文献 ……………………………… 294

第1篇　建筑结构与抗震基础知识

教学引导

长城穿群山，经绝壁，起伏于崇山峻岭，横跨于茫茫戈壁、草原，纵贯东西上万千米，是世界建筑史上的奇观。秦汉及早期修筑的长城超过1万千米，总长超过2.1万千米。现存明长城西起嘉峪关，东至鸭绿江畔辽东虎山，全长8 851.8千米。当时在没有任何现代化机械设备，完全依赖人力的情况下，在陡峭险峻的山林间完成如此艰巨、浩大的工程是相当困难的。

长城作为古代军事防御体系，有效避免了中原王朝和北方各民族政权之间大规模的征战，维护了各民族人民的生命、财产安全，见证了各民族的交往、交流、交融，为中华民族共同体的形成发挥了重要作用。如今，长城已经成为中华民族的文化符号和精神象征。长城精神是中华民族文化基因的历史沉淀，是华夏各族儿女在修筑长城过程中逐渐形成的精神品格，也是中国精神的重要组成部分。从修筑者的角度来看，长城体现了中华民族团结一心、众志成城的精神。从修筑的功能和历史作用来看，长城体现了中华民族开放包容、开拓进取的精神。从修筑的具体方式来看，长城体现了中华民族因地制宜、精益求精的精神。从修筑的时间跨度和历史时期来看，长城体现了中华民族自强不息、绵延不绝的精神。

万里长城

导读

建筑是人类物质文明发展史上的重要印记，也是人类精神文化的有力表现。一个好的建筑作品是建筑设计与结构设计（及设备等专业）密切配合的结果。其中，结构设计的好坏，关系到建筑物是否满足适用、经济、绿色、美观的建筑方针。特别是我国的乡村和城市，都处于抗震设防区，建筑物必须首先满足结构的抗震安全要求，才能考虑其功能、经济和美观等需求。因此，设计既要功能合理、造型优美，又要结构安全、材料经济，这是每个建筑师与结构工程师都必须关注的问题。

模块 1　建筑结构认知

知识目标

(1) 了解建筑结构发展概况；
(2) 了解建筑结构抗震发展概况；
(3) 熟悉建筑结构与结构抗震相关标准规范。

能力目标

(1) 具备良好的学习新知识的能力；
(2) 具备良好的人际交往和团队协作能力；
(3) 具备通过互联网查阅资料的能力。

素养目标

(1) 培养对建筑行业的热爱；
(2) 具备强烈的责任心和使命感；
(3) 具备创新意识和创新精神。

工程案例

佛宫寺释迦塔位于山西省应县县城内西北隅，是中国乃至世界现存最古老、最高大的全木结构高层塔式建筑，俗称"应县木塔"(图 1-1)，建于辽清宁二年(1056 年)，外观为五层，实为九层；每两层之间设有一个暗层，这个暗层从外面看是装饰性很强的斗拱平座结构，从内部看却是坚固、刚强的结构层。这座凝聚了古代匠师聪明才智和精湛工艺的木塔历经了千年风雨、多次地震甚至战争炮火的考验，仍屹立至今，堪称建筑史上的奇迹。

图 1-1　山西应县木塔

1.1 建筑结构与结构抗震发展概况

1.1.1 建筑结构的发展

远在上古时期，中国古人类就在野处穴居，为了避免野兽侵袭，有巢氏（中国传说中的巢居发明者）教古人离开天然岩洞，构木为巢，居于树上。在我国黄河流域的仰韶文化遗址，考古人员发现了公元前5000年至公元前3000年的房屋结构痕迹。2 000多年以前，我国已有了"秦砖汉瓦"。我国早期的建筑多采用木结构的构架，砖、石仅作填充围护墙之用，如气势宏伟的北京故宫及大量的民居等（图1-2）。西方国家留下来的宏伟建筑（或建筑遗址）大多以砖石为结构，如埃及的金字塔、希腊雅典的帕特农神庙、古罗马斗兽场等都是令人神往的古代石结构遗址（图1-3）。

(a) (b)

图1-2 我国古代建筑

(a)秦汉栎阳城遗址；(b)北京故宫

(a) (b)

图1-3 国外古代建筑

(a)埃及金字塔；(b)希腊雅典的帕特农神庙

17世纪工业革命后，资本主义国家工业化的发展推动了建筑结构的发展。17世纪开始使用生铁，19世纪初开始使用熟铁建造桥梁和房屋，钢结构得到了蓬勃发展。19世纪20年代，美国人发明水泥，钢筋混凝土结构得到了迅猛发展。1861年，法国花匠用水泥砂浆制作花盆，其中放置钢筋网增加其强度，从而开创了"蒙氏体系"。随着19世纪末工业的发展，水泥、钢材质量不断提高；随着科学研究的深入，计算理论不断改进；施工经验的不断积累、完善，使钢筋混凝土结构得到相当广泛的应用。到了20世纪20年代，德国人制造了钢筋混凝土薄壳结构。1928年，法国人就已制成了预应力混凝土构件。20世纪30年代，预应力混凝土结构的出现使混凝土结构的应用范围更加广泛。目前，世界上的摩天大楼不胜枚举，世界第一高的迪拜哈利法塔高828 m，楼层总数162层。

拓展知识：
世界第一高楼

我国在建筑结构领域也取得了辉煌成就。2008年建成的矗立于我国上海浦东陆家嘴的上海环球金融中心(图1-4)，高492 m，地上101层，地下3层，其高度当年全国第一。2016年建成的上海中心大厦为多功能摩天大楼，主楼为地上127层，建筑高度632 m，现为中国第一高楼、世界第三高楼。

图1-4 上海浦东陆家嘴

1.1.2 建筑结构发展趋势

虽然建筑结构已经历了漫长的发展过程，但至今仍生机勃勃，不断发展。概括起来，发展趋势主要体现在以下几个方面。

1. 材料方面

随着高层建筑及大跨度建筑的发展需要、建筑材料研究的深入、材料性能的不断提高，建造大跨度、超高层建筑成为现实。

例如，在美国20世纪60年代使用的混凝土抗压强度平均值为28 N/mm²，20世纪70年代提高到42 N/mm²，近年来一些结构的混凝土抗压强度已经达到80～100 N/mm²。苏联20世纪70年代使用的钢材平均屈服强度为380 N/mm²，20世纪80年代提高到420 N/mm²；美国在20世纪70年代使用的钢材平均屈服强度已达到420 N/mm²。预应力钢筋所用强度则更高，用于预应力混凝土构件中钢筋的屈服强度为450～700 N/mm²。而钢丝的极限强度可高达1 800 N/mm²。这些均为进一步扩大钢筋混凝土的应用范围创造了条件，特别是自20世纪70年代以来，很多国家把高强度钢材和高强度混凝土用于大跨度、重型、高层结构中，在减轻自重、节约钢材上取得了良好的效果。

2. 理论方面

随着研究的不断深入、统计资料的不断积累，建筑结构设计方法将会发展至全概率极限状态设计方法。

最早的设计方法是把结构构件看成完全弹性体，要求其在使用期间截面上任何一点的应力值不超过容许应力值，这种方法称为"容许应力设计法"。随着研究的深入，人们逐渐认识到钢筋混凝土的塑性性能，从而提出了"破损阶段设计法"，该方法以构件的极限承载力为依据，要求荷载的数值乘以大于1的安全系数后不超过构件的极限承载力。后来，在破损阶段设计法进一步发展的基础上又提出了极限状态设计法。根据荷载、材料、工作条件等不同情况采用不同系数的极限状态设计法；部分系数的确定采用概率的方法，部分系数由经验确定，因此也称为"半概率设计法"。随着工程实践经验的进一步积累，结合最新的科研成果，提出了概率极限状态法，采用概率的方法给出结构可靠度的计算，该方法在表达方式上虽然与以往的方法有些类似，但两者在本质上是有区别的，该方法已属于概率法的范畴。随着研究理论和计算方法的进一步成熟，结构设计方法将有可能发展至全概率极限状态设计方法。

3. 结构方面

空间网架发展十分迅速，最大跨度已逾百米；悬索结构、薄壳结构也是大跨度结构发展的方向；高层砌体结构也开始应用；组合结构也是结构发展的方向；为了克服钢筋混凝土易于产生裂缝这一缺点，促进了预应力混凝土的出现。预应力混凝土的应用又对材料强度提出了新的、更高的要求，而高强度混凝土及钢材的发展反过来又促进了预应力混凝土结构应用范围的不断扩大。为改善钢筋混凝土自重大的缺点，世界各国已经大力研究发展了各种轻质混凝土，可在预制和现浇的建筑结构中采用，如可制成预制大型壁板、屋面板、折板，以及现浇的薄壳、大跨度、高层结构。

1.1.3 建筑结构抗震的发展

我国是一个多地震国家，历史上曾发生过多次强烈地震，近几十年来更是地震频繁，而且在人口稠密的大城市和工业区不断发生。1976年7月28日，北京时间凌晨3时42分，在人口达百余万的工业城市唐山市，发生了里氏7.8级的强烈地震。震中位置在市区东南，震源深度约11 km，有明显的地震断裂带贯通全市。市区大都陷入地震烈度高达11度的极震区，房屋建筑普遍倒塌及场地破坏(图1-5)，幸存无恙者甚少。震害遍布唐山外围10余县，波及百余千米外的北京、天津等重要城市。死亡24万余人，伤残16万人之多，灾情之重，为世界地震史上所罕见。

图 1-5 唐山大地震震后

拓展知识：《建筑抗震设计标准》2024年版变化

2008年5月12日14时28分，发生在四川汶川的里氏8.0级特大地震(图1-6)，震源深度14 km左右，震中烈度超12度。此次地震不仅在震中区附近造成灾难性的破坏，而且在四川省和邻近省市大范围造成破坏，震感更是波及全国绝大部分地区乃至国外。汶川大地震使44万余平方千米土地、4 600多万人口遭受灾难袭击。其中，重灾区面积达12.5万余平方千米，房屋倒塌778.91万间，损坏2 459万间。地震造成6.9万多人死亡，1.7万多人失踪，37万多人受伤，这是中华人民共和国成立以来破坏力最强、经济损失最大、波及范围最广、救灾难度最大的一次地震灾害。

地震不但造成大量房屋倒塌、破坏，还引起山体崩塌、滚石、滑坡、道路破坏、堰塞湖等地质灾害和次生灾害。由此造成大量人员伤亡、财产损失、居民无家可归、学生无法正常上课。

研究解析地震的成因及其内在运动规律，认真总结地震的特点和经验教训，从中积累抗御地震的宝贵经验，可以减少未来大地震给人类可能造成的损害。地震带给人们灾难的同时，也检验了建筑物的质量和现行设计标准的合理性。

我国总结了历次强震的震害经验，形成了一门新的学科，即"抗震防灾学"。"抗震防灾学"是通过工程技术手段，采取各种防范措施，以尽量减轻地震灾害的科学。《建筑抗震设计标准(2024年版)》(GB/T 50011—2010)充分吸收了国内外大地震的经验教训、有价值的科学研究成果和工程实践经验，从1966年邢台地震以后提出的"基础深一点、墙壁厚一点、屋顶轻一点"的概念，到1976年唐山地震以后创造的砖房加"构造柱圈梁"技术，直到今天的"小震不坏，中震可修，大震不倒"的"三水准"抗震设防理论。抗震标准也经历了1974年版的《工业与民用建筑抗震设计规范(试行)》(TJ 11—74)，它是我国第一本初级的、反映当时技术和经济水平的、低设防水平的规范,仅有一些简单的基本规定;1978年版的《工业与民用建筑抗震设计规范》(TJ 11—78),第一次提出了适用于设防烈度7~9度工业与民用建筑的抗震设计要求,但6度区仍为非设防区,也未提出"大震不倒"的设防标准;1989年版的《建筑抗震设计规范》(GBJ 11—1989),增加了对6度区的抗震设防要求,提出了强度验算和变形验算的两阶段设计要求,增加了砌块房屋、钢结构单层厂房和土、木、石房屋抗震设计内容;2001年出版了《建筑抗震设计规范(2008年版)》(GB 50011—2001),1989年版规范和2001年版规范引入了弹塑性分析法和时程分析法抗震计算,提出了"小震不坏、中震可修、大震不倒"的抗震设防目标;在《建筑抗震设计规范(2016年版)》(GB 50011—2010)中,建筑抗震性能设计方法被明确地编入其中,充实了中国特色的"三水准两阶段"抗震设防理念。

图1-6 汶川大地震震后

随着社会的发展进步,我国抗震设防标准也在不断完善。《建筑抗震设计标准(2024年版)》(GB/T 50011—2010)是为实现工程抗震设防目标而制定的工程技术标准。任何一个国家的抗震设计规范都与其当时的工程、材料技术水平和经济发展水平密切相关。《建筑抗震设计标准(2024年版)》(GB/T 50011—2010)版本的升级,反映了我国工程抗震科学技术与工程实践的发展和进步。

1.2 建筑结构与结构抗震相关标准规范

国家标准是指由国家标准化主管机构批准发布,对全国经济、技术发展有重大意义,且在全国范围内统一的标准。标准在全球经济一体化活动中起着非常重要的作用。作为土建专业学生,具备标准化意识、了解熟悉并严格贯彻执行相关标准规范不仅有利于学好专业课程,更对将来从事土建工作有着十分重要的作用和意义。

1. 综合性国家标准规范

(1)《工程结构通用规范》(GB 55001—2021)。

(2)《工程结构可靠性设计统一标准》(GB 50153—2008)。

(3)《建筑结构可靠性设计统一标准》(GB 50068—2018)。

(4)《建筑结构荷载规范》(GB 50009—2012)。

(5)《建筑结构检测技术标准》(GB/T 50344—2019)。

(6)《建筑设计防火规范(2018年版)》(GB 50016—2014)。

2. 混凝土结构国家标准规范

(1)《混凝土结构设计标准(2024年版)》(GB/T 50010—2010)。

(2)《高层建筑混凝土结构技术规程》(JGJ 3—2010)。

(3)《混凝土结构耐久性设计标准》(GB/T 50476—2019)。

(4)《混凝土结构加固设计规范》(GB 50367—2013)。

(5)《装配式混凝土建筑技术标准》(GB/T 51231—2016)。
(6)《装配式混凝土结构技术规程》(JGJ 1—2014)。
(7)《混凝土结构工程施工质量验收规范》(GB 50204—2015)。
(8)《装配式混凝土结构工程预制构件生产质量验收规程》(T/GZBC 10—2019)。
(9)《混凝土结构现场检测技术标准》(GB/T 50784—2013)。

3. 钢结构国家标准规范
(1)《钢结构通用规范》(GB 55006—2021)。
(2)《钢结构设计标准》(GB 50017—2017)。
(3)《高层民用建筑钢结构技术规程》(JGJ 99—2015)。
(4)《门式刚架轻型房屋钢结构技术规范》(GB 51022—2015)。
(5)《冷弯薄壁型钢结构技术规范》(GB 50018—2002)。
(6)《装配式钢结构建筑技术标准》(GB/T 51232—2016)。
(7)《装配式钢结构住宅建筑技术标准》(JGJ/T 469—2019)。
(8)《空间网格结构技术规程》(JGJ 7—2010)。
(9)《钢结构高强度螺栓连接技术规程》(JGJ 82—2011)。
(10)《钢结构焊接规范》(GB 50661—2011)。
(11)《钢结构工程施工质量验收标准》(GB 50205—2020)。

4. 组合结构国家标准规范
(1)《组合结构通用规范》(GB 55004—2021)。
(2)《组合结构设计规范》(JGJ 138—2016)。
(3)《再生混合混凝土组合结构技术标准》(JGJ/T 468—2019)。

5. 砌体结构国家标准规范
(1)《砌体结构设计规范》(GB 50003—2011)。
(2)《砌体结构加固设计规范》(GB 50702—2011)。

6. 建筑抗震相关标准规范
(1)《建筑工程抗震设防分类标准》(GB 50223—2008)。
(2)《建筑与市政工程抗震通用规范》(GB 55002—2021)。
(3)《建筑抗震设计标准(2024年版)》(GB/T 50011—2010)。
(4)《地下结构抗震设计标准》(GB/T 51336—2018)。

1.3 建筑结构与结构抗震课程特点和学习方法

1.3.1 课程特点

1. 材料的特殊性

除钢材外,其余结构材料(如混凝土、砌体等)的力学性能都不同于材料力学中所学的均质弹性材料的性能。

2. 公式的试验性

由于混凝土和砌体材料具有特殊性,所以,其计算公式一般是在试验分析的基础上建立起来的,因此应注意相关公式的适用范围。

3. 设计的规范性

本课程的依据是现行国家标准和规范。标准和规范是约束技术行为的法律,是技术行为的最低安全标准。但规范也不是一成不变的,随着科学技术的发展和研究新成果的出现,以及新材料、新的结构形式、新的施工工艺和技术的发明创造,规范一般每10年左右进行修订、补充,因此要养成终身学习的习惯，培养遵守规范的意识。

本书涉及的主要标准规范在1.2节已有介绍。

4. 解答的多样性

无论是进行结构布置还是结构构件设计，同一问题往往有多种方案或解答，故需要综合考虑多方面的因素，以选择较为合理的解答。

1.3.2 学习方法

1. 深刻理解重要的概念

本课程中有些内容的概念性很强，在学习过程中，对重要概念的理解有时可能不会一步到位，而是随着学习的深入和时间的推移才能逐步理解。

2. 熟练掌握计算基本功

本课程的计算公式多，符号多。本书将较全面地介绍钢筋混凝土结构构件的设计计算、砌体结构的基本设计计算和钢结构构件和连接的设计计算；在熟悉公式的基础上，要多做练习，才能掌握基本构件的设计和计算。

3. 重视构造要求

本书对建筑结构的构造要求（包括一般构造要求和抗震构造措施）做了详细的介绍，目的是使学生更好地适应施工现场。但构造要求内容繁多，难于记忆，应在理解的基础上，结合工地参观、多媒体课件演示等综合手段加以巩固和消化，切忌死记硬背。

知识拓展

近些年是国内城市建筑快速发展的时期，城市的快速崛起，促使无数高楼大厦如雨后春笋般拔地而起，不断地刷新着城市的天际线。但随着2020年5月，住建部和国家发改委联合下发通知，要求各地进一步加强城市与建筑风貌管理，严格限制各地盲目规划建设超高层"摩天楼"，一般不得新建500 m以上建筑。

通知明确，各地要把市级体育场馆、展览馆、博物馆、大剧院等超大体量公共建筑作为城市重大建筑项目进行管理，严禁建筑抄袭、模仿、山寨行为。特别要严格限制各地盲目规划建设超高层"摩天楼"，一般不得新建500 m以上建筑；各地新建100 m以上建筑应充分论证、集中布局，严格执行超限高层建筑工程抗震设防审批制度，与城市规模、空间尺度相适宜，与消防救援能力相匹配。

同时，住建部要求各地应加强自然生态、历史人文等重点地段城市与建筑风貌管理，严格管控新建建筑，不拆除历史建筑、不拆传统民居、不砍老树、不破坏地形地貌。

模块小结

(1)我国早期的建筑采用的多为木结构。

(2)19世纪20年代随着水泥的发明，钢筋混凝土结构得到了迅猛发展。

(3)我国是多地震的国家，建筑结构抗震设计十分必要。

(4)建筑结构与结构抗震设计的依据是现行的有关国家标准和规范。

(5)在本课程的学习中，需要深刻理解重要的概念、熟练掌握计算基本功并且重视构造要求。

课后习题

(1)建筑结构发展趋势主要有哪几个方面？

(2)学习本课程时需要注意哪些问题？

模块 2　建筑结构与结构抗震基本概念

知识目标

(1)掌握建筑结构的定义及分类；
(2)掌握各类结构在工程中的应用；
(3)了解地震震级和地震烈度。

能力目标

(1)具备识别建筑结构类型的能力；
(2)具备归纳总结的能力；
(3)具备独立思考的能力。

素养目标

(1)培养文化自信；
(2)激发报国之志；
(3)弘扬大国工匠精神。

工程案例

上海东方明珠电视塔(图 2-1)位于上海浦东新区陆家嘴，地处黄浦江畔，背靠陆家嘴，现代化建筑楼群与对岸的外滩交相辉映。随着上海经济的快速发展，地标性建筑层出不穷，却依然掩盖不了它耀眼的光芒。长期以来，东方明珠是仅次于埃菲尔铁塔，全世界旅游人数最多的高塔。塔高 468 m，建成后是当时亚洲第一高塔，也是我国首个完全由中国人自己投资、自己设计、自己建设、自己经营并且取得成功的最为典型的电视塔。

东方明珠电视塔的建设不仅仅是为了满足信号发射的功能，更是要建成一个最为经典的电视塔，作为上海新的城际线，并且由此向外界宣告上海对于浦东开发的决定。

东方明珠电视塔的建设要求是混凝土结构，但是在当时，国内外的混凝土电视塔都有一个传统的结构形式，就是在高耸的塔身中建设一个塔台，其外形类似烟囱，上面套一个帽子。虽然这种传统的单筒结构在当时是电视塔最为常规的设计，但是这种单一的模式缺乏个性，容易雷同，不足以成为标志性建筑。因此，设计师大胆提出有多筒体支撑结构的形式，巨型空间框架结构由 3 个直径为 9 m 的钢筋混凝土筒体、3 个直径为 7 m 的钢筋混凝土斜撑和 7 组共 21 根大梁组成。其空心筒体加斜撑的结构方案，使电视塔的塔体具有良好的抗震、抗风性能。

东方明珠电视塔的设计灵感源于白居易《琵琶行》里面的"大珠小珠落玉盘"。从东方明珠大门往上看，仿佛可以看到 11 个大小不一、错落有致的球体，从蔚蓝色的天空串联而下，落入如盘般的底座之上。但从远处看，又能见到三颗巨大的红宝石串成一串，晶莹夺目。

图 2-1 上海东方明珠广播电视塔

2.1 建筑结构和建筑的关系

建筑是人们用泥土、砖、石材、木材、钢筋混凝土等建筑材料构成的一种供人居住和使用的空间，如住宅、桥梁、体育馆、水塔等。

建筑结构是建筑物的骨架，是支撑和承载建筑物自身质量和外部荷载的重要组成部分。建筑结构的设计与建筑的形式、功能、美学等方面密切相关，是建筑设计的重要组成部分。

建筑结构的设计需要考虑建筑物的用途、建筑材料、地形地貌、气候条件等因素，以确保建筑物的安全稳定、合理经济。同时，建筑结构的设计也会对建筑物的形式和美学产生影响。例如，建筑结构的柱子、梁、墙等构件的布局和形式会影响建筑物的外观和空间感(图 2-2)。

在我国古代，建筑师和结构师是合二为一的，称为"工匠"。建筑既要体现美观效果，又要保证安全使用。

图 2-2 长春宫烫样

欧洲拥有众多的石砌建筑，但是并不知道是谁设计的。即使像古罗马斗兽场（图 2-3）这种多功能建筑，可以容纳 9 万人观看，也不清楚它的设计师是谁，只知道是古罗马韦帕芗皇帝在公元 1 世纪建造，前后用了 8 年时间（公元 72 年至公元 80 年）。

图 2-3　古罗马斗兽场

欧洲另一个典型建筑是土耳其索菲亚第三大教堂（图 2-4），被称为拜占庭建筑典范，设计者是物理学家伊西多尔和数学家安提莫斯，主要解决大跨度实现问题，证明当时并没有结构学科。

图 2-4　土耳其索菲亚第三大教堂

土耳其索菲亚第三大教堂，不仅建筑设计经典，而且结构设计经典，因为它首次建成后，倒塌过三次，世人现在看到的教堂是一个结构不断改进的结果（图 2-5）。土耳其索菲亚第三大教堂，第一次倒塌是因为穹顶较为平缓，第二次倒塌是因为穹顶较为高耸，第三次倒塌是因为地震作用。

土耳其索菲亚第三大教堂的三次倒塌时间正好处于欧洲的黑暗中世纪时期，宗教建筑的设计要求及阶级等级的限制，缓慢地促进结构设计的出现。在我国，《营造法式》影响深远，它既是建筑定式也是结构规范。到文艺复兴时期以后，尤其是牛顿提出万有引力和三大定律后，结构专业在 18 世纪成为重要的学科，建筑师与结构师开始分开思考各自专业的问题。

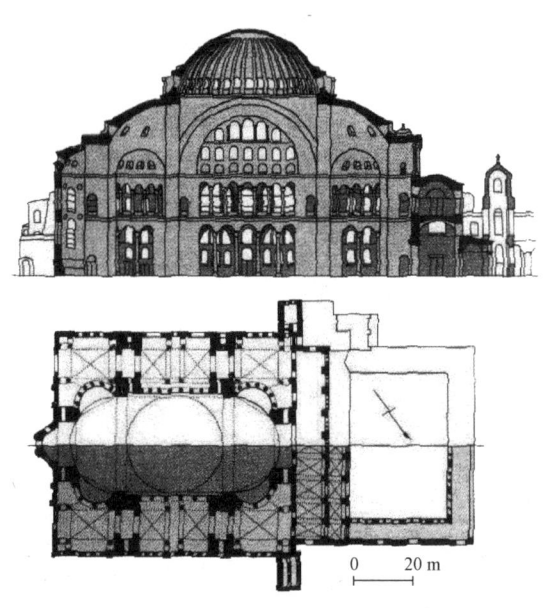

图 2-5 索菲亚第三大教堂设计图

结构专业成为独立学科的工程标志是法国埃菲尔铁塔。雄伟建筑不再是宗教或皇室的标志，其方案和建造过程受到法国建筑界强烈反对，因为它是现代技术和工业革命产品。结构专业随着建筑行业的发展，已经有了巨大的发展，但其仍然受到结构理论、结构材料、结构技术的制约，而不能让建筑师天马行空。

结构专业成为单独学科后，逐步脱离建筑的思考方式，导致结构工程师倾向维护本专业设计需求的单向思维方式，即"适用"和"经济"。建筑设计多样性决定建筑师的思维具有发散性，结构设计安全性决定结构师的思维具有归一性，即"安全重于一切"。

2.2 建筑结构的分类及应用

2.2.1 建筑结构的定义

建筑结构（一般可简称为结构）是指建筑空间中由基本结构构件（梁、柱、桁架、墙、楼盖和基础等）组合而成的结构体系，用以承受自然界或人为施加在建筑物上的各种作用。建筑结构应具有足够的强度、刚度、稳定性和耐久性，以满足建筑物的使用要求，为人们的生命财产提供安全保障。

建筑结构是一个由构件组成的骨架，是一个与建筑、设备、外界环境形成对立统一的有明显特征的体系，建筑结构的骨架具有与建筑相协调的空间形式和造型。

在土建工程中，结构主要有以下四个方面的作用：

（1）形成人类活动的空间。这个作用可以由板（平板、曲面板）、梁（直梁、曲梁）、桁架、网架等水平方向的结构构件，以及柱、墙、框架等竖直方向的结构构件组成的建筑结构来实现。

（2）为人群和车辆提供通道。这个作用可以用以上构件组成的桥梁结构来实现。

（3）抵御自然界水、土、岩石等侧向压力的作用。这个作用可以用水坝、护堤、挡土墙、隧道等水工结构和土工结构来实现。

（4）构成为其他专门用途服务的空间。这个作用可以用排出废气的烟囱、储存液体的油罐及水池等特殊结构来实现。

2.2.2 建筑结构的分类

根据建筑结构材料、建筑结构受力特点、建筑物层数和高度、建筑结构施工方法等几个方面，人们对建筑结构进行分类。

1. 按建筑结构材料分类

(1)混凝土结构。混凝土结构是指受力构件的建筑材料主要为混凝土的结构，包括素混凝土结构、钢筋混凝土结构和预应力混凝土结构等。素混凝土结构是指无筋或不配置受力钢筋的混凝土结构，其抗拉性能很差，主要用于受压为主的结构，如基础垫层等。钢筋混凝土结构则是由钢筋和混凝土这两种材料组成共同受力的结构，这种结构能很好地发挥混凝土和钢筋这两种材料不同的力学性能，整体受力性能好，是目前应用最广泛的结构。预应力混凝土结构是指配有预应力钢筋，通过张拉或其他方法在结构中建立预应力的混凝土结构。预应力混凝土结构很好地克服了钢筋混凝土结构抗裂性差的缺点。

(2)砌体(包括砖、砌块、石等)结构。砌体结构是指由块材(砖、石或砌块)和砂浆砌筑而成的墙、柱作为建筑物的主要受力构件的结构。按所用块材的不同，砌体可分为砖砌体、石砌体和砌块砌体三类。砌体结构具有悠久的历史，至今仍是应用极为广泛的结构形式。

(3)钢结构。钢结构是以钢板和型钢等钢材通过焊接、铆接或螺栓连接等方法构筑成的工程结构。钢结构的强度大、韧性和塑性好、质量稳定、材质均匀，接近各向同性，理论计算的结果与实际材料的工作状况比较一致，有很好的抗震、抗冲击能力。钢结构工作可靠，常常用来制作大跨度、重承载的结构及超高层结构。

(4)木结构。木结构是以木材为主要材料所形成的结构体系，一般由线形单跨的木杆件组成。木材是一种密度小、强度高、弹性好、色调丰富、纹理美观、容易加工和可再生的建筑材料。在受力性能方面，木材能有效地抗压、抗弯和抗拉，特别是抗压和抗弯具有很好的塑性，所以在建筑结构中得到广泛使用且经千年而不衰。

(5)钢—混凝土组合结构。钢—混凝土组合结构(简称组合结构)是将钢结构和钢筋混凝土结构有机组合而形成的一种新型结构，它能充分利用钢材受拉和混凝土受压性能好的特点，建筑工程中常用的组合结构有压型钢板—混凝土组合楼盖、钢与混凝土组合梁、型钢混凝土、钢管混凝土等类型，组合结构在高层和超高层建筑及桥梁工程中得到广泛应用。

(6)木混合结构。木混合结构是指将不同材料通过不同结构布置方式与木材混合而成的结构。木混合结构可以将两种不同类型的结构混合起来，充分发挥各自的结构和材料优势，同时改善单一材料结构的性能缺陷。就材料而言，目前较为常见的木混合结构有木—混凝土混合结构和钢—木混合结构。

此外，其他还有塑料结构、薄膜充气结构等。

2. 按建筑结构受力特点分类

按建筑结构受力特点，建筑结构可分为板柱结构、框架结构、剪力墙结构、框架-剪力墙结构和筒体结构等，详见本书模块3。

3. 按建筑物层数和高度分类

(1)单层建筑结构。单层工业厂房、食堂、仓库等。

(2)多层建筑结构。多层建筑结构一般是指层数为2～9层的建筑物。

(3)高层建筑结构与超高层建筑结构。从结构设计的角度，《高层建筑混凝土结构技术规程》(JGJ 3—2010)规定：10层及10层以上或房屋高度大于28 m的住宅建筑，和房屋高度大于24 m的其他民用建筑为高层建筑。将40层及40层以上或高度超过100 m的建筑称为超高层建筑。

从建筑设计的角度，《建筑设计防火规范(2018年版)》(GB 50016—2014)规定：建筑高度大于27 m的住宅建筑和建筑高度大于24 m的非单层厂房、仓库和其他民用建筑为高层建筑。

4. 按建筑结构施工方法分类

按建筑结构的施工方法，建筑结构可以分为现浇结构和装配式结构。

2.2.3 各类结构在工程中的应用

1. 混凝土结构

混凝土结构是在研制出硅酸盐水泥(1824年)后发展起来的,并从19世纪中期开始在土建工程领域逐步得到应用。与其他结构相比,混凝土结构虽然起步较晚,但因其具有很多明显的优点而得到迅猛发展,现已成为一种十分重要的结构形式。

在建筑工程中,住宅、商场、办公楼、厂房等多层、高层建筑大多采用混凝土结构。在我国成功修建的如上海中心(地上127层,632 m)、广州周大福金融中心(地上111层,530 m)、台北国际金融中心(101层,509 m)、上海环球金融中心(地上101层,492 m)等高层建筑,国外修建的如阿联酋迪拜的哈利法塔(169层,828 m)、莫斯科联邦大厦(东塔)(95层,374 m)、马来西亚吉隆坡石油大厦(88层,452 m)、美国亚特兰大美国银行广场(55层,312 m)等著名的高层建筑,也都采用了混凝土结构或钢—混凝土组合结构。除高层外,在大跨度建筑方面,由于广泛采用预应力技术和拱、壳、V形折板等形式,已使建筑物的跨度达百米以上。

在交通工程中,大部分的中、小型桥梁采用钢筋混凝土来建造,尤其是拱形结构的应用,使桥梁的大跨度得以实现,例如,我国的重庆万州长江大桥(图2-6),采用劲性骨架混凝土箱形截面,净跨达420 m;克罗地亚的克尔克二号桥为跨度390 m的敞肩拱桥。一些大跨度桥梁常采用钢筋混凝土与悬索或斜拉结构相结合的形式,悬索桥中如我国的润扬长江大桥南汊桥(主跨1 490 m)、日本的明石海峡大桥(主跨1 990 m)、斜拉桥中如我国的杨浦大桥(主跨602 m)、日本的多多罗大桥(主跨890 m)等,都是极具代表性的中外名桥。

图2-6 重庆万州长江大桥

在水利工程和其他构筑物中,钢筋混凝土结构也扮演着极为重要的角色。长江三峡水利枢纽工程中高达185 m的拦江大坝为混凝土重力坝,筑坝的混凝土用量达1 527万立方米。现在,仓储构筑物、管道、烟囱及塔类建筑也广泛采用混凝土结构。高达553 m的加拿大多伦多电视塔,就是混凝土高耸建筑物的典型代表。此外,飞机场的跑道、海上石油钻井平台、高桩码头、核电站的安全壳等也都广泛采用混凝土结构。

2. 砌体结构

砌体结构是最传统、古老的结构。自人类从巢、穴居进化到室居之初,就开始出现以块石、土坯为原料的砌体结构,进而发展为烧结砖瓦的砌体结构。我国的万里长城、西安大雁塔(图2-7)、安济桥(赵州桥)(图2-8)、国外的埃及金字塔、古罗马大角斗场等,都是古代流传下来的砖石砌体的佳作。混凝土砌块砌体是近百年才发展起来，在我国，直到1958年才开始建造用混凝土空心砌块做墙体的房屋。砌体结构不仅适用于做建筑物的围护或做承重墙体，而且可砌筑成拱券、穹隆结构，以及塔式筒体结构，尤其在使用配筋砌体结构以后，在房屋建筑中，已从过去建造低矮民房发展到建造多层住宅、办公楼、厂房、仓库等。

图 2-7 西安大雁塔

图 2-8 赵州桥

在桥梁及其他建设方面，大量修建的拱桥，充分利用了砌体结构抗压性能较好的特点。由于砌体结构具有经济、取材广泛、耐久性好等优点，还被广泛地应用于修建小型水池、料仓、烟囱、渡槽、坝、堰、涵洞、挡土墙等工程。

随着新材料、新技术、新结构的不断研制和发展（如新型环保型砌块、高粘结性能的砂浆、墙板结构、配筋砌体等），加上计算方法和试验技术手段的进步，砌体结构也将在我国的建筑、交通、水利等领域中发挥更大的作用。

3. 钢结构

钢结构是由古代生铁结构发展而来的，在我国秦始皇时代就有生铁建造的桥墩，汉代及明、清时期，建造了若干铁链悬桥。此外，还有古代的众多铁塔。到了近代，钢结构已广泛地在工业与民用建筑、水利、码头、桥梁、石油、化工、航空等各领域得到应用。钢结构主要用于建造大型、重载的工业厂房，如冶金、锻压、重型机械工厂厂房等；需要大跨度的建筑，如桥梁、厂房、体育场、展览馆等；高层及超高层建筑物的骨架；受振动或地震作用的结构；储油（气）罐、各种管道、井架、起重机、水闸的闸门等。近年来，轻钢结构也广泛应用于厂房、办公、仓库等建筑，并已应用到轻钢住宅、轻钢别墅等居住类建筑。

随着科学技术的发展和新钢种、新连接技术，以及钢结构研究的新成果的出现，钢结构的结构形式、应用范围也会有新的突破和拓展。

4. 木结构

2013年，国务院先后发布了《绿色建筑行动方案》《促进绿色建材生产和应用行动方案》等政策文件，在文件中强调未来中国建筑应走向绿色、环保的方向。2016年2月，中共中央、国务院发布的《关于进一步加强城市规划建设管理工作的若干意见》中还明确提出了"要在具备条件的地方倡导发展现代木结构建筑"，为我国现代木结构建筑的发展带来了新的机遇。

木结构建筑应用非常广泛，除一般住宅、商业、公共建筑可以使用木结构外，很多的景观工程及游憩工程也可以使用木结构建筑。近年来，随着多高层木结构研究进展的不断推进，世界各国也有了一些工程实践，如挪威的米约萨塔（18层，85.4 m）、澳大利亚布里斯班的25 King办公楼（10层，45 m）。

5. 组合结构

组合结构是指由两种或两种以上不同材料组成，并且材料之间能以某种方式有效传递内力，以整体的形式产生抗力的结构。目前最常见的是钢与混凝土组合结构（以下简称组合结构），它是在钢结构和钢筋混凝土结构基础上发展起来的一种新型组合结构，充分利用了钢材受拉和混凝土受压的特点，在高层和超高层建筑及桥梁工程中得到广泛应用。

建筑工程中常用的组合结构类型有压型钢板—混凝土组合楼盖、钢与混凝土组合梁、型钢混凝土、钢管混凝土等组合承重构件，还有组合斜撑、组合墙等抗侧力构件。

组合结构充分利用了钢材和混凝土材料各自的材料性能，具有承载力高、刚度大、抗震性能好、构件截面尺寸小、施工快速方便等优点。与钢筋混凝土结构相比，组合结构可以减小构件截面尺寸，减轻结构自重，减小地震作用，增加有效使用空间，降低基础造价，方便安装，缩短施工周期，增加构架和结构的延性等。与钢结构相比，可以减少用钢量，增大刚度，增加稳定性和整体性，提高结构的抗火性和耐久性等。

另外，采用组合结构可以节省脚手架和模板，便于立体交叉施工，减少现场湿作业量，缩短施工周期，减小构件截面并增大净空和实用面积，通过地震灾害调查发现，与钢结构和钢筋混凝土结构相比，组合结构的震害影响最小。组合结构造价一般介于钢筋混凝土结构和钢结构之间，如果考虑到因结构自重减轻而带来的竖向构件截面尺寸减小的问题，造价甚至还要更低。

知识拓展

提到木建筑，相信大家心中不免浮现出一座座古代建筑物的样子——沧桑的中式外观，木质的横梁立柱，古朴的各色雕花。纯木建筑在许多人心中都被贴上了"古老""传统"的标签。然而，在大家还没察觉到的时候，纯木建筑已经在世界各地悄然发展，或生根发芽，或傲然绽放，为现代建筑界带来了新的生机。

位于挪威的米约萨塔（图2-9）是一座于2019年3月竣工，共有18层，总高85.4 m，号称世界最高的木结构建筑。米约萨塔以建于米约萨湖湖畔而得名，内含酒店、餐厅、公寓、办公等多种区域，甚至在一楼还扩展出一个纯木结构的游泳馆，可谓是建筑界的奇观。

米约萨塔先由胶合层压木（CLT）做成各类梁、柱部件，筑成承重结构，再由交叉层压木构成阳台、楼梯间和电梯井等结构。当然，为了使这栋建筑更加舒适、安全，米约萨塔最上面的七层楼适当使用了混凝土板，在某些局部连接上也采用了少量非木材料。

位于澳大利亚布里斯班的25 King办公楼（图2-10），有10层楼，共45 m高，在建筑内外，清晰可见各种暴露在外的胶合层压木V形柱，通过木质纹理和颜色营造温暖、自然的办公环境的同时，还很好地贯彻了低碳环保的理念。据悉，通过将主材换为木材，大楼减少了约74%的碳排放和46%的能源消耗。更为不可思议的是，整栋大楼仅仅花了15个月就建成，再一次展现了木建筑的优势。

图 2-9　挪威的米约萨塔　　　　　图 2-10　澳大利亚布里斯班的 25 King 办公楼

位于瑞士苏黎世的 Tamedia 办公楼（图 2-11）不仅以木材作为主材，整栋建筑更是没用一钉一铆，完全使用中国传统的榫卯结构进行连接、搭建。

图 2-11　瑞士苏黎世的 Tamedia 办公楼

2.3　建筑结构抗震及基本概念

地震是来自地球内部构造运动的一种自然现象。地球每年平均发生 500 万次左右的地震。其中，强烈地震会造成地震灾害，给人类带来严重的人身伤亡和经济损失。我国是多震国家，地震发生的地域范围广且强度大。为了减轻建筑的地震破坏，避免人员伤亡，减少经济损失，工程技术人员必须了解建筑结构抗震设计基本知识，对建筑工程进行抗震分析和抗震设计。

2.3.1　地震类型

1. 按地震的成因分类

地震按成因可以划分为诱发地震和天然地震两大类。

诱发地震主要是由于人工爆破、矿山开采及重大工程活动（如兴建水库）所引发的地震，诱发地震一般不太强烈，仅有个别情况（如水库地震）会造成严重的地震灾害。

天然地震包括构造地震和火山地震。前者由地壳构造运动所产生，后者则由火山爆发导致。比较而言，构造地震发生数量大（约占地震发生总数的90%）、影响范围广，是建筑结构抗震设计的主要研究对象。

对于构造地震，可以从宏观背景和局部机制两个层次解释其成因。从宏观背景考察，地球内部由地壳、地幔与地核三个圈层构成。通常认为：地球最外层是由一些巨大的板块所组成的，板块向下延伸的深度为70～100 km。由于地幔物质的对流，这些板块一直在缓慢地相互运动。板块的构造运动是构造地震产生的根本原因。从局部机制分析，地球板块在运动过程中，板块之间的相互作用力会使地壳中的岩层发生变形。当这种变形积聚到超过岩石所能承受的程度时，该处岩体就会发生突然断裂或错动，从而引起地震（图2-12）。

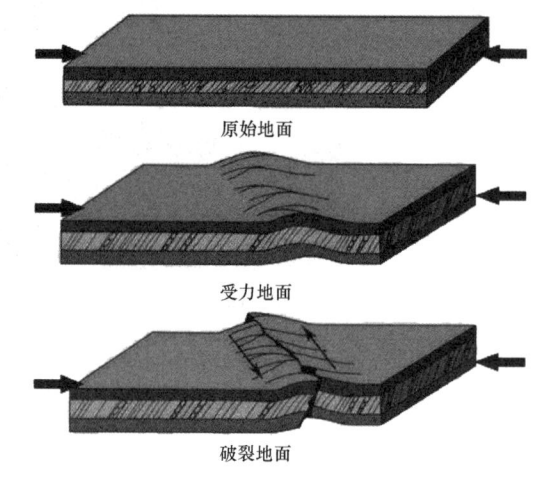

图 2-12 地震破坏过程

2. 按震源的深度分类

地球内岩体断裂错动并引起周围介质剧烈振动的部位称为震源。

震源正上方的地面位置称为震中。

地面某处至震中的水平距离称为震中距。

震源到震中的垂直距离是震源深度。

要注意，震源和震中不是一个点，而是有一定范围的区域（图2-13）。

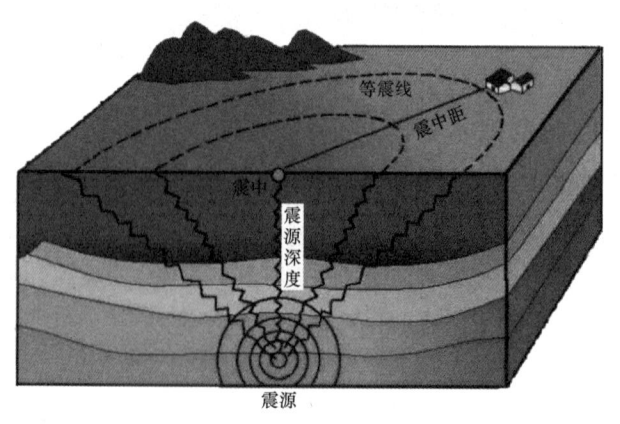

图 2-13 震源与震源深度

根据震源深度，地震可分为以下三类：
(1)浅源地震：震源深度在 70 km 以内的地震。
(2)中源地震：震源深度为 70～300 km 范围以内的地震。
(3)深源地震：震源深度超过 300 km 的地震。

2.3.2 地震波和地震动

1. 地震波

地震时，地下岩体断裂、错动并产生振动。振动以波的形式从震源向外传播，就形成了地震波，其中，在地球内部传播的波称为体波，沿地球表面传播的波称为面波。

体波有纵波和横波两种形式。纵波是由震源向外传递的压缩波，其介质质点的运动方向与波的前进方向一致，纵波一般周期较短、振幅较小，在地面引起上下颠簸运动。横波是由震源向外传递的剪切波，其质点的运动方向与波的前进方向相垂直。横波一般周期较长、振幅较大，引起地面水平方向的运动。

面波主要有瑞雷波和乐夫波两种形式。瑞雷波传播时，质点在波的前进方向与地表法向组成的平面内做逆向的椭圆运动。这种运动形式被认为是形成地面晃动的主要原因。乐夫波传播时，质点在与波的前进方向相垂直的水平方向运动，在地面表现为蛇形运动。面波周期长、振幅大。由于面波比体波衰减慢，故能传播到很远的地方。

地震波的传播速度，以纵波最快、横波次之、面波最慢。所以，在地震发生的中心地区，人们的感觉是先上下颠簸，后左右摇晃。当横波或面波到达时，地面振动最为猛烈，产生的破坏作用也较大。在距离震中较远的地方，由于地震波在传播过程中能量逐渐衰减，地面振动减弱，破坏作用也逐渐减轻。

2. 地震动

由地震波传播所引发的地面振动，通常称为地震动。其中，在震中区附近的地震动称为近场地震动。对于近场地震动，人们一般通过记录地面运动的加速度来了解地震动的特征。

从前面对于地震波的介绍可知，地面上任一点的振动过程实际上是各种类型地震波的综合作用。因此，地震动记录的最明显表征是其不规则性。从工程应用角度考察，可以采用有限的几个要素反映不规则的地震波。例如，通过最大振幅，可以定量反映地震动的强度特性；通过对地震动记录的频谱分析，可以揭示地震动的周期分布特征；通过对强震持续时间的定义和测量，可以考察地震动循环作用程度的强弱。地震动的峰值(最大振幅)、频谱和持续时间，通常称为地震动的三要素。

2.3.3 地震等级和地震烈度

1. 地震等级

地震等级简称震级，是表示一次地震时所释放能量多少的指标，也是表示地震强度大小的指标。目前我国采用的是国际通用的里氏震级 M。

里氏震级 M 与地震释放的能量 E 之间的关系为

$$\lg E = 1.5M + 1.8 \tag{2-1}$$

式(2-1)表明，里氏震级 M 每增加一级，地震所释放的能量 E 约增加 30 倍。2～4 级的浅震，人就可以感觉到，称为有感地震；5 级以上的地震会造成不同程度的破坏，称为破坏性地震；7 级以上的地震称为强烈地震或大震。目前，世界上记录到的最大地震等级为 9.0 级。

2. 地震烈度

地震烈度是指某一地区的地面和各类建筑物遭受一次地震影响的平均强弱程度。一次地震，表示地震大小的震级只有一个。然而，由于同一次地震对不同地点的影响不一样，随着距离震中的远近变化，会出现多种不同的地震烈度。一般而言，震中附近地区，烈度高；距离震中越远的地区，烈度越低。

为评定地震烈度，需要建立一个标准，这个标准称为地震烈度表。世界各国的地震烈度表不尽相同。例如，日本采用8度地震烈度表，欧洲一些国家采用10度地震烈度表，我国采用的是12度地震烈度表，也是大多数国家采用的标准。

基本烈度是指一个地区在一定时期(我国取50年)内在一般场地条件下，按一定的超越概率(我国取10%)可能遭遇到的最大地震烈度，可以称为抗震设防烈度。这部分内容详见本书模块17。

知识拓展

地震预警是指在地震发生后，利用地震波传播速度小于电波传播速度的特点，提前对地震波尚未到达的地方进行预警。一般来说，地震波的传播速度是每秒几千米，而电波的传播速度为每秒30万千米。因此，如果能够利用实时监测台网获取的地震信息，以及对地震可能的破坏范围和程度的快速评估结果，则可以在破坏性地震波到达之前的短暂时间发出预警。

研究表明，如果预警时间为3 s，可使伤亡率减少14%；如果预警时间为10 s和60 s，则可使人员伤亡率分别减少39%和95%。

模块小结

(1)建筑结构和建筑的关系。
(2)建筑结构的分类与应用。
(3)地震类型与地震波。
(4)地震等级与地震烈度。

课后习题

(1)论述建筑与结构的关系。
(2)按采用的材料可以将建筑结构分为哪几类？
(3)我国多、高层建筑是如何划分的？
(4)通过查阅资料，简述我国高层建筑的发展历史。
(5)什么是地震等级？什么是地震烈度？

模块 3　建筑结构体系

知识目标

(1) 掌握建筑结构的基本结构构件；
(2) 掌握建筑结构常用结构体系；
(3) 了解结构体系选择原则。

能力目标

(1) 具备结构构件判别的能力；
(2) 具备结构体系判别的能力；
(3) 具备结构选型的能力。

素养目标

(1) 具备工程思维；
(2) 具备强烈的责任心；
(3) 具备专研探索精神。

工程案例

中国国家大剧院(图 3-1)位于北京市中心天安门广场西，人民大会堂西侧，由主体建筑及南北两侧的水下长廊、地下停车场、人工湖、绿地组成。建筑外部为钢结构壳体，呈半椭球形，平面投影东西方向长轴长度为 212.20 m，南北方向短轴长度为 143.64 m，建筑物高度为 46.285 m。大剧院壳体由 18 000 多块钛金属板拼接而成，面积超过 30 000 m²，18 000 多块钛金属板中，只有 4 块形状完全一样。钛金属板经过特殊氧化处理，其表面金属光泽极具质感，且 15 年不变颜色。中部为渐开式玻璃幕墙，由 1 200 多块超白玻璃巧妙拼接而成。

图 3-1　中国国家大剧院

3.1 基本结构构件

建筑结构是由若干个单元按照一定的组成规则、通过正确的连接方式组成的，能够承受并传递荷载和其他作用的骨架，而这些单元就是建筑结构的基本结构构件。

以图 3-2 所示的多层房屋为例，建筑结构的基本结构构件有楼板、梁、柱、墙、基础等。

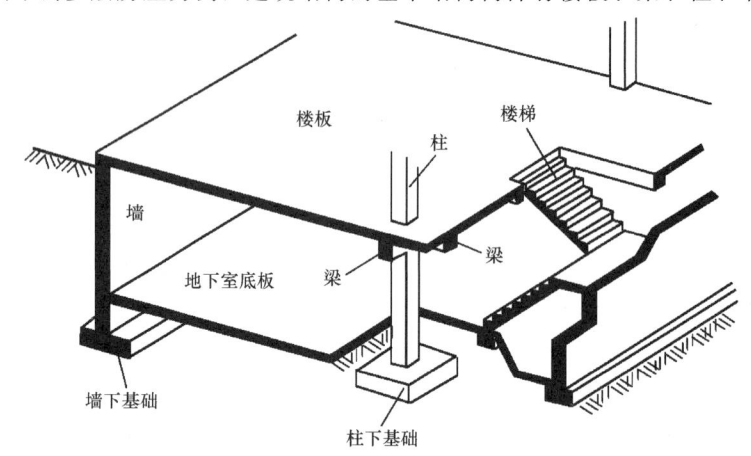

图 3-2 多层钢筋混凝土房屋结构构件

1. 楼板

楼板承受施加在楼板板面上并与板面垂直的重力荷载(含板自重、楼面层做法、顶棚层的永久荷载和楼面上人群、家具、设备等可变荷载)。

楼板的长、宽两方向的尺寸远大于其高度(也称厚度)，楼板的作用效应主要为受弯。

2. 梁

梁承受楼板传来的荷载及梁的自重。

梁的截面宽度和高度尺寸远小于其长度尺寸；梁受荷载作用方向与梁轴线垂直，其作用效应主要为受弯和受剪。

3. 柱

柱承受梁传来的压力及柱自重。

柱的截面尺寸远小于其高度，荷载作用方向与柱轴线平行。当荷载作用于柱截面形心时为轴心受压；当荷载偏离柱截面形心时为偏心受压(压弯构件)。

4. 墙

墙承受梁、楼板传来的荷载及墙体自重。

墙的长、宽两方向尺寸远大于其厚度，但荷载作用方向与墙面平行(主要形式)，其作用效应为受压(当荷载作用于墙的截面形心轴线上时)，有时还可能受弯(当荷载偏离形心轴时)。

5. 基础

基础承受墙体、柱传来的荷载并将它们扩散到地基上去。

6. 其他构件

除上述构件外，在其他各类房屋中还经常采用直线形杆或曲面、曲线形构件，如杆、拱和壳。

(1)杆。杆是截面尺寸远小于其长度的杆件，主要承受轴向压力或拉力。在房屋结构中经常由它们组成平面桁架(图 3-3)或空间网架承受荷载。

(2)拱。拱(图 3-4)由曲线形构件(称为拱圈)或折线形构件及其支座组成，在荷载作用下主要承受轴向压力，有时也承受弯矩和剪力。它比同跨度的梁要节省材料。

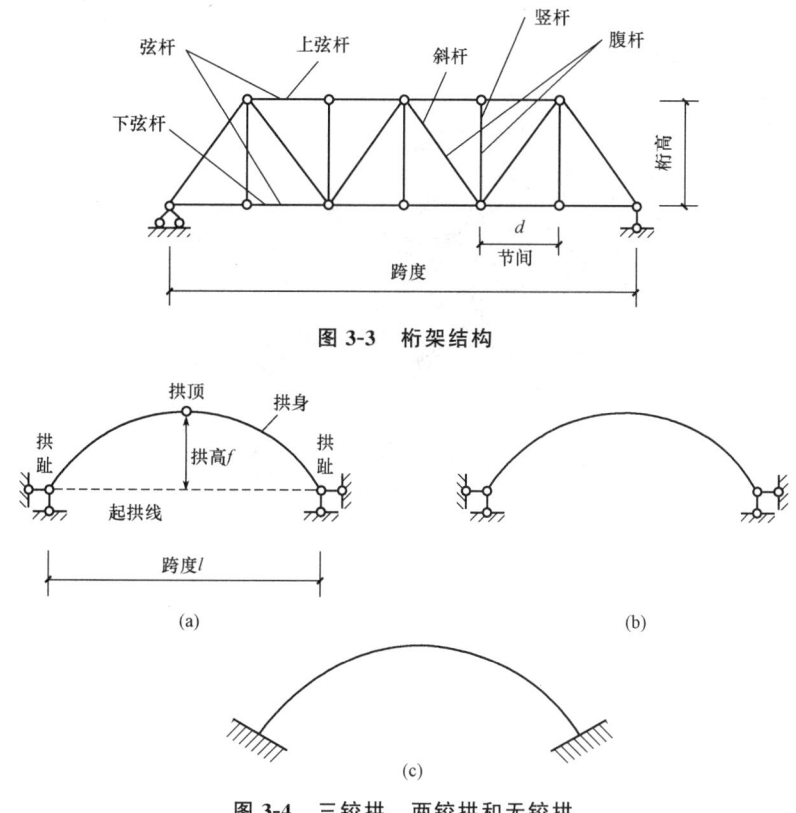

图 3-3　桁架结构

图 3-4　三铰拱、两铰拱和无铰拱
(a)三铰拱；(b)两铰拱；(c)无铰拱

(3)壳。壳(图 3-5)由曲线形板与作为边缘构件的梁、拱或桁架组成。它是一种空间形式的结构构件，在荷载作用下主要承受压力。它就像动物的蛋壳以最薄的壳面构成最大的蛋体一样，能以较小的构件厚度形成承载能力很高的结构。

图 3-5　海因茨·伊斯勒的薄壳混凝土

3.2　常用结构体系

常用的多高层建筑结构体系有四类：框架结构体系、剪力墙结构体系、框架-剪力墙结构体系和筒体结构体系。

3.2.1 框架结构

框架结构(图 3-6)是由梁和柱共同组成的框架来承受建筑全部荷载的结构。砌在框架内的墙仅起围护和分隔作用,除负担本身自重外,不承受其他荷载。

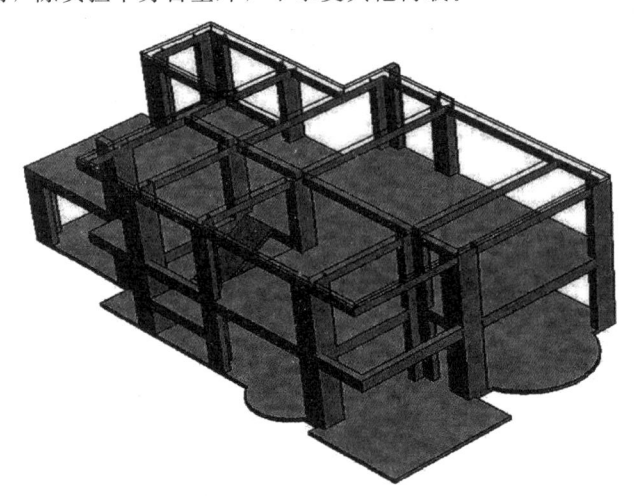

图 3-6 框架结构

框架结构建筑平面布置灵活,易于满足建筑物需要较大空间的使用要求,竖向荷载作用下承载力较高,结构自重较小。又由于框架结构的梁、柱截面有限,在水平荷载作用下,其侧向刚度小,水平位移较大,使用高度受到限制。

1. 受力特点

框架结构主要是柱、梁受力,每层荷载由框架梁传给框架柱,最终传到基础。对于现浇整体式框架,将柱、梁各节点视为刚接节点,基础顶面处为固定支座,框架结构抗震能力好于砖混结构。

2. 应用范围

框架结构广泛应用于多层工业厂房及高层办公楼、住宅楼、商店、医院、教学楼及宾馆等建筑中。混凝土框架结构的适用高度为 6~15 层。

3.2.2 剪力墙结构

剪力墙结构(图 3-7)是指由剪力墙组成的承受竖向和水平作用的结构。墙体既是承重构件,又起维护和分隔作用。墙体的高度一般与整个房屋的高度相等,自基础直至屋顶,高达几十米或上百米。相对而言,它的厚度则很小,一般仅为 200~300 mm,因此墙体在其墙身平面内的抗侧移刚度很大,而其墙身平面外刚度却很小,一般可以忽略不计。所以,建筑物上大部分的水平作用或水平剪力通常被分配到墙体上,这也是剪力墙名称的由来。

剪力墙结构横墙多,侧向刚度大,空间整体性好,抗震性能好,对承受水平荷载有利。它无凸出墙角的梁、柱,整齐美观,特别适用于居住楼,并可使用大模板、滑升模板等先进施工方法,有利于缩短工期,节省人力。但因其横墙间距小,房间的划分受到较大限制,结构自重大,建筑平面布置局限性较大。

1. 受力特点

剪力墙的侧移刚度远大于框架,因此剪力墙分配到的剪力也远大于框架。剪力墙结构的变形为弯曲形,上部层间相对变形大,下部层间相对变形小。

剪力墙常开有门窗洞口。剪力墙的受力特点主要取决于剪力墙上的开洞情况。洞口是否存在,洞口的大小、形状及位置的不同都将影响剪力墙的受力性能。剪力墙按受力特性的不同主要可分为整体剪力墙、小开口整体剪力墙、双肢墙(多肢墙)和壁式框架等几种类型。不同类型的剪力墙，其相应的受力特点、计算简图和计算方法也不相同，计算其内力和位移时则需采用相应的计算方法。

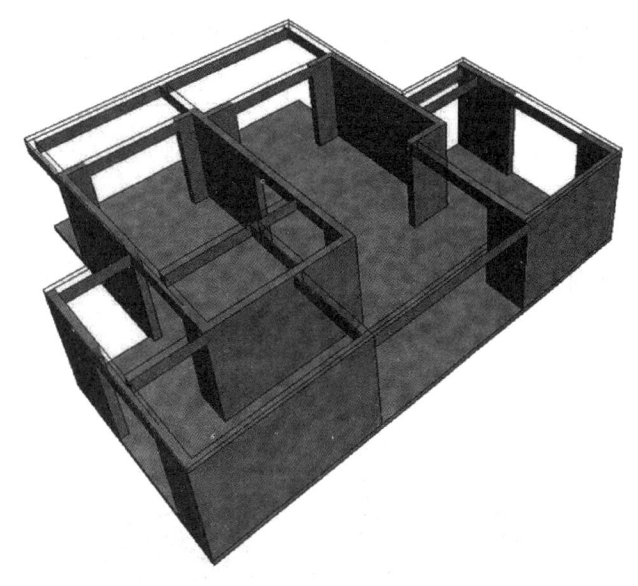

图 3-7 剪力墙结构

2. 应用范围

剪力墙结构适用于高度为 15~35 层、开间较小的高层住宅、旅馆、写字楼等建筑。

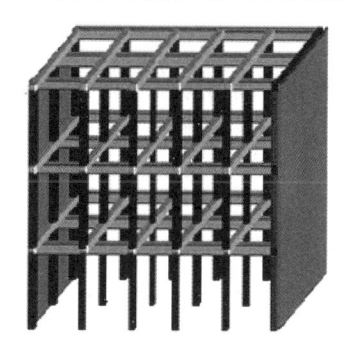

3.2.3 框架-剪力墙结构

框架-剪力墙结构是指由框架和剪力墙共同承受竖向和水平作用的结构。在框架结构中的适当部位加设剪力墙，两者通过楼盖协同工作，以满足建筑物的抗侧刚度要求，如图 3-8 所示。

图 3-8 框架-剪力墙结构

在框架中局部增加剪力墙，可以在对建筑物的使用功能影响不大的情况下，使结构的抗侧刚度和承载力都有明显提高，既提高了结构的抗震性能，又保持了框架结构易于分隔、使用方便的优点，是一种适用性很广的结构形式。但是，剪力墙限制了平面布置的灵活性，因此，建筑与结构设计人员应互相配合，巧妙布置剪力墙。框架-剪力墙布置的原则是均匀对称，结构刚心和建筑质心接近，尽量设置在建筑物端部、结构薄弱处。

1. 受力特点

剪力墙的侧移刚度远大于框架，因此剪力墙分配到的剪力也远大于框架。由于上述变形的协调作用，框架和剪力墙的荷载和剪力分布沿高度在不断调整，框架与剪力墙之间楼层剪力的分配比例和框架各楼层剪力分布情况随着楼层所处高度而变化，与结构刚度特征值直接相关。

因此，实际布置有剪力墙（如楼梯间墙、电梯井道墙、设备管道井墙等）的框架结构，必须按框架结构协同工作计算内力，不应简单按纯框架分析，否则不能保证框架部分上部楼层构件的安全。框架和剪力墙形成了弯剪变形，从而减小了结构的层间相对位移比和顶点位移比，使结构的侧向刚度得到了提高。

2. 应用范围

框架-剪力墙结构多用于多高层办公楼、旅馆、住宅及工业厂房，以15～25层建筑为宜。

3.2.4 筒体结构

筒体结构是由竖向筒体为主组成的承受竖向和水平作用的建筑结构。该结构具有很好的抗弯、抗扭性能和极强的抗侧移能力，而且平面布置灵活，内部使用空间大，设计较灵活。筒体结构又可分为框架-核心筒结构（图3-9）和筒中筒结构。

图3-9 框架-核心筒结构

拓展知识：
大跨度空间结构

1. 筒体结构受力特点

在高层建筑特别是超高层建筑中，水平荷载越来越大并起控制作用，而筒体结构便是抵抗这种水平荷载最有效的结构体系。它的受力特点：整个建筑犹如一个固定于基础之上的封闭空心的筒式悬臂梁来抵抗水平力。

2. 筒体结构应用范围

筒体结构一般可用于30～50层或高度超过100 m的办公楼、商店及其他综合性服务建筑。世界上的超高层建筑大多数为筒体结构，如上海的金茂大厦、上海环球金融中心、迪拜哈利法塔、纽约世贸大厦等。

知识拓展

现代高层建筑向多功能和综合用途发展，在同一竖直线上，顶部楼层布置住宅、旅馆，中部楼层作为办公用房，下部楼层作为商店、餐馆和文化娱乐设施。不同用途的楼层，需要大小不同的开间，采用不同的结构形式。建筑要求上部小开间的轴线布置较多的墙体；中部办公用房要小的和中等大小的室内空间；下部公用部分，则希望有尽可能大的自由灵活空间，柱网要大，墙尽量少。这种要求与结构的合理、自然布置正好相反，因为结构下部楼层受力很大，即正常应当下部刚度大、墙多、柱网密，到上部逐渐减少。为了满足建筑功能的要求，结构布置必须与常规方式相反，上部小空间，布置刚度大的剪力墙；下部大空间，布置刚度小的框架柱。为此，必须在结构转换的楼层设置转换层，称结构转换层。

模块小结

(1)建筑结构的基本结构构件。
(2)常用的多高层建筑结构体系。
(3)不同结构体系的受力特点。
(4)不同结构体系的适用高度。
(5)结构选型。

课后习题

(1)建筑结构的基本结构构件有哪些?
(2)常用的多高层建筑结构体系有哪些?
(3)如果请你设计一栋4层的教学楼,你会选用哪种结构体系?
(4)如果请你设计一栋28层的住宅,你会选用哪种结构体系?
(5)请分组对家乡地标建筑进行资料收集或实地调研,形成PPT与大家分享。

模块 4　建筑结构与结构抗震设计基本原则

知识目标

(1)掌握结构设计基准期和设计使用年限；
(2)掌握建筑结构作用与作用组合；
(3)了解极限状态设计法的基本概念；
(4)了解地震作用与结构抗震验算方法。

能力目标

(1)具备判断结构作用类型的能力；
(2)具备进行结构作用组合计算的能力；
(3)具备进行结构地震作用计算的能力。

素养目标

(1)具备工程思维；
(2)养成查阅工程规范的习惯；
(3)具备良好的职业素养和社会责任感。

工程案例

广州塔(图 4-1)又称广州新电视塔，位于广州海珠区赤岗塔附近，距离珠江南岸仅有 125 m。它的塔身主体高为 454 m，再加上 146 m 的天线桅杆，总高度刚好达到 600 m。广州塔的造型清新脱俗，极具个性，被世人昵称为"小蛮腰"。然而在广州塔建设之初，"小蛮腰"的个性造型设计给我国工程师们提出了很多颠覆建筑学原则的难题，因为这种个性的造型设计让整个塔上大下小，中间细，顶端粗，打破了重心低的原则；通体镂空，打破了密实的原则；椭圆形拉伸的钢框筒扭转偏心，打破了对称的设计原则。除了上面这些难题，更重要的是，建造如此高的建筑物，如何抗风和抗震。

图 4-1　广州电视塔

4.1 结构设计基准期和设计使用年限

4.1.1 设计基准期

设计基准期是指为确定可变荷载代表值而选用的时间参数,即在结构设计中所采用的荷载统计参数和与时间有关的材料性能取值时所选用的时间参数。建筑结构设计所考虑的荷载统计参数都是按 50 年确定的,如果设计时需要采用其他设计基准期,则必须另行确定在该基准期内最大荷载的概率分布及相应的统计参数。

4.1.2 设计使用年限

建筑结构设计的目的是科学地解决建筑结构的可靠性与经济性这对矛盾,力求以最经济的途径,使所设计的结构符合可持续发展的要求,并以适当的可靠度满足各项预定功能的规定。我国《建筑结构可靠性设计统一标准》(GB 50068—2018)(以下简称《统一标准》)明确规定建筑结构在规定的设计使用年限内应满足以下三个方面的功能要求。

1. 安全性

安全性是指结构在正常使用和正常施工时能够承受可能出现的各种作用,如荷载、温度、支座沉降等;而且在设计规定的偶然事件(如地震、爆炸、撞击等)发生时或发生后,结构仍能保持必要的整体稳定性,即结构仅发生局部损坏而不至于连续倒塌,以及火灾发生时能在规定的时间内保持足够的承载力。

2. 适用性

适用性是指结构在正常使用时满足预定的使用要求,具有良好的工作性能,如不发生影响使用的过大变形、振动或过宽的裂缝等。

3. 耐久性

耐久性是指结构在服役环境作用和正常使用维护的条件下,结构抵御结构性能劣化(或退化)的能力,即结构在规定的环境中,在设计使用年限内,其材料性能的恶化(如混凝土的风化、腐蚀、脱落,钢筋锈蚀等)不会超过一定限度。

上述结构的三个方面的功能要求统称为结构的可靠性,即结构在规定的时间内、在规定的条件下(正常设计、正常施工、正常使用和正常维护)完成预定功能的能力。而结构可靠度是指结构在规定的时间内、在规定的条件下、完成预定功能的概率,即结构可靠度是结构可靠性的概率度量。结构设计的目的就是既要保证结构安全、可靠,又要做到经济、合理。

结构可靠度定义中所说的"规定的时间内",是指"设计使用年限"。在这一规定时间内,建筑结构在正常设计、正常施工、正常使用和维护的条件下,不需要进行大修就能按其预定要求使用并能完成预定功能。

根据《统一标准》,建筑结构的设计使用年限如下:
(1)临时性结构,设计使用年限为 5 年;
(2)易于替换的结构构件,设计使用年限为 25 年;
(3)普通房屋和构筑物,设计使用年限为 50 年;
(4)纪念性建筑和特别重要的建筑结构,设计使用年限为 100 年。
若建设单位提出更高要求,也可按建设单位的要求确定。

4.2 作用与作用组合

4.2.1 结构上的作用与作用效应

1. 作用与荷载的定义

结构上的"作用"是指直接施加在结构上的集中力或分布力,以及引起结构外加变形或约束变形的原因(如基础差异沉降、温度变化、混凝土收缩、地震等)。前者以力的形式作用于结构上,称为"直接作用",也常称为"荷载",后者以变形的形式作用在结构上,称为"间接作用"。但从工程习惯和叙述简便起见,在以后的模块中统一称为"荷载"。

2. 荷载的分类

(1)按随时间的变化分类。荷载按随时间的变化可分为永久荷载、可变荷载和偶然荷载。

1)永久荷载。永久荷载也称为恒荷载,是指在设计基准期内其量值不随时间变化,或其变化与平均值相比可以忽略不计,如结构自重、土压力、预加应力等。

2)可变荷载。可变荷载也称为活荷载,是指在设计基准期内其量值随时间变化,而且其变化与平均值相比不可忽略,如安装荷载、楼面活荷载、风荷载、雪荷载、桥面或路面上的行车荷载、起重机荷载、温度变化等。

3)偶然荷载。偶然荷载是指在设计基准期内不一定出现,而一旦出现其量值很大且持续时间很短的作用,如爆炸、撞击等。

(2)按随空间位置的变化分类。荷载按随空间位置的变化可分为固定荷载和自由荷载。

1)固定荷载。固定荷载是指在结构空间位置上具有固定分布的荷载,如结构构件的自重、固定设备重等。

2)自由荷载。自由荷载是指在结构空间位置上的一定范围内可以任意分布的荷载,如起重机荷载、人群荷载等。

(3)按结构的反应特点分类。荷载按结构的反应特点可分为静态荷载和动态荷载。

1)静态荷载。静态荷载是指不使结构产生加速度,或所产生的加速度可以忽略不计的荷载,如结构自重、住宅与办公楼的楼面活荷载、雪荷载等。

2)动态荷载。动态荷载是指使结构产生不可忽略的加速度的荷载,如地震荷载、起重机荷载、机械设备振动、作用在高耸结构上的风荷载等。

3. 作用效应

直接作用或间接作用施加在结构构件上,由此在结构内产生的内力和变形(如轴力、剪力、弯矩、扭矩,以及挠度、转角和裂缝等),称为作用效应。当为直接作用(即荷载)时,其效应也称为荷载效应,通常用 S 表示。

4.2.2 荷载代表值和荷载设计值

1. 荷载代表值

在建筑结构设计中,应根据不同的极限状态的要求计算荷载效应。《建筑结构荷载规范》(GB 50009—2012)(以下简称《荷载规范》)对不同的荷载赋予了相应的规定量值,荷载的这种量值称为荷载的代表值。不同的荷载在不同的极限状态情况下,要求采用不同的荷载代表值进行计算。荷载的代表值分别为标准值、组合值、频遇值和准永久值。

(1)标准值。标准值是荷载的基本代表值,是设计基准期内最大荷载统计分布的特征值(如均值、众值、中值或某个分位值)。

1)永久荷载的标准值。对于结构的自重,可根据结构的设计尺寸、材料或结构构件单位体积的自重计算确定(常用材料与构件自重参见附录1)。

2)可变荷载的标准值。《工程结构通用规范》(GB 55001—2021)(以下简称《通用规范》)和《荷载规范》中给出了各种可变荷载标准值的取值和计算方法,在设计时可查用(参见附录1)。

(2)组合值。对可变荷载,组合值是指使组合后的荷载效应在设计基准期内的超越概率,能与该荷载单独出现时的相应概率趋于一致的荷载值;或者使组合后的结构具有统一规定的可靠指标的荷载值。

$$可变荷载的组合值 = \psi_c \times 可变荷载的标准值 \tag{4-1}$$

式中 ψ_c——可变荷载的组合值系数,其值小于1.0,可直接由《通用规范》或《荷载规范》查用(参见附录1)。

(3)频遇值。对可变荷载,频遇值是指在设计基准期内,其超越的总时间为规定的较小比率或超越频率为规定频率的荷载值。

$$可变荷载的频遇值 = \psi_f \times 可变荷载的标准值 \tag{4-2}$$

式中 ψ_f——可变荷载的频遇值系数,其值小于1.0,可直接由《通用规范》或《荷载规范》查用(参见附录1)。

(4)准永久值。对可变荷载,准永久值是指在设计基准期内,其超越的总时间约为设计基准期1/2的荷载值。

$$可变荷载的准永久值 = \psi_q \times 可变荷载的标准值 \tag{4-3}$$

式中 ψ_q——可变荷载的准永久值系数,其值小于1.0,可直接由《通用规范》或《荷载规范》查用(参见附录1)。

2. 荷载设计值

荷载设计值是荷载代表值与荷载分项系数的乘积。

4.2.3 作用组合

在建筑结构设计时,需要将多种不同类型的作用(荷载)按照一定的比例和方式进行组合,以模拟实际工程中所受到的复杂荷载环境,确保结构在不同工况下的安全性能。

按照《通用规范》,结构作用应根据结构设计要求按下列规定进行组合:

(1)基本组合:

$$\sum_{i \geqslant 1} \gamma_{Gi} G_{ik} + \gamma_P P + \gamma_{Q1} \gamma_{L1} Q_{1k} + \sum_{j>1} \gamma_{Qj} \psi_{cj} \gamma_{Lj} Q_{jk} \tag{4-4}$$

(2)偶然组合:

$$\sum_{i \geqslant 1} G_{ik} + P + A_d + (\psi_{f1} 或 \psi_{q1}) Q_{1k} + \sum_{j>1} \psi_{qj} Q_{jk} \tag{4-5}$$

(3)地震组合:地震组合应符合结构抗震设计的规定。

(4)标准组合:

$$\sum_{i \geqslant 1} G_{ik} + P + Q_{1k} + \sum_{j>1} \psi_{cj} Q_{jk} \tag{4-6}$$

(5)频遇组合:

$$\sum_{i \geqslant 1} G_{ik} + P + \psi_{f1} Q_{1k} + \sum_{j>1} \psi_{qj} Q_{jk} \tag{4-7}$$

(6)准永久组合:

$$\sum_{i \geqslant 1} G_{ik} + P + \sum_{j \geqslant 1} \psi_{qj} Q_{jk} \tag{4-8}$$

式中 A_d——偶然作用的代表值;

G_{ik}——第i个永久作用的标准值;

Q_{1k}——第1个可变作用(主导可变作用)的标准值;

Q_{jk}——第j个可变作用的标准值;

P——预应力作用的有关代表值;

γ_{Gi}——第i个永久作用的分项系数;

γ_{L1}、γ_{Lj}——第1个和第j个考虑结构设计工作年限的荷载调整系数;

γ_{Q1}——第1个可变作用(主导可变作用)的分项系数;

γ_{Qj}——第j个可变作用的分项系数;

γ_P——预应力作用的分项系数;

拓展知识:
疲劳破坏

ψ_{cj}——第 j 个可变作用的组合值系数；

ψ_{f1}——第 1 个可变作用的频遇值系数；

ψ_{q1}、ψ_{qj}——第 1 个和第 j 个可变作用的准永久值系数。

作用分项系数应按下列规定取值：

1)永久作用：当对结构不利时，不应小于 1.3；当对结构有利时，不应大于 1.0。

2)预应力：当对结构不利时，不应小于 1.3；当对结构有利时，不应大于 1.0。

3)标准值大于 4 kN/m² 的工业房屋楼面活荷载，当对结构不利时，不应小于 1.4；当对结构有利时，应取为 0。

4)除第 3)条外的可变作用，当对结构不利时，不应小于 1.5；当对结构有利时，应取为 0。

4.3 极限状态设计法的基本概念

4.3.1 建筑结构的极限状态

结构能满足功能要求而良好地工作，称为可靠或有效，反之结构不可靠或失效。区分结构工作状态是否可靠与失效的标志是"极限状态"。若结构或结构的一部分超过某一特定状态，就不能满足设计规定的某一功能要求，此特定状态便称为该功能的极限状态。

结构功能的极限状态分为承载能力极限状态和正常使用极限状态。

1. 承载能力极限状态

当结构或结构构件出现下列状态之一时，应认为超过了承载能力极限状态：

(1)结构构件或连接因超过材料强度而破坏，或因过度变形而不适合继续承载；

(2)整个结构或其一部分作为刚体失去平衡；

(3)结构转变为机动体系；

(4)结构或结构构件丧失稳定；

(5)结构因局部破坏而发生连续倒塌；

(6)地基丧失承载力而破坏；

(7)结构或结构构件发生疲劳破坏。

2. 正常使用极限状态

涉及结构或结构单元的正常使用功能、人员舒适性、建筑外观的极限状态应作为正常使用极限状态。当结构或结构构件出现下列状态之一时，应认为超过了正常使用极限状态：

(1)影响外观、使用舒适性或结构使用功能的变形；

(2)造成人员不舒适或结构使用功能受限的振动；

(3)影响外观、耐久性或结构使用功能的局部损坏。

结构或结构构件一旦超过承载能力极限状态，将造成结构全部或部分破坏或倒塌，导致人员伤亡或重大经济损失，因此，在建筑结构设计中对所有结构和构件都必须按承载能力极限状态进行计算，并保证具有足够的可靠度。虽然超过正常使用极限状态的后果一般不如超过承载能力极限状态那样严重，但也不可忽视。例如，过大的变形会造成房屋内粉刷层剥落、门窗变形、屋面积水等后果；水池和油罐等结构开裂会引起渗漏；等等。

4.3.2 结构极限状态设计表达式

结构或结构构件的工作状态可用作用效应 S 和结构抗力 R 的关系来描述：

(1)当 $S<R$ 时，表示结构能够实现预定功能，结构处于可靠状态；

(2)当 $S>R$ 时，表示结构不能实现预定功能，结构处于失效状态；

(3)当 $S=R$ 时，表示结构处于可靠与失效的临界状态，即结构处于极限状态。

可见，为使结构不超过极限状态，保证结构的可靠性的基本条件为
$$S \leqslant R \tag{4-9}$$

1. 承载能力极限状态设计

对于结构或结构构件的破坏或过度变形的承载能力极限状态，以及对于整个结构或其一部分作为刚体失去静力平衡的承载能力极限状态，应符合下式规定：
$$\gamma_0 \times S_d \leqslant R_d \tag{4-10}$$

式中 γ_0——结构重要性系数，按表4-1取值；
S_d——作用组合的效应设计值；
R_d——结构构件的抗力设计值。

表 4-1 结构重要性系数 γ_0

结构 重要性系数	持久设计状况和短暂设计状况				偶然设计状况和 地震设计状况
	安全等级			
	一级	二级	三级	
γ_0	1.1	1.0	0.9	1.0

进行承载能力极限状态设计时采用的作用组合，应符合下列规定：
(1) 持久设计状况和短暂设计状况应采用作用的基本组合；
(2) 偶然设计状况应采用作用的偶然组合；
(3) 地震设计状况应采用作用的地震组合；
(4) 作用组合应为可能同时出现的作用的组合；
(5) 每个作用组合中应包括一个主导可变作用或一个偶然作用或一个地震作用；
(6) 当静力平衡等极限状态设计对永久作用的位置和大小很敏感时，该永久作用的有利部分和不利部分作为单独作用分别考虑；
(7) 当一种作用产生的几种效应非完全相关时，应降低有利效应的分项系数取值。

2. 正常使用极限状态设计

正常使用极限状态设计主要是验算结构构件的变形、抗裂度或裂缝宽度，使其满足适用性和耐久性的要求。当结构或结构构件达到或超过正常使用极限状态时，其后果是结构不能正常使用，但其危害程度不及承载能力引起的结构破坏造成的损失大，故对其可靠度的要求可适当降低。《统一标准》规定，计算时作用及材料强度均取标准值，即不考虑作用分项系数和材料分项系数，也不考虑结构的重要性系数 γ_0。

正常使用极限状态计算中，结构构件应按下列设计表达式进行设计：
$$S_d \leqslant C \tag{4-11}$$

式中 S_d——作用组合的效应设计值；
C——结构或结构构件达到正常使用要求的规定限值，如变形、裂缝、振幅、加速度、应力等的限值，应按各有关建筑结构设计规范的规定采用。

进行正常使用极限状态设计时采用的作用组合，应符合下列规定：
(1) 标准组合，用于不可逆正常使用极限状态设计；
(2) 频遇组合，用于可逆正常使用极限状态设计；
(3) 准永久组合，用于长期效应是决定性因素的正常使用极限状态设计。

【例 4-1】 某教学楼中钢筋混凝土简支梁，安全等级为二级，受力简图如图4-2所示，可变荷载组合系数取 0.7，频遇系数取 0.6，准永久系数取 0.5，试计算：

(1)按承载能力极限状态设计时跨中截面弯矩设计值；
(2)按正常使用极限状态设计时梁跨中截面荷载效应的标准组合、频遇组合和准永久组合弯矩值。

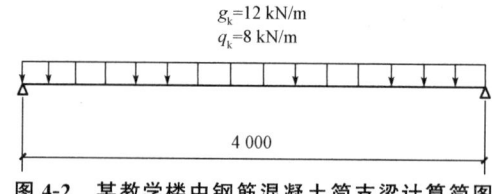

图 4-2 某教学楼中钢筋混凝土简支梁计算简图

【解】 (1)承载能力极限状态设计时跨中截面弯矩设计值。
安全等级为二级，$\gamma_0 = 1.0$；
永久作用对结构不利，取 $\gamma_G = 1.3$；
可变作用对结构不利，取 $\gamma_Q = 1.5$。
$$M = 1.0 \times (1.3 \times 0.125 \times 12 \times 4^2 + 1.5 \times 0.125 \times 8 \times 4^2) = 55.20 (\text{kN} \cdot \text{m})$$
(2)按正常使用极限状态设计时：
标准组合：
$$M_k = M_{Gk} + M_{Qk} = 0.125 \times (12 + 8) \times 4^2 = 40.00 (\text{kN} \cdot \text{m})$$
频遇组合：
$$M_k = M_{Gk} + \psi_f \times M_{Qk} = 0.125 \times (12 + 0.6 \times 8) \times 4^2 = 33.60 (\text{kN} \cdot \text{m})$$
准永久组合：
$$M_k = M_{Gk} + \psi_q \times M_{Qk} = 0.125 \times (12 + 0.5 \times 8) \times 4^2 = 32.00 (\text{kN} \cdot \text{m})$$

4.4 地震作用与抗震验算

4.4.1 重力荷载代表值

地震作用是结构质量受地面输入的加速度影响产生的惯性作用，它的大小与结构质量有关。计算地震作用时，经常采用"集中质量法"的结构简图，把结构简化为一个有限数目质点的悬臂杆。假定各楼层的质量集中在楼盖标高处，墙体质量则按上下层各半也集中在该层楼盖处，于是，各楼层质量被抽象为若干个参与振动的质点。结构的计算简图是一单质点的弹性体系或多质点的弹性体系，如图 4-3 所示。

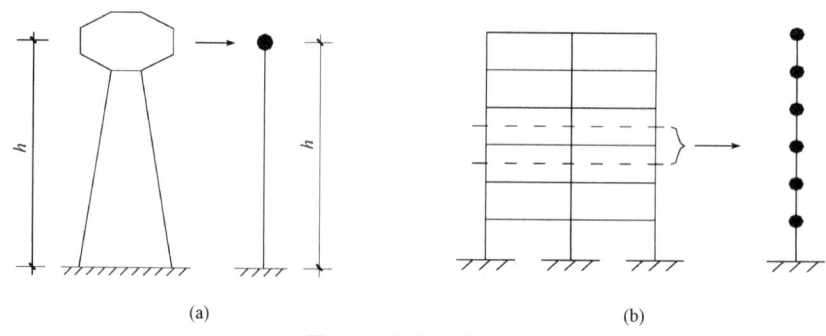

图 4-3 结构计算简图
(a)单质点弹性体系；(b)多质点弹性体系

各质点的质量包括结构的自重，以及地震发生时可能作用于结构上的竖向可变荷载(如楼面活荷载等)，其计算值称为重力荷载代表值。在抗震设计中，当计算地震作用的标准值和计算结构构件的地震作用效应与其他荷载效应的基本组合时，即采用重力荷载代表值 G_E，它是永久荷载和有关可变荷载的组合值之和，按式(4-12)计算。

$$G_E = G_k + \sum_{i=1}^{n} \delta \psi_{Ei} Q_{ki} \quad (4-12)$$

式中　G_k——结构或构件的永久荷载标准值；

　　　Q_{ki}——结构或构件第 i 个可变荷载标准值；

　　　ψ_{Ei}——第 i 个可变荷载的组合值系数，根据地震时的遇合概率确定，见表 4-2。

表 4-2　组合值系数 ψ_{Ei}

可变荷载种类		组合值系数
雪荷载		0.5
屋面积灰荷载		0.5
屋面活荷载		不计入
按实际情况计算的楼面活荷载		1.0
按等效均布荷载计算的楼面活荷载	藏书库、档案库	0.8
	其他民用建筑	0.5
起重机悬吊物重力	硬钩起重机	0.3
	软钩起重机	不计入

4.4.2　地震作用组合

结构构件的地震作用效应和其他荷载效应的基本组合，应按式(4-13)计算：

$$S = \gamma_G S_{GE} + \gamma_{Eh} S_{Ehk} + \gamma_{Ev} S_{Evk} + \psi_w \gamma_w S_{wk} \quad (4-13)$$

式中　S——结构构件内力组合的设计值，包括组合的弯矩、轴向力和剪力设计值等；

　　　γ_G——重力荷载分项系数，一般情况应采用 1.2，当重力荷载效应对构件承载能力有利时，不应大于 1.0；

　　　γ_{Eh}、γ_{Ev}——水平、竖向地震作用分项系数，应按表 4-3 采用；

　　　γ_w——风荷载分项系数，应采用 1.4；

　　　S_{GE}——重力荷载代表值的效应，但有起重机时，尚应包括悬吊物重力标准值的效应；

　　　S_{Ehk}——水平地震作用标准值的效应，尚应乘以相应的增大系数或调整系数；

　　　S_{Evk}——竖向地震作用标准值的效应，尚应乘以相应的增大系数或调整系数；

　　　S_{wk}——风荷载标准值的效应；

　　　ψ_w——风荷载组合值系数，一般结构取 0.0，风荷载起控制作用的建筑应采用 0.2。

地震作用分项系数取值见表 4-3。

表 4-3　地震作用分项系数

地震作用	γ_{Eh}	γ_{Ev}
仅计算水平地震作用	1.3	0.0
仅计算竖向地震作用	0.0	1.3
同时计算水平与竖向地震作用(水平地震为主)	1.3	0.5
同时计算水平与竖向地震作用(竖向地震为主)	0.5	1.3

4.4.3　结构的抗震验算

结构构件的截面抗震验算，应采用下列设计表达式：

$$S \leqslant \frac{R}{\gamma_{RE}} \qquad (4\text{-}14)$$

式中　　S——由式(4-13)计算得到的结构构件内力组合的设计值；

　　　　R——结构构件承载力设计值；

　　　　γ_{RE}——承载力抗震调整系数，除另有规定外，应按表4-4采用。

表 4-4　承载力抗震调整系数 γ_{RE}

材料	结构构件	受力状态	γ_{RE}
钢	柱、梁、支撑、节点板件、螺栓、焊缝柱、支撑	强度	0.75
		稳定	0.80
砌体	两端均有构造柱、芯柱的抗震墙	受剪	0.9
	其他抗震墙	受剪	1.0
混凝土	梁	受弯	0.75
	轴压比小于0.15的柱	偏压	0.75
	轴压比不小于0.15的柱	偏压	0.80
	抗震墙	偏压	0.85
	各类构件	受剪、偏拉	0.85

需注意，当仅计算竖向地震作用时，各类结构构件承载力抗震调整系数均应采用1.0。

知识拓展

2021年1月，联合国大学水、环境与健康研究所发布了一项分析报告，预计到2050年，地球上绝大多数人口的生活区域将处于大型水坝的下游，这些建设于20世纪的大型水坝有数万座，而很多都已经到达了设计寿命！

三峡大坝建成于2006年5月20日(主体工程竣工日期)，设计寿命众说纷纭，有说50年的，也有说500年的，不过2014年水利部发布了《水利水电工程合理使用年限及耐久性设计规范》(SL 654—2014)，明确规定1级壅水建筑物(大坝)的设计使用寿命为150年，所以根本无须担心。

模块小结

(1)结构设计基准期和设计使用年限。
(2)作用与作用组合。
(3)极限状态设计法的基本概念及基本表达式。
(4)地震作用与结构抗震验算。

课后习题

(1)什么是结构设计基准期？什么是设计使用年限？
(2)结构设计应使结构满足哪些功能要求？
(3)什么是极限状态？极限状态分为哪几类？
(4)荷载的代表值有哪些？分别是如何取值的？
(5)什么是重力荷载代表值？什么情况下需要使用重力荷载代表值？它是如何计算的？

第 2 篇　钢筋混凝土结构

教学引导

港珠澳大桥是"一国两制"框架下、粤港澳三地首次合作共建的超大型跨海通道，全长 55 km，设计使用寿命 120 年，总投资约 1 200 亿元。大桥于 2003 年 8 月启动前期工作，2009 年 12 月开工建设，筹备和建设前后历时达 15 年，于 2018 年 10 月开通运营。

大桥主体工程由粤、港、澳三方政府共同组建的港珠澳大桥管理局负责建设、运营、管理和维护，三地口岸及连接线由各自政府分别建设和运营。主体工程实行桥、岛、隧组合，总长约 29.6 km，穿越伶仃航道和铜鼓西航道段约 6.7 km 为隧道，东、西两端各设置一个海中人工岛（蓝海豚岛和白海豚岛），犹如"伶仃双贝"熠熠生辉；其余路段约 22.9 km 为桥梁，分别设有寓意三地同心的"中国结"青州桥、人与自然和谐相处的"海豚塔"江海桥，以及扬帆起航的"风帆塔"九洲桥三座通航斜拉桥。

珠澳口岸人工岛总面积 208.87 hm^2，分为三个区域，分别为珠海公路口岸管理区 107.33 hm^2、澳门口岸管理区 71.61 hm^2、大桥管理区 29.93 hm^2，口岸由各自独立管辖。13.4 km 的珠海连接线衔接珠海公路口岸与西部沿海高速公路月环至南屏支线延长线，将大桥纳入国家高速公路网络；澳门连接线从澳门口岸以桥梁方式接入澳门填海新区。

港珠澳大桥建成开通，有利于三地人员交流和经贸往来，有利于促进粤港澳大湾区发展，有利于提升珠三角地区综合竞争力，对于支持香港、澳门融入国家发展大局，全面推进内地、香港、澳门互利合作具有重大意义。这是一座圆梦桥、同心桥、自信桥、复兴桥。大桥建成通车，进一步坚定了我们对中国特色社会主义的道路自信、理论自信、制度自信、文化自信，充分说明社会主义是干出来的，新时代也是干出来的！

导读

混凝土结构是 19 世纪随着水泥的发明和现代钢铁工业的发展而发展起来的。1824 年，英国人 J. Aspdin 发明了波特兰水泥，为混凝土的诞生奠定了基础。1884 年，德国人 Wayss Bauschingger 和 Koenen 等提出了钢筋应配置在构件中受拉力的部位和钢筋混凝土板的计算理论。1872 年，世界第一座钢筋混凝土建筑在纽约落成，人类历史上一个崭新的纪元从此开始，之后混凝土结构被广泛应用于梁、板、柱、基础等结构构件中。

在混凝土结构应用方面，工业建筑的单层和多层厂房已广泛采用了钢筋混凝土结构；在民用和公共建筑中，钢筋混凝土结构在住宅、旅馆、剧院、体育馆等建筑中得到广泛应用。此外，钢筋混凝土结构在桥梁工程、水工及港口工程、地下工程、海洋工程、国防工程及特种结构中得到广泛应用。尤其是近年来钢筋混凝土高层建筑发展迅速。

模块 5　钢筋混凝土结构材料

知识目标

（1）掌握混凝土的强度指标和变形指标；
（2）掌握钢筋的种类和力学性能；
（3）了解钢筋与混凝土共同工作的原理。

能力目标

（1）掌握混凝土的强度指标和变形指标；
（2）掌握钢筋的种类和力学性能；
（3）了解钢筋与混凝土共同工作的原理。

素养目标

（1）树立敬畏科学的严谨学习态度；
（2）树立攻坚克难的学风；
（3）树立爱国主义情怀。

工程案例

北京中信大厦（图 5-1）建筑高度为 528 m，结构高度为 515.5 m，地上 109 层，地下 8 层。平面为方形，底部尺寸为 78 m×78 m，中上部平面尺寸为 54 m×54 m，同时顶部逐渐放大为 69 m×69 m，最终形成中部略有收分的建筑造型。

图 5-1　北京中信大厦

北京中信大厦是 8 度抗震设防烈度区的在建的最高建筑，体形呈中国古代用来盛酒的器具"尊"的形状。为满足结构抗震与抗风的技术要求，北京中信大厦在结构上采用了含有巨型柱、巨型斜撑及转换桁架的外框筒，以及含有组合钢板剪力墙的核心筒，形成了巨型钢—混凝土筒中筒结构体系。为配合建筑外轮廓，结构设计使用了 BIM（建筑信息模型）技术，特别是结构参数化设计和分析手段，满足了建筑功能的要求，达到了经济性和安全性的统一。

5.1 混凝土

5.1.1 混凝土的强度

混凝土的强度与其组成材料的质量、配合比、养护条件、龄期、受力条件、试件形状、尺寸和试验方法有关。混凝土的强度主要有立方体抗压强度、轴心抗压强度和轴心抗拉强度。

1. 立方体抗压强度 f_{cu}

立方体抗压强度是衡量混凝土强度大小的基本指标，是评价混凝土等级的标准。

《混凝土结构设计标准(2024年版)》(GB/T 50010—2010)规定，采用边长为 150 mm 的标准立方体试件，在标准养护条件下(温度 20 ℃±3 ℃，相对湿度不小于 90%)养护 28 d 后，按照标准试验方法测得的具有 95% 保证率的抗压强度，作为混凝土的立方体抗压强度标准值，用符号 $f_{cu,k}$ 表示。

试验表明，混凝土的立方体抗压强度还与试块的尺寸有关，立方体尺寸越小，测得的混凝土抗压强度越高。当采用边长为 200 mm 或 100 mm 立方体试件时，须将其抗压强度实测值乘以 1.05 或 0.95 转换成标准试件的立方体抗压强度值。此外，加载速度较快时，测得的立方体抗压强度较高。

根据立方体抗压强度标准值 $f_{cu,k}$ 的大小，混凝土强度等级分为 C20、C25、C30、C35、C40、C45、C50、C55、C60、C65、C70、C75、C80 共 13 个等级。其中，C60~C80 属高强度混凝土。混凝土强度等级中的数字表示立方体抗压强度标准值，如 C20 混凝土中的 20 是指立方体抗压强度标准值为 20 N/mm²。

《混凝土结构设计标准(2024年版)》(GB/T 50010—2010)规定，素混凝土结构的混凝土强度等级不应低于 C20；钢筋混凝土结构的混凝土强度等级不应低于 C25。

预应力混凝土楼板结构的混凝土强度等级不应低于 C30，其他预应力混凝土结构构件的混凝土强度等级不应低于 C40。

采用强度等级 500 MPa 及以上的钢筋时，混凝土强度等级不应低于 C30。

承受重复荷载的钢筋混凝土构件，混凝土强度等级不应低于 C30。

2. 轴心抗压强度 f_c

在实际工程中，受压构件并非立方体而是棱柱体，工作条件与立方体试块的工作条件也有很大差别。试验表明，当棱柱体试件的高宽比(h/b)为 2~3 时，混凝土的抗压强度趋于稳定(图 5-2)，因此，采用棱柱体试件更能反映混凝土的实际抗压能力。《混凝土结构设计标准(2024年版)》(GB/T 50010—2010)规定采用 150 mm×150 mm×300 mm 棱柱体试件测得的强度作为混凝土的轴心抗压强度。

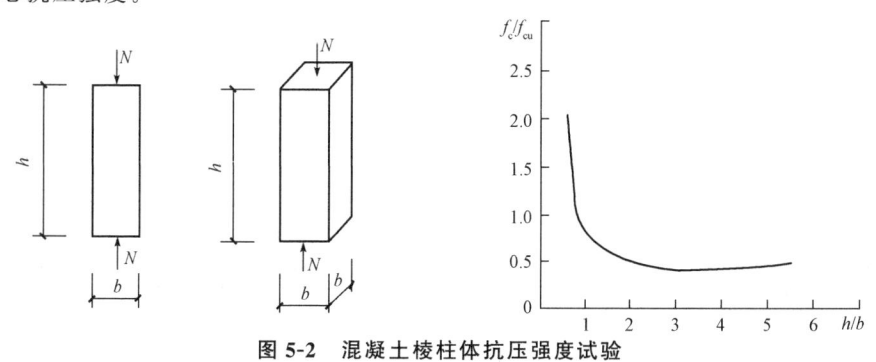

图 5-2 混凝土棱柱体抗压强度试验

《混凝土结构设计标准(2024年版)》(GB/T 50010—2010)中混凝土的轴心抗压强度标准值按下式计算：

$$f_{c,k}=0.88\alpha_{c1}\alpha_{c2}f_{cu,k} \tag{5-1}$$

式中 α_{c1}——棱柱体抗压强度与立方体抗压强度之比，对C50级及以下混凝土取$\alpha_{c1}=0.76$；C80级混凝土取$\alpha_{c1}=0.82$；中间值按线性内插法计算；

α_{c2}——考虑混凝土脆性的折减系数，对C40级混凝土取$\alpha_{c2}=1.0$；对C80级混凝取$\alpha_{c2}=0.87$；中间值按线性内插法计算。

轴心抗压强度是构件承载力计算的强度指标。

3. 轴心抗拉强度 f_t

混凝土的抗拉强度远小于其抗压强度，一般只有抗压强度的1/20～1/8。

混凝土的抗拉强度最初采用尺寸为100 mm×100 mm×500 mm的棱柱体试件进行轴心受拉试验，但其准确性较差，故《混凝土结构设计标准(2024年版)》(GB/T 50010—2010)采用边长为150 mm的立方体试件的劈裂试验来间接测定。

4. 混凝土的强度设计指标

与钢筋相比，混凝土强度具有更大的变异性，按同一标准生产的混凝土各批强度会不同，即便是用同一次搅拌的混凝土制作的构件，其强度也有差异。因此，设计中也应采取混凝土强度标准值来进行计算。混凝土的强度标准值应具有不小于95%的保证率。

混凝土强度设计值等于混凝土强度标准值除以混凝土材料分项系数γ_c，$\gamma_c=1.4$。

各种强度等级的混凝土强度标准值、强度设计值分别见表5-1和表5-2。

表 5-1 混凝土强度标准值　　　　　　　　　　　　　　　　N/mm²

强度	混凝土强度等级											
	C20	C25	C30	C35	C40	C45	C50	C55	C60	C65	C70	C75	C80
$f_{c,k}$	13.4	16.7	20.1	23.4	26.8	29.6	32.4	35.5	38.5	41.5	44.5	47.4	50.2
$f_{t,k}$	1.54	1.78	2.01	2.20	2.39	2.51	2.64	2.74	2.85	2.93	2.99	3.05	3.11

表 5-2 混凝土强度设计值　　　　　　　　　　　　　　　　N/mm²

强度	混凝土强度等级											
	C20	C25	C30	C35	C40	C45	C50	C55	C60	C65	C70	C75	C80
f_c	9.6	11.9	14.3	16.7	19.1	21.1	23.1	25.3	27.5	29.7	31.8	33.8	35.9
f_t	1.1	1.27	1.43	1.57	1.71	1.80	1.89	1.96	2.04	2.09	2.14	2.18	2.22

5. 复合应力状态下混凝土的强度

在钢筋混凝土结构中，混凝土处于单向受力状态的情况比较少，通常是处于双向或三向应力状态。因此，研究混凝土在复合应力状态下的强度问题，对进一步认识混凝土的强度理论具有重要意义。

(1)混凝土的双向受力强度。试验表明：

1)当混凝土双向受压时，一个方向强度随另一个方向压力增加而增加，最大双向受压强度比单向受压强度高约27%。

2)一个方向受压，另一个方向受拉，混凝土的强度均低于单向受力(拉或压)的强度，即异号应力使强度降低。

3)当双向受拉时，接近单向抗拉强度。

(2)混凝土在法向应力和切向应力作用下的复合强度。当混凝土同时受到剪力或扭矩引起的剪应力及轴力引起的法向应力时,形成剪压或剪拉复合应力状态。混凝土的抗剪强度随拉应力的增大而减小,随压应力的增大而增大;但当压应力大于 $0.5f_c$ 时,由于内部裂缝的明显发展,抗剪强度反而随压应力的增大而减小。从抗压强度的角度分析,由于剪应力的存在,混凝土的抗压强度要比单向抗压强度低。故在梁、柱等构件中,当有剪应力时,将会影响受压区混凝土的强度,这点应该予以考虑。

(3)混凝土三向受压下的强度。当混凝土处于三向受压的状况时,由于侧向压力的约束,延续了混凝土内部裂缝的产生和发展。侧向压力值越大,对裂缝的约束作用就越大,即最大主应力方向的抗压强度取决于侧向压应力的约束程度。在实际工程中,常常要配置密排侧向箍筋、螺旋箍筋及钢管等提供侧向约束,以提高混凝土的抗压强度和延性。

5.1.2 混凝土的变形

混凝土的变形分为两类:一类称为混凝土的受力变形,包括一次短期加荷下的变形和长期荷载作用下的变形;另一类称为混凝土的体积变形,包括混凝土由于收缩和温度变化而产生的变形等。

1. 混凝土一次短期加荷下的变形

(1)混凝土的应力-应变曲线。以混凝土棱柱体试验测得混凝土一次短期加荷下的典型受压应力-应变曲线如图 5-3(a)所示。图中 A、B、C 三点将全曲线划分为四个阶段。

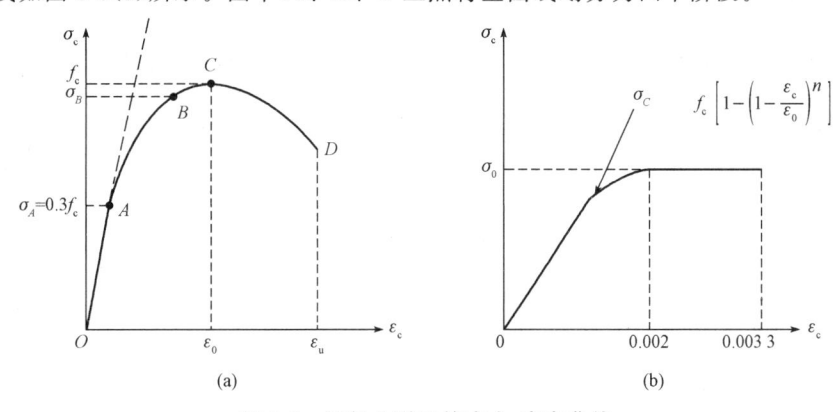

图 5-3 混凝土受压的应力-应变曲线

(a)典型曲线;(b)简化曲线

OA 段:σ_A 为 $(0.3\sim0.4)f_c$,对于高强度混凝土 σ_A 可达 $(0.5\sim0.7)f_c$。混凝土基本处于弹性工作阶段。应力-应变呈线性关系。其变形主要是骨料和水泥结晶体的弹性变形。

AB 段:裂缝稳定发展阶段。混凝土表现出塑性性质,纵向压应变增长开始加快,应力-应变关系偏离直线,逐渐偏向应变轴。这是水泥凝胶体的粘结流动、混凝土中微裂缝的发展及新裂缝不断产生的结果,但该阶段微裂缝的发展是稳定的,即当应力不继续增加时,裂缝就不再延伸发展。

BC 段:应力达到 σ_B 时,内部一些微裂缝相互连通,裂缝的发展已不稳定,并且随荷载的增加迅速发展,塑性变形显著增大。如果压应力长期作用,裂缝会持续发展,最终导致破坏,故通常取 B 点的应力 σ_B 为混凝土的长期抗压强度。普通强度混凝土 σ_B 约为 $0.8f_c$,高强度混凝土 σ_B 可达 $0.95f_c$ 以上。C 点的应力达峰值应力,即 $\sigma_C=f_c$,相应于峰值应力的应变为 ε_0,其值为 $0.0015\sim0.0025$,平均值为 $\varepsilon_0=0.002$。

C 点以后:试件承载能力下降,应变继续增大,最终还会留下残余应力。

OC 段为曲线的上升段,C 点以后为下降段。试验结果表明,随着混凝土强度的提高,上升段的形状和峰值应变的变化不是很显著,而下降段的形状有较大的差异。混凝土的强度越高,下降段的坡度越陡,即应力下降相同幅度时变形越小,延性越差。《混凝土结构设计标准(2024年版)》(GB/T 50010—2010)取简化曲线[图5-3(b)]作为混凝土强度的设计依据。

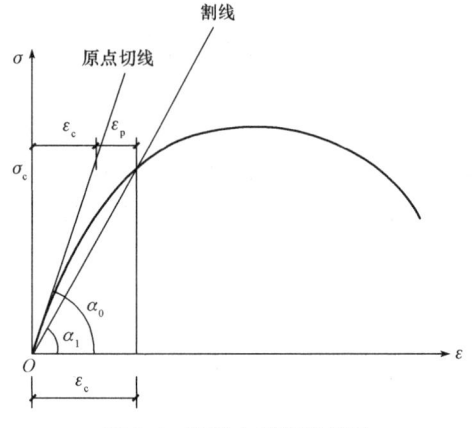

(2)混凝土的弹性模量E_c。混凝土的弹性模量指混凝土的原点切线模量(图5-4)。但是,混凝土不是弹性材料。其应力和应变不呈线性关系,不同阶段的变形模量(应力与应变之比)不同,原点切线很难准确确定。实际工程中,取$\sigma=(0.4\sim0.5)f_c$,重复加载5~10次后的σ-ε直线的斜率(图5-5)作为混凝土的弹性模量E_c。

图 5-4　混凝土的弹性模量

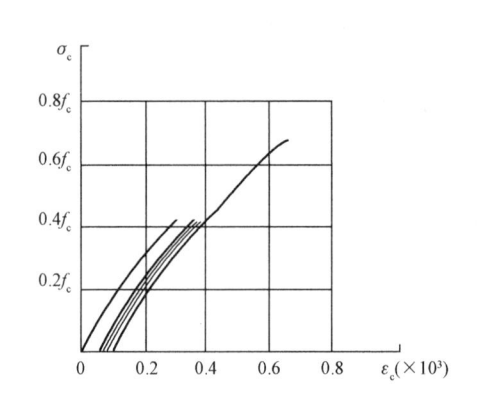

图 5-5　混凝土棱柱体重复加载的σ-ε曲线

按照上述方法,《混凝土结构设计标准(2024年版)》(GB/T 50010—2010)经统计分析得到混凝土的受拉或受压弹性模量E_c的经验计算公式:

$$E_c = \frac{10^5}{2.2 + \frac{34.7}{f_{cu,k}}} \qquad (5-2)$$

式中　E_c——混凝土弹性模量(N/mm²);
　　　$f_{cu,k}$——混凝土立方体抗压强度的标准值(N/mm²)。

按式(5-2)计算的不同强度等级混凝土的弹性模量见表5-3。

拓展知识:混凝土结构的耐久性

表 5-3　混凝土弹性模量

混凝土强度等级	C20	C25	C30	C35	C40	C45	C50	C55	C60	C65	C70	C75	C80
$E_c/(\times 10^4 \text{ N} \cdot \text{mm}^{-2})$	2.55	2.80	3.00	3.15	3.25	3.35	3.45	3.55	3.60	3.65	3.70	3.75	3.80

注:①当有可靠试验依据时,弹性模量可根据实测数据确定。
　　②当混凝土中掺有大量矿物掺和料时,弹性模量可按规定期龄根据实测数据确定。

2. 混凝土长期荷载作用下的变形——徐变

混凝土在长期不变荷载作用下,变形随时间继续增长的现象,称为混凝土的徐变。混凝土的徐变会使构件变形增大;在预应力混凝土构件中,徐变会导致预应力损失;对于长细比较大的偏心受压构件,徐变会使偏心距增大,降低构件承载力。

3. 混凝土的收缩和温度变形

混凝土在空气中结硬时体积减小的现象称为收缩。混凝土收缩的原因主要是混凝土结硬过程中的体积收缩和混凝土内的水分蒸发而引起的体积收缩。

混凝土的收缩对钢筋混凝土构件往往是不利的。例如,混凝土构件受到约束时,混凝土的收缩将使混凝土中产生拉应力，在使用前就可能因混凝土收缩应力过大而产生裂缝。在预应力混凝土结构中，混凝土的收缩会引起预应力损失。

试验表明，混凝土的收缩随时间而增长，一般在半年内可完成收缩量的 80%～90%，两年后趋于稳定。一般情况下，普通混凝土最终收缩应变为 $4\times 10^{-4}\sim 8\times 10^{-4}$。

试验还表明，水泥用量越多，水胶比越大，混凝土收缩越大；骨料的弹性模量大、级配好，混凝土振捣越密实则收缩越小。因此，加强混凝土的早期养护、减小水胶比、减少水泥用量、加强振捣是减小混凝土收缩的有效措施。

温度变化会使混凝土热胀冷缩，在结构中产生温度应力，甚至会使构件开裂以致损坏。因此，对于烟囱、建筑屋面等结构，设计时应考虑温度应力的影响。

5.1.3 混凝土结构的耐久性规定

混凝土结构应符合有关耐久性的规定，以保证其在化学、生物，以及其他使结构材料性能恶化的各种侵蚀的作用下，达到预期的耐久年限。

结构的使用环境是影响混凝土结构耐久性的最重要的因素。混凝土结构的使用环境类别见表 5-4。影响混凝土结构耐久性的另一个重要因素是混凝土的质量。控制水胶比，减小渗透性，提高混凝土的强度等级，增加混凝土的密实性，以及控制混凝土中氯离子和碱的含量等，对于混凝土的耐久性都具有非常重要的作用。耐久性对混凝土质量的主要要求如下所述。

表 5-4 混凝土结构的使用环境类别

环境类别	说 明
一	室内干燥环境；无侵蚀性静水浸没环境
二 a	室内潮湿环境；非严寒和非寒冷地区的露天环境、非严寒和非寒冷地区与无侵蚀性的水或土层直接接触的环境；严寒和寒冷地区的冰冻线以下与无侵蚀性的水或土层直接接触的环境
二 b	干湿交替环境；水位频繁变动环境；严寒和寒冷地区的露天环境；严寒和寒冷地区冰冻线以上与无侵蚀性的水或土层直接接触的环境
三 a	严寒和寒冷地区冬季水位变动区环境；受除冰盐影响环境；海风环境
三 b	盐渍土环境；受除冰盐作用环境；海岸环境
四	海水环境
五	受人为或自然的侵蚀性物质影响的环境

注：严寒地区指最冷月平均温度不高于-10 ℃，日平均温度不高于 5 ℃的天数不少于 145 d 的地区；寒冷地区指最冷月平均温度为-10～0 ℃，日平均温度不高于 5 ℃的天数为 90～145 d 的地区

1. 设计使用年限为 50 年的一般结构混凝土

混凝土中的氯离子会使钢筋锈蚀，混凝土中的碱会使混凝土膨胀，因此使用中要加以控制。对于设计使用年限为 50 年的一般结构，混凝土质量应符合表 5-5 的规定。

表 5-5 结构混凝土材料耐久性的基本规定

环境类别	最大水胶比	最低强度等级	水溶性氯离子最大含量/%	最大碱含量/(kg·m^{-3})
一	0.60	C25	0.30	不限制

续表

环境类别	最大水胶比	最低强度等级	水溶性氯离子最大含量/%	最大碱含量/(kg·m^{-3})
二 a	0.55	C25	0.20	3.0
二 b	0.50(0.55)	C30(C25)	0.15	
三 a	0.45(0.50)	C35(C30)	0.15	
三 b	0.4	C40	0.10	

注：①氯离子含量是指其占胶凝材料用量的质量百分比，计算时辅助胶凝材料的量不应大于硅酸盐水泥的量。
②预应力混凝土构件中的水溶性氯离子最大含量为0.06%；其最低混凝土强度等级应按表中规定提高不少于两个等级。
③素混凝土结构的混凝土最大水胶比及最低强度等级的要求可适当放松，但混凝土最低强度等级应符合《混凝土结构设计标准(2024年版)》(GB/T 50010—2010)的有关规定。
④有可靠工程经验时，二类环境中的最低混凝土强度等级可为C25。
⑤处于严寒和寒冷地区二 b、三 a 类环境中的混凝土应使用引气剂，并可采用括号中的有关参数。
⑥当使用非碱活性骨料时，对混凝土中的碱含量可不作限制

2. 设计使用年限为100年的结构混凝土
一类环境中，设计使用年限为100年的结构混凝土应符合下列规定。
(1)钢筋混凝土结构混凝土强度等级不应低于C30；预应力混凝土结构的最低混凝土强度等级为C40。
(2)混凝土中氯离子含量不得超过水泥质量的0.06%。
(3)宜使用非碱活性骨料；当使用碱活性骨料时，混凝土中的碱含量不得超过3.0 kg/m³。
(4)混凝土保护层厚度应符合规范相应的规定；当采取有效的表面防护措施时，混凝土保护层厚度可适当减少。
对于设计寿命为100年且处于二类和三类环境中的混凝土结构应采取专门有效的措施。

3. 其他要求
(1)预应力混凝土结构中的预应力筋应根据具体情况采取表面防护、孔道灌浆、加大混凝土保护层等措施，外露的锚固端应采取封锚和混凝土表面处理等有效措施。
(2)严寒及寒冷地区的潮湿环境中，结构混凝土应满足抗冻要求，混凝土抗冻等级应符合有关标准的要求。
(3)有抗渗要求的混凝土结构，混凝土的抗渗等级应符合有关标准的要求。
(4)处于二、三类环境中的悬臂构件宜采用悬臂梁—板的结构形式，或在其表面增设防护层。
(5)处于二、三类环境中的结构构件，其表面的预埋件、吊钩、连接件等金属部件应采取可靠的防锈措施，对于后张预应力混凝土外露金属锚具，其防护要求应符合相关规定。
(6)处在三类环境中的混凝土结构构件，可采用阻锈剂、环氧树脂涂层钢筋或其他具有耐腐蚀性能的钢筋，采取阴极保护措施或采用可更换的构件等措施。

4. 混凝土结构在设计使用年限内尚应遵守的规定
(1)建立定期检测、维修制度。
(2)设计中可更换的混凝土构件应按规定更换。
(3)构件表面的防护层应按规定维护或更换。
(4)结构出现可见的耐久性缺陷时应进行处理。

5.2 钢筋

5.2.1 钢筋的种类

我国建筑结构中使用的钢材主要有线材(钢筋、钢丝)、板材和型钢(角钢、槽钢及工字钢),混凝土结构中主要采用线材,称为钢筋,钢结构中主要采用板材和型钢。钢筋分为混凝土结构用钢筋和预应力混凝土结构用钢筋,这里主要介绍混凝土结构用钢筋。

按力学性能,钢筋可分为不同等级,随着钢筋级别的增大,钢筋强度提高,但延性有所降低。

按化学成分,钢筋可分为碳素钢和普通低合金钢。碳素钢的强度随含碳量的增加而提高,但延性明显降低;合金钢是在碳素钢中添加了少量合金元素,使钢筋的强度提高,延性保持良好。

我国用于混凝土结构和预应力混凝土结构的钢材主要有钢筋和钢丝,其形式如图 5-6 所示。

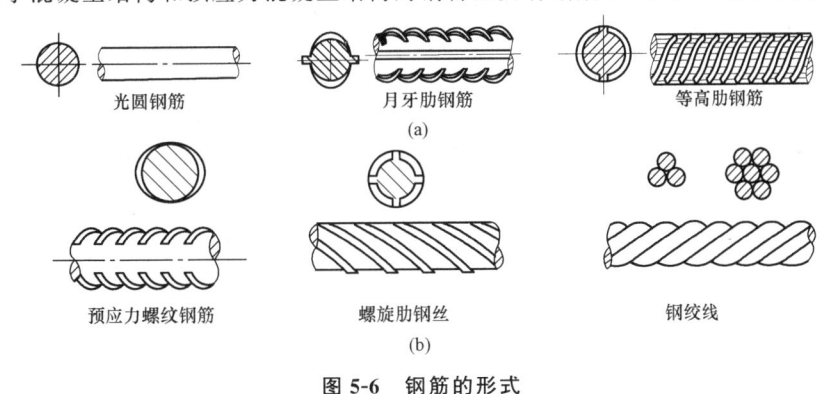

图 5-6 钢筋的形式
(a)普通钢筋;(b)预应力钢筋

1. 混凝土结构用钢筋

混凝土结构用钢筋主要有热轧钢筋、细晶粒热轧钢筋、热轧余热处理钢筋三类,其表面形式有光圆钢筋和带肋钢筋(螺纹、人字纹、月牙纹)两类,光圆钢筋是采用低碳钢轧制而成的,强度较低,一般是 HPB300 级钢筋;带肋钢筋采用低合金钢轧制而成,钢筋的等级划分如下。

(1)热轧钢筋分为 HPB300 级、HRB400 级、HRB500 级。热轧钢筋是经热轧成型并自然冷却的成品钢筋,由低碳钢和普通合金钢在高温状态下压制而成,主要用于钢筋混凝土和预应力混凝土结构的配筋,是土木建筑工程中使用量最大的钢材品种之一。

(2)细晶粒热轧钢筋分为 HRBF400 级、HRBF500 级。通过控冷控轧的方法,钢筋组织晶粒细化、强度提高。该工艺既能提高强度又能降低脆性转变温度,钢中微合金元素通过析出质点在冶炼凝固过程到焊接加热冷却过程中影响晶粒成核和晶界迁移来最终影响晶粒尺寸。细晶强化的特点是在提高强度的同时,还能提高韧性或保持韧性和塑性基本不变。符合一、二、三级抗震等级的框架和斜撑构件对纵向受力钢筋的要求。

(3)热轧余热处理钢筋主要有 RRB400 级。热轧余热处理就是利用钢筋轧制余热在线直接穿水淬火、自回火处理的钢筋处理技术。通过控制钢筋显微组织和表面淬硬层面积所占比例,提高钢筋力学性能。普通钢筋经过热轧余热处理制成高强度钢筋。这种处理技术挖掘了钢筋的性能潜力,提高了钢筋的综合性能,可节约能源、节约材料,降低成本,具有巨大的经济效益和社会效益,是前景发展较好的实用技术。

2. 预应力混凝土结构用钢筋

预应力混凝土结构用钢筋主要有中强度预应力钢丝、钢绞线、消除应力钢丝、预应力螺纹钢筋。

(1)中强度预应力钢丝。中强度预应力钢丝是由钢丝经冷加工或冷加工后热处理制成的,其抗拉强度标准值为 800～1 270 MPa,直径为 4～9 mm,外形有光面(ϕ^{PM})和螺旋肋(ϕ^{HM})两种,以盘圆形式供应。

(2)钢绞线。钢绞线(ϕ^S)是由多根高强度钢丝扭结而成的,常用的有 1×3(3 股)和 1×7(股),外径为 8.6～15.2 mm,抗拉强度标准值为 1 570～1 960 N/mm²,低松弛,伸直性好,比较柔软,盘弯方便,粘结性好。

(3)消除应力钢丝。消除应力钢丝是由高碳镇静钢轧制成光圆盘条钢筋,经冷拔和回火处理消除残余应力而成。其抗拉强度标准值为 1 470～1 860 N/mm²,其外形有光面(ϕ^P)和螺旋肋(ϕ^H)两种。

(4)预应力螺纹钢筋。预应力螺纹钢筋(ϕ^T)也称精轧螺纹钢筋,它成功地解决了大直径、高强度预应力钢筋的连接和锚具问题。抗拉强度标准值为 980～1 230 N/mm²。这种钢筋轧制时在钢筋表面直接轧出,不带纵筋,而横肋为梯形螺扣外形的钢筋,可采用螺钉套筒连接和螺母锚固,无须再加工螺钉。这种钢筋已成功应用于大型预应力混凝土结构、桥梁等结构中。预应力螺纹钢筋的公称直径有 18 mm、25 mm、32 mm、40 mm 和 50 mm 五种。

5.2.2　钢筋的力学性能

1. 钢筋的强度

钢筋的强度和变形性能由钢筋的拉伸试验测得,通过钢筋的拉伸试验可测得钢筋典型的应力-应变曲线,通过钢筋的应力-应变曲线可以将钢筋分为两类:一类是有明显屈服点的钢筋(图 5-7),另一类是没有明显屈服点的钢筋(图 5-8)。

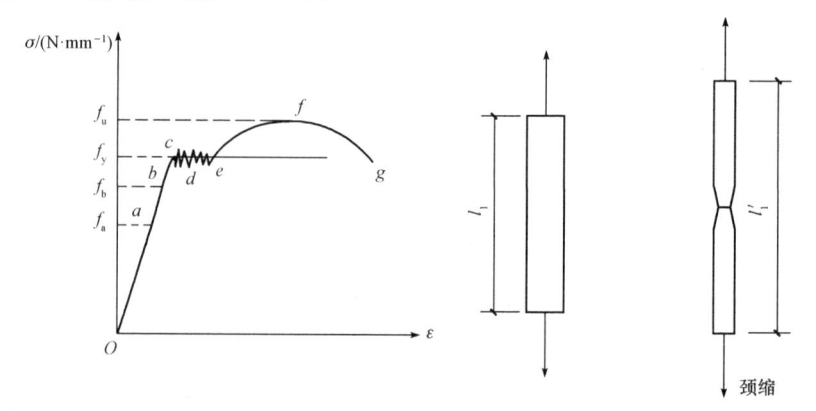

图 5-7　有明显屈服点的钢筋(软钢)

(1)有明显屈服点的钢筋(软钢)。有明显屈服点的钢筋属于软钢,是低强度钢筋,如热轧钢筋,其特点是强度低,但塑性较好。图 5-7 所示是有明显屈服点的钢筋的典型应力-应变曲线,钢筋在单向拉伸过程中的经历了以下个阶段。

1)弹性阶段(曲线的 Oa 段)。应力很小,a 点以内,应力与应变成正比,这时如果把荷载卸掉,变形可以完全恢复,这时钢材处于弹性受力阶段,a 点对应的应力称为钢材的弹性极限 f_a。

2)曲线的 ab 段。在这一阶段应力与应变不再保持直线变化而是呈曲线关系,钢材表现出明显的塑性变形,这时如果把荷载卸掉,变形不能完全恢复,b 点对应的应力称为钢材的比例极限 f_b。

3)屈服阶段(曲线的 ce 段)。随着钢材应力的增加,当应力达到 c 点时,在应力不增加的情况下,钢材产生持续的塑性变形(钢材持续伸长变细),形成屈服台阶 de 段,钢材进入了屈服阶段，钢材处于完全的塑性状态。c 点称为上屈服点，d 点称为下屈服点，对应的强度称为屈服强度 f_y，是可利用的强度指标。

4）强化阶段（曲线的 ef 段）。钢材在屈服阶段经过很大的塑性变形，达到 e 点以后又恢复继续承载的能力，直到应力达到 f 点的最大值，即极限抗拉强度 f_u，这一阶段（ef 段）称为强化阶段。

5）颈缩阶段（曲线的 fg 段）。试件应力达到极限抗拉强度 f_u 时，试件中部截面变细，形成颈缩现象。

以上是有明显屈服点钢筋的受力阶段，有两个强度指标：一个是屈服强度 f_y；另一个是极限抗拉强度 f_u。只有屈服强度 f_y 是可利用的强度指标，《混凝土结构设计标准（2024 年版）》（GB/T 50010—2010）将它作为钢筋设计强度的依据，因为在钢筋混凝土结构中，钢筋和混凝土协同工作，共同承担承载力，大多数构件在遭到破坏时，钢筋的强度都没有达到极限抗拉强度 f_u，极限抗拉强度 f_u 可作为检验钢筋性能的一个强度指标。

（2）没有明显屈服点的钢筋（硬钢）。没有明显屈服点的钢筋属于硬钢，是高强度钢，如热处理钢筋、钢丝、钢绞线等，其特点是强度高，但塑性较差，图 5-8 所示是没有明显屈服点钢筋的应力-应变曲线，其受力经历了三个阶段：弹性阶段（Oa），应力与应变成正比；弹塑性阶段（ab），有明显的塑性变形，但没有明显的屈服点，达到应力的最高点 b 点时，钢材达到了极限抗拉强度 σ_u；第三阶段（bc），钢材颈缩断裂而破坏。对于没有明显屈服点的钢筋，规范取残余应变 $\varepsilon=0.2\%$ 时所对应的应力 $\sigma_{0.2}$ 作为设计的依据，称为假想屈服强度，也称为条件屈服强度，一般取 $\sigma_{0.2}=0.85\sigma_u$。

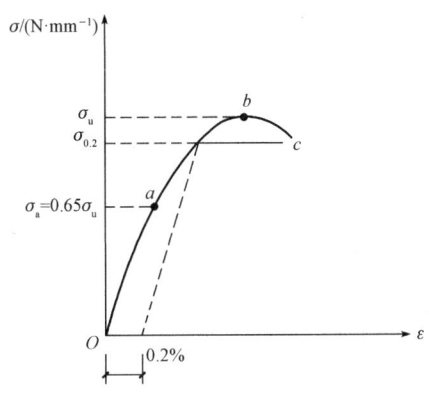

图 5-8 没有明显屈服点的钢筋（硬钢）

钢筋的强度是通过试验测得的，钢筋的强度分为标准强度和设计强度两个指标。钢筋的标准强度取值与前述材料的标准强度取值一致，《混凝土结构设计标准（2024 年版）》（GB/T 50010—2010）规定，材料强度的标准值应具有不少于 97.17% 的保证率。钢筋的标准强度按式（5-3）计算：

$$f_{yk}=\mu_y-2\sigma \tag{5-3}$$

钢筋强度设计值按式（5-4）计算：

$$f_y=\frac{f_{yk}}{\gamma_s} \tag{5-4}$$

钢筋混凝土结构按承载力设计计算时，钢筋应采用强度设计值。钢筋强度设计值为钢筋强度标准值除以材料的分项系数 γ_s。普通钢筋的材料分项系数为 1.1；预应力用钢筋的材料分项系数为 1.2。

普通钢筋和预应力钢筋强度标准值、设计值分别见表 5-6 和表 5-7。

表 5-6 普通钢筋强度标准值、设计值   MPa

种类		符号	普通钢筋强度		
			屈服强度标准值 f_{yk}	抗拉强度设计值 f_y	抗压强度设计值 f'_y
热轧钢筋	HPB300	φ	300	270	270
	HRB400 HRBF400 RRB400	Φ Φ^F Φ^R	400	360	360
	HRB500 HRBF500	Φ Φ^F	500	435	435

表 5-7 预应力钢筋强度标准值、设计值   MPa

种类		符号	公称直径 d/mm	屈服强度标准值	极限强度标准值	抗拉强度设计值	抗压强度设计值
中强度预应力钢丝	光面螺旋肋	ϕ^{PM} ϕ^{HM}	5、7、9	620 780 980	800 970 1 270	510 650 810	410
预应力螺纹钢筋	螺纹	ϕ^T	18、25、 32、40、 50	785 930 1 080	980 1 080 1 230	650 770 900	400
消除应力钢丝	光面 螺旋肋	ϕ^P ϕ^H	5	— —	1 570 1 860	1 110 1 320	410
			7	— —	1 570 1 470	1 110 1 040	
			9	—	1 570	1 110	
钢绞线	1×3 (三股)	ϕ^S	8.6、10.8、 12.9	— — —	1 570 1 860 1 960	1 110 1 320 1 390	390
	1×7 (七股)		9.5、12.7、 15.2、17.8	— — —	1 720 1 860 1 960	1 220 1 320 1 390	
			21.6	—	1 860	1 320	

2. 钢筋的塑性变形

钢筋的塑性变形指标主要有伸长率和冷弯性能，钢筋的伸长率 δ 是指拉断后的伸长值与原长的比值：

$$\delta = \frac{l_1 - l_0}{l_0} \times 100\% \tag{5-5}$$

式中 δ——伸长率(%)；

l_0——试件受力前的标距长度(一般有 $l_0=100d$、$l_0=10d$ 或 $l_0=5d$ 三种标距的试件，d 为试件直径)(mm)；

l_1——试件拉断后的标距长度(mm)。

伸长率越大，钢筋的塑性越好，反之越差。

钢筋的冷弯性能是指将直径为 d 的钢筋绕直径为 D 的钢辊进行弯曲(图 5-9)，弯到冷弯角 α，观察钢筋的外表面，如不发生断裂，并且无裂缝、不起层，则认为钢筋的冷弯性能符合要求。钢辊的直径 D 越小，冷弯角 α 越大，说明钢筋的塑性越好。

钢筋在弹性受力阶段，应力与应变成正比，其比值称为弹性模量 E_s：

$$E_s = \frac{\sigma_s}{\varepsilon_s} \tag{5-6}$$

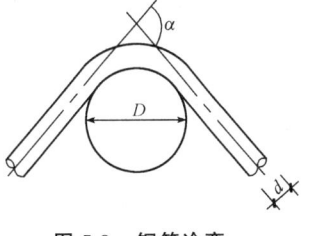

图 5-9 钢筋冷弯

普通钢筋和预应力钢筋的弹性模量 E_s，应按表 5-8 采用。

表 5-8 钢筋的弹性模量 E_s ($\times 10^5$ N/mm²)

牌号或种类	弹性模量 E_s
HPB300 级钢筋	2.10
HRB400 级、HRB500 级钢筋 HRBF400 级、HRBF500 级钢筋 RRB400 级钢筋 预应力螺纹钢筋	2.00
消除应力钢丝、中强度预应力钢丝	2.05
钢绞线	1.95

屈服强度、极限强度、伸长率和冷弯性能是有明显屈服点钢筋的四项指标，对没有明显屈服点的钢筋只测定后三项。

5.2.3 钢筋的冷加工

钢筋的冷加工分为冷拉、冷拔、冷轧等。

1. 冷拉

在常温条件下，以超过原来钢筋屈服点强度的拉应力，强行拉伸钢筋，钢筋受拉后伸长变细，分子之间的密实程度增强，如果这时把荷载卸掉，再张拉钢筋，就会发现钢筋的屈服强度增加了(图 5-10 所示虚线)，但塑性降低了，这一现象称为冷拉强化。如果钢筋冷拉后卸载，隔一段时间再张拉，钢筋的屈服强度会进一步增加(图 5-10 中的 $K'-E'$)，这一现象称为冷拉时效。工程中常采用这种加工方法，可达到节约钢材的目的。

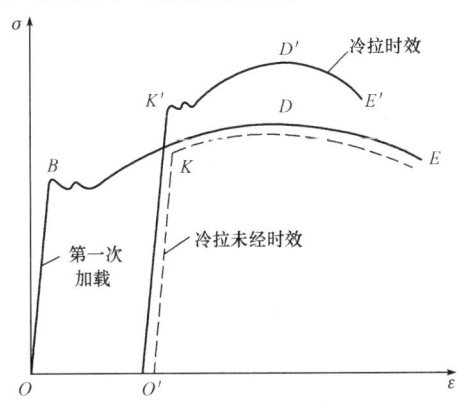

图 5-10 钢筋冷拉的应力-应变曲线变化

2. 冷拔

冷拔是先将热轧钢筋的一端经过处理变细，然后用强力拔比其直径小的硬质合金拔丝模（图5-11），冷拔后钢筋伸长变细，分子之间的密实程度增强了，钢筋的强度提高了，但塑性降低了。

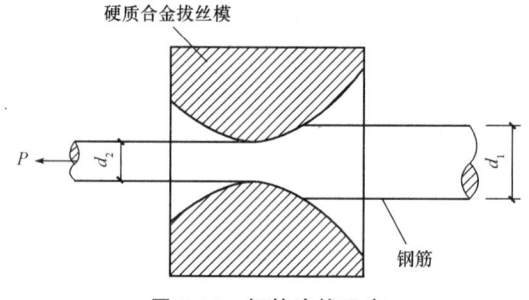

图5-11 钢筋冷拔示意

3. 冷轧

冷轧是指采用普通低碳钢或低合金钢热轧圆盘条为母材，经冷拉或冷拔减径后，在其表面轧成具有三面或二面月牙纹横肋的冷轧带肋钢筋。冷轧带肋钢筋强度与冷拔钢丝强度接近，但塑性较好。因其表面带肋，与混凝土的粘结能力比冷拔低碳钢丝强，因此，冷轧带肋钢筋是冷拔低碳钢丝的换代产品。

5.2.4 混凝土结构对钢筋性能的要求

1. 强度要求

钢筋的屈服强度（或条件屈服强度）是构件承载力计算的主要依据，屈服强度高则材料省，但实际结构中钢筋的强度并非越高越好。由于钢筋的弹性模量并不因其强度提高而增大，所以，高强度钢筋在高应力下的大变形会引起混凝土结构的过大变形和裂缝宽度。因此，对混凝土结构宜优先选用400 MPa和500 MPa级钢筋，不应采用高强度钢丝、热处理钢筋等强度过高的钢筋。对预应力混凝土结构，可采用高强度钢丝等高强度钢筋，但其极限强度不应超过1 860 MPa。屈服强度与极限强度之比称为屈强比，它代表了钢筋的强度储备，也在一定程度上代表了结构的强度储备。屈强比小，则结构的强度储备大，但比值太小，钢筋强度的有效利用率低，所以钢筋应具有适当的屈强比。

2. 塑性要求

在工程设计中，要求混凝土结构承载能力极限状态为具有明显预兆的塑性破坏，避免脆性破坏，抗震结构则要求具有足够的延性，这就要求其中的钢筋具有足够的塑性。另外，在施工时钢筋要弯转成型，因此应具有一定的冷弯性能。

3. 可焊性要求

要求钢筋具有良好的焊接性能，在焊接后不应产生裂纹及过大的变形，以保证焊接接头性能良好。我国生产的热轧钢筋可焊，而高强度钢丝、钢绞线不可焊。热处理和冷加工钢筋在一定碳当量范围内可焊，但焊接引起的热影响区强度降低，应采取必要的措施。细晶粒热轧带肋钢筋及直径大于28 mm的带肋钢筋，其焊接应经试验确定，余热处理钢筋不宜焊接。

4. 耐久性和耐火性要求

细直径钢筋，尤其是冷加工钢筋和预应力钢筋，容易遭受腐蚀而影响表面与混凝土的粘结性能，甚至削弱截面，降低承载力。环氧树脂涂层钢筋或镀锌钢丝均可提高钢筋的耐久性，但降低了钢筋与混凝土间的粘结性能，设计时应注意。

全轧钢筋的耐久性最好，冷拉钢筋其次，预应力钢筋最差。设计时注意设置必要的混凝土保护层厚度以满足对构件耐久极限的要求。

5.2.5 钢筋的选用

《混凝土结构设计标准(2024年版)》(GB/T 50010—2010)规定混凝土结构的钢筋应按下列规定选用。

(1)纵向受力普通钢筋宜采用HRB400级、HRB500级、HRBF400级、HRBF500级的钢筋,也可采用HPB300级、RRB400级的钢筋。

(2)梁、柱纵向受力普通钢筋应采用HRB400级、HRB500级、HRBF400级、HRBF500级的钢筋。

(3)箍筋宜采用HRB400级、HRBF400级、HPB300级、HRB500级、HRBF500级的钢筋。

(4)预应力筋宜采用预应力钢丝、钢绞线和预应力螺纹钢筋。

5.3 钢筋与混凝土的粘结

5.3.1 粘结力的概念

钢筋混凝土结构是由钢筋和混凝土两种材料组成的共同受力结构,这两种性能不同的材料能结合在一起工作,主要是依靠钢筋和混凝土之间的粘结力。从内力角度来说,所谓粘结力,就是分布在钢筋和混凝土接触表面上的剪应力,它在钢筋和混凝土之间起传递内力的作用,使钢筋应力沿长度方向发生了变化。因此,构件内粘结力的存在能够阻止钢筋与混凝土之间的相对滑动,并使钢筋和混凝土能很好地共同受力、共同变形。只要沿钢筋纵向的应力大小发生变化,则钢筋与混凝土之间即有粘结力产生。

5.3.2 粘结力的组成

大量的试验表明,钢筋和混凝土之间的粘结力主要由以下四部分组成。

1. 化学胶结力

钢筋和混凝土接触面上的化学吸附作用,也称胶结力。这种吸附作用力一般很小,仅在受力阶段的局部无滑移区域起作用;当接触面发生相对滑移时,胶结力就会消失。这源于浇筑时水泥浆体向钢筋表面氧化层的渗透和养护过程中水泥晶体的生长和硬化,从而使水泥胶体与钢筋表面产生吸附胶着作用。

2. 摩阻力

混凝土凝固时收缩使钢筋产生垂直于摩擦面的压应力,这种压应力越大,接触面就越粗糙,钢筋和混凝土之间的摩阻力就越大。

3. 机械咬合力

对于光圆钢筋而言,咬合力是指表面粗糙不平而产生的咬合作用;对于带肋钢筋而言,咬合力是指带肋钢筋肋间嵌入混凝土而形成的机械咬合作用,这是带肋钢筋与混凝土粘结力的主要来源。

4. 钢筋端部的锚固力

通过钢筋端部弯钩、弯折及在锚固区焊接钢筋、短角钢等机械作用来维持锚固力。

光圆钢筋和带肋钢筋粘结机理的主要差别:对于光圆钢筋而言,钢筋和混凝土之间的粘结力主要来自胶结力和摩阻力,当外力较小时,钢筋与混凝土表面的粘结力主要以化学胶结力为主,钢筋与混凝土表面无相对滑移,随着外力的增加,胶结力被破坏,钢筋与混凝土之间有明显的相对滑移,这时胶结力主要是钢筋与混凝土之间的摩擦力。如果继续加载,嵌入钢筋中的混凝土将被剪碎,最后可把钢筋拔出而破坏。但对于带肋钢筋而言,钢筋和混凝土之间的粘结力主要来自摩擦力和机械咬合力。

知识拓展

水下混凝土为水中浇筑的混凝土，根据水深确定施工方法，水深较浅时，可用倾倒法施工，水深较深时，可用竖管法浇筑，一般配合比与陆上混凝土相同。但由于受水的影响，一般会比同条件下的陆上混凝土低一个强度等级，所以应提高一个强度等级，如要求达到C25，应配到C30。另外，还有一种加速凝剂的方法，比较可靠，但造价比较高，水下混凝土强度等级不低于C25。

模块小结

(1)混凝土的强度、变形及耐久性。
(2)钢筋的性能、种类及选用等。
(3)钢筋与混凝土的粘结。

课后习题

(1)简述伸长率与塑性性能的关系。
(2)简述经过冷拉和冷拔的钢筋，其屈服强度的区别。
(3)混凝土的立方体抗压强度、轴心抗压强度和轴心抗拉强度如何确定？
(4)混凝土的变形主要有哪些类型？
(5)简述混凝土在一次短期荷载下变形的过程。
(6)影响混凝土收缩的因素有哪些？
(7)钢筋与混凝土共同工作的原理是什么？

拓展知识：轨道工程截面形式的选择

模块6 钢筋混凝土受弯构件

知识目标

(1)掌握单筋矩形截面、双筋矩形截面和T形截面梁的正截面受弯承载力计算;
(2)了解受弯构件正截面受弯及斜截面受剪的破坏形态;
(3)熟悉梁内纵向钢筋弯起和截断的构造要求。

能力目标

(1)具备识别各类钢筋的能力;
(2)具备分析和解决问题的能力;
(3)具备信息获取和处理的能力。

素养目标

(1)培养协调沟通的能力;
(2)具备创新思维和持续学习的意识;
(3)对未来怀有希望的信念。

工程案例

重庆市人民大礼堂(图6-1)位于重庆市渝中区人民路173号,于1951年6月破土兴建,1954年4月竣工,是一座仿古民族建筑群。重庆市人民大礼堂由大礼堂和东、南、北楼四大部分组成,占地总面积为6.6万平方米,其中礼堂占地1.85万平方米;礼堂建筑高65 m,大厅净空高55 m,内径46.33 m,圆形大厅四周环绕四层挑楼,可容纳3 400余人。

图6-1 重庆市人民大礼堂

大礼堂中心礼堂,正对中轴线,是圆形主体建筑,中心礼堂三层圆顶由大红廊柱支撑,绿色琉璃瓦,中心礼堂正中的金色"顶子",参照了北京天坛"祈年殿"的设计。大礼堂的牌坊整体以橘红和红色为主色调，上覆碧绿琉璃瓦，里外两面嵌以金色图案；造型四列三跨，具有典型的明清建筑风格，将古典建筑风格与大跨度结构设计融为一体。

初建时期的牌坊为木结构，因曾经历两次火灾，后采用钢筋混凝土结构的仿木建筑形式，重庆市人民大礼堂是重庆十大文化符号，也是重庆的标志建筑物之一。

6.1 受弯构件构造要求

6.1.1 截面形式及尺寸

1. 截面形式

钢筋混凝土梁、板可分为预制梁、板和现浇梁、板两大类。

钢筋混凝土预制板的截面形式很多，常用的有平板、槽形板和多孔板三种。钢筋混凝土预制梁常用的截面形式为矩形、T形和箱形。图6-2所示为工程中常用的受弯构件截面形式。

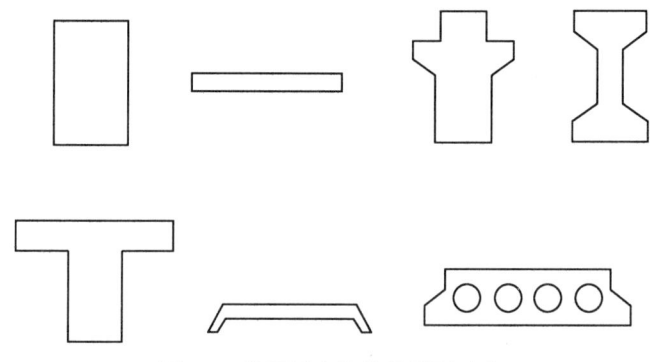

图6-2 常用受弯构件的截面形式

2. 截面尺寸

(1)模数要求。矩形截面梁的高宽比 h/b 一般取 2.0～3.5；T形或I形截面梁的 h/b 一般取 2.5～4.0(b 为梁肋宽)。矩形截面的宽度或T形截面的肋宽 b 一般取为 100 mm、120 mm、150 mm、(180 mm)、200 mm、(220 mm)、250 mm 和 300 mm，300 mm 以上的模数为 50 mm，括号中的数值仅用于木模。

当梁高 h 不大于 800 mm 时，模数为 50 mm；当梁高大于 800 mm 时，模数为 100 mm。

现浇板的厚度一般以 10 mm 为模数，板的宽度一般较大，设计时可取单位宽度(b = 1 000 mm)进行计算。

(2)梁的高跨比。梁的截面高度 h 根据跨度 l_0 估算，再根据计算结果进行调整。对于各种梁的高度估算取值，参照表6-1。

表6-1 梁的高跨比

构件类型	简支	两端连续	悬臂
独立梁或整体肋形梁的主梁	$\frac{1}{12} \sim \frac{1}{8}$	$\frac{1}{14} \sim \frac{1}{8}$	$\frac{1}{6}$
整体肋形梁的次梁	$\frac{1}{18} \sim \frac{1}{10}$	$\frac{1}{20} \sim \frac{1}{12}$	$\frac{1}{8}$

注：当梁的跨度超过 9 m 时，表中数值宜乘以 1.2 的系数。

对于现浇矩形平板，可取 $h/l_0 = 1/40 \sim 1/25$，且必须满足规定的现浇板最小厚度要求，见表6-2。

表 6-2 现浇板最小厚度

板的类别		最小厚度/mm
单向板	屋面板、民用建筑楼板	60
	工业建筑楼板	70
	行车道下的楼板	80
双向板		80
悬臂板(根部)	悬臂长度不大于 500 mm	60
	悬臂长度为 1 200 mm	100
密肋楼盖	面板	50
	肋高	250
无梁楼板		150
现浇空心楼盖		200

6.1.2 混凝土

1. 混凝土强度等级

现浇钢筋混凝土梁、板常用的混凝土强度等级是 C25、C30，一般不超过 C40，主要是为了防止混凝土产生过大收缩，并且提高混凝土强度等级时不能显著增大受弯构件正截面的承载力。

2. 混凝土保护层厚度

钢筋外边缘至混凝土表面的距离称为钢筋的混凝土保护层厚度。其主要作用：一是保护钢筋不致锈蚀，保证结构的耐久性；二是保证钢筋与混凝土间的粘结；三是在火灾等情况下，使钢筋温度上升速度减缓。纵向受力钢筋的混凝土保护层不应小于钢筋的公称直径，并符合表 6-3 的规定。

表 6-3 混凝土保护层最小厚度 c

环境类别	板、墙、壳/mm	梁、柱、杆/mm
一	15	20
二 a	20	25
二 b	25	35
三 a	30	40
三 b	40	50

注：①混凝土强度等级不大于 C25 时，表中保护层厚度数值应增加 5 mm。
②钢筋混凝土基础应设置混凝土垫层，其纵向受力钢筋的混凝土保护层厚度应从垫层顶面算起，且不小于 40 mm。
当有充分依据并采取下列有效措施时，可适当减小混凝土保护层的厚度：
　a. 构件表面有可靠的防护层；
　b. 采用工厂化生产的预制构件，并能保证预制构件混凝土的质量；
　c. 在混凝土中掺用阻锈剂或采用阴极保护处理等防锈措施；
　d. 当对地下室墙体采取可靠的建筑防水做法或防腐措施时，与土层接触一侧钢筋的保护层厚度可适当减小，但不应小于 25 mm

当梁、柱、墙中纵向受力钢筋的保护层厚度大于 50 mm 时，宜对保护层采取有效的构造措施。可在保护层内配置防裂、防剥落的焊接钢筋网片，网片钢筋的保护层厚度不应小于 25 mm，并应采取有效的绝缘、定位措施。

6.1.3 梁的钢筋

梁中通常配置纵向受力钢筋、架立钢筋、弯起钢筋、箍筋等,构成钢筋骨架(图6-3),有时还配置纵向构造钢筋及相应的拉筋等。

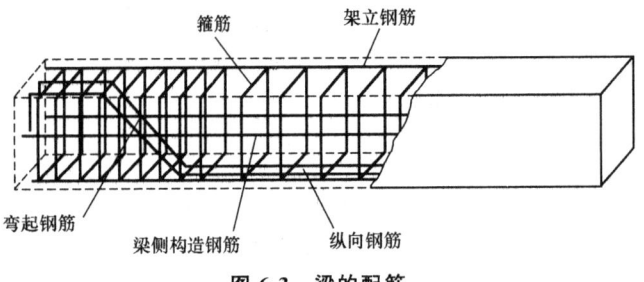

图 6-3 梁的配筋

1. 纵向受力钢筋

梁中纵向受力钢筋采用HRB400级和HRB500级。直径为12 mm、14 mm、16 mm、18 mm、20 mm、22 mm和25 mm,一般不宜超过28 mm。当梁高 $h<300$ mm 时,纵向受力钢筋直径 $d \geqslant 8$ mm;当 $h \geqslant 300$ mm 时, $d \geqslant 10$ mm;当 $h \geqslant 500$ mm 时, $d \geqslant 12$ mm。一根梁中同一种受力钢筋最好为同一种直径;当有两种直径时,其直径相差不应小于2 mm,以便施工时辨别。梁中受拉钢筋的根数不应少于2根。纵向受力钢筋应尽量布置成一层。当一层排不下时,可布置成两层,但应尽量避免出现两层以上的受力钢筋,以免过多地影响截面受弯承载力。

为了保证钢筋周围的混凝土浇筑密实,避免钢筋锈蚀而影响结构的耐久性,梁的纵向受力钢筋间必须留有足够的净距,如图6-4所示:梁上部纵向钢筋水平方向的净距不应小于30 mm 和 $1.5d$ (d 为钢筋的最大直径);下部纵向钢筋水平方向的净距不应小于25 mm 和 d;上下部钢筋中,各层钢筋之间的净距不应小于25mm 和 d。上、下层钢筋应对齐,不应错列,方便混凝土的浇筑和振捣。

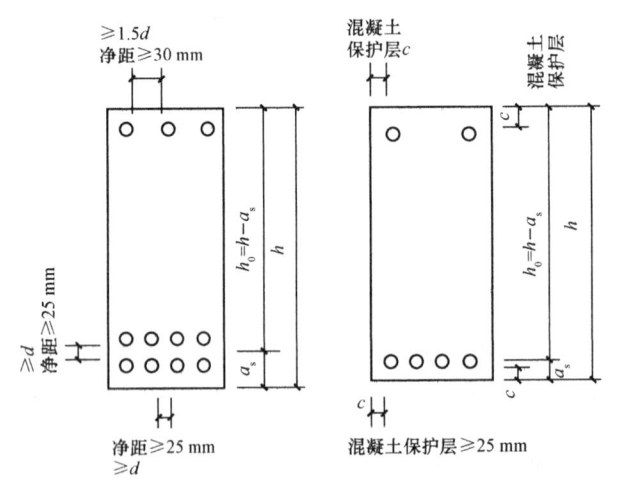

图 6-4 纵向受力钢筋的排列

2. 架立钢筋

当梁内设置箍筋,且梁顶位置无纵向受压钢筋时,应设置架立钢筋。架立钢筋设置在受压区外缘两侧,并沿着梁的纵向布置。其作用:一是固定箍筋位置,和梁底纵向受力钢筋形成梁的钢筋骨架;二是承受因温度变化和混凝土收缩而产生的拉应力,防止产生裂缝。受压区配置的纵向受压钢筋可兼作架立钢筋。

架立钢筋的直径与梁的跨度有关,其最小直径不宜小于表 6-4 所列数值。架立钢筋应伸至梁端,架立钢筋需要与受力钢筋搭接时,其搭接长度应满足:当架立钢筋直径为 8 mm 时,其搭接长度为 100 mm;当架立钢筋直径≥10 mm 时,其搭接长度为 150 mm。

表 6-4 架立钢筋最小直径

梁跨/m	$l_0<4$	$4{\leqslant}l_0{\leqslant}6$	$l_0>6$
架立钢筋最小直径/mm	8	10	12

3. 弯起钢筋

梁中纵向受力钢筋在靠近支座位置承受的拉应力较小,为了增加斜截面抗剪承载力,可将部分纵向钢筋弯起来伸至梁顶,形成弯起钢筋,有时也专门设置弯起钢筋来承担剪力。弯起钢筋在跨中是纵向受力钢筋的一部分;在靠近支座的弯起段(弯矩较小处),则用来承受弯矩和剪力共同产生的主拉应力,即作为受剪钢筋的一部分;弯起后的水平段可以承担支座处的负弯矩。此时,弯起钢筋端部应有足够的锚固长度。钢筋的弯起角度一般为 45°,梁高 $h>800$ mm 时可采用 60°。

4. 箍筋

箍筋沿着梁的横截面方向布置,与梁的纵向轴线垂直。箍筋的主要作用是承受由剪力和弯矩共同作用下在梁内引起的主拉应力,并用绑扎或焊接的方式把其他钢筋连系在一起,形成空间骨架。

梁内的箍筋根据计算确定,按计算不需要箍筋的梁,则按照构造要求设置箍筋:当梁的截面高度 $h>300$ mm 时,应沿梁全长按构造配置箍筋;当 $h=150\sim300$ mm 时,可仅在梁的端部各 1/4 跨度范围内设置箍筋,但当梁的中部 1/2 跨度范围内有集中荷载作用时,仍应沿梁的全长设置箍筋;若 $h<150$ mm,可不设箍筋。

梁内箍筋宜采用 HRB400 级、HPB300 级钢筋。当梁截面高度 $h\leqslant800$ mm 时,箍筋直径不宜小于 6 mm;当 $h>800$ mm 时,箍筋直径不宜小于 8 mm。当梁中配有计算需要的纵向受压钢筋时,箍筋直径还应不小于纵向受压钢筋最大直径的 1/4。为了便于加工,箍筋直径一般不宜大于 12 mm。箍筋的常用直径为 6 mm、8 mm、10 mm。箍筋的间距在后面内容中详细介绍。

箍筋的形式可分为开口式[图 6-5(a)、(b)]和封闭式两种[图 6-5(c)、(d)]。除无振动荷载且计算不需要配置纵向受压钢筋的现浇 T 形梁的跨中部分可用开口式箍筋外,均应采用封闭式箍筋。箍筋的肢数,当梁的宽度 $b\leqslant150$ mm 时,可采用单肢;当 $b\leqslant400$ mm 且一层内的纵向受压钢筋不多于 4 根时,可采用双肢箍筋;当 $b>400$ mm 且一层内的纵向受压钢筋多于 3 根,或当梁的宽度不大于 400 mm 但一层内的纵向受压钢筋多于 4 根时,应设置复合箍筋;梁中一层内的纵向受拉钢筋多于 5 根时,宜采用复合箍筋。

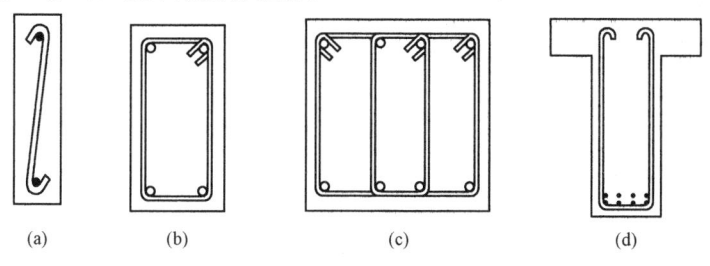

图 6-5 梁中箍筋的主要形式
(a)单肢箍;(b)双肢箍;(c)四肢箍;(d)开口式

5. 纵向构造钢筋及拉筋

为了防止在梁的侧面产生垂直于梁轴线的收缩裂缝,同时也为了增强钢筋骨架的刚度,增强梁的抗扭作用,当梁的腹板高度 $h_w \geqslant 450$ mm 时,应在梁的两个侧面沿高度配置纵向构造钢筋(也称腰筋),并用拉筋固定(图 6-6)。每侧纵向构造钢筋(不包括梁的受力钢筋和架立钢筋)的截面面积不应小于腹板截面面积 bh_w 的 0.1%,且其间距不宜大于 200 mm。此处 h_w 的取值:矩形截面取截面有效高度,T 形截面取有效高度减去翼缘高度,I 形截面取腹板净高(图 6-7)。纵向构造钢筋一般不必做弯钩。拉筋直径一般与箍筋相同,间距常取为箍筋间距的两倍。

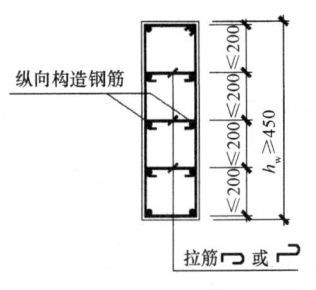

图 6-6 纵向构造钢筋及拉筋

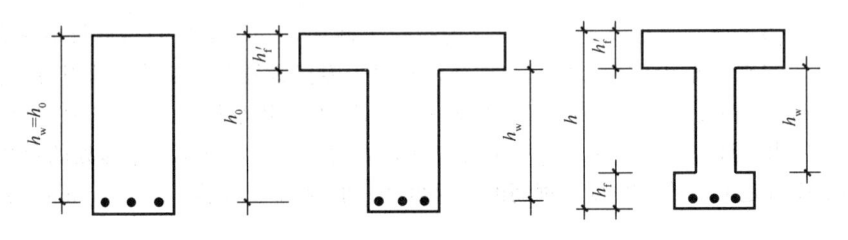

图 6-7 常用梁的 h_w 取值

综上所述,梁的配筋包括纵向受力钢筋、架立钢筋、箍筋,这是梁的基本配筋;利用部分纵向受力钢筋在支座附近斜弯成型的弯起钢筋,一般只在非抗震设计中采用。一般梁中的配筋情况如图 6-8 所示。

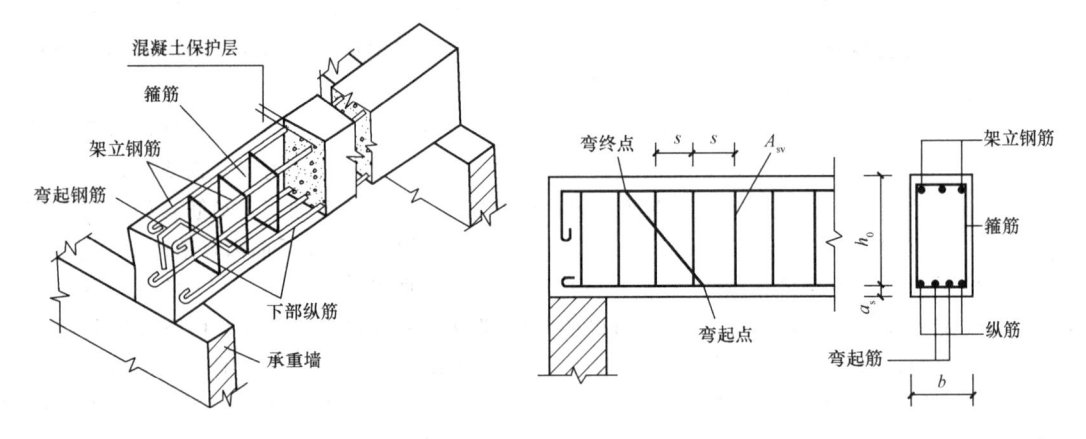

图 6-8 一般梁中的配筋

6.1.4 板的钢筋

板通常配置受力钢筋和分布钢筋(图 6-9)。

1. 受力钢筋

梁板结构中的板的受力钢筋沿板的受力方向布置在截面受拉一侧,用来承受弯矩产生的拉力。板的纵向受力钢筋常用 HRB400 级、HRB500 级,常用直径为 6 mm、8 mm、10 mm、12 mm。

为了正常地分担内力,板中受力钢筋的间距不宜过稀,但为了绑扎方便和保证浇捣质量,板的受力钢筋间距也不宜过密。当 $h \leqslant 150$ mm 时,板中受力钢筋的间距不宜大于 200 mm;当 $h > 150$ mm 时,不宜大于 $1.5h$,且不宜大于 300 mm(h 为板厚)。板的受力钢筋间距通常不宜小于 70 mm。

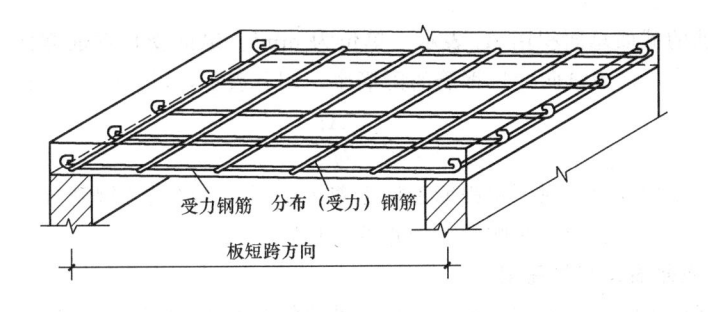

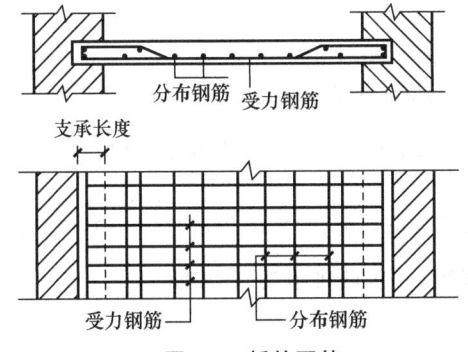

图 6-9 板的配筋

2. 分布钢筋

分布钢筋垂直于板的受力钢筋方向，在受力钢筋内侧按构造要求配置。分布钢筋的作用：一是固定受力钢筋的位置，形成钢筋骨架；二是将板上荷载有效地传到受力钢筋上；三是防止温度变化或混凝土收缩等原因产生沿跨度方向的裂缝。

分布钢筋宜采用HPB300级、HRB400级钢筋。梁式板中单位长度上分布钢筋的截面面积不宜小于单位宽度上受力钢筋截面面积的15%，且不宜小于该方向板截面面积的0.15%。分布钢筋的直径不宜小于6 mm，间距不宜大于250 mm；当集中荷载较大时，分布钢筋截面面积应适当增加，间距不宜大于200 mm。分布钢筋应沿受力钢筋直线段均匀布置，并且受力钢筋所有转折处的内侧也应配置。

6.1.5 纵向受拉钢筋的配筋率

设正截面上所有下部纵向受拉钢筋的合力点至截面受拉区边缘的竖向距离为a_s（图6-10），则合力点至截面受压区边缘的竖向距离为$h_0=h-a_s$。其中，h为截面的高度，h_0为截面有效高度，bh_0为有效截面面积，b为截面宽度。

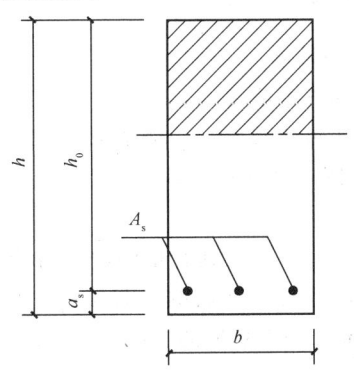

图 6-10 梁的配筋率

纵向受拉钢筋的截面总面积用 A_s 表示，单位为 mm^2。纵向受拉钢筋截面总面积 A_s 与有效截面面积 bh_0 的比值，称为纵向受拉钢筋的配筋率，用 ρ 表示，以百分数计量，即

$$\rho = \frac{A_s}{bh_0} \tag{6-1}$$

纵向受拉钢筋的配筋率 ρ 在一定程度上标志着正截面上纵向受拉钢筋与混凝土之间的面积比率，它是对梁的受力性能有很大影响的一个重要指标。

6.1.6 梁、板截面的有效高度

有效高度是指受力钢筋形心到混凝土受压区外边缘的距离(图 6-11)，用 h_0 表示。

$$h_0 = h - a_s \tag{6-2}$$

式中 h——受弯构件的截面高度(mm)；

a_s——纵向受拉钢筋合力点至受拉区混凝土边缘的距离(mm)。

当布置单排钢筋时，$a_s = c + d_1 + \frac{d}{2}$，其中 c 为混凝土保护层厚度，d_1 为箍筋直径，d 为纵向受拉钢筋直径；当布置双排钢筋时，$a_s = c + d_1 + d + \frac{e}{2}$，其中 d_1 为箍筋直径，d 为自受拉区边缘第一排纵向受拉钢筋的直径，e 为两排钢筋间的净距。

板：通常取 $h_0 = h - 20$ mm；

梁：单排钢筋时，取 $h_0 = h - (35 \sim 45)$ mm；

双排钢筋时，取 $h_0 = h - (60 \sim 80)$ mm。

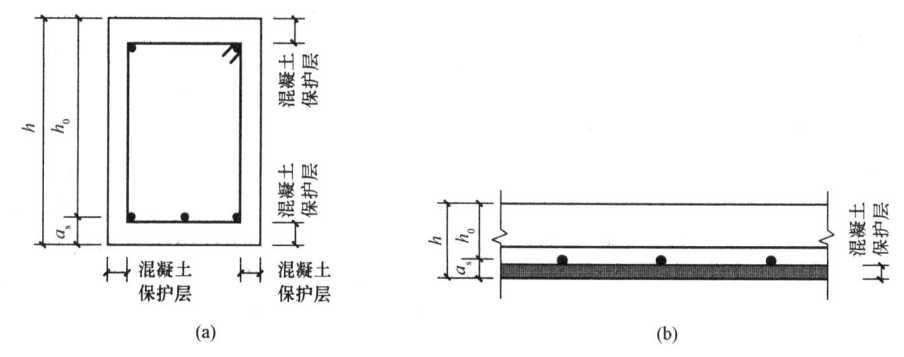

图 6-11 梁、板截面的有效高度
(a)梁截面；(b)板截面

6.2 受弯构件正截面承载力计算

6.2.1 受弯构件正截面的受力性能

1. 钢筋混凝土梁正截面工作的三个阶段

钢筋混凝土受弯构件的破坏有两种情况：一种是由弯矩引起的，破坏截面与构件的纵轴线垂直(正交)，称为沿正截面破坏[图 6-12(a)]；另一种是由弯矩及剪力共同引起的，破坏截面是倾斜的，称为沿斜截面破坏[图 6-12(b)]。

试验研究表明，钢筋混凝土受弯构件当具有足够的抗剪能力且构造设计合理时，构件受力后将在弯矩较大的部位或在图 6-12 中纯弯区段的正截面发生弯曲破坏。受弯构件自加载至破坏的过程中，随着荷载的增加及混凝土塑性变形的发展，对于正常配筋的梁，其正截面上的应力及其分布和应变发展过程可分为以下三个阶段。

(1)第Ⅰ阶段：弹性工作阶段(未裂阶段)。开始加载，弯矩很小，整个截面均参与受力。混

凝土应变沿梁截面高度呈直线变化，应力与应变成正比，故截面应力分布为直线变化，整个截面的受力接近线弹性。

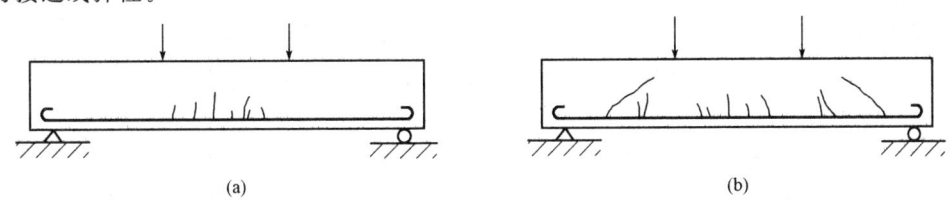

图 6-12 受弯构件的破坏形态
(a)沿正截面破坏；(b)沿斜截面破坏

当弯矩增大到开裂弯矩 M_{cr} 时，截面受拉边缘混凝土的拉应变达到极限拉应变 $\varepsilon_t = \varepsilon_{tu}$，截面达到即将开裂的临界状态（$I_a$ 状态）。此时，截面受拉区混凝土出现明显的受拉塑性，应力为曲线分布，但受压区压应力较小，仍处于弹性状态，应力为直线分布。第 I 阶段中，混凝土没有开裂。

第 I 阶段末（I_a 状态）可作为受弯构件抗裂度的计算依据（图 6-13 I_a）。

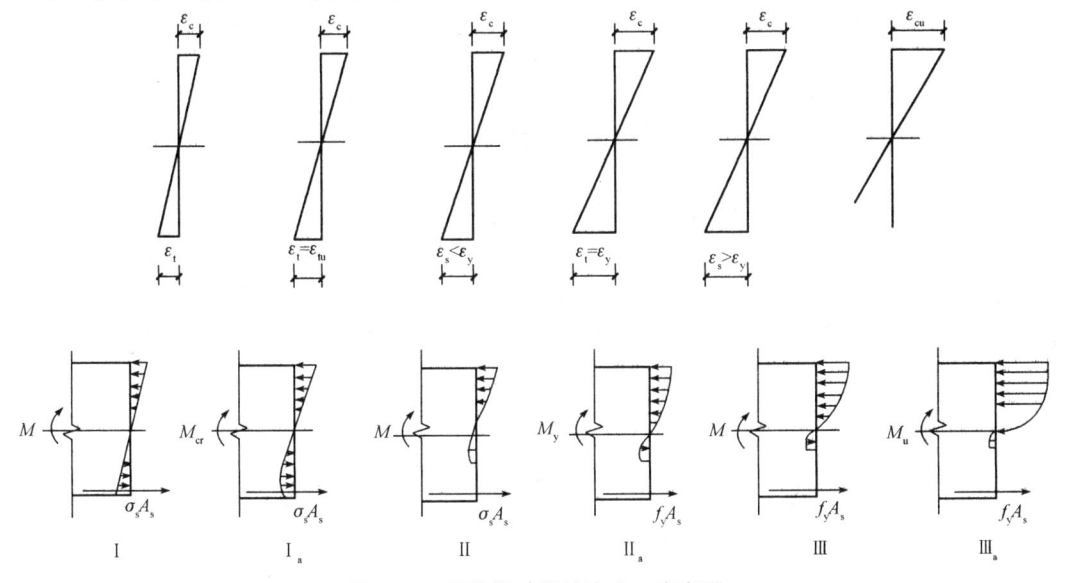

图 6-13 适筋梁破坏的应力、应变图

(2)第 II 阶段：带裂缝工作阶段。当弯矩继续增加时，受拉区混凝土的拉应变超过其极限拉应变 ε_{tu}，受拉区出现裂缝，截面即进入第 II 阶段。

裂缝出现后，在裂缝截面处，受拉区混凝土大部分退出工作，拉力绝大多数由受拉钢筋承担。随着弯矩的不断增加，裂缝逐渐向上扩展，中和轴逐渐上移，受压区混凝土呈现出一定的塑性特征，应力图形呈曲线形。当弯矩继续增加，钢筋应力达到屈服强度 f_y，这时截面所能承担的弯矩称为屈服弯矩 M_y，它标志着截面进入第 II 阶段末，以 II_a 表示。

第 II 阶段末（II_a 状态）可作为受弯构件裂缝宽度和变形验算的依据。

(3)第 III 阶段：破坏阶段。弯矩继续增加，受拉钢筋的应力保持屈服强度不变，钢筋的应变迅速增大，促使受拉区混凝土的裂缝迅速向上扩展，受压区混凝土的塑性特征表现得更加充分，压应力呈显著曲线分布，截面即进入第 III 阶段。

随着弯矩继续增加，受压边缘混凝土压应变达到极限压应变，受压区混凝土产生近乎水平的裂缝，混凝土被压碎，甚至崩脱，截面宣告破坏，此时截面所承担的弯矩即为破坏弯矩 M_u，它标志着截面进入第 III 阶段末，以 III_a 表示。

第Ⅲ阶段末（Ⅲ。状态）可作为受弯构件承载力计算的依据。

2. 钢筋混凝土梁正截面的破坏特征

根据试验研究，不同条件下梁正截面的破坏形式有较大差异，而破坏形式与配筋率 ρ、钢筋级别、混凝土强度等级、截面几何特征等很多因素有关，其中以配筋率对构件破坏特征的影响最为明显。

试验表明，当梁的配筋率 ρ 超过或低于正常配筋率范围时，梁正截面的受力性能和破坏特征将发生显著变化。因此，随着配筋率的不同，钢筋混凝土梁可能出现下面三种不同的破坏形式（图 6-14）。

（1）少筋梁的破坏特征。配筋率低于 $\rho_{\min}$ 的梁称为少筋梁。这种梁受拉区混凝土一旦出现裂缝，受拉钢筋立即达到屈服强度，并可能进入强化阶段而发生破坏[图 6-14(a)]，少筋梁在破坏时裂缝开展较宽，挠度增长也较大，如图 6-15 所示的 A 曲线。少筋梁破坏属于脆性破坏，而且梁的承载力很低，所以设计时应避免采用。

（2）适筋梁的破坏特征。适筋梁的破坏特点是受拉区钢筋首先进入屈服阶段，再继续增加荷载后，受压区最外边缘混凝土就会被压碎（达到其抗压极限强度），梁宣告破坏，其破坏形态如图 6-14(b)所示，在压坏前，构件有显著的裂缝和挠度，即有明显的破坏预兆，这种破坏属于塑性破坏，在整个破坏过程中，挠度的增长相当大，如图 6-15 所示的 B 曲线。此时，钢筋和混凝土这两种材料性能基本上都得到充分利用，因而设计中一般采用这种设计方式。

（3）超筋梁的破坏特征。配筋率过高的梁称为超筋梁，即配筋率高于 $\rho_{\max}\left(\rho_{\max}=\xi_{b}\alpha_{1}\dfrac{f_{c}}{f_{y}}\right)$ 的梁称为超筋梁。若配筋率过高，加载后受拉钢筋应力尚未达到屈服强度，受压混凝土却先达到极限压应变而被压坏，致使构件突然破坏[图 6-14(c)]，破坏前没有明显预兆，如图 6-15 所示的 C 曲线，这种破坏属于脆性破坏，虽然配置了很多受拉钢筋，但超筋破坏中钢筋未能发挥应有的作用，浪费了钢材。因此，设计中必须避免采用超筋梁。

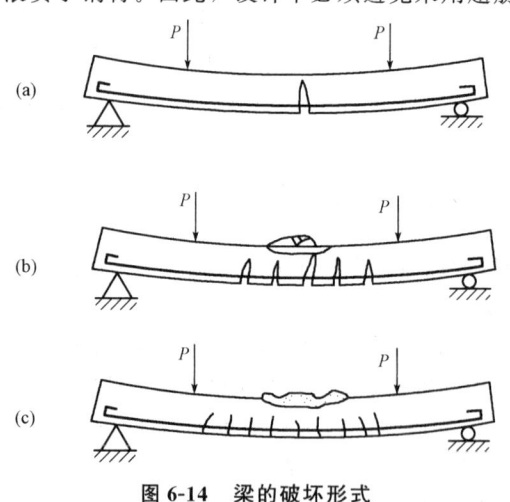

图 6-14 梁的破坏形式
（a）少筋梁；（b）适筋梁；（c）超筋梁

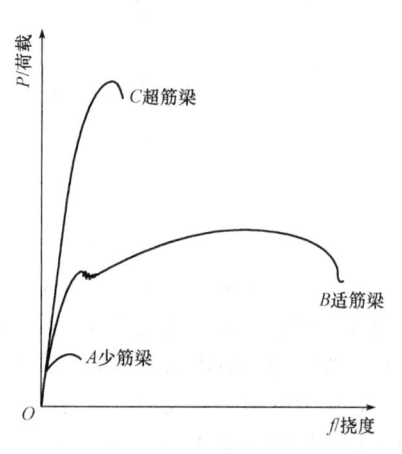

图 6-15 不同破坏形态梁的 P-f 曲线

由此可见，当截面配筋率变化到一定程度时，将引起正截面受弯破坏性质的改变，而其破坏形式取决于受拉钢筋与受压混凝土相互抗衡的结果。当受压区混凝土的抗压能力大于受拉钢筋的抗拉能力时，受拉钢筋先屈服；反之，当受拉钢筋的抗拉能力大于受压区混凝土的抗压能力时，受压区混凝土先被压碎；当两者力量均衡时，破坏始于受拉钢筋屈服，然后受压区混凝土被压坏，宣告构件破坏。少筋破坏和超筋破坏都具有脆性破坏性质，破坏前无明显预兆，破坏时将造成严重后果,材料的强度也未得到充分利用。因此,应避免将受弯构件设计成少筋和超筋构件,只允许设计成适筋构件。

6.2.2 单筋矩形截面的受弯承载力计算

1. 正截面承载力计算的基本假设

(1)截面应变保持平面。

(2)不考虑混凝土的抗拉强度。

(3)混凝土受压应力-应变关系曲线按下列规定选用(图6-16)。

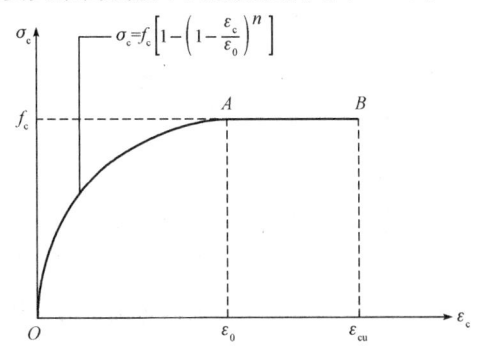

图 6-16 理想化的混凝土应力-应变曲线

混凝土受压应力-应变曲线方程如下。

当 $\varepsilon_c \leqslant \varepsilon_0$ 时(上升段):

$$\sigma_c = f_c \left[1 - \left(1 - \frac{\varepsilon_c}{\varepsilon_0}\right)^n\right] \tag{6-3}$$

当 $\varepsilon_0 < \varepsilon_c \leqslant \varepsilon_{cu}$ 时(水平段):

$$\sigma_c = f_c \tag{6-4}$$

式中,参数 n、ε_0 和 ε_{cu} 的取值如下,$f_{cu,k}$ 为混凝土立方体抗压强度标准值。

$$n = 2 - \frac{1}{60}(f_{cu,k} - 50) \leqslant 2.0$$

$$\varepsilon_0 = 0.002 + 0.5 \times (f_{cu,k} - 50) \times 10^{-5} \geqslant 0.002$$

$$\varepsilon_{cu} = 0.0033 - 0.5 \times (f_{cu,k} - 50) \times 10^{-5} \leqslant 0.0033$$

(4)纵向钢筋的应力-应变关系方程为 $\sigma_s = E_s \varepsilon_s \leqslant f_y$,纵向钢筋的极限拉应变取值为 0.01 (图6-17)。

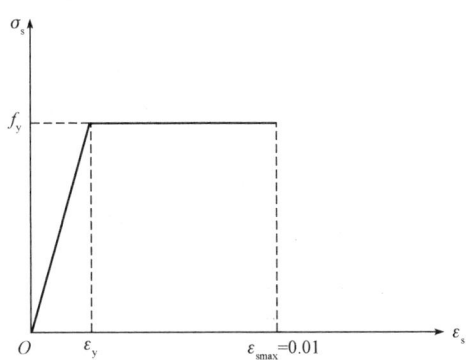

图 6-17 理想化的钢筋应力-应变曲线

2. 受压区混凝土的等效应力图

在进行结构设计时,为了简化计算,受压区混凝土的应力图形可进一步用一个等效的矩形应力图代替。矩形应力图的应力取为 $\alpha_1 f_c$(图 6-18)。f_c 为混凝土轴心抗压强度设计值。所谓"等效",是指等效应力图形的面积与理论图形面积相等,即压应力合力大小不变;等效应力图形的形心与理论图形形心位置相同,即压应力合力点位置不变。

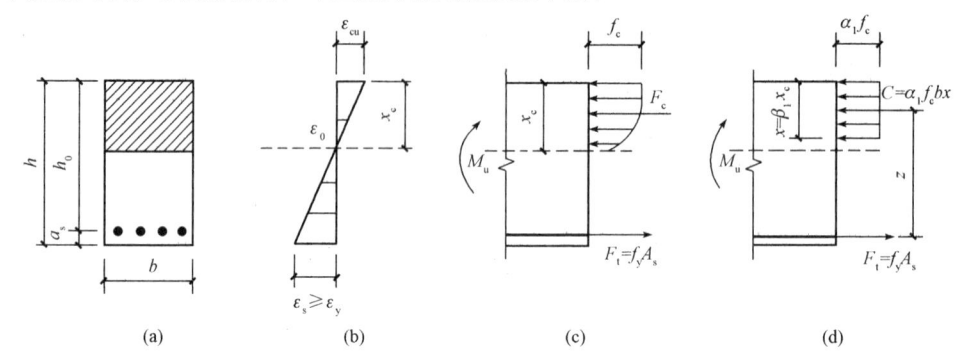

图 6-18 等效矩形应力图的换算
(a)截面特征;(b)截面应变;(c)应力图形;(d)等效应力图

按等效矩形应力计算的受压区高度 x 与按平截面假定确定的受压区高度 x_c 之间的关系为

$$x = \beta_1 x_c \tag{6-5}$$

系数 α_1 和 β_1 的取值见表 6-5。

表 6-5 系数 α_1 和 β_1 的取值表

混凝土强度等级	≤C50	C55	C60	C65	C70	C75	C80
α_1	1.00	0.99	0.98	0.97	0.96	0.95	0.94
β_1	0.80	0.79	0.78	0.77	0.76	0.75	0.74

3. 适筋梁与超筋梁的界限条件

相对界限受压区高度 ξ_b 和最大配筋率 ρ_{max}。比较适筋梁和超筋梁的破坏特点,可以发现两者的差异在于:前者破坏始自受拉钢筋屈服,后者破坏则始自受压区混凝土被压碎。显然,总会有一个界限配筋率,这时钢筋应力达到屈服强度,同时受压区边缘纤维应变也恰好达到混凝土受弯时极限压应变值,这种破坏形态叫作"界限破坏"(图 6-19),即适筋梁与超筋梁的界限。界限配筋率即为适筋梁的最大配筋率 ρ_{max}。

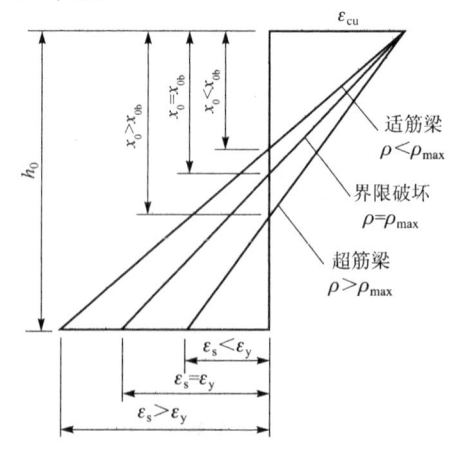

图 6-19 适筋梁和超筋梁"界限破坏"的截面应变

将受弯构件等效矩形应力图形的混凝土受压区高度 x 与截面有效高度 h_0 之比称为相对受压

区高度，用 ξ 表示，即 $\xi=\dfrac{x}{h_0}$。适筋梁界限破坏时等效受压区高度与截面有效高度之比称为相对界限受压区高度，用 ξ_b 表示，即 $\xi_b=\dfrac{x}{h_0}$，其取值见表 6-6。若 $\xi \leqslant \xi_b$，表明发生的破坏为适筋破坏或少筋破坏；若 $\xi > \xi_b$，表明构件发生的破坏为超筋破坏。

$$\xi_b=\dfrac{\beta_1}{1+\dfrac{f_y}{\varepsilon_{cu}E_s}} \quad (6-6)$$

式中　h_0——截面有效高度；

　　　β_1——矩形应力图受压区高度 x 与平截面假定的中和轴高度 x_c 的比值，见表 6-5；

　　　f_y——普通钢筋抗拉强度设计值；

　　　E_s——钢筋的弹性模量；

　　　ε_{cu}——非均匀受压时的混凝土极限压应变，混凝土强度等级不大于 C50 时，$\varepsilon_{cu}=0.0033$。

从图 6-19 可以看出，限制配筋率 $\rho \leqslant \rho_{max}$，可以转换为限制应变图变形零点至截面受压边缘的距离（混凝土受压区曲线应力图的高度）$x_0 \leqslant x_b$，进一步转化为限制混凝土受压区等效矩形应力图的高度（一般简称为混凝土受压区高度）为

$$x \leqslant x_b = \xi_b h_0 \quad (6-7)$$

式中　x_b——相对于"界限破坏"时的混凝土受压区高度（mm）；

　　　ξ_b——相对界限受压高度，又称为混凝土受压区高度界限系数，其数值按表 6-6 选取。

表 6-6　钢筋混凝土构件的相对界限受压区高度 ξ_b

钢筋级别	混凝土强度等级						
	≤C50	C55	C60	C65	C70	C75	C80
HPB300 级	0.576	0.566	0.556	0.547	0.537	0.528	0.518
HRB400 级、RRB400 级、HRBF400 级	0.518	0.508	0.499	0.490	0.481	0.472	0.463
HRB500 级、HRBF500 级	0.482	0.473	0.464	0.455	0.447	0.438	0.429

设计时，为使所设计的受弯构件保持在适筋范围内而不致超筋，基本公式的适用条件为

$$\xi \leqslant \xi_b \quad (6-8)$$

或

$$x \leqslant x_b = \xi_b h_0 \quad (6-9)$$

或

$$\rho \leqslant \rho_{max} = \xi_b \dfrac{\alpha_1 f_c}{f_y} \quad (6-10)$$

4. 适筋梁与少筋梁的界限——最小配筋率

确定 ρ_{min} 值是一个较复杂的问题，理论上可以根据按最小配筋率配筋的受弯构件，用基本公式计算的受弯承载力不应小于同截面、同强度等级的素混凝土受弯构件所能承担的弯矩的原则确定。但实际上还涉及其他诸多因素，如裂缝控制，抵抗温度、湿度变化及收缩、徐变等引起的次应力等。钢筋混凝土结构构件中纵向受力钢的最小配筋率 ρ_{min} 应按《混凝土结构通用规范》（GB 55008—2021）执行。设计时，为避免设计成少筋构件，基本公式的适用条件为

$$\rho \geqslant \rho_{min} \dfrac{h}{h_0} \quad (6-11)$$

或

$$A_s \geqslant \rho_{\min} bh \tag{6-12}$$

$\rho_{\min}$ 取 0.2 和 $45\dfrac{f_t}{f_y}$ 中的较大值，当 $\rho < \rho_{\min}\dfrac{h}{h_0}$ 时，应按 $\rho = \rho_{\min}\dfrac{h}{h_0}$ 配筋。

纵向受力钢筋的最小配筋率 $\rho_{\min}$ 见表 6-7。

表 6-7　纵向受力钢筋的最小配筋率 $\rho_{\min}$

受力类型			最小配筋率/%
压构件	全部纵向钢筋	强度等级 500 MPa	0.50
		强度等级 400 MPa	0.55
		强度等级 300 MPa、335 MPa	0.60
	一侧纵向钢筋		0.20
受弯构件、偏心受拉构件、轴心受拉构件一侧的受拉钢筋			0.20 和 $45f_t/f_y$ 中的较大值

5. 基本公式

单筋矩形截面受弯构件正截面承载力计算简图如图 6-20 所示。

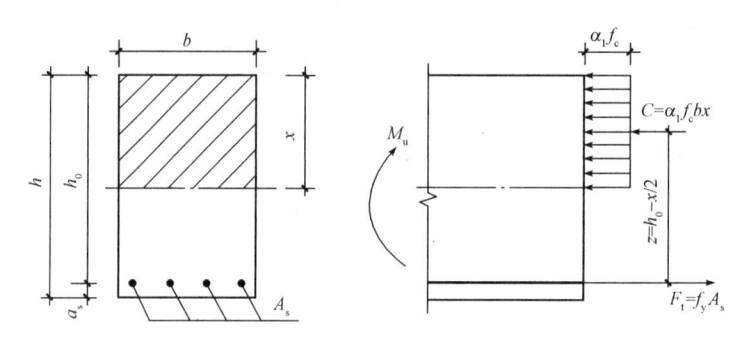

图 6-20　单筋矩形截面受弯构件正截面承载力计算简图

根据平衡条件，可得（基本公式法）

$$\alpha_1 f_c bx = f_y A_s \tag{6-13}$$

$$M \leqslant M_u = \alpha_1 f_c bx \left(h_0 - \dfrac{x}{2}\right) \tag{6-14}$$

$$M \leqslant M_u = f_y A_s \left(h_0 - \dfrac{x}{2}\right) \tag{6-15}$$

式中　M——弯矩设计值；

M_u——正截面受弯承载力设计值。

式(6-13)～式(6-15)即为受弯构件正截面承载力计算基本公式。一般计算时使用相互独立的式(6-13)和式(6-14)。在利用这两个公式时须求解方程组，比较麻烦。为了简化计算，在式(6-14)和式(6-15)中引入计算系数 α_s、γ_s，令 $\alpha_s = \xi(1-0.5\xi)$，$\gamma_s = 1-0.5\xi$。

$$\xi = 1 - \sqrt{1-2\alpha_s} \tag{6-16}$$

$$\gamma_s = \dfrac{1+\sqrt{1-2\alpha_s}}{2} \tag{6-17}$$

则基本公式为（表格法）

$$\alpha_1 f_c bx = f_y A_s \tag{6-18}$$

$$M \leqslant M_u = \alpha_1 f_c bx\left(h_0 - \frac{x}{2}\right) = \alpha_1 f_c b h_0^2 \xi(1-0.5\xi) \tag{6-19}$$

或

$$M \leqslant M_u = f_y A_s\left(h_0 - \frac{x}{2}\right) = f_y A_s h_0(1-0.5\xi) \tag{6-20}$$

则式(6-19)和式(6-20)可简化为

$$M_u = \alpha_s b h_0^2 \alpha_1 f_c \tag{6-21}$$

$$M_u = \gamma_s h_0 f_y A_s \tag{6-22}$$

在式(6-21)中，$\alpha_s b h_0^2$ 相当于梁的截面模量，因此 α_s 称为截面模量系数。在适筋范围内，配筋率越高，$\xi = \dfrac{\rho f_y}{\alpha_1 f_c}$ 越大，α_s 值也就越大，截面的受弯承载力也越大。而从式(6-22)中可看出 $\gamma_s h_0$ 相当于内力臂，因此 γ_s 称为内力臂系数。γ_s 越大，意味着内力臂越大，截面的受弯承载力也越大。α_s、γ_s 也可查询附表 2-5。

6. 基本公式适用条件

(1)防止发生超筋破坏，应满足 $\xi \leqslant \xi_b$。

(2)防止发生少筋破坏，应满足 $\rho \geqslant \rho_{\min} \cdot h/h_0$。

7. 正截面承载力计算步骤

在计算受弯构件正截面承载力时，一般仅需对控制截面进行受弯承载力计算。所谓控制截面，在等截面构件中一般是指弯矩设计值最大的截面；在变截面构件中，则是指截面尺寸相对较小而弯矩相对较大的截面。

在工程设计计算中，正截面受弯承载力计算包括截面设计和截面复核。

(1)截面设计。截面设计是指根据截面所承受的弯矩设计值 M 选定材料，确定截面尺寸，选择钢筋级别并计算配筋量。设计时，应满足 $M \leqslant M_u$，按照极限状态设计法，一般按 $M = M_u$ 进行计算。

主要计算步骤如下所述。

1)确定截面有效高度。截面有效高度 h_0 的计算式为

$$h_0 = h - a_s \tag{6-23}$$

在截面设计中，由于钢筋数量和布置情况都是未知的，那么需要根据环境类别和混凝土保护层厚度进行预估，以此估计 h_0 的取值。当环境类别为一类时(室内环境)，通常取：

梁内一层纵向钢筋时 $a_s = 35 \sim 45$ mm；

梁内两层纵向钢筋时 $a_s = 60 \sim 80$ mm；

板 $a_s = 25$ mm。

2)计算混凝土受压区高度 x，并判断是否属于超筋梁(也可用表格法)。

$$x = h_0 - \sqrt{h_0^2 - \frac{2M}{\alpha_1 f_c b}} \tag{6-24}$$

若 $x \leqslant \xi_b h_0$，即满足 $\xi = x/h_0 \leqslant \xi_b$，则不属于超筋梁；否则为超筋梁，应加大截面尺寸，或提高混凝土强度等级，或改用双筋截面。

3)计算钢筋截面面积 A_s，并判断是否属于少筋梁。

$$A_s = \alpha_1 f_c bx / f_y \tag{6-25}$$

若 $A_s \geqslant \rho_{\min} bh$，即满足 $\rho = A_s/bh_0 \geqslant \rho_{\min} h/h_0$，则不属于少筋梁；否则为少筋梁，应按 $A_s = \rho_{\min} bh$ 进行纵向受拉钢筋配筋面积 A_s 的计算。

4)选配钢筋。根据计算出的 A_s 选配钢筋，所选用的钢筋实际配筋面积与 A_s 相差不超过

±5%。

【例 6-1】 已知矩形梁截面尺寸 $b \times h = 250 \text{ mm} \times 500 \text{ mm}$，弯矩设计值 $M = 150 \text{ kN} \cdot \text{m}$，混凝土强度等级为 C30，钢筋采用 HRB400 级，环境类别为一类，结构的安全等级为二级。求所需的受拉钢筋截面面积 A_s。

【解】 查表 5-2 得 $f_c = 14.3 \text{ N/mm}^2$，$f_t = 1.43 \text{ N/mm}^2$，$f_y = 360 \text{ N/mm}^2$，$\alpha_1 = 1.0$，$\xi_b = 0.518$。

(1) 确定截面有效高度 h_0。假设纵向受拉钢筋按一层布置，则
$$h_0 = h - a_s = 500 - 40 = 460 (\text{mm})$$

(2) 计算受压区高度 x，并判断是否为超筋梁。

由
$$\sum x = 0, \quad f_y A_s = \alpha_1 f_c b x,$$
$$\sum M = 0, \quad M = \alpha_1 f_c b x \left(h_0 - \frac{x}{2} \right)$$

联立求解可得
$$x = h_0 - \sqrt{h_0^2 - \frac{2M}{\alpha_1 f_c b}} = 460 - \sqrt{460^2 - \frac{2 \times 150 \times 10^6}{1.0 \times 14.3 \times 250}}$$
$$= 460 - 357.33 = 102.67 (\text{mm})$$
$$< \xi_b h_0 = 0.518 \times 460 = 238.28 (\text{mm})$$

不属于超筋梁。

(3) 计算 A_s，并判断是否为少筋梁。
$$A_s = \alpha_1 f_c b x / f_y = 1.0 \times 14.3 \times 250 \times 102.67 / 360 = 1\,020 (\text{mm}^2)$$
$$0.45 f_t / f_y = 0.45 \times 1.43 / 360 = 0.179\% < 0.2\%, \text{ 取 } \rho_{\min} = 0.2\%$$

则 $A_{s,\min} = \rho_{\min} b h_0 = 0.2\% \times 250 \times 460 = 230 (\text{mm}^2) < A_s = 1\,020 (\text{mm}^2)$

不属于少筋梁。

(4) 选配钢筋。初步选配 4⌀18（$A_s = 1\,018 \text{ mm}^2$），单层布置，钢筋布置如图 6-21 所示。

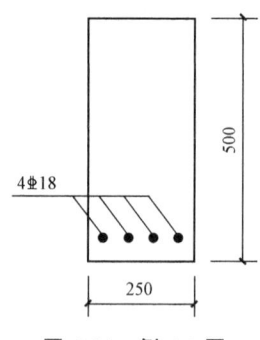

图 6-21 例 6-1 图

【例 6-2】 某钢筋混凝土矩形截面简支梁，计算跨度 $l_0 = 6.0 \text{ m}$，截面尺寸为 $b \times h = 250 \text{ mm} \times 600 \text{ mm}$，承受均布恒荷载标准值 $g_k = 15 \text{ kN/m}$（不含自重），均布活荷载标准值 $q_k = 18 \text{ kN/m}$，一类环境，试确定该梁的配筋并给出配筋图。

【解】 (1) 选择材料，确定计算参数。

选用 C25 级混凝土：$f_c = 11.9 \text{ N/mm}^2$，$f_t = 1.27 \text{ N/mm}^2$，$\alpha_1 = 1.0$。

钢筋：HRB400 级，$f_y = 360 \text{ N/mm}^2$，$\xi_b = 0.518$，$a_s = 45 \text{ mm}$，$h_0 = h - a_s = 555 (\text{mm})$。

(2) 确定荷载设计值（图 6-22），取 $\gamma_G = 1.3$，$\gamma_Q = 1.5$。

恒荷载设计值：$G=\gamma_{\mathrm{G}}(g_{\mathrm{k}}+b\times h\times\gamma)=1.3\times(15+0.25\times0.6\times25)=24.375(\mathrm{kN/m})$

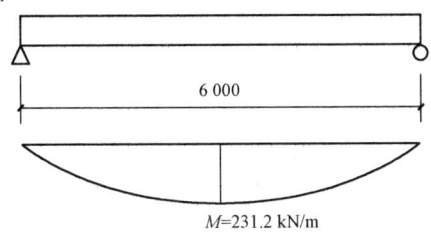

活荷载设计值：$Q=\gamma_{\mathrm{Q}}q_{\mathrm{k}}=1.5\times18=27(\mathrm{kN/m})$

图 6-22 梁的内力计算图

(3) 确定梁跨中截面弯矩设计值。
$$M=\frac{1}{8}ql^2=\frac{1}{8}(G+Q)l^2=\frac{1}{8}\times51.375\times6.0^2=231.2(\mathrm{kN/m})$$

(4) 确定构件重要性系数 γ_0。

一般构件 $\gamma_0=1.0$。

(5) 计算受压区高度 x，并判断是否为超筋梁。

由 $\sum x=0$，$f_yA_s=\alpha_1f_cbx$，$\sum M=0$，$M=\alpha_1f_cbx\left(h_0-\dfrac{x}{2}\right)$，联立求解可得

$$x=h_0-\sqrt{h_0^2-\frac{2\gamma_0 M}{\alpha_1 f_c b}}=555-\sqrt{555^2-\frac{2\times1.0\times231.2\times10^6}{1.0\times11.9\times250}}$$
$$=164.36(\mathrm{mm})<\xi_bh_0=0.518\times555=287.49(\mathrm{mm})$$

不属于超筋梁。

(6) 计算 A_s，并判断是否为少筋梁。
$$A_s=\frac{\alpha_1 f_c bx}{f_y}=\frac{1.0\times11.9\times250\times164.36}{360}=1\,358(\mathrm{mm}^2)$$

$0.45f_t/f_y=0.45\times1.27/360=0.159\%<0.2\%$，取 $\rho_{\min}=0.2\%$
$$A_s=1\,358>\rho_{\min}bh_0=0.002\times250\times555=278(\mathrm{mm}^2)$$

不属于少筋梁。

或者用表格法重复计算第(5)、(6)步。

(5′) 求截面抵抗矩系数。
$$\alpha_s=\frac{M}{\alpha_1f_cbh_0^2}=\frac{231.2\times10^6}{1.0\times11.9\times250\times555^2}=0.252$$

(6′) 求 ξ 和 A_s。
$$\xi=1-\sqrt{1-2\alpha_s}=1-\sqrt{1-2\times0.252}=0.295$$
$$\alpha_s=0.252\rightarrow\xi=0.296,\quad \gamma_s=1-0.5\times0.295=0.853$$
$$A_s=\frac{M}{f_yh_0\gamma_s}=\frac{231.2\times10^6}{360\times555\times0.853}=1\,357(\mathrm{mm}^2)$$

同样进行复核。$\xi=0.295<\xi_b=0.518$

(7) 选择钢筋。

选用 4⌀22
$$A_s=1\,520\ \mathrm{mm}^2$$

钢筋净距：
$$s=\frac{250-2\times25-4\times22}{4}=28\ (\mathrm{mm})$$

(8)根据实际选择钢筋面积验算适用条件。

$A_s = 1520 > \rho_{min} b h_0 = 0.002 \times 250 \times 555 = 278(mm^2)$,满足要求。

(9)绘制筋图,如图6-23所示。

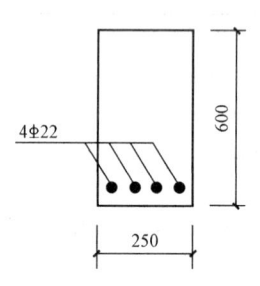

图 6-23 例6-2截面配筋图

(2)截面复核。实际工程往往要求对设计图纸上的或已建成的结构做承载力复核,称为截面复核。这时一般是已知材料强度等级(f_c、f_y)、截面尺寸(b、h)及配筋量A_s(根数与直径)。要求确定该构件正截面承载力M_u,并验算是否满足$M \leq M_u$的要求。若不满足承载力要求,应修改设计或进行加固处理。这种计算一般在设计审核或结构检验鉴定时进行。

即已知:截面尺寸h_0、b,钢筋截面面积A_s,材料性能参数f_c、f_y、ξ_b,弯矩设计值M,求截面所能承受的弯矩设计值M_u,并判断其安全程度。

主要计算步骤如下:

1)首先验算钢筋间距及配筋率,$\rho = A_s/bh_0$,若$\rho < \rho_{min}$,为少筋梁。

2)求混凝土受压区高度:

$$x = \frac{f_y A_s}{f_c b} \tag{6-26}$$

若$x > \xi_b h_0$,为超筋梁。

3)若$\rho > \rho_{min}$,且$x \leq \xi_b h_0$,则

$$M_u = f_c b x \left(h_0 - \frac{x}{2} \right) \tag{6-27}$$

或

$$M_u = f_y A_s \left(h_0 - \frac{x}{2} \right) \tag{6-28}$$

4)超筋梁。超筋梁的最大受弯承载力按照式(6-29)确定:

$$M_u = M_{u,max} = \alpha_1 f_c b h_0^2 \xi_b (1 - 0.5\xi_b) \tag{6-29}$$

若出现少筋梁,则认为该受弯构件是不安全的,应修改设计或进行加固。

5)判断截面是否安全。若截面满足$M \leq M_u$,则截面安全;但当M比M_u小得比较多时,截面不经济。

【例6-3】 某钢筋混凝土矩形截面梁,截面尺寸$b \times h = 200 mm \times 500 mm$,安全等级为二级,环境类别为二a类,混凝土强度等级C25,纵向受拉钢筋选用HRB400级,为4Φ18,混凝土保护层厚度为25 mm。该梁承受最大弯矩设计值$M = 105 kN \cdot m$。试校核该梁是否安全。

【解】 查表5-2、表5-6和表6-3得混凝土最小保护层厚度为$c = 25$ mm,$f_c = 11.9$ N/mm²,$f_t = 1.27$ N/mm²,$f_y = 360$ N/mm²,$\xi_b = 0.518$,$\alpha_1 = 1.0$,$A_s = 763$ mm²。

(1)验算钢筋净间距及ρ。

钢筋净间距 $s_n = \dfrac{200 - 2 \times 25 - 3 \times 18}{2} = 48(mm) > d = 18$ mm 或 25 mm,符合要求。

因纵向受拉钢筋布置成一层,故 $a_s=c+d/2=25+18/2=34(\text{mm})$,$h_0=h-40=500-34=466(\text{mm})$。

$\rho=A_s/bh_0=763/(200\times466)=0.82\%$,$0.45f_t/f_y=0.45\times1.27/360=0.16\%<0.2\%$,取 $\rho_{\min}=0.2\%$,$\rho>\rho_{\min}$。

(2)计算 x,判断梁的类别。

$$x=\frac{A_s f_y}{\alpha_1 f_c b}=\frac{763\times360}{1.0\times11.9\times200}=115.4(\text{mm})<\xi_b h_0=0.518\times466=241(\text{mm})$$

故该梁属于适筋梁。

(3)求截面受弯承载力 M_u 并判断该梁是否安全。

$$M_u=f_y A_s(h_0-x/2)=360\times763\times(466-115.4/2)\times10^{-6}$$
$$=112.2(\text{kN}\cdot\text{m})>M=105\text{ kN}\cdot\text{m}$$

M_u 略大于 M,表明该梁正截面设计是安全和经济的。

6.2.3 双筋矩形截面梁正截面受弯计算

如果在受压区配置的纵向受压钢筋数量比较多,不仅起架立钢筋的作用,而且在正截面受弯承载力的计算中必须考虑它的作用,这样配筋的截面称为双筋截面。一般来说,采用受压钢筋协助混凝土承受压力是不经济的。因此,一般工程中,下列情况下宜采用双筋截面:

(1)弯矩很大,同时按单筋矩形截面计算所得 $\xi>\xi_b$,而梁截面尺寸受到限制,混凝土强度等级又不能提高时。

(2)在不同荷载组合情况下,梁截面承受异号弯矩。

(3)在抗震结构中,框架梁必须配置一定比例的受压钢筋,以此提高截面的延性和抗裂性。

1. 计算公式及适用条件

试验表明,双筋矩形截面破坏时的受力特点与单筋截面相似,在满足 $\xi\leqslant\xi_b$ 时,双筋矩形截面的破坏也是受拉钢筋的应力先达到抗拉强度 f_y(屈服强度),然后受压区混凝土的应力达到其抗压强度,具有适筋梁的塑性破坏特征。由于受压区混凝土塑性变形的发展,受压钢筋的应力一般也将达到其抗压强度 f_y'。

如图 6-24(a)所示,根据平衡条件,可得

$$\alpha_1 f_c bx+f_y' A_s'=f_y A_s \tag{6-30}$$
$$M_u=\alpha_1 f_c bx(h_0-x/2)+f_y' A_s'(h_0-a_s') \tag{6-31}$$

应用以上两式,必须满足 $x\leqslant\xi_b h_0$;$x\geqslant 2a_s'$。

当不满足 $x\geqslant 2a_s'$ 时,则表明受压钢筋应力达不到抗压强度设计值 f_y'。正截面受弯承载力按式(6-32)计算。

$$M_u=f_y A_s(h_0-a_s') \tag{6-32}$$

2. 正截面承载力计算步骤

(1)截面设计。截面设计有两种情况:一种是受压钢筋和受拉钢筋都是未知的;另一种是因构造要求等原因,受压钢筋是已知的,求受拉钢筋。

情况一:已知截面尺寸 $b\times h$、混凝土强度等级及钢筋等级、弯矩设计值 M,求受压钢筋 A_s' 和受拉钢筋 A_s。

由于两个基本计算公式中含有 x、A_s'、A_s 3 个未知数,其解是不定的,故还需要补充一个条件才能求解。在截面尺寸及材料强度已知的情况下,只有引入 $(A_s'+A_s)$ 之和最小为其最优解。

1)确定受压钢筋 A_s'。为充分发挥混凝土抗压强度,取 $\xi=\xi_b$,$x=\xi_b h_0$。

$$A_s'=\frac{M-\alpha_1 f_c bx\left(h_0-\dfrac{x}{2}\right)}{f_y'(h_0-a_s')}=\frac{M-\alpha_1 f_c bh_0^2\xi_b(1-0.5\xi_b)}{f_y'(h_0-a_s')} \tag{6-33}$$

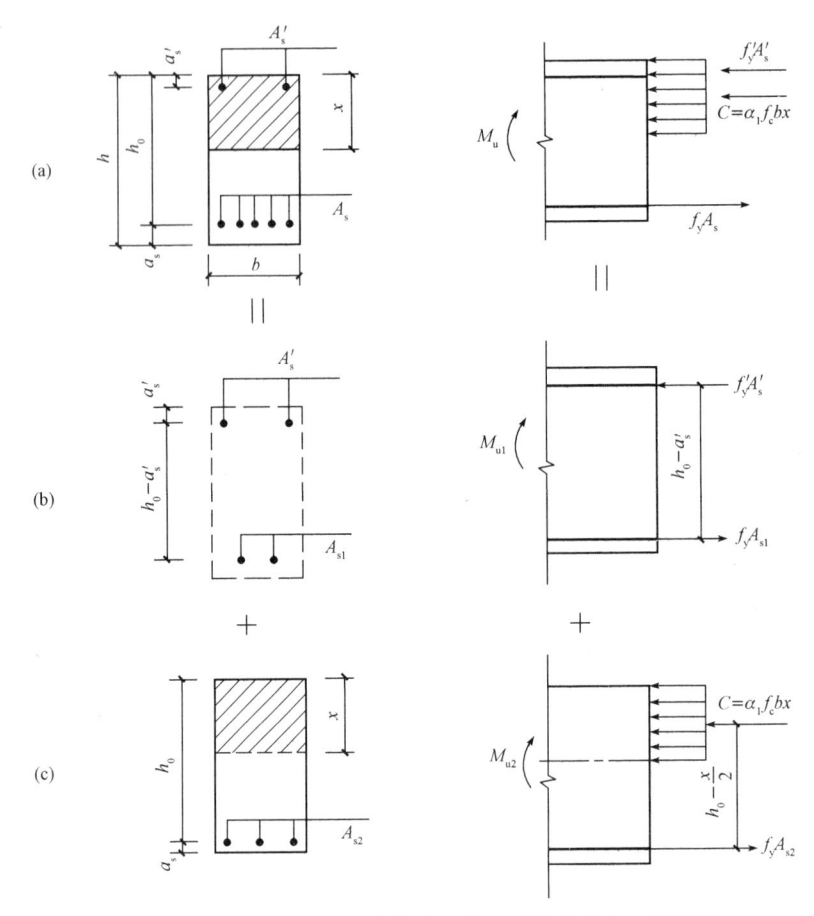

图 6-24 双筋矩形截面受弯构件正截面受弯承载力计算简图
(a)M_u；(b)M_{u1}；(c)M_{u2}

2)确定受拉钢筋 A_s。

$$A_s = A'_s \frac{f'_y}{f_y} + \xi_b \frac{\alpha_1 f_c b h_0}{f_y} \tag{6-34}$$

当 $f_y = f'_y$ 时

$$A_s = A'_s + \xi_b \frac{\alpha_1 f_c b h_0}{f_y} \tag{6-35}$$

情况二：已知截面尺寸 $b \times h$、混凝土强度等级、钢筋等级、弯矩设计值 M 及受压钢筋 A'_s，求受拉钢筋 A_s。

如图 6-24 所示，双筋矩形截面受弯承载力设计值 M_u 可分为两部分：第一部分是由受压钢筋和相应的另一部分受拉钢筋 A_{s1} 所形成的承载力设计值 M_{u1}，如图 6-24(b)所示；第二部分是由受压区混凝土和相应的一部分受拉钢筋 A_{s2} 所形成的承载力设计值 M_{u2}，如图 6-24(c)所示，相当于单筋矩形截面的受弯承载力，即

$$M_u = M_{u1} + M_{u2} \tag{6-36}$$

又由于 A 和 f_y 是已知的，可由平衡条件分别计算得出 A_{s1} 和 A_{s2}：

$$A_{s1} = \frac{f'_y}{f_y} A'_s \tag{6-37}$$

$$M_{u1} = f'_y A'_s (h_0 - a'_s) \tag{6-38}$$

而 A_{s2} 可按照单筋矩形截面梁进行计算。最后可得

$$A_s = A_{s1} + A_{s2} \tag{6-39}$$

在计算 A_{s2} 中,需要注意以下 3 个问题:

1)若 $\xi > \xi_b$,表明原有的 A_s' 不足,需按照 A_s' 未知的情况一重新计算。
2)若计算得 $x < 2a_s'$,则取 $x = 2a_s'$,按照式(6-40)直接计算 A_s。

$$A_s = \frac{M}{f_y(h_0 - a_s')} \tag{6-40}$$

3)当 a_s'/h_0 较大且 $M < 2\alpha_1 f_c ba_s'(h_0 - a_s')$ 时,按单筋梁计算得到的 A_s 将比按式(6-40)求出的 A_s 要小,这时应不考虑受压钢筋,按单筋梁确定受拉钢筋截面面积 A_s,以节约钢材。

【例 6-4】 有一矩形截面 $b \times h = 200 \text{ mm} \times 400 \text{ mm}$,承受弯矩设计值 $M = 180 \text{ kN} \cdot \text{m}$,混凝土强度等级为 C25($f_c = 11.9 \text{ N/mm}^2$),用 HRB400 级钢筋配筋($f_y = f_y' = 360 \text{ N/mm}^2$),环境类别为二 a 类,求所需钢筋截面面积。

【解】 查表 5-2 和表 5-6 得 $f_c = 11.9 \text{ N/mm}^2$,$f_t = 1.27 \text{ N/mm}^2$,$\alpha_1 = 1.0$,$\xi_b = 0.518$,$f_y = 360 \text{ N/mm}^2$,$f_y' = 360 \text{ N/mm}^2$。假设受拉钢筋为双层配置,$a = 65 \text{ mm}$,$h_0 = 500 - 65 = 435(\text{mm})$。

(1)检查是否需采用双筋截面。假定受拉钢筋为两层,$h_0 = 400 - 65 = 335(\text{mm})$,若为单筋截面,其所能承担的最大弯矩设计值为

$$\begin{aligned} M_{\max} &= \xi_b(1 - 0.5\xi_b)\alpha_1 f_c b h_0^2 \\ &= 0.518 \times (1 - 0.5 \times 0.518) \times 1.0 \times 11.9 \times 200 \times 335^2 \\ &= 102.5(\text{kN} \cdot \text{m}) < M = 180 \text{ kN} \cdot \text{m} \end{aligned}$$

计算结果表明,必须设计成双筋截面。

(2)求 A_s'。假定受压钢筋为一层,则 $a_s' = 40 \text{ mm}$。
确定受压钢筋 A_s'(取 $\xi = \xi_b$)

$$A_s' = \frac{M - \alpha_1 f_c b h_0^2 \xi_b(1 - 0.5\xi_b)}{f_y'(h_0 - a_s')} = \frac{180 \times 10^6 - 0.384 \times 1.0 \times 11.9 \times 200 \times 335^2}{360 \times (335 - 40)} = 729(\text{mm}^2)$$

(3)求 A_s。

$$A_s = 0.518 \times \frac{\alpha_1 f_c}{f_y} b h_0 + \frac{f_y'}{f_y} A_s' = 0.518 \times \frac{1.0 \times 11.9}{360} \times 200 \times 335 + \frac{360}{360} \times 729 = 1\,876(\text{mm}^2)$$

(4)选择钢筋。受拉钢筋选用 3⊕22+3⊕20,$A_s = 2\,081 \text{ mm}^2$;受压钢筋选用 2⊕22,$A_s' = 760 \text{ mm}^2$。

钢筋布置如图 6-25 所示。

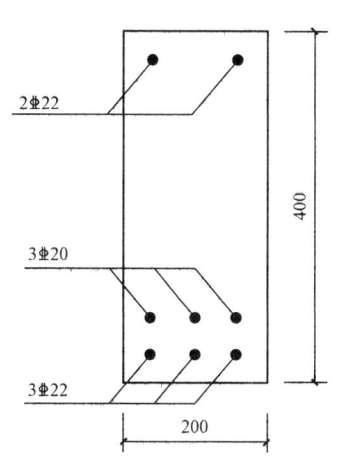

图 6-25 例 6-4 钢筋布置图

(2)截面复核。已知：截面尺寸为 $b \times h$，钢筋截面面积为 A_s、A'_s，材料性能参数为 f_c、f_y、f'_y、ξ_b，弯矩设计值为 M，求截面所能承受的弯矩设计值 M_u，并判断其安全程度。

首先计算 x：

$$x = \frac{f_y A_s - f'_y A'_s}{\alpha_1 f_c b}$$

若 $2a'_s \leqslant x \leqslant \xi_b h_0$，则按照式(6-31)求出 M_u；

若 $x < 2a'_s$，可利用式(6-40)求出 M_u；

若 $x > \xi_b h_0$，应按照 $x = \xi_b h_0$ 带入式(6-31)求出 M_u。

【例 6-5】 已知某梁，截面尺寸为 $b \times h = 200 \text{ mm} \times 450 \text{ mm}$，一类环境，选用 C25 级混凝土和钢筋 HRB400 级，已配有 2⌀12 受压钢筋和 3⌀25 受拉钢筋，需承受的弯矩设计值为 $M = 130 \text{ kN} \cdot \text{m}$。试验算正截面是否安全。

【解】 (1)确定计算参数。根据混凝土强度等级 C25 级，钢筋 HRB400 级，查表 5-2 和表 5-6 可知：$f_c = 11.9 \text{ N/mm}^2$，$\alpha_1 = 0$，$f_y = f'_y = 360 \text{ N/mm}^2$，$\xi_b = 0.518$，2⌀12 受压钢筋，$A'_s = 226 \text{ mm}^2$，3⌀25 受拉钢筋，$A_s = 1\,473 \text{ mm}^2$。

一类环境：$c = 25 \text{ mm}$，$a_s = c + 8 + \dfrac{25}{2} = 45.5 \text{(mm)}$

$$h_0 = 450 - 45.5 = 404.5 \text{(mm)}$$

$$a'_s = c + 8 + \frac{d}{2} = 25 + 8 + \frac{12}{2} = 39 \text{(mm)}$$

(2)计算 x。

$$x = \frac{f_y A_s - f'_y A'_s}{\alpha_1 f_c b} = \frac{360 \times 1\,473 - 360 \times 226}{1.0 \times 11.9 \times 200}$$

$$= 188.6 \text{(mm)} \geqslant 2a'_s = 2 \times 39 = 78 \text{(mm)}$$

且 $x = 188.6 \text{ mm} \leqslant \xi_b h_0 = 0.518 \times 404.5 = 209.531 \text{(mm)}$，满足公式适用条件。

(3)计算 M_u 并校核截面。

$$M_u = \alpha_1 f_c b x \left(h_0 - \frac{x}{2} \right) + f'_y A'_s (h_0 - a'_s)$$

$$= 1.0 \times 11.9 \times 200 \times 188.6 \times \left(404.5 - \frac{188.6}{2} \right) + 360 \times 226 \times (404.5 - 39)$$

$$= 168.98 \text{(kN} \cdot \text{m)} > M = 130 \text{ kN} \cdot \text{m}$$

故正截面承载力满足要求。

6.2.4 单筋 T 形截面的承载力计算

1. T 形截面

受弯构件遭到破坏时，大部分受拉区混凝土早已退出工作，故可挖去部分受拉区混凝土，并将钢筋集中放置，如图 6-26(a)所示，形成 T 形截面，对受弯承载力没有影响。这样既可节省混凝土，也可减轻结构自重。若受拉钢筋较多，为便于布置钢筋，可将截面底部适当增大，形成 I 形截面，如图 6-26(b)所示。

T 形截面伸出部分称为翼缘，中间部分称为肋或梁腹。肋的宽度为 b，位于截面受压区的翼缘宽度为 b'_f，厚度为 h'_f，截面总高为 h。I 形截面位于受拉区的翼缘不参与受力，因此也按 T 形截面计算。

工程结构中，T 形和 I 形截面受弯构件的应用很广泛，如现浇肋形楼盖中的主、次梁，T 形吊车梁、薄腹梁、槽形板等均为 T 形截面；箱形截面、空心楼板、桥梁中的梁为 I 形截面。

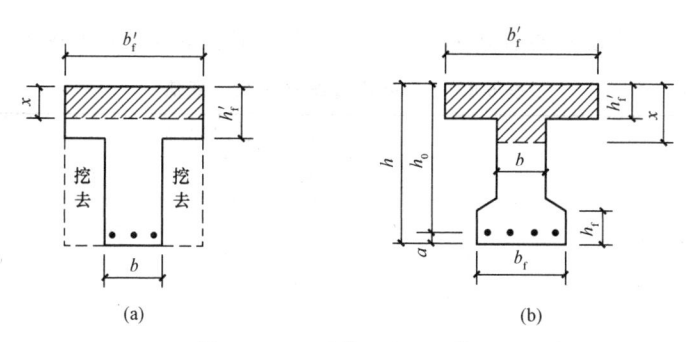

图 6-26　T 形截面和 I 形截面
(a)T 形截面；(b)I 形截面

但是，若翼缘在梁的受拉区[图 6-27(a)]，当受拉区的混凝土开裂以后，翼缘对承载力就不再起作用了。对于这种梁应按肋宽为 b 的矩形截面计算承载力。又如整体式肋梁楼盖连续梁中的支座附近的 2—2 截面，如图 6-27(b)所示，由于承受负弯矩，翼缘(板)受拉，故仍应按肋宽为 b 的矩形截面计算。

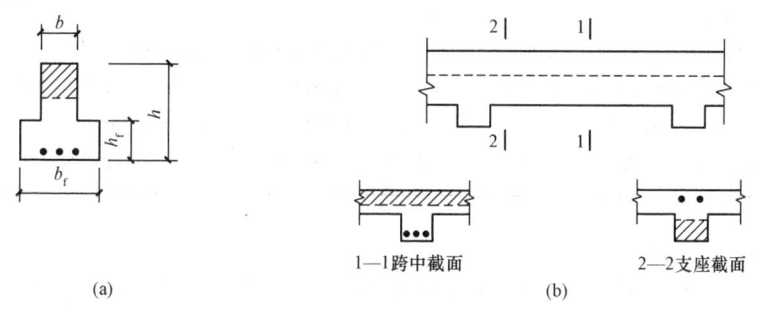

图 6-27　倒 T 形截面及连续梁截面
(a)倒 T 形截面；(b)连续梁跨中与支座截面

2. 翼缘的计算宽度 b'_f

由试验和理论分析可知，T 形截面梁受力后，翼缘上的纵向压应力是不均匀分布的，离梁肋越远，压应力越小，实际压应力分布如图 6-28(a)和(b)所示。故在设计中把翼缘限制在一定范围内，称为翼缘的计算宽度 b'_f，并假定在 b'_f 范围内压应力是均匀分布的，如图 6-28(c)和(d)所示。

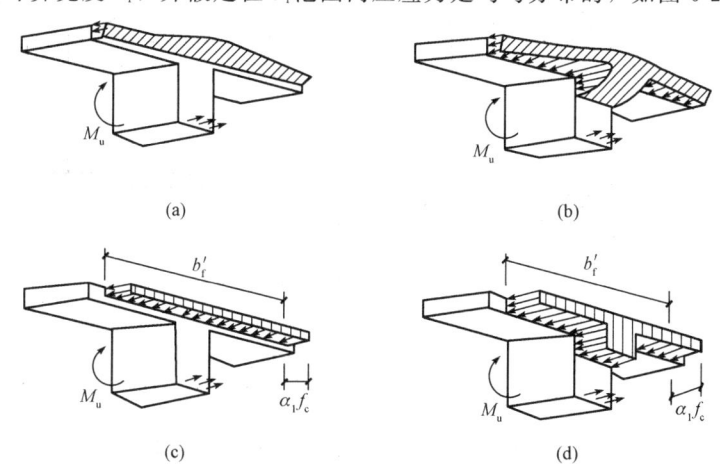

图 6-28　T 形截面受弯构件受压翼缘的应力分布和计算图形
(a)、(b)实际压应力分布；(c)、(d)设计压应力计算图形

T形截面翼缘计算宽度 b'_f 的取值规定见表 6-8，计算时应取表中有关各项的最小值。

表 6-8　T形截面翼缘宽度 b'_f 的取值

考虑情况		T形、I形截面		倒 L 形截面
		肋形梁（板）	独立梁	肋形梁（板）
按计算跨度 l_0 考虑		$\dfrac{l_0}{3}$	$\dfrac{l_0}{3}$	$\dfrac{l_0}{6}$
按梁（纵肋）净距 s_n 考虑		$b+s_n$	—	$b+\dfrac{s_n}{2}$
按翼缘高度 h'_f 考虑	$h'_f/h_0 \geqslant 0.1$	—	$b+12h'_f$	—
	$0.1 > h'_f/h_0 \geqslant 0.05$	$b+12h'_f$	$b+6h'_f$	$b+5h'_f$
	$h'_f/h_0 < 0.05$	$b+12h'_f$	b	$b+5h'_f$

注：①表中 b 为梁的腹板宽度；b'_f 和 h'_f 如图 6-26 所示。
②当肋形梁跨内设有间距小于纵肋间距的横肋时，可不遵守表中第三种情况的规定。
③有加腋T形、I形截面和倒L形截面，当受压区加腋的高度 $h_h \geqslant h'_f$，且加腋的宽度 $b_h \leqslant 3h_h$ 时，则其翼缘计算宽度可按表中第三种情况规定增加 $2b_h$（T形、I形截面）和 b_h（倒L形截面）采用。
④独立梁受压区的翼缘板在荷载作用下经验算沿纵肋方向可能产生裂缝时，其计算宽度应取用腹板宽度 b。

3．计算公式与适用条件

(1) T形截面的两种类型。采用翼缘计算宽度 b'_f，T形截面受压区混凝土仍可按等效矩形应力图考虑。按照构件破坏时中和轴位置的不同，T形截面可分为以下两种类型。

第一类 T 形截面中和轴在翼缘内，即 $x \leqslant h'_f$。

第二类 T 形截面中和轴在梁肋内，即 $x > h'_f$。

为了判别 T 形截面属于哪一种类型，应首先分析 $x = h'_f$ 的特殊情况，图 6-29 所示为两类 T 形截面的界限情况。

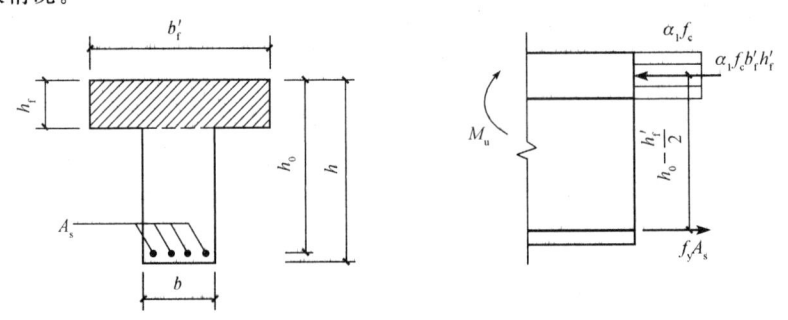

图 6-29　$x = h'_f$ 时的两类 T 形截面梁

由平衡条件可得

$$\sum X = 0, \quad f_y A_s = \alpha_1 f_c b'_f h'_f \tag{6-41}$$

$$\sum M = 0, \quad M = \alpha_1 f_c b'_f h'_f \left(h_0 - \dfrac{h'_f}{2}\right) \tag{6-42}$$

由此界限情况可知，若

$$f_y A_s \leqslant \alpha_1 f_c b'_f h'_f$$

或

$$M \leqslant \alpha_1 f_c b'_f h'_f \left(h_0 - \frac{h'_f}{2}\right)$$

则 $x \leqslant h'_f$，即属于第一类 T 形截面；反之，若

$$f_y A_s > \alpha_1 f_c b'_f h'_f$$

或

$$M > \alpha_1 f_c b'_f h'_f \left(h_0 - \frac{h'_f}{2}\right)$$

则 $x > h'_f$，即属于第二类 T 形截面。

(2) 第一类 T 形截面的计算公式与适用条件。

1) 计算公式。第一类 T 形截面受弯构件正截面承载力计算简图如图 6-30 所示，这种类型与梁宽为 b 的矩形梁完全相同，可用 b'_f 代替 b 按矩形截面的公式计算。

$$\sum X = 0, \quad f_y A_s = \alpha_1 f_c b'_f x \tag{6-43}$$

$$\sum M = 0, \quad M \leqslant M_u = \alpha_1 f_c b'_f x \left(h_0 - \frac{x}{2}\right) \tag{6-44}$$

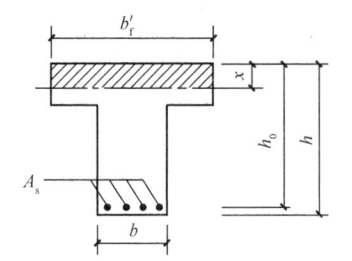

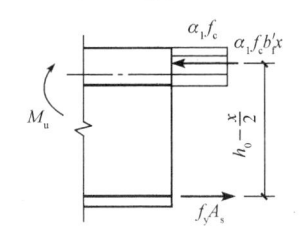

图 6-30 第一类 T 形截面梁正截面承载力计算简图

2) 适用条件。

$\xi \leqslant \xi_b$——防止发生超筋脆性破坏，此项条件通常均可满足，不必验算。

$\rho_1 = \dfrac{A_s}{bh} \geqslant \rho_{min}$——防止发生少筋脆性破坏。

必须注意，这里受弯承载力虽然按 $b'_f \times h$ 的矩形截面计算，但最小配筋面积 $A_{s\,min}$ 按 $\rho_{min} bh$ 计算，而不是按 $\rho_{min} b'_f h$ 计算。这是因为最小配筋率是按 $M_u = M_{cr}$ 的条件确定的，而开裂弯矩 M_{cr} 主要取决于受拉区混凝土的面积，T 形截面的开裂弯矩与具有同样腹板宽度 b 的矩形截面基本相同。对 I 形和倒 T 形截面，最小配筋率 ρ_1 的表达式为

$$\rho_1 = \frac{A_s}{bh + (b_f - b)h_f} \tag{6-45}$$

(3) 第二类 T 形截面的计算公式与适用条件。

1) 计算公式。第二类 T 形截面受弯构件正截面承载力计算简图如图 6-31 所示。

$$f_y A_s = \alpha_1 f_c bx + \alpha_1 f_c (b'_f - b) h'_f \tag{6-46}$$

$$M \leqslant M_u = \alpha_1 f_c bx \left(h_0 - \frac{x}{2}\right) + \alpha_1 f_c (b'_f - b) h'_f \left(h_0 - \frac{h'_f}{2}\right) \tag{6-47}$$

与双筋矩形截面类似，T 形截面受弯承载力设计值 M_u 也可分为两部分。第一部分是由肋部受压区混凝土和相应的一部分受拉钢筋 A_{s1} 所形成的承载力设计值 M_{u1}[图 6-31(b)]，相当于单筋矩形截面的受弯承载力；第二部分是由翼缘挑出部分的受压区混凝土和相应的另一部分受拉钢筋 A_{s2} 所形成的承载力设计值 M_{u2}[图 6-31(c)]，即

$$M_u = M_{u1} + M_{u2} \tag{6-48}$$

$$A_s = A_{s1} + A_{s2} \tag{6-49}$$

对第一部分承载力设计值[图 6-31(b)]，由平衡条件可得

$$f_y A_{s1} = \alpha_1 f_c b x \tag{6-50}$$

$$M_{u1} = \alpha_1 f_c b x \left(h_0 - \frac{x}{2}\right) \tag{6-51}$$

对第二部分承载力设计值[图 6-31(c)]，由平衡条件可得

$$f_y A_{s2} = \alpha_1 f_c (b'_f - b) h'_f \tag{6-52}$$

$$M_{u2} = \alpha_1 f_c (b'_f - b) h'_f \left(h_0 - \frac{h'_f}{2}\right) \tag{6-53}$$

2) 适用条件。

$\xi \leqslant \xi_b$——防止发生超筋脆性破坏。

$\rho_1 = \dfrac{A_s}{bh} \geqslant \rho_{\min}$——防止发生少筋脆性破坏，此项条件通常均可满足，不必验算。

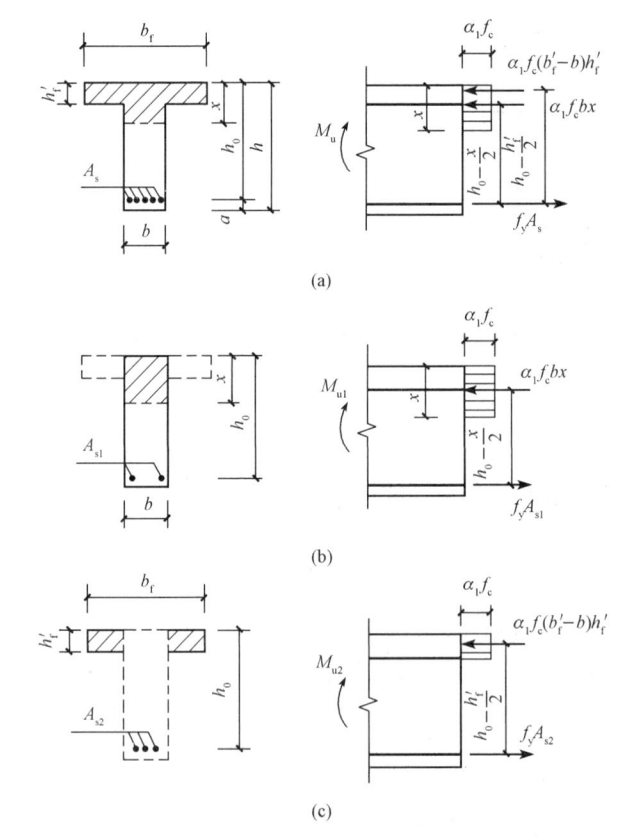

图 6-31　第二类 T 形截面梁正截面承载力计算简图
(a)M_u；(b)M_{u1}；(c)M_{u2}

4. 设计计算方法

(1) 截面设计。

已知：弯矩设计值 M、截面尺寸、混凝土和钢筋的强度等级，求受拉钢筋面积 A_s。

第一类 T 形截面：$M \leqslant \alpha_1 f_c b'_f h'_f \left(h_0 - \dfrac{h'_f}{2}\right)$，其计算方法与 $b'_f \times h$ 的单筋矩形截面梁完全

相同。

第二类 T 形截面：$M > \alpha_1 f_c b'_f h'_f \left(h_0 - \dfrac{h'_f}{2}\right)$，其中，有 A_s 及 x 两个未知数，该问题可用计算公式求解，也可用公式分解求解。

公式求解计算的一般步骤如下。

1) 由式(6-53)计算 $M_{u2} = \alpha_1 f_c (b'_f - b) h'_f \left(h_0 - \dfrac{h'_f}{2}\right)$。

2) 由式(6-48)得 $M_{u1} = M - M_{u2}$。

3) $\alpha_s = \dfrac{M_{u1}}{\alpha_1 f_c b h_0^2}$，$\xi = 1 - \sqrt{1 - 2\alpha_s}$，$x = \xi h_0$。

4) 当 $x \leqslant \xi_b h_0$ 时，得 $A_s = \dfrac{\alpha_1 f_c b x + \alpha_1 f_c (b'_f - b) h'_f}{f_y}$。

5) 当 $x > \xi_b h_0$ 时，说明截面过小，会形成超筋梁，应加大截面尺寸，或提高混凝土强度等级，或改用双筋截面。

(2) 截面复核。

已知：弯矩设计值 M、截面尺寸、混凝土和钢筋的强度等级、受拉钢筋面积 A_s，求受弯承载力 M_u。

第一类 T 形截面：$f_y A_s \leqslant \alpha_1 f_c b'_f h'_f$，可按 $b'_f \times h$ 的单筋矩形截面梁的计算方法求解。

第二类 T 形截面：$f_y A_s > \alpha_1 f_c b'_f h'_f$，计算的一般步骤如下。

1) 由式(6-46)得 $x = \dfrac{f_y A_s - \alpha_1 f_c (b'_f - b) h'_f}{\alpha_1 f_c b}$。

2) 当 $x \leqslant \xi_b h_0$ 时，由式(6-47)计算 $M_u = \alpha_1 f_c b x \left(h_0 - \dfrac{x}{2}\right) + \alpha_1 f_c (b'_f - b) h'_f \left(h_0 - \dfrac{h'_f}{2}\right)$。

3) 当 $M \leqslant M_u$ 时，构件截面安全，否则为不安全。

【例 6-6】 某整浇梁板结构的次梁，计算跨度为 6 m，次梁间距为 2.4 m，截面尺寸如图 6-32 所示。跨中最大弯矩设计值 $M = 64$ kN·m，混凝土 C25 级，钢筋 HRB400 级，试计算次梁受拉钢筋面积 A_s。

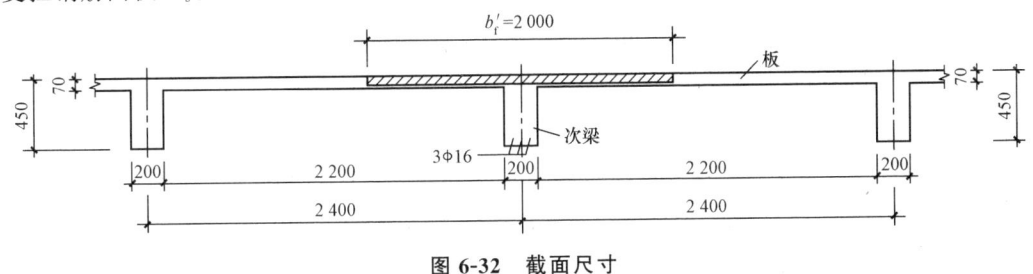

图 6-32 截面尺寸

【解】 (1) 确定计算参数：

$$f_c = 11.9 \text{N/mm}^2, \quad \alpha_1 = 1.0, \quad f_y = 360 \text{ N/mm}^2,$$
$$h_0 = h - a_s = 450 - 45 = 405 \text{(mm)}$$

(2) 确定翼缘计算宽度 b'_f。

按梁的计算跨度 l_0 考虑：

$$b'_f = \dfrac{l_0}{3} = \dfrac{6\ 000}{3} = 2\ 000 \text{(mm)}$$

按梁(肋)净距 s_n 考虑：
$$b'_f = b + s_n = 200 + 2\,200 = 2\,400 \text{(mm)}$$
按梁翼缘高度 h'_f 考虑：
$$\frac{h'_f}{h_0} = \frac{70}{405} \approx 0.17 > 0.1$$
故翼缘宽度不受此项限制，取前两项中最小者 $b'_f = 2\,000$ mm。

(3) 判别类型：
$$\alpha_1 f_c b'_f h'_f \left(h_0 - \frac{h'_f}{2}\right) = 1.0 \times 11.9 \times 2\,000 \times 70 \times \left(405 - \frac{70}{2}\right)$$
$$= 616.42 \text{(kN·m)} > M = 64 \text{ kN·m}$$
故属于第一类 T 形截面。

(4) 求受拉钢筋面积 A_s：
$$\alpha_s = \frac{M}{\alpha_1 f_c b'_f h_0^2} = \frac{64 \times 10^6}{1.0 \times 11.9 \times 2\,000 \times 405^2} = 0.016$$
$$\xi = 1 - \sqrt{1 - 2\alpha_s} = 1 - \sqrt{1 - 2 \times 0.016} = 0.016$$
$$A_s = \frac{\alpha_1 f_c b'_f \xi h_0}{f_y} = \frac{1.0 \times 11.9 \times 2\,000 \times 0.016 \times 405}{360} = 428.4 \text{(mm}^2\text{)}$$

选择钢筋 2Φ18，$A_s = 509$ mm²。

(5) 验算适用条件：
$$\rho = \frac{A_s}{bh_0} = \frac{509}{200 \times 405} \times 100\% = 0.628\% > \rho_{\min} \frac{h}{h_0} = \rho_{\min} \frac{450}{405}$$
$$= 0.237\% \times \frac{450}{405} = 0.263\%$$

因此，满足要求。

【例 6-7】 某 T 形梁承受弯矩设计值 $M = 195.6$ kN·m，截面尺寸 $b \times h = 180 \text{ mm} \times 500 \text{ mm}$，$b'_f \times h'_f = 380 \text{ mm} \times 100 \text{ mm}$，混凝土 C20 级，钢筋 HRB400 级，试计算该梁受拉钢筋面积 A_s。

【解】 (1) 确定计算参数：
$$f_c = 9.6 \text{ N/mm}^2, \quad \alpha_1 = 1.0, \quad f_y = 360 \text{ N/mm}^2$$
估计钢筋需布置两排，取 $h_0 = 500 - 65 = 435$(mm)。

(2) 判别类型：
$$\alpha_1 f_c b'_f h'_f \left(h_0 - \frac{h'_f}{2}\right) = 1.0 \times 9.6 \times 380 \times 100 \times \left(435 - \frac{100}{2}\right) = 140.4 \times 10^6 \text{(N·mm)}$$
$$= 140.4 \text{(kN·m)} < M = 195.6 \text{ kN·m}$$
故属于第二类 T 形截面。

(3) 计算 A_s：
$$\alpha_s = \frac{M - \alpha_1 f_c (b'_f - b) h'_f \left(h_0 - \frac{h'_f}{2}\right)}{\alpha_1 f_c b h_0^2}$$
$$= \frac{195.6 \times 10^6 - 1.0 \times 9.6 \times (380 - 180) \times 100 \times \left(435 - \frac{100}{2}\right)}{1.0 \times 9.6 \times 180 \times 435^2}$$
$$= 0.372$$
$$\xi = 1 - \sqrt{1 - 2\alpha_s} = 1 - \sqrt{1 - 2 \times 0.372} = 0.494 \leqslant \xi_b = 0.55$$

$$A_s = \frac{\alpha_1 f_c b \xi h_0 + \alpha_1 f_c (b'_f - b) h'_f}{f_y}$$

$$= \frac{1.0 \times 9.6 \times 180 \times 0.494 \times 435 + 1.0 \times 9.6 \times (380 - 180) \times 100}{360}$$

$$= 1\,565 (\text{mm}^2)$$

(4) 实际选用 6⊕18，$A_s = 1\,527 \text{ mm}^2$。

【例 6-8】 一根 T 形截面简支梁，截面尺寸 $b \times h = 250 \text{ mm} \times 600 \text{ mm}$，$b'_f = 500 \text{ mm}$，$h'_f = 100 \text{ mm}$，混凝土采用 C20 级，钢筋采用 HRB400 级，在梁的下部配有两排共 6⊕22 的受拉钢筋，该截面承受的弯矩设计值为 $M = 350 \text{ kN} \cdot \text{m}$，试校核梁是否安全(环境类别为一类)。

【解】 (1) 确定计算参数：

$$f_c = 9.6 \text{ N/mm}^2, \quad f_y = 360 \text{ kN} \cdot \text{m}, \quad \alpha_1 = 1.0, \quad \xi_b = 0.518$$

梁下部钢筋配有两排，取 $a_s = 70 \text{ mm}$，则 $h_0 = 600 - 70 = 530 (\text{mm})$。

(2) 判断截面类型：

$$f_y A_s = 360 \times 2\,281 = 821 (\text{kN}) > \alpha_1 f_c b'_f h'_f$$
$$= 1.0 \times 9.6 \times 500 \times 100 = 480 (\text{kN})$$

故该梁属于第二类 T 形截面。

(3) 求 x 并判别：

$$x = \frac{f_y A_s - \alpha_1 f_c (b'_f - b) h'_f}{\alpha_1 f_c b}$$

$$= \frac{360 \times 2\,281 - 1.0 \times 9.6 \times (500 - 250) \times 100}{1.0 \times 9.6 \times 250}$$

$$= 242 (\text{mm}) < \xi_b h_0 = 0.518 \times 530$$

$$= 274.5 (\text{mm})$$

故满足要求。

(4) 求 M_u：

$$M_u = \alpha_1 f_c b x \left(h_0 - \frac{x}{2} \right) + \alpha_1 f_c (b_1' - b) h'_f \left(h_0 - \frac{h'_f}{2} \right)$$

$$= 1.0 \times 9.6 \times 250 \times 242 \times \left(530 - \frac{242}{2} \right) + 1.0 \times 9.6 \times (500 - 250) \times 100 \times \left(530 - \frac{100}{2} \right)$$

$$= 352.75 (\text{kN} \cdot \text{m}) > M = 350 \text{ kN} \cdot \text{m}$$

故截面安全。

6.3 受弯构件斜截面承载力计算

如 6.2 节所述，受弯构件在弯矩作用下会出现垂直裂缝，垂直裂缝的发展导致正截面破坏，保证正截面承载力的主要措施是在构件内配置适当的纵向受力钢筋。而在受弯构件的支座附近区段，不仅有弯矩作用，同时还有较大的剪力作用，该区段称为剪弯段或剪跨段。在剪力和弯矩的共同作用下，剪弯段内的主拉应力将使构件在支座附近的剪弯段内出现斜裂缝；斜裂缝的发展最终可能导致斜截面被破坏(图 6-33)。与正截面破坏相比，斜截面破坏普遍具有脆性性质。

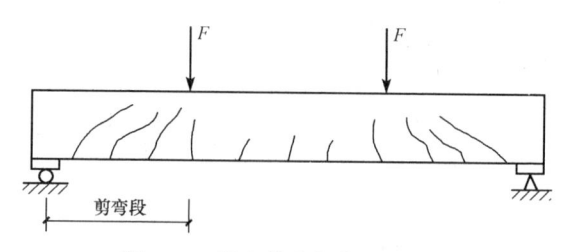

图 6-33 梁上剪弯段内的斜裂缝

为防止斜截面破坏，应当使构件具有合理的截面尺寸和合理的配筋构造，并在梁中配置必要的箍筋(板由于承受剪力很小，依靠混凝土即足以抵抗，故一般不需要在板内配置箍筋)。当梁承受的剪力较大时，在优先采用箍筋的前提下，还可以利用梁内跨中的部分受拉钢筋在支座附近弯起以承担部分剪力，称为弯起钢筋或斜筋。箍筋和弯起钢筋统称为腹筋，如图 6-34 所示。

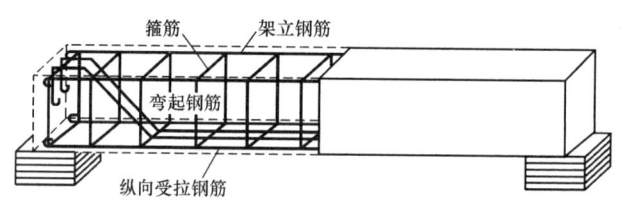

图 6-34 梁中的钢筋

6.3.1 斜截面受力分析

1. 开裂前的受力分析

按相同的加载方式，研究梁在支座附近区段沿斜截面的破坏方式。梁在荷载作用下的主应力轨迹线和单元体应力如图 6-35 所示。图中实线为主拉应力轨迹线，虚线为主压应力轨迹线。

位于中和轴处的微元体 1，其正应力为零，切应力最大，主拉应力 σ_{tp} 和主压应力 σ_{cp} 与梁轴线呈 45°；位于受压区的微元体 2，主拉应力 σ_{tp} 减小，主压应力 σ_{cp} 增大，主拉应力与梁轴线夹角大于 45°；位于受拉区的微元体 3，主拉应力 σ_{tp} 增大，主压应力 σ_{cp} 减小，主拉应力与梁轴线夹角小于 45°。

当主拉应力或主压应力达到材料的抗拉或抗压强度时，将引起构件截面的开裂和破坏。

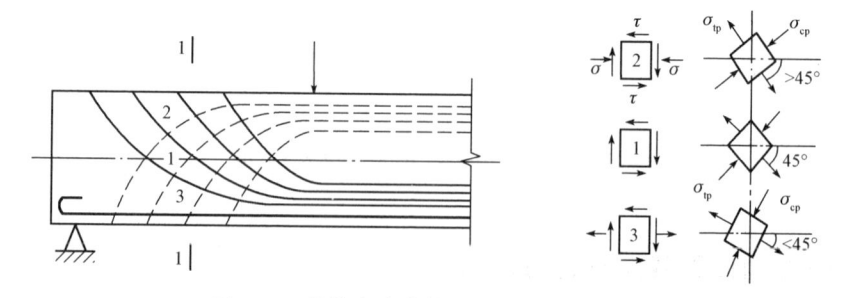

图 6-35 梁的主应力轨迹线和单元体应力

2. 无腹筋梁的受力及破坏分析

腹筋是箍筋和弯起钢筋的总称，无腹筋梁是指不配箍筋和弯起钢筋的梁。试验表明，当荷载较小、裂缝未出现时，可将钢筋混凝土梁视为均质弹性材料的梁，其受力特点可用材料力学的方法分析。随着荷载的增加，梁在支座附近出现斜裂缝。取 CB 为隔离体，则其受力如图 6-36 所示。

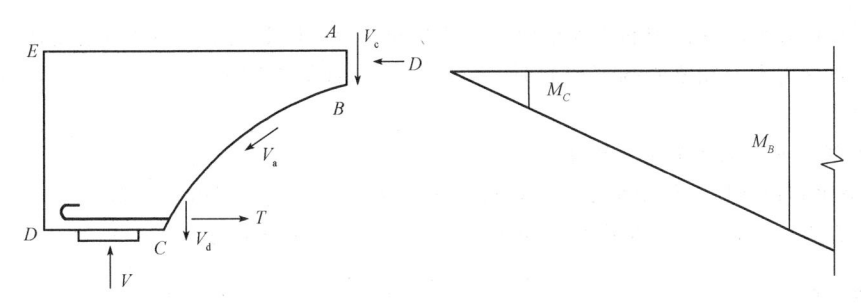

图 6-36　隔离体受力图

与剪力 V 平衡的力有 AB 面上的混凝土剪切应力合力 V_c、由于开裂面 BC 两侧凹凸不平产生的骨料咬合力 V_a 的竖向分力和穿过斜裂缝的纵向钢筋在斜裂缝相交处的销栓力 V_d。

与弯矩 M 平衡的力矩主要是由纵向钢筋拉应力 T 和 AB 面上混凝土压应力合力 D 组成的内力矩。由于斜裂缝的出现，梁在剪弯段内的应力状态会发生变化，主要表现在以下方面。

(1) 开裂前的剪力是全截面承担的，开裂后则主要由剪压区承担，混凝土的剪切应力大大增加，应力的分布规律不同于斜裂缝出现前的情景。

(2) 混凝土剪压区面积因斜裂缝的出现和发展而减小，剪压区内的混凝土压应力却随之大大增加。

(3) 与斜裂缝相交的纵向钢筋应力，由于斜裂缝的出现而突然增大。

(4) 纵向钢筋拉应力的增大导致钢筋与混凝土间粘结应力的增大，有可能出现沿纵向钢筋的粘结裂缝或撕裂裂缝。

当荷载继续增加时，斜裂缝条数增多，裂缝宽度增大，骨料咬合力下降，沿纵向钢筋的混凝土保护层被撕裂，钢筋的销栓力也逐渐减弱；斜裂缝中的一条发展为主要斜裂缝，称为临界斜裂缝，无腹筋梁如同拱结构，纵向钢筋成为拱的拉杆(图 6-37)。

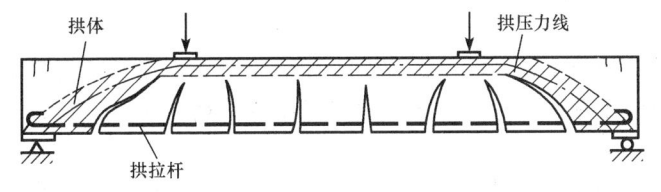

图 6-37　无腹筋梁的拱体受力机制

3. 有腹筋梁的受力及破坏分析

配置箍筋可以有效提高梁的斜截面受剪承载力。箍筋最有效的布置方式是与梁腹中的主拉应力方向一致，但为了施工方便，一般和梁轴线呈 90° 布置，如图 6-38 所示。

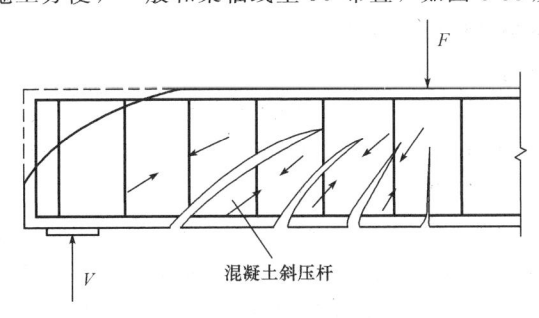

图 6-38　有腹筋梁的剪力传递

在斜裂缝出现后，箍筋应力增大。有腹筋梁如桁架，箍筋和混凝土斜压杆分别为桁架的受拉腹杆和受压腹杆，纵向受拉钢筋成为桁架的受拉弦杆，剪压区混凝土成为桁架的受压弦杆。

当将纵向受力钢筋在梁的端部弯起时，弯起钢筋和箍筋有相似的作用，可提高梁斜截面的抗剪承载力。

4. 影响斜截面承载力的主要因素

(1)剪跨比和跨高比。对于承受集中荷载作用的梁，剪跨比是影响其斜截面受力性能的重要因素之一。剪跨比用 λ 表示，集中荷载作用下梁的某一截面的剪跨比等于该截面的弯矩值与截面的剪力值和有效高度乘积之比，即 $\lambda = \dfrac{M}{Vh_0}$。

试验表明：对于承受集中荷载的梁，随着剪跨比的增大，受剪承载力下降。对于承受均布荷载的梁来说，构件跨度与截面高度之比 l_0/h（跨高比）是影响受剪承载力的主要因素。随着跨高比的增大，受剪承载力下降。

(2)腹筋(箍筋和弯起钢筋)配筋率，配筋率增大，斜截面的承载力增大。

(3)混凝土强度等级。

(4)纵筋配筋率。

(5)其他因素。

1)截面形状。试验表明，受压区翼缘的存在可提高斜截面承载力。

2)预应力。预应力能阻滞斜裂缝的出现和开展，增加混凝土剪压区的高度，从而提高混凝土所承担的抗剪能力。

3)梁的连续性。试验表明，连续梁的受剪承载力与相同条件下的简支梁相比，仅在受集中荷载时低于简支梁，而在受均布荷载时是相当的。

5. 斜截面的3种主要破坏形态

承受集中荷载的简支梁中，最外侧的集中力到邻近支座的距离 a 称为剪跨。剪跨 a 与梁截面有效高度 h_0 的比值，称为计算截面的剪跨比，简称剪跨比，用 λ 表示：

$$\lambda = a/h_0 \tag{6-54}$$

对于承受集中荷载的简支梁，$\lambda = M/(Vh_0) = a/h_0$，这时的剪跨比与广义的剪跨比相同。剪跨比在一定程度上反映了截面上弯矩与剪力的相对比值，对斜截面受剪承载力有着极为重要的影响。

根据箍筋数量和剪跨比的不同，受弯构件主要有以下3种斜截面受剪破坏形态。

(1)斜压破坏。当梁的箍筋配置过多、过密或者梁的剪跨比 $\lambda < 1$ 时，发生斜压破坏。破坏时，混凝土被斜裂缝分割成若干个斜向短柱，在正应力和剪应力共同作用下而压坏，破坏时箍筋应力尚未达到屈服强度，如图6-39(a)所示。因此，受剪承载力取决于混凝土的抗压强度，斜压破坏属于脆性破坏。

(2)剪压破坏。构件的箍筋适量，而且剪跨比为 $1 \leqslant \lambda \leqslant 3$ 时将发生剪压破坏。当荷载增加到一定值时，首先在剪弯段受拉区出现斜裂缝，其中一条将发展成临界斜裂缝(延伸较长和开展较大的斜裂缝)。荷载进一步增加，与临界斜裂缝相交的箍筋应力达到屈服强度。随后，斜裂缝不断扩展，斜截面末端剪压区不断缩小，最后剪压区混凝土在正应力和剪应力共同作用下达到极限状态而压碎[图6-39(b)]。剪压破坏没有明显预兆，属于脆性破坏。

(3)斜拉破坏。当箍筋配置过少，而且剪跨比 $\lambda > 3$ 时，常发生斜拉破坏。其特点是一旦出现斜裂缝，与斜裂缝相交的箍筋应力立即达到屈服强度，箍筋对斜裂缝发展的约束作用消失，随后斜裂缝迅速延伸到梁的受压区边缘，将梁劈裂为两部分而破坏[图6-39(c)]。斜拉破坏荷载与开裂时荷载接近，这种梁的抗剪强度取决于混凝土抗拉强度，承载力较低，剪压破坏没有明显预兆，属于脆性破坏。

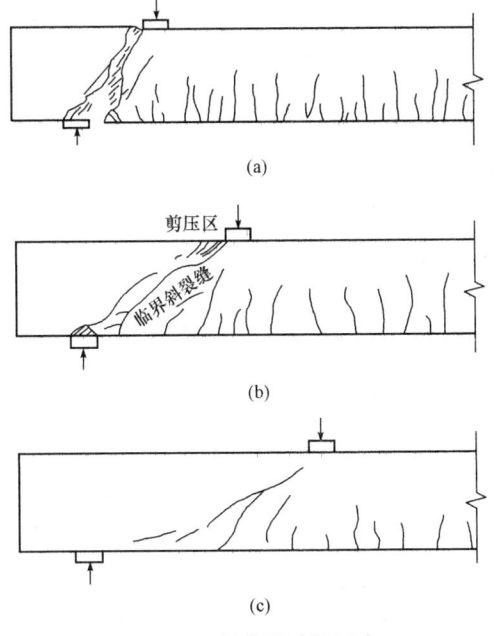

图 6-39 斜截面破坏形态
(a)斜压破坏；(b)剪压破坏；(c)斜拉破坏

采用构造措施可以防止斜拉、斜压破坏，通过计算来防止剪压破坏。

6. 影响斜截面受剪承载力的主要因素

(1)剪跨比。梁的剪跨比反映截面上正应力和剪应力的相对关系，决定该截面上任一点主应力的大小和方向，因而影响梁的破坏形态和受剪承载力的大小。随着剪跨比 λ 的增加，梁的破坏形态按斜压($\lambda<1$)、剪压($1\leqslant\lambda\leqslant3$)和斜拉($\lambda>3$)的顺序演变，其受剪承载力则逐步减弱。当 $\lambda>3$ 时，剪跨比的影响将不明显。

(2)混凝土强度。斜截面破坏是由混凝土达到极限强度而产生的，故混凝土的强度对梁的受剪承载力影响很大。在 3 种破坏形态中，斜拉破坏取决于混凝土的抗拉强度 f_t，剪压破坏取决于顶部混凝土的抗压强度 f_c 和腹部的骨料咬合作用(接近抗剪或抗拉)，斜压破坏取决于混凝土的抗压强度 f_c，而斜压破坏是受剪承载力的上限。

(3)箍筋的配筋率。梁内箍筋的配筋率是指沿梁长，在箍筋的一个间距范围内，箍筋各肢的全部截面面积与混凝土水平截面面积的比值。梁内箍筋的配筋率 ρ_{sv} 为

$$\rho_{sv}=\frac{A_{sv}}{bs}=\frac{nA_{sv1}}{bs} \tag{6-55}$$

式中 A_{sv}——配置在同一截面内箍筋各肢的全部截面面积；

n——同一截面内箍筋肢数；

A_{sv1}——单肢箍筋的截面面积；

b——矩形截面的宽度，T 形、I 形截面的腹板宽度；

s——箍筋间距。

(4)纵筋配筋率。纵筋能抑制斜裂缝的开展，使斜裂缝顶部混凝土受压区高度(面积)增大，间接提高梁的受剪承载力，纵筋的受剪产生了销栓力，它能限制斜裂缝的伸展，从而使剪压区的高度增大。所以，纵筋的配筋率越大，梁的受剪承载力也就越高。

(5)斜截面上的骨料咬合力。斜裂缝处的骨料咬合力对无腹筋梁的斜截面受剪承载力影响较大。

(6)截面形状。这里主要是指 T 形梁和 I 形梁，其翼缘大小对受剪承载力有影响。适当增加

翼缘宽度，可提高受剪承载力约 25%，但翼缘过大，增大作用就趋于平缓。一般情况下，忽略翼缘的作用，只取腹板的宽度当作矩形截面梁的宽度计算构件的受剪承载力，其结果偏于安全。

（7）截面尺寸。截面尺寸对无腹筋梁的受剪承载力有较大影响，尺寸大的构件，受剪承载力更大；对于有腹筋梁，截面尺寸的影响将减小。

6.3.2 斜截面承载力计算

1. 计算公式

梁发生剪压破坏时，斜截面的剪力设计值 V 由三部分组成（图 6-40）。

$$V = V_c + V_{sv} + V_{sb} \tag{6-56}$$

式中 V_c——混凝土承担的剪力(N)；

V_{sv}——箍筋承担的剪力(N)；

V_{sb}——弯起钢筋承担的剪力(N)。

$$V_{cs} = V_c + V_{sv}$$

式中 V_{cs}——混凝土和箍筋承担的剪力(N)。

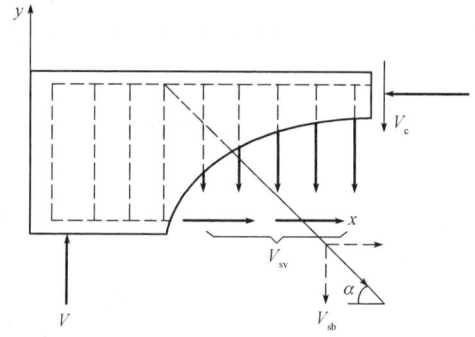

图 6-40 斜截面剪力的组成

（1）不配置箍筋和弯起钢筋的一般板类受弯构件通常承受的荷载不大，剪力较小，因此不必进行斜截面承载力的计算，也不配箍筋和弯起钢筋。当板上承受的荷载较大时，需要对其斜截面承载力进行计算。不配腹筋的一般板类受弯构件，其斜截面的受剪承载力计算公式为

$$V = 0.7\beta_h f_t b h_0 \tag{6-57}$$

$$\beta_h = \left(\frac{800}{h_0}\right)^{\frac{1}{4}} \tag{6-58}$$

β_h 为截面高度影响系数，当 $h_0 < 800$ mm 时，取 $h_0 = 800$ mm，当 $h_0 > 2\,000$ mm 时，取 $h_0 = 2\,000$ mm。

（2）矩形、T 形和 I 形截面受弯构件截面上的最大剪力设计值 V 应满足：

当仅配置箍筋时

$$V \leqslant V_{cs} \tag{6-59}$$

当仅配置箍筋和弯起钢筋时

$$V \leqslant V_{cs} + V_{sb} \tag{6-60}$$

$$V_{cs} = \alpha_{cv} f_t b h_0 + f_{yv} \frac{A_{sv}}{s} h_0 \tag{6-61}$$

式中 f_{yv}——箍筋抗拉强度设计值(N/mm²)；

α_{cv}——斜截面混凝土受剪承载力系数，对于一般受弯构件取 0.7；

A_{sv}——配置在同一截面内箍筋各肢的全部截面面积 $A_{sv} = nA_{sv1}$，此处，n 为在同一截面内箍筋的肢数（图 6-41），A_{sv1} 为单肢箍筋的截面面积(mm²)；

s——沿构件长度方向的箍筋间距(mm)。

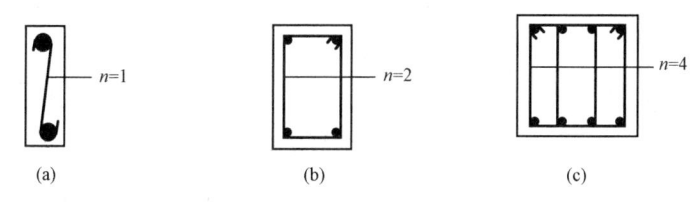

图 6-41 箍筋的肢数
(a)单肢箍；(b)双肢箍；(c)四肢箍

式(6-61)用于计算矩形截面梁承受均布荷载。矩形截面梁承受均布荷载和集中荷载，但以均布荷载为主；T 形、I 形截面梁受任何荷载。

集中荷载作用下的独立梁(包括有多种荷载作用，其中集中荷载对支座截面或节点所产生的剪力值占总剪力值的 75% 以上的情况)，考虑剪跨比的影响，计算公式为

$$V_{cs} = \frac{1.75}{\lambda + 1.0} f_t b h_0 + f_{yv} \frac{A_{sv}}{s} h_0 \tag{6-62}$$

式中 λ——计算截面的剪跨比。当 $\lambda < 1.5$ 时，取 $\lambda = 1.5$；当 $\lambda > 3.0$ 时，取 $\lambda = 3.0$。

弯起钢筋能承受的剪力：

$$V_{sb} = 0.8 f_{yv} A_{sb} \sin\alpha_s \tag{6-63}$$

式中 A_{sb}——弯起钢筋的截面面积(mm^2)；

0.8——应力不均匀系数，用来考虑靠近剪压区的弯起钢筋在斜截面破坏时，可能达不到钢筋抗拉强度设计值；

α_s——弯起钢筋与梁轴线的夹角，一般取 45°，当梁高大于 800 mm 时，取 60°。

2. 受剪承载力公式的适用范围

(1)最小截面尺寸。当发生斜压破坏时，梁腹的混凝土被压碎、箍筋不屈服，其受剪承载力主要取决于构件的腹板宽度、梁截面高度和混凝土强度。因此，只要保证构件截面尺寸不要太小，就可防止斜压破坏的发生。

当 $\frac{h_w}{b} \leqslant 4$ 时：

$$V \leqslant 0.25 \beta_c f_c b h_0 \tag{6-64}$$

当 $\frac{h_w}{b} \geqslant 6$ 时：

$$V \leqslant 0.2 \beta_c f_c b h_0 \tag{6-65}$$

当 $4 < \frac{h_w}{b} < 6$ 时，按线性内插法或按以下公式计算：

$$V \leqslant 0.025 \times \left(14 - \frac{h_w}{b}\right) \beta_c f_c b h_0 \tag{6-66}$$

式中 V——构件斜截面上的最大剪力设计值(kN)；

β_c——混凝土强度影响系数，当混凝土强度等级不超过 C50 时，取 1.0；当混凝土强度等级为 C80 时，取 0.8，其间按内插法取用；

b——矩形截面的宽度，T 形截面或 I 形截面的腹板宽度(mm)；

h_w——截面的腹板高度(图 6-42)；矩形截面取有效高度 h_0，T 形截面取有效高度减去翼缘高度，I 形截面取腹板净高(mm)。

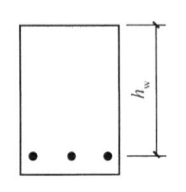

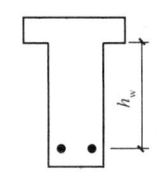

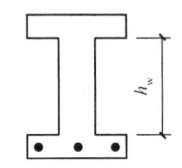

图 6-42 梁的腹板高度

(2) 最小配箍率和箍筋最大间距。试验表明，若箍筋的配筋率过小或箍筋间距过大，在 λ 较大时，一旦出现斜裂缝，可能使箍筋迅速屈服甚至拉断，斜裂缝急剧开展，导致发生斜拉破坏。箍筋直径过小也不能保证钢筋骨架的刚度。为了防止斜拉破坏，梁中箍筋间距和直径都应符合一定要求。

当 $V>0.7f_tbh_0$ 时，配箍率应满足最小配箍率的要求：

$$\rho_{sv}=\frac{A_{sv}}{bs}=\frac{nA_{sv1}}{bs}\geqslant \rho_{sv,min}=0.24\frac{f_t}{f_{yv}} \quad (6-67)$$

式中符号意义同前。

梁中箍筋直径不宜小于《混凝土结构设计标准（2024 年版）》(GB/T 50010—2010) 规定的最小直径（表 6-9）。

表 6-9 梁中箍筋最小直径　　　　　　　　　　　　　　　　　　　mm

梁高 h	$h\leqslant 800$	$h>800$
箍筋最小直径	6	8

注：梁中配有计算需要的纵向受压钢筋时，箍筋直径尚不应小于 $d/4$（d 为纵向受压钢筋的最大直径）

为防止斜拉破坏，《混凝土结构设计标准（2024 年版）》(GB/T 50010—2010) 规定梁中箍筋间距不宜超过梁中箍筋的最大间距 s_{max}（表 6-10）。

表 6-10 梁中箍筋最大间距 s_{max}　　　　　　　　　　　　　　　　mm

梁高 h	$150<h\leqslant 300$	$300<h\leqslant 500$	$500<h\leqslant 800$	$h>800$
$V\leqslant 0.7f_tbh_0$	200	300	350	400
$V>0.7f_tbh_0$	150	200	250	300

(3) 斜截面受剪承载力的计算位置（图 6-43）。

1) 支座边缘处的截面。该截面承受的剪力最大，在计算简图中跨度取至支座中心。但支座和构件连在一起，可以共同承受剪力，所以，受剪控制截面是支座边缘截面。计算该截面剪力设计值时，跨度取净跨。用支座边缘的剪力设计值确定第一排弯起钢筋和 1—1 截面的箍筋。

2) 受拉区弯起钢筋弯起点处的截面（2—2 截面和 3—3 截面）。

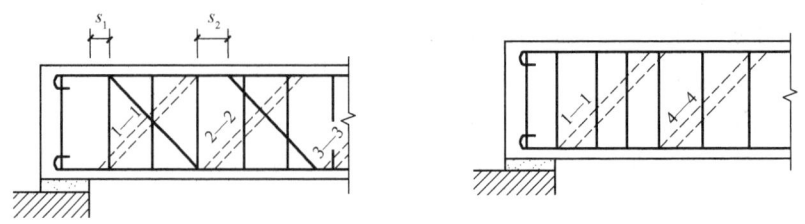

图 6-43 斜截面受剪承载力的计算位置

3)箍筋截面面积或间距改变处的截面(4—4截面)。
4)腹板宽度改变处的截面。
(4)斜截面受剪承载力计算步骤。计算分截面设计和承载力复核两类问题。
1)截面设计步骤。
①构件的截面尺寸和纵筋由正截面承载力计算已初步选定,所以进行斜截面受剪承载力计算时,应首先复核是否满足截面限制条件,如不满足,应加大截面或提高混凝土强度等级。

a. 当 $\dfrac{h_w}{b} \leqslant 4$ 时,属于一般梁,应满足:$V \leqslant 0.25\beta_c f_c bh_0$。

b. 当 $\dfrac{h_w}{b} \geqslant 6$ 时,属于薄腹梁,应满足:$V \leqslant 0.20\beta_c f_c bh_0$。

c. 当 $4 < \dfrac{h_w}{b} < 6$ 时,按线性内插法求得。

②判定是否需要按照计算配置箍筋,当不需要按计算配置箍肋时,应满足小箍筋用量的要求:

$$V \leqslant 0.7 f_t bh_0 \quad \text{或} \quad V \leqslant \dfrac{1.75}{\lambda + 1.0} f_t bh_0$$

③需要按计算配置箍筋时,按计算截面位置采用剪力设计值:支座边缘处的截面;受拉区弯起钢筋弯起点处的截面;箍筋截面面积或间距改变处的截面;腹板宽度改变处的截面。

④按计算确定箍筋用量时,选用的箍筋也应满足箍筋最大间距和最小直径的要求。矩形、T形和I形截面的一般受弯构件,只配箍筋而不用弯起钢筋。

$$V \leqslant 0.7 f_t bh_0 + 1.25 f_{yv} \dfrac{nA_{sv1}}{s} h_0 \tag{6-68}$$

$$\dfrac{nA_{sv1}}{s} = \dfrac{V - 0.7 f_t bh_0}{1.25 f_{yv} h_0} \tag{6-69}$$

根据此值选择箍筋,并应符合箍筋间距要求。

集中荷载作用下的独立梁(包括作用多种荷载,而且其中集中荷载对支座截面或节点边缘所产生的剪力值占总剪力值的75%以上的情况)只配箍筋而不用弯起钢筋。

$$V \leqslant V_{cs} = \dfrac{1.75}{\lambda + 1.0} f_t bh_0 + f_{yv} \dfrac{nA_{sv1}}{s} h_0 \tag{6-70}$$

$$\dfrac{nA_{sv1}}{s} = \dfrac{V - \dfrac{1.75}{\lambda + 1.0} f_t bh_0}{f_{yv} \times h_0} \tag{6-71}$$

根据此值选择箍筋,并应符合箍筋间距要求。

⑤当需要配置弯起钢筋时,可先计算 V_{cs},再计算弯起钢筋的截面面积,剪力设计值:计算第一排弯起钢筋(对支座而言)时,取支座边缘的剪力;计算以后每排弯起钢筋时,取前一排弯起钢筋弯起点处的剪力;两排弯起钢筋的间距应小于箍筋的最大间距。

弯起钢筋承担的剪力:

$$V_{sb} = 0.8 A_{sb} f_y \sin\alpha_s \tag{6-72}$$

混凝土和箍筋承担的剪力:

$$V_{cs} = V - V_{sb} \tag{6-73}$$

余下计算按步骤④进行。

2)承载力复核步骤。

已知:材料强度设计值 f_c、f_y;截面尺寸 b、h_0;配箍量 n、A_{sv1}、s 等,复核斜截面所能承

受的剪力 V_u(仅配箍筋)。

矩形、T形和I形截面的一般受弯构件只配箍筋而不用弯起钢筋。

$$V \leqslant 0.7 f_t b h_0 + 1.25 f_{yv} \frac{n A_{sv1}}{s} h_0 \tag{6-74}$$

集中荷载作用下的独立梁(包括作用多种荷载,且其中集中荷载对支座截面或节点边缘所产生的剪力值占总剪力值的75%以上的情况)只配箍筋而不用弯起钢筋。

$$V \leqslant V_{cs} = \frac{1.75}{\lambda + 1.0} f_t b h_0 + f_{yv} \frac{A_{sv}}{s} h_0 \tag{6-75}$$

【例 6-9】 钢筋混凝土矩形截面简支梁,如图 6-44 所示,截面尺寸 250 mm×500 mm,混凝土强度等级为 C30,箍筋为热轧 HPB300 级钢筋,纵筋为 2Φ25 和 2Φ22 的 HRB400 级钢筋。试配置抗剪箍筋。

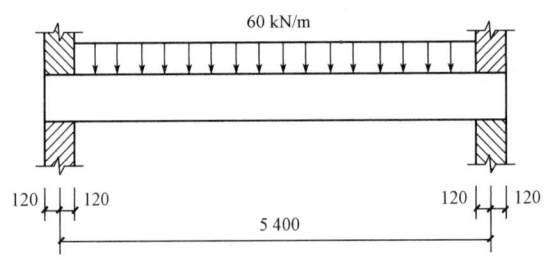

图 6-44 钢筋混凝土矩形截面简支梁

【解】 (1)求剪力设计值:

支座边缘处截面的剪力值最大。

$$V_{max} = \frac{1}{2} q l_n = \frac{1}{2} \times 60 \times (5.4 - 0.24) = 154.8 (\text{kN})$$

(2)验算截面尺寸:

$$h_w = h_0 = 465 \text{ mm}, \quad \frac{h_w}{b} = \frac{465}{250} = 1.86 < 4$$

属于厚腹梁,混凝土强度等级为 C30,$f_{cu,k} = 30 \text{ N/mm}^2 < 50 \text{ N/mm}^2$,故 $\beta_c = 1$。
$0.25 \beta_c f_c b h_0 = 0.25 \times 1 \times 14.3 \times 250 \times 465 = 415.6 (\text{kN}) > V_{max}$,故截面符合要求。

(3)验算是否需要计算配置箍筋:

$$0.7 f_t b h_0 = 0.7 \times 1.43 \times 250 \times 465 = 116\,366.25 (\text{N}) < V_{max}$$

故需要进行配箍计算。

(4)只配箍筋而不用弯起钢筋:

$$V = 0.7 f_t b h_0 + f_{yv} \frac{n A_{sv1}}{s} h_0$$

$$154\,800 = 116\,366.25 + 270 \times \frac{n A_{sv1}}{s} \times 465$$

则

$$\frac{n A_{sv1}}{s} = 0.306 \text{ mm}^2/\text{mm}$$

若选用 Φ8@220,实有

$$\frac{n A_{sv1}}{s} = \frac{2 \times 50.3}{220} = 0.457 (\text{mm}^2/\text{mm}) > 0.306 \text{ mm}^2/\text{mm} \quad (\text{满足要求})$$

配箍率

$$\rho_{sv} = \frac{n A_{sv1}}{b s} = \frac{2 \times 50.3}{250 \times 220} = 0.183\%$$

最小配箍率

$$\rho_{sv,min} = 0.24 \frac{f_t}{f_{yv}} = 0.24 \times \frac{1.43}{270} = 0.127\% < \rho_{sv} \quad (满足要求)$$

【例 6-10】 一钢筋混凝土简支梁如图 6-45 所示，混凝土强度等级为 C25（$f_t = 1.27 \text{ N/mm}^2$、$f_c = 11.9 \text{ N/mm}^2$），纵筋为 HRB400 级钢筋（$f_y = 360 \text{ N/mm}^2$），箍筋为 HPB300 级钢筋（$f_{yv} = 300 \text{ N/mm}^2$），环境类别为一类。如果忽略梁自重及架立钢筋的作用，试求此梁所能承受的最大荷载设计值 P。

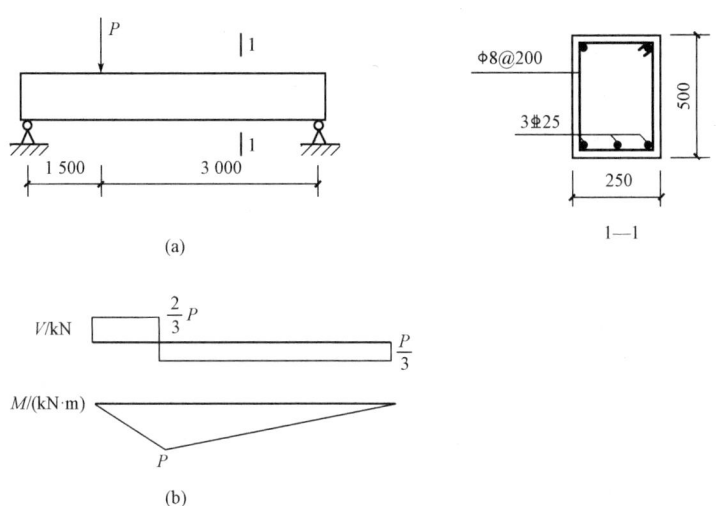

图 6-45 梁的内力及配筋

【解】（1）确定基本数据。

查表 6-5 和表 6-6 得 $\alpha_1 = 1.0$，$\xi_b = 0.518$。

$A_s = 1\,473 \text{ mm}^2$，$A_{sv1} = 50.3 \text{ mm}^2$；取 $a_s = 35 \text{ mm}$，$\beta_c = 1.0$。

（2）按斜截面受剪承载力计算。

1）计算受剪承载力：

$$\lambda = \frac{a}{h_0} = \frac{1\,500}{465} = 3.23 > 3，取 \lambda = 3$$

$$V_u = \frac{1.75}{\lambda + 1} f_t b h_0 + f_{yv} \frac{n A_{sv1}}{s} h_0 = \frac{1.75}{3+1} \times 1.27 \times 250 \times 465 + 300 \times \frac{50.3 \times 2}{200} \times 465$$

$$= 134\,760 \text{（N）}$$

2）验算截面尺寸条件：

$$\frac{h_w}{b} = \frac{h_0}{b} = \frac{465}{250} = 1.86 < 4 \text{ 时}$$

$$V_n = 134\,760 \text{ N} < 0.25 \beta_c f_c b h_0$$
$$= 0.25 \times 1 \times 11.9 \times 250 \times 465$$
$$= 345\,843.8 \text{（N）}$$

该梁斜截面受剪承载力为 134 760 N。

$$\rho_{sv} = \frac{n A_{sv1}}{b s} = \frac{2 \times 50.3}{250 \times 200} = 0.002\,012 > \rho_{sv,min}$$

$$= 0.24 \frac{f_t}{f_{yv}} = 0.24 \times \frac{1.27}{300}$$

$$= 0.001\,016$$

3)计算荷载设计值 P:

由 $\dfrac{2}{3}P=V_u$ 得

$$P=\dfrac{3}{2}V_u=\dfrac{3}{2}\times 134\ 760=202.14(\text{kN})$$

(3)按正截面受弯承载力计算。

1)计算受弯承载力 M_u。

$$x=\dfrac{f_{yv}A_s}{a_1 f_c b}=\dfrac{360\times 1\ 473}{1.0\times 11.9\times 250}=178.2(\text{mm})<\xi_b h_0$$

$$=0.518\times 465$$

$$=240.87(\text{mm})$$

满足要求。

$$M_u=a_1 f_c b x\left(h_0-\dfrac{x}{2}\right)=1.0\times 11.9\times 250\times 178.2\times\left(465-\dfrac{178.2}{2}\right)$$

$$=199.3\times 10^6(\text{N}\cdot\text{mm})$$

$$=199.3\ \text{kN}\cdot\text{m}$$

2)计算荷载设计值 P。

$$M_u=\dfrac{2}{3}P\times 1.5=P$$

因此,$P=199.3\ \text{kN}$。

该梁所能承受的最大荷载设计值应该为上述两种承载力计算结果的较小值,故 $P=199.3\ \text{kN}$。

6.3.3 保证斜截面受弯承载力的构造措施

受弯构件的斜截面承载力包括斜截面受剪承载力和斜截面受弯承载力两方面。斜截面受剪承载力通过对腹筋的计算来保证,而斜截面受弯承载力通过构造措施来保证。这些措施包括纵向钢筋的锚固、简支梁下部纵向钢筋伸入支座的锚固长度、支座截面负弯矩纵筋截断的伸出长度、弯起钢筋弯终点外的锚固长度、箍筋的间距与肢距等。

1. 正截面受弯承载能力图

按构件实际配置的钢筋所绘出的各正截面所能承受的弯矩图形称为正截面受弯承载能力图,也称为抵抗弯矩图或材料图。

(1)绘制方法简介。设梁截面所配钢筋总截面面积为 A_s,每根钢筋截面面积为 A_{si},则截面抵抗弯矩 M_u 及第 i 根钢筋的抵抗弯矩 M_{ui} 分别表示为

$$M_u=A_s f_y\left(h_0-\dfrac{f_y A_s}{2a_1 f_c b}\right) \tag{6-76}$$

$$M_{ui}=\dfrac{A_{si}}{A_s}M_u \tag{6-77}$$

绘制抵抗弯矩图时,用与设计弯矩图相同的比例,将每根钢筋在各正截面上的抵抗弯矩绘在设计弯矩图上,便可得到抵抗弯矩图,如图 6-46 和图 6-47 所示。

(2)配通长直筋简支梁的正截面受弯承载力图。如图 6-46 所示,某简支梁纵向受拉钢筋配置 3 根,如果 3 根钢筋均伸入支座,则 M_u 图为图中的 $abdc$ 线。每根钢筋所提供的 M_{ui} 分别都是水平线。除跨中外,其他正截面处的 M_u 图都比 M 图大得多,支座附近受弯承载力大大富余。由图 6-46 可以看出,③号钢筋在截面 1 处被充分利用,②号钢筋在截面 2 处被充分利用,①号钢筋在截面 3 处被充分利用。因而,可以把截面 1、2、3 分别称为③号、②号、①号钢筋的充分利用截面。由图 6-46 还可知,过了截面 2 以后,就不需要③号钢筋了,过了截面 3 以后也不需要

②号钢筋了，所以可把截面2、3、4分别称为③号、②号、①号钢筋的不需要截面。但是，要特别注意的是，梁底部的纵向受力钢筋是不能截断的，伸入支座也不能少于两根，所以，工程中采用将部分纵筋弯起，利用其受剪达到充分利用钢筋的目的。

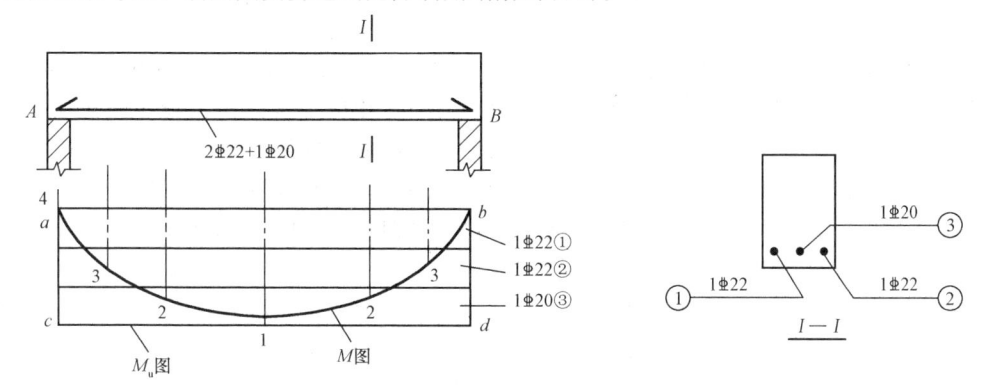

图6-46 配通长直筋简支梁的正截面受弯承载力图

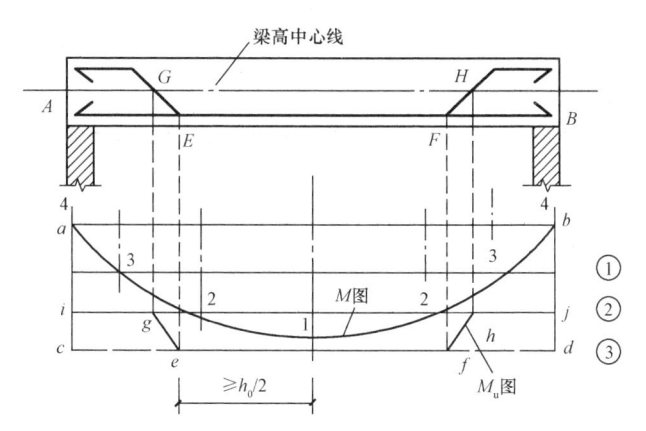

图6-47 配弯起钢筋简支梁的正截面受弯承载力图

(3)配弯起钢筋简支梁的正截面受弯承载力图。如果将图6-47中的③号钢筋在邻近支座处弯起，弯起点 e、f 必须在截面2的外面。可近似认为，当弯起钢筋在与梁截面高度的中心线相交处时，不再提供受弯承载力，故该处的 M_u 图即为图中的 $aigefhjb$ 线。图中 e、f 点分别垂直对应于弯起点 E、F，g、h 点分别垂直对应于弯起钢筋与梁高度中心线的交点 G、H。由于弯起钢筋的正截面受弯内力臂逐渐减小，其承担的正截面受弯承载力相应减小，所以，反映在 M_u 图上 eg 和 fh 呈斜线。这里的 g、h 点都不能落在 M 图以内，也即纵筋弯起后的 M_u 图应能完全包住 M 图。

(4)抵抗弯矩图与承载力的关系。在纵向受力钢筋既不弯起又不截断的区段内，抵抗弯矩图是一条平行于梁纵轴线的直线。在纵向受力钢筋弯起的范围内，抵抗弯矩图为一条斜直线段，该斜直线段始于钢筋弯起点，终于弯起钢筋与梁纵轴线的交点。

抵抗弯矩图能包住设计弯矩图，则表明沿梁长各个截面的正截面受弯承载力是足够的。抵抗弯矩图越接近设计弯矩图，则说明设计越经济。

抵抗弯矩图能包住设计弯矩图，只是保证了梁的正截面受弯承载力。实际上，纵向受力钢筋的弯起与截断还必须考虑梁的斜截面受弯承载力的要求。因此，施工时，钢筋弯起和截断位置必须严格按照施工图施工。

2. 纵筋的截断

梁跨中下部承受正弯矩的钢筋及支座承受负弯矩的钢筋，是分别根据梁的跨中最大正弯矩及支座最大负弯矩配置的,从理论上来讲,对于这些钢筋中的一部分,可在其不需要的位置截断。但是,对于跨中下部钢筋,除焊接骨架外,一般不允许截断,而采用弯起,或者一直伸进支座。在支座负弯矩区段,负弯矩向支座两侧迅速减小,常采用截断钢筋的办法,减少钢筋用量,以节省钢材。

梁支座负钢筋也常根据材料图截断。从理论上讲,某一根纵筋可在其不需要点(称为理论断点)处截断,但事实上,当在理论断点处切断钢筋后,相应于该处的混凝土拉应力会突增,有可能在切断处过早地出现斜裂缝,而该处未切断的纵筋的强度是被充分利用的,斜裂缝的出现使斜裂缝顶端截面处承担的弯矩增大,未切断的纵筋应力就有可能超过其抗拉强度,造成梁的斜截面受弯破坏。因而,纵筋必须从理论断点以外延伸一定长度后再切断。此时,若在实际切断处再出现斜裂缝,则因该处未切断的纵筋并未充分利用,能承担因斜裂缝出现而增大的弯矩,再加上与斜裂缝相交的箍筋也能承担一部分增长的弯矩,从而使斜截面的受弯承载力得以保证。

梁支座截面承担负弯矩的纵向钢筋若要分批截断,每批钢筋应延伸至按正截面受弯承载力计算不需要该钢筋的截面之外。从不需要该钢筋的截面起到截断点的长度,称为延伸长度;从该钢筋充分利用的截面起到截断点的长度,称为伸出长度。延伸长度和伸出长度必须满足表 6-11 的要求。

表 6-11　负弯矩钢筋延伸长度和伸出长度的最小值

截面类型	延伸长度	伸出长度
$V \leqslant 0.7 f_t b h_0$	$20d$	$1.2 l_a$
$V > 0.7 f_t b h_0$	$\max(20d, h_0)$	$1.2 l_a + h_0$
$V > 0.7 f_t b h_0$,而且按上述规定确定的截断点仍位于负弯矩受拉区内	$\max(20d, 1.3 h_0)$	$1.2 l_a + 1.7 h_0$

3. 纵筋在支座内的锚固

在钢筋混凝土简支梁和连续梁简支支座处,存在着横向压应力,这将使钢筋与混凝土间的粘结力增大,因此,下部纵向受力钢筋伸入支座内的锚固长度 l_{as} 可比基本锚固长度 l_a 略小。l_{as} 与支座边截面的剪力有关。l_{as} 的数值不应小于表 6-12 的规定。伸入梁支座范围内锚固的纵向受力钢筋的数量不宜少于 2 根,但梁宽 $b < 100$ mm 的小梁可为 1 根。

表 6-12　简支支座的钢筋锚固长度 l_{as}

锚固条件		$V \leqslant 0.7 f_t b h_0$	$V > 0.7 f_t b h_0$
钢筋类型	光圆钢筋(带弯钩)	$5d$	$15d$
	带肋钢筋	$5d$	$12d$
	C25 及以下混凝土,跨边有集中力作用		$15d$

注:1. d 为纵向受力钢筋直径;
　2. 跨边有集中力作用,是指混凝土梁的简支支座跨边 1.5h 范围内有集中力作用,而且其对支座截面所产生的剪力占总剪力值的 75% 以上

简支板或连续板简支端下部纵向受力钢筋伸入支座的锚固长度 $l_{as} \geqslant 5d$ (d 为受力钢筋直径)。伸入支座的下部钢筋的数量,当采用弯起式配筋时其间距不应大于 400 mm,截面面积不应小于跨中受力钢筋截面面积的 1/3;当采用分离式配筋时,跨中受力钢筋应全部伸入支座。

因条件限制不能满足上述规定锚固长度时,可将纵向受力钢筋的端部弯起,或采取附加锚固措施,如在钢筋上加焊锚固钢板或将钢筋端部焊接在梁端的预埋件上等,如图 6-48 所示。

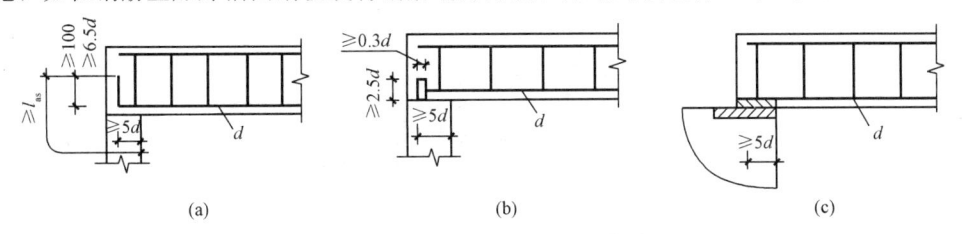

图 6-48　锚固长度不足时的措施
(a)纵筋端部弯起锚固;(b)纵筋端部加焊锚固钢板;(c)纵筋端部焊接在梁端预埋件上

4. 纵向受拉钢筋弯起构造

位于梁底或梁顶的角筋及梁截面两侧的钢筋不宜弯起。

弯起钢筋的弯终点到支座边或到前一排弯起钢筋弯起点之间的距离,都不应大于箍筋的最大间距,其值见表 6-12 内 $V>0.7f_tbh_0$ 一栏的规定。这一要求可以使每根弯起钢筋都能与斜裂缝相交,以保证斜截面的受剪和受弯承载力。

弯起钢筋在弯终点外应有一直线段的锚固长度,以保证在斜截面处发挥其强度。当直线段位于受拉区时,其长度不小于 $20d$,位于受压区时不小于 $10d$(d 为弯起钢筋的直径)。光圆钢筋的末端应设弯钩。为了防止弯折处混凝土挤压力过于集中,弯折半径应不小于 $10d$,如图 6-49 所示。

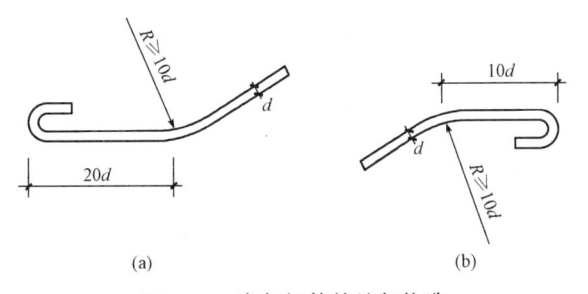

图 6-49　弯起钢筋的端部构造
(a)受拉区;(b)受压区

当纵向受力钢筋不能在需要的地方弯起或弯起钢筋不足以承受剪力时,可单独为抗剪设置弯起钢筋。此时,弯起钢筋应采用"鸭筋"形式,严禁采用"浮筋"(图 6-50)。"鸭筋"的构造与弯起钢筋基本相同。

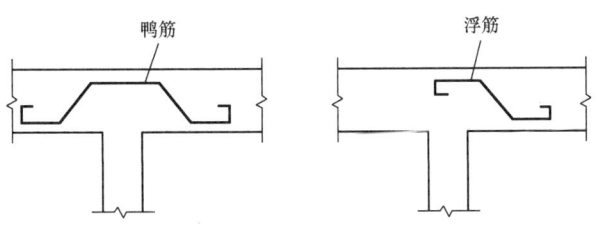

图 6-50　鸭筋与浮筋

5. 悬臂梁纵筋的弯起与截断

负弯矩钢筋可以分批向下弯折并锚固在梁的下部(同弯起钢筋的构造),但必须有不少于 2 根上部钢筋伸至悬臂梁外端,并向下弯折不小于 $12d$,如图 6-51 所示。

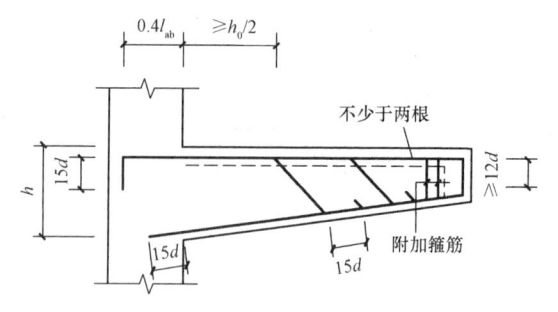

图 6-51 悬臂梁纵筋构造

知识拓展

混凝土保护层的作用

在混凝土建筑中，保护层起到保护钢筋不受外部侵蚀的作用。保护层能够防止钢筋被空气、水分、酸碱等有害物质腐蚀，从而提高混凝土结构的耐久性和稳定性。如果混凝土保护层厚度不够，就会出现以下危害。

(1) 缩短混凝土结构的使用寿命。保护层厚度不足会导致钢筋腐蚀，进而引起混凝土内部的裂缝和损坏，缩短混凝土结构的使用寿命。

(2) 降低混凝土结构的稳定性。保护层厚度不够会导致钢筋失去保护，出现腐蚀、锈蚀等问题，从而降低混凝土结构的承载能力和稳定性。

(3) 安全事故风险加大。当保护层厚度不足时，如果混凝土结构承载能力下降，就有可能引发安全事故，如塌陷、崩塌等。

模块小结

(1) 受弯构件构造要求。
(2) 受弯构件正截面承载力计算。
(3) 受弯构件斜截面承载力计算。

课后习题

(1) 混凝土保护层的作用是什么？室内正常环境中梁、板的保护层厚度一般取为多少？

(2) 钢筋混凝土正截面受弯全过程可划分为哪几个阶段？各阶段的主要特点是什么？

(3) 什么是双筋截面？在什么情况下才采用双筋截面？

(4) 钢筋混凝土受弯构件斜截面受剪破坏有哪几种形态？破坏特征各是什么？以哪种破坏形态作为计算的依据？如何防止斜压和斜拉破坏？

(5) 两类 T 形截面梁如何判别？计算中分别有什么不同？

(6) 钢筋混凝土矩形梁的某截面承受弯矩设计值 $M=100$ kN·m，$b \times h = 200$ mm $\times 500$ mm，采用 C25 级混凝土，HRB400 级钢筋。试求该截面所需纵向受力钢筋的数量。

(7) 某钢筋混凝土矩形截面简支梁，$b \times h = 200$ mm $\times 450$ mm，计算跨度 6 m，承受的均布荷载标准值：恒荷载 8 kN/m（不含自重），活荷载 6 kN/m，可变荷载组合值系数 $\psi_c = 0.7$。采用 C25 级混凝土，HRB400 级钢筋。试求纵向钢筋的数量。

(8) 某办公楼矩形截面简支楼面梁，承受均布恒荷载标准值 8 kN/m（不含自重），均布活荷载标准值 7.5 kN/m，计算跨度 6 m，采用 C25 级混凝土和 HRB400 级钢筋。试确定梁的截面尺寸和纵向钢筋的数量。

(9)某钢筋混凝土矩形截面梁，$b \times h = 200 \text{ mm} \times 450 \text{ mm}$，承受的最大弯矩设计值 $M = 140 \text{ kN} \cdot \text{m}$，所配纵向受拉钢筋为 4⊕16，混凝土强度等级为 C25。试复核该梁是否安全。

(10)有一矩形截面梁，截面尺寸 $b \times h = 200 \text{ mm} \times 550 \text{ mm}$，采用混凝土强度等级 C25。现配有 HRB400 级纵向受拉钢筋 6⊕20(排两排)。试求该梁的受弯承载力。

(11)某 T 形截面独立梁，$b'_f = 600 \text{ mm}$，$h'_f = 100 \text{ mm}$，$b = 200 \text{ mm}$，$h = 550 \text{ mm}$。采用 C30 级混凝土，HRB400 级钢筋。求纵向受力钢筋的数量。

1)承受弯矩设计值 115 kN·m。

2)承受弯矩设计值 450 kN·m。

(12)有一矩形截面梁，截面尺寸 $b \times h = 200 \text{ mm} \times 600 \text{ mm}$，采用混凝土强度等级 C30，HRB400 级钢筋。承受弯矩设计值 $M = 350 \text{ kN} \cdot \text{m}$，试求该梁的受力钢筋(考虑是否需要双筋截面)。

(13)有一矩形截面梁，截面尺寸 $b \times h = 200 \text{ mm} \times 550 \text{ mm}$，采用混凝土强度等级 C30。承受弯矩设计值 $M = 350 \text{ kN} \cdot \text{m}$，所配纵向受压钢筋为 3⊕20，试求该梁的受拉钢筋。

模块 7　钢筋混凝土受压构件

知识目标

(1)理解轴心受压构件的受力特点、破坏特征及构造要求；
(2)掌握轴心受压构件的设计计算方法；
(3)掌握矩形截面偏心受压构件的计算方法、适用条件及构造要求。

能力目标

(1)具备描述轴心受压构件的受力特点、破坏特征及构造要求的能力；
(2)具备设计轴心受压构件的能力；
(3)具备设计矩形截面偏心受压构件的能力。

素养目标

(1)培养工程素养和创新意识；
(2)培养团队协作和沟通能力；
(3)培养职业道德和社会责任感。

7.1　受压构件构造要求

7.1.1　概述

以承受轴向压力为主的构件称为受压构件。它是工程结构中基本和常见的构件之一。如图 7-1 所示，框架结构房屋柱、高层建筑的剪力墙、单层厂房柱及屋架的受压腹杆等均为典型的受压构件。

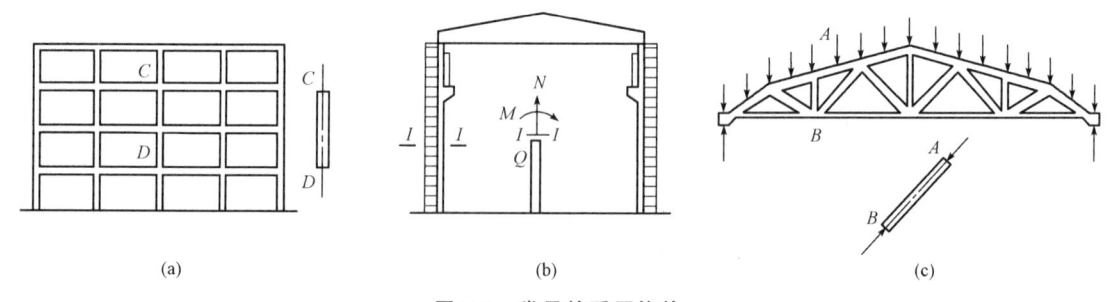

图 7-1　常见的受压构件
(a)框架结构房屋柱；(b)单层厂房柱；(c)屋架的受压腹杆

根据轴向压力的作用点与截面形心的相对位置不同，受压构件可分为轴心受压构件和偏心受压构件。轴向压力的作用线与构件截面形心相重合的构件称为轴心受压构件；轴向压力的作用线与构件截面形心不重合的构件称为偏心受压构件。如果轴向压力只在一个方向偏心，称为单向偏心受压构件；如果轴向压力在两个方向偏心，称为双向偏心受压构件，如图 7-2 所示。

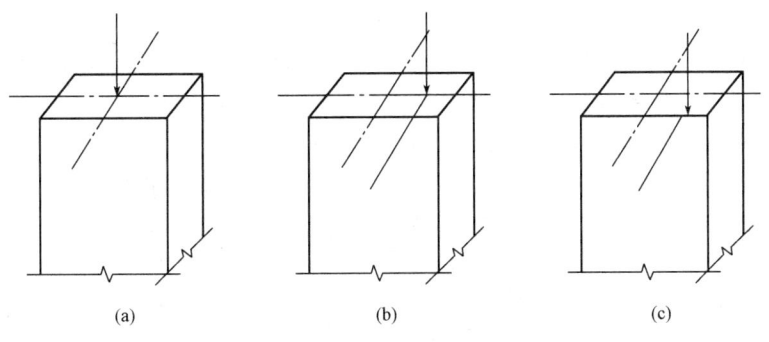

图 7-2 轴心受压与偏心受压
(a)轴心受压;(b)单向偏心受压;(c)双向偏心受压

在实际工程中,由于构件材质的均匀性、施工误差、支座安放的几何尺寸要求,或结构使用过程中的偏心荷载作用等因素,受压柱本质上均为力学上的偏心受压构件。但轴心受压构件承载能力的分析及计算较简单,其理论计算结果可通过修正系数来符合实际情况。此外,轴心受压构件正截面承载能力计算结果还能用于偏心受压构件垂直弯矩平面的承载能力验算。因此,对于非细长柱或施工过程中的临时混凝土结构,轴心受压构件及其相关计算仍具有工程意义。7.2 节介绍《混凝土结构设计标准(2024 版)》(GB/T 50010—2010)中关于轴心受压构件的承载能力计算;7.3 节介绍偏心受压构件的承载能力计算。

7.1.2 截面形式及尺寸

轴心受压构件的截面多采用方形或矩形,有时也采用圆形或多边形;偏心受压构件以矩形为主;I 形截面翼缘厚度不宜小于 120 mm,腹板厚度不宜小于 100 mm。钢筋混凝土柱的截面尺寸不宜小于 250 mm×250 mm,构件长细比应控制在 $l_0/b \leqslant 30$、$l_0/h \leqslant 25$、$l_0/d \leqslant 30$。其中,l_0 为柱的计算长度,b 为柱的短边,h 为柱的长边,d 为圆形柱的直径。除满足上述基本构造要求外,柱截面尺寸主要根据内力的大小、构件长度及构造要求等条件确定。

7.1.3 材料要求

1. 混凝土强度及保护层厚度

在工业民用建筑中,混凝土强度等级一般采用 C25、C30、C35、C40 等。对于高层建筑的底层柱,必要时可采用更高强度等级的混凝土。混凝土保护层厚度应根据环境类别满足耐久性的要求。

2. 钢筋强度

纵向钢筋一般采用 HRB400 级和 RRB400 级;由于高强度钢筋与混凝土共同受压时不能充分发挥其作用,故不宜采用。箍筋一般采用 HPB300 级或 HRB400 级钢筋。

3. 纵向受力钢筋的布置

轴心受压构件的纵向钢筋直径不宜小于 12 mm,纵向钢筋中距不宜大于 300 mm,净距不应小于 50 mm。对于矩形截面,应沿截面的四周均匀放置,钢筋根数不得少于 4 根,而且须保证每个角有一根;对于圆形截面,纵向受力钢筋应沿截面的四周均匀放置,钢筋根数不宜少于 8 根,不应少于 6 根。偏心受压构件的纵向受力钢筋应根据计算结果放置在弯矩作用方向的两对边。当截面高度 $h \geqslant 600$ mm 时,在侧面应设置直径为 10~16 mm、间距不大于 300 mm 的构造钢筋。

4. 纵向受力钢筋配筋率

受压构件的全部受压钢筋的最小配筋率为 0.6%,且不宜大于 5%,受压构件受力方向每侧的最小配筋率为 0.2%;按最小配筋率计算钢筋截面面积时,取用构件的实际截面面积 A。

5. 箍筋的布置

在轴心受压柱中,箍筋的作用主要是直接约束受压状态下混凝土的侧向膨胀,防止纵向钢筋受压失稳。因此,规范中对箍筋的设置形式、尺寸和用量均有要求。

(1)应采用闭合式箍筋,且箍筋不得有内折角。

(2)箍筋直径不应小于 6 mm,且不应小于 $d/4$(d 为纵向钢筋的最大直径)。

(3)箍筋间距 s 不应大于 400 mm 及构件截面的短边尺寸,且不应大于 $15d$(d 为纵向钢筋的最大直径)。

(4)当柱中全部纵向受力钢筋的配筋率超过 3% 时,箍筋的直径不应小于 8 mm,间距不得大于 $10d$,且不应大于 200 mm;箍筋末端应做成 135°弯钩,且弯钩的平直段长度不应小于箍筋直径的 10 倍;箍筋也可焊接成封闭环式。

(5)当柱截面短边尺寸大于 400 mm,且各边纵向钢筋多于 3 根时,或当柱截面短边不大于 400 mm,但各边纵向钢筋多于 4 根时,应设置复合箍筋,其布置要求是使纵向钢筋至少每隔一根位于箍筋转角处。

(6)柱内纵向钢筋搭接长度范围内的箍筋应加密,其直径不应小于搭接钢筋较大直径的 25%。当搭接钢筋受压时,箍筋间距不应大于 $10d$,且不应大于 200 mm;当搭接钢筋受拉时,箍筋间距不应大于 $5d$,且不应大于 100 mm,d 为纵向钢筋的最小直径。当受压钢筋直径 $d>$ 25 mm 时,还应在搭接接头两个端面外 100 mm 范围内各设置两个箍筋。

箍筋设置如图 7-3 所示。

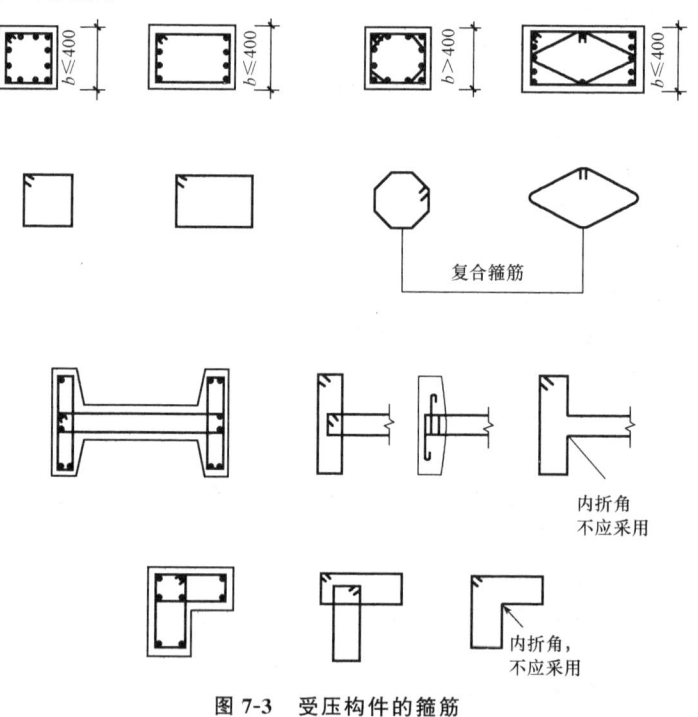

图 7-3 受压构件的箍筋

7.2 轴心受压构件承载能力计算

根据箍筋的作用及配置方式的不同,轴心受压柱一般可分为以下两种:

(1)配有纵向钢筋和普通箍筋的柱,简称为普通箍筋柱;

(2)配有纵向钢筋和螺旋式(或焊接环式)箍筋的柱,简称为间接箍筋柱。

普通箍筋柱的箍筋作用是防止纵向钢筋在混凝土压碎之前压屈，并对核心混凝土提供一定的约束作用，在一定程度上改善构件的脆性破坏性质。间接箍筋柱能对核心混凝土提供较强的环向约束，因而能够有效地提高构件的承载力和延性。

7.2.1 普通箍筋柱轴心受压承载能力计算

1. 普通箍筋柱的破坏试验

对于普通箍筋短柱，在整个加载过程中，由于纵向钢筋与混凝土粘结在一起，两者应变相同。当混凝土的压应变达到混凝土棱柱体的极限压应变 $\varepsilon_{cu} = \varepsilon_0 = 0.002$ 时，柱四周开始出现明显的纵向裂缝，箍筋间的纵筋向外凸出，荷载无法明显增加，此时构件达到承载力极限状态，直至中部混凝土被压碎而宣告破坏(图 7-4)。因此，在轴心受压短柱中钢筋的最大压应变与混凝土的最大压应变相同，均为 0.002。通过计算可知，HPB300 级和 HRB400 级钢筋在应变为 0.002 状态下已屈服，其与试验结果一致。但对于屈服强度高于 400 N/mm² 的纵筋(如 HRB500 级)，试验中一般不会屈服，其强度得不到充分利用。

对于普通箍筋长柱，轴向受压初始偏心的影响是不容忽视的。初始偏心距的存在将极大地削弱柱的受压承载能力，使长柱最终出现偏心受压破坏或失稳破坏现象，如图 7-5 所示。《混凝土结构设计标准(2024 版)》(GB/T 50010—2010)中引入参数长细比和稳定系数 φ 来描述轴向受压构件的承载能力随构件长度的增加而较小的现象。长细比计算如下：

矩形截面：l_0/b；

圆形截面：l_0/d；

其他截面：l_0/i。

拓展知识：钢管混凝土柱简介

l_0 为构件的计算长度；b 为矩形截面的短边尺寸；d 为圆形截面的直径；i 为任意截面的最小回转半径。

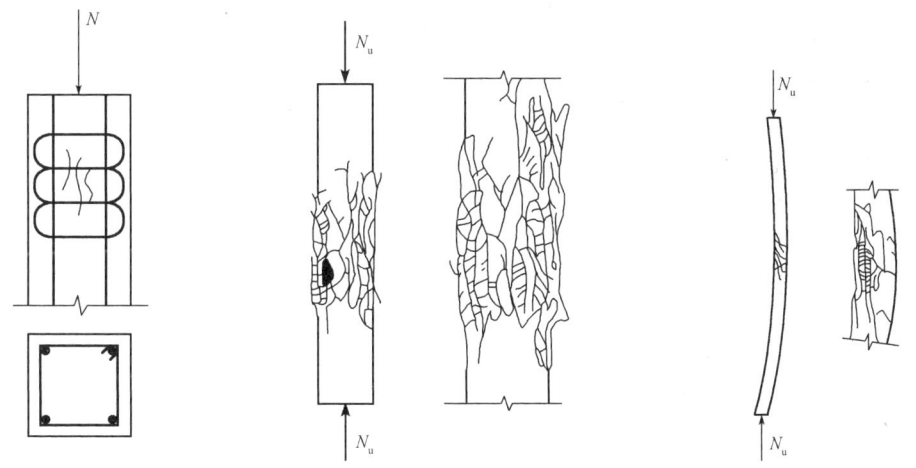

图 7-4 轴心受压普通箍筋短柱的破坏形态　　图 7-5 轴心受压普通箍筋长柱的破坏形态

稳定系数通过表 7-1 查得；计算长度按表 7-2 计算。

表 7-1 钢筋混凝土受压构件的稳定系数 φ

l_0/b	≤8	10	12	14	16	18	20	22	24	26	28
l_0/d	≤7	8.5	10.5	12	14	15.5	17	19	21	22.5	24
l_0/i	≤28	35	42	48	55	62	69	76	83	90	97
φ	1.0	0.98	0.95	0.92	0.87	0.81	0.76	0.70	0.65	0.60	0.56

续表

l_0/b	30	32	34	36	38	40	42	44	46	48	50
l_0/d	26	28	29.5	31	33	34.5	36.5	38	40	41.5	43
l_0/i	104	111	118	125	132	139	146	153	160	167	174
φ	0.52	0.48	0.44	0.40	0.36	0.32	0.29	0.26	0.23	0.21	0.19

注：表中 l_0 为构件的计算长度，对钢筋混凝土柱可按表 7-2 的规定取用

表 7-2　框架结构各层柱的计算长度

楼盖的类型	柱的类别	l_0
现浇楼盖	底层柱	$1.0H$
	其余各层柱	$1.25H$
装配式楼盖	底层柱	$1.25H$
	其余各层柱	$1.5H$

注：表中 H 为底层柱从基础顶面到一层楼盖顶面的高度；对其余各层柱为上、下两层楼盖顶面之间的高度

2. 轴心受压普通箍筋柱的承载能力计算

在轴向压力设计值 N 的作用下，根据截面静力平衡条件并考虑长细比等因素影响，承载力验算公式为

$$N \leqslant N_u = 0.9\varphi(f_c A + f'_y A'_s) \tag{7-1}$$

式中　N——轴向压力设计值；

　　　N_u——轴心受压构件的承载力；

　　　φ——钢筋混凝土轴心受压构件的稳定系数，查表 7-1；

　　　f_c——混凝土轴心抗压强度设计值；

　　　A——构件截面面积，当纵向钢筋配筋率大于 3% 时，A 应改用 $(A - A'_s)$；

　　　A'_s——全部纵向受压钢筋的截面面积；

　　　f'_y——纵向受压钢筋的强度设计值。

3. 轴心受压普通箍筋柱承载能力复核

当已知轴心受压普通箍筋的材料、截面尺寸和配筋情况时，计算该截面能承受的最大轴向力或验算承载能力是否满足某一要求即为承载能力复核计算；可查得需要数据后直接用式 (7-1) 进行计算和判断。

【例 7-1】　某钢筋混凝土轴心受压柱为 C25 混凝土，截面布置如图 7-6 所示，钢筋保护层厚度为 25 mm；计算长度 l_0 为 4.9 m，安全等级为二级，轴向压力设计值 $N = 2\,000$ kN。请复核该截面设计是否满足承载能力极限状态要求。

【解】　(1) 参数查询与计算。

$f_c = 11.9$ MPa；$f'_y = 360$ MPa；

$A = 350 \times 350 = 122\,500 (\text{mm}^2)$；$A'_s = 4 \times 314.2 = 1\,256.8 (\text{mm}^2)$；

$\rho = A'_s / A = 1\,256.8 / 122\,500 = 1\%$；$\rho < 3\%$ 且 $\rho > 0.6\%$，满足最小配筋率的要求；

$l_0/b = 4.9/0.35 = 14$；查表 7-1 得 $\varphi = 0.92$。

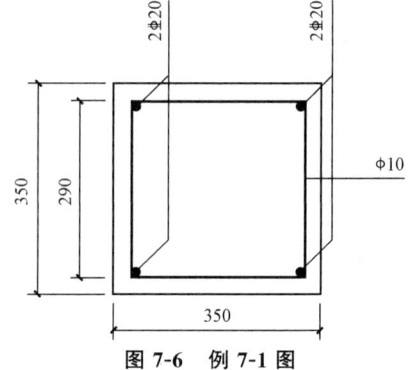

图 7-6　例 7-1 图

(2)承载能力计算及判断：
$$N_u = 0.9\varphi(f_c A + f_y' A_s')$$
$$= 0.9 \times 0.92 \times (11.9 \times 122\,500 + 360 \times 1\,256.8)$$
$$= 1\,581\,644(N) = 1\,581.644\text{ kN}$$

$N = 2\,000\text{ kN} > N_u$，因此，该截面设计不满足承载能力极限状态要求。

4. 轴心受压普通箍筋柱设计

仅已知轴心压力设计值 N 和柱的长度；需要确定材料、截面、计算长度等内容的工作称为截面设计。由式(7-1)可知，仅有一个公式无法求得多个未知量，因此，工程上往往根据经验初步拟定一些参数并留一个未知数进行求解，例如：

(1)截面尺寸由建筑设计要求拟订或参考同类建筑的尺寸；

(2)工业民用建筑采用的混凝土，其强度等级一般为C20～C30，同标段的建筑主要承重构件采用的混凝土种类一般相同；

(3)纵向受力钢筋一般为HRB400级，箍筋一般为HPB300级；

(4)纵向钢筋配筋率(A_s'/A)一般为 1.0%～1.5%；

(5)钢筋混凝土轴心受压构件的稳定系数 φ 可假设为1.0，也可根据拟订的截面尺寸计算。

当柱完成设计后，需按复核计算的步骤验算承载能力；如果式(7-1)无法满足，则应调整参数(如增大截面面积、采用高强度材料等)并重新设计验算。由此可见，柱的截面设计是一个试算的过程，当设计人员拥有足够的经验时，可迅速拟订出上述参数并完成设计。

【例7-2】 某钢筋混凝土现浇楼盖底层柱，底层柱从基础顶面到一层楼盖顶面的高度为3.5 m；承受轴向力设计值 $N = 2\,400$ kN，整个建筑均采用C25级混凝土，主要受力钢筋为HRB400级，请对截面进行设计。

【解】 (1)参数拟订。根据已知条件，材料优先选用C25级混凝土，HRB400级钢筋。因此，初步拟订的参数如下：

$f_c = 11.9$ MPa；$f_y' = 360$ MPa；

拟订截面尺寸为 400 mm × 300 mm，$A = 400 \times 300 = 120\,000\text{(mm}^2)$；

$l_0 = 1.0$，$H = 3.5$ m；$b/l_0 = 3.5/0.3 = 11.67$；$\varphi = 0.975$。

(2)计算钢筋用量。

令 $N = N_u = 2\,400$ kN，根据式(7-1)：
$$N = 0.9\varphi(f_c A + f_y' A_s')$$
$$A_s' = \frac{\dfrac{N}{0.9\varphi} - f_c A}{f_y'} = \frac{\dfrac{2\,400\,000}{0.9 \times 0.975} - 11.9 \times 120\,000}{360} = 3\,630.7\text{(mm}^2)$$

查钢筋表，可用8根公称直径25 mm的HRB400钢筋，其总面积为3 927.2 mm²；配筋率 $\rho = 3\,927.2/120\,000 \times 100\% = 3.27\%$，满足最小配筋率及最大配筋率的基本要求。

综上，初步设计可选用C25混凝土，HRB400级钢筋；截面尺寸 400 mm × 300 mm；8根公称直径25 mm的HRB400钢筋均匀分布在截面外边缘附近。

(3)承载能力计算及判断。
$$N_u = 0.9\varphi(f_c A + f_y' A_s')$$
$$= 0.9 \times 0.975 \times (11.9 \times 120\,000 + 360 \times 3\,927.2)$$
$$= 2\,493\text{(kN)} > N = 2\,400\text{ (kN)}$$

因此，该截面设计满足承载能力极限状态要求。

(4)根据设计计算结果及构造要求绘制截面设计图，本例略。

7.2.2 配有间接钢筋的轴心受压柱受压承载能力计算

1. 间接钢筋柱及其破坏特征

配置有螺旋箍筋或焊接环形箍筋可以提高柱的承载力,但其用钢量大,施工复杂,造价较高,一般在桥梁工程中采用较多,民用建筑中较少。螺旋箍筋柱的构造形式如图 7-7 所示,其间距不应大于 80 mm 及 $d_{cor}/5$(d_{cor} 为按间接钢筋内表面确定的核心截面直径),且不小于 40 mm;间接钢筋的直径要求与普通柱箍筋相同。

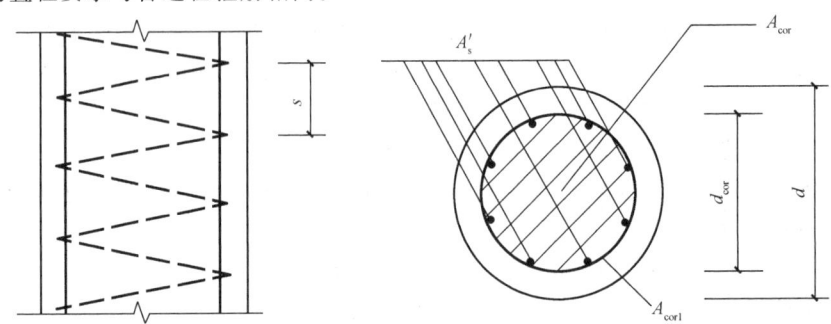

图 7-7 螺旋箍筋柱相关参数

螺旋箍筋柱的受力性能与普通箍筋柱的破坏有很大不同。试验表明,间接钢筋有效地阻止了核心部分混凝土的横向变形,使混凝土处于三向受压状态,提高了混凝土的抗压强度,从而间接提高了柱子的承载力。随着荷载的不断增大,箍筋的环向拉力随核心混凝土横向变形的不断发展而提高,对核心混凝土的约束也不断增大,当螺旋箍筋达到屈服时,不再对核心混凝土有约束作用,混凝土抗压强度也不再提高,混凝土被压碎,构件破坏。破坏时,螺旋箍筋柱的承载力及应变都要比普通箍筋柱大,压应变可达到 0.01 以上(普通箍筋柱极限状态下的压应变约为 0.002)。在一定条件下,螺旋箍筋的配箍率越大,柱的承载力越高,延性越好。

此外,钢筋保护层在未达到极限状态时已崩坏,因此,螺旋箍筋柱的受压极限承载能力不应考虑钢筋保护层混凝土的作用。

2. 承载力计算

根据平衡条件,螺旋箍筋柱承载能力极限状态设计表达式为

$$N \leqslant N_u = 0.9(f_c A_{cor} + 2\alpha f_y A_{ss0} + f'_y A'_s) \tag{7-2}$$

$$A_{cor} = \frac{\pi d_{cor}^2}{4} \tag{7-3}$$

$$A_{ss0} = \frac{\pi d_{cor} A_{ss1}}{s} \tag{7-4}$$

式中 N——轴向压力设计值;
N_u——螺旋箍筋柱的承载能力;
A_{cor}——构件的核心截面面积;
d_{cor}——构件的核心截面直径,间接钢筋内表面之间的距离;
A_{ss0}——间接钢筋的换算截面面积;
A_{ss1}——单根间接钢筋的截面面积;
s——间接钢筋沿构件轴线方向的间距;
α——螺旋箍筋对混凝土约束的折减系数:当混凝土强度等级不大于 C50 时,取 $\alpha=1.0$,当混凝土强度等级为 C80 时,取 $\alpha=0.85$,其间按直线内插法确定。

拓展知识:钢筋混凝土柱失稳破坏工程实例分析

应用式(7-2)设计时,应注意以下几个问题:

(1)按式(7-2)算得的构件受压承载力不应比按式(7-1)算得的结果大 50%。这是为了保证混

凝土保护层在标准荷载下不过早剥落，不会影响正常使用。

(2) 当 $l_0/d > 12$ 时，不考虑螺旋箍筋的承载能力作用，应按普通箍筋柱进行计算。这是因为长细比较大时，构件破坏时实际处于偏心受压状态，截面不是全部受压，螺旋箍筋的约束作用得不到有效发挥。因此，螺旋箍筋仅能对长细比较小的柱提供额外的承载能力，由于长细比较小，式(7-2)中没考虑稳定系数 φ。

(3) 当螺旋箍筋的换算截面面积 A_{ss0} 小于纵向钢筋的全部截面面积的 25% 时，不考虑螺旋箍筋的约束作用，应按普通箍筋柱进行计算。这是因为螺旋箍筋配置得较少时，很难保证它对混凝土发挥有效的约束作用。

(4) 按式(7-2)算得的构件受压承载力不应小于按式(7-1)算得的受压承载力。

【例 7-3】某展示厅内一根钢筋混凝土柱，按建筑设计要求截面为圆形，直径为 500 mm。该柱承受的轴心压力设计值 $N = 5\,200$ kN，柱的计算长度 $l_0 = 5\,250$ mm，混凝土强度等级为 C25，纵筋用 HRB400 级钢筋，箍筋用 HPB300 级钢筋。试进行该柱的设计。

【解】(1) 按普通箍筋柱设计。

由 $l_0/d = 5\,250/500 = 10.5$，查表 7-1 得 $\varphi = 0.95$；

全截面的面积：$A = \dfrac{\pi \times 500^2}{4} = 196\,250 \,(\text{mm}^2)$；

代入式(7-1)得

$$A'_s = \dfrac{\dfrac{N}{0.9\varphi} - f_c A}{f'_y} = \dfrac{\dfrac{5\,200 \times 10^3}{0.9 \times 0.95} - 11.9 \times 196\,250}{360} = 10\,406.9\,(\text{mm}^2)$$

$$\rho' = \dfrac{A'_s}{A} = \dfrac{10\,406.9}{196\,250} = 5.3\%$$

由于配筋率太大，且长细比 $l_0/d < 12$ 满足按螺旋箍筋柱计算承载能力的基本条件，故考虑按螺旋箍筋柱设计。

(2) 按螺旋箍筋柱设计。

假定纵筋配筋率 $\rho' = 4\%$，则 $A'_s = 0.04 \times \dfrac{\pi \times 500^2}{4} = 7\,850\,(\text{mm}^2)$，选 16Φ25 钢筋，则 $A'_s = 7\,854.4$ mm²，$f'_y = 360$ MPa。

取混凝土保护层厚度为 30 mm，则 $d_{cor} = 500 - 30 \times 2 = 440\,(\text{mm})$，$A_{cor} = \dfrac{\pi d_{cor}^2}{4} = \dfrac{\pi \times 440^2}{4} = 151\,976\,(\text{mm}^2)$。

混凝土采用 C25，$\alpha = 1.0$。螺旋箍筋采用 HPB300，$f_y = 270$ MPa，由式(7-4)得

$$A_{ss0} = \dfrac{\dfrac{N_u}{0.9} - (f_c A_{cor} + f'_y A'_s)}{2\alpha f_y} = \dfrac{\dfrac{5\,200 \times 10^3}{0.9} - (11.9 \times 151\,976 + 300 \times 7\,854.4)}{2 \times 1.0 \times 270}$$
$$= 2\,114.22\,(\text{mm}^2)$$

$A_{ss0} = 2\,114.22$ mm² $> 0.25 A'_s = 1\,963.6$ mm²，满足按螺旋箍筋柱计算承载能力的基本条件。

假定单根螺旋箍筋直径 $d = 10$ mm，则 $A_{ss1} = 78.5$ mm²。

由式(7-4)得 $s = \dfrac{\pi d_{cor} A_{ss1}}{A_{ss0}} = \dfrac{3.14 \times 440 \times 78.5}{2\,114.22} = 51.3\,(\text{mm})$。

综上所述，纵向钢筋可设计为 16Φ25，螺旋箍筋可设计为 Φ10@45，混凝土保护层厚度为 30 mm。

7.3 偏心受压构件承载能力计算

本节仅考虑单向偏心受压情况。离偏心压力 N 较近一侧的纵向钢筋受压，其截面面积用 A'_s 表示；而另一侧的纵向钢筋无论受压还是受拉，其截面面积均用 A_s 表示。

7.3.1 偏心受压构件正截面的破坏特征

根据力的平移原理，偏心受压的作用等价于一个轴向力附加一个弯矩（图7-8），因此，偏心受压构件截面上可认为同时作用有弯矩 M 和轴向压力 N，定义偏心力作用点至截面形心的距离为计算偏心距 e_0，因此

$$e_0 = M/N \tag{7-5}$$

式中 M——考虑二阶效应后的弯矩设计值，见7.3.2节。

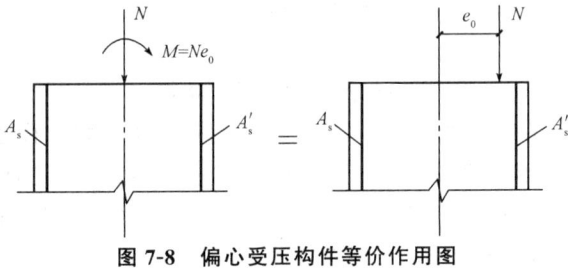

图 7-8 偏心受压构件等价作用图

钢筋混凝土偏心受压构件正截面的受力特点和破坏特征与轴向压力偏心距大小、纵向钢筋的数量、钢筋强度和混凝土强度等因素有关，一般可分为大偏心受压破坏和小偏心受压破坏两类。

1. 大偏心受压破坏

当构件截面中轴向压力的偏心距较大，而且没有配置过多的受拉钢筋时，就将发生这种类型的破坏。这类构件由于 e_0 较大，即弯矩 M 的影响较为显著，在偏心距较大的轴向压力 N 作用下，远离纵向偏心力一侧截面受拉。当 N 增大到一定程度时，受拉边缘混凝土将达到极限拉应变，出现垂直于构件轴线的裂缝。随着荷载的增大，受拉钢筋首先屈服。受压边缘的压应变逐步增大，最后当受压边缘混凝土达到其极限压应变 $\varepsilon_{cu} = 0.0033$ 时，受压区混凝土被压碎而导致构件的最终破坏（图7-9）。当满足最小配筋率时，大偏心受压破坏形态在破坏前有明显的预兆，变形急剧增大，属于塑性破坏，它具有类似适筋梁受弯构件破坏的特点。

2. 小偏心受压破坏

若构件截面中轴向压力的偏心距较小或虽然偏心距较大，但非偏心侧配置过多的受拉钢筋时，构件就会发生这种类型的破坏。构件的破坏是由受压区混凝土的压碎所引起的，且偏心方向一侧混凝土压应变达到极限时（平均约为0.002），另一侧纵向钢筋或受压或受拉均未屈服。一般情况下，小偏心受压破坏没有明显预兆，属脆性破坏，其具有类似超筋梁受弯构件破坏的特点。

3. 大、小偏心受压界限

(1) 通过相对受压区高度 ξ_b 判断。受弯构件正截面承载力计算的基本假定同样也适用于偏心受压构件正截面承载力的计算。相应于界限破坏形态的相对受压区高度 ξ_b 与受弯构件相同。

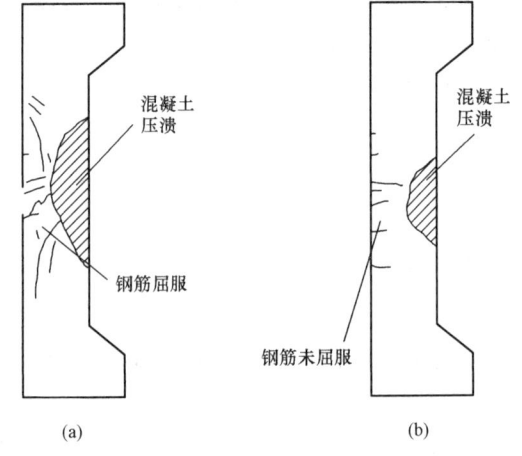

图 7-9 偏心受压破坏示意
(a) 大偏心受压；(b) 小偏心受压

1) 当 $\xi \leqslant \xi_b$ 时为大偏心受压破坏形态；
2) 当 $\xi > \xi_b$ 时小偏心受压破坏形态。

(2) 按截面核心概念的经验公式判断。
1) 当 $e_0/h_0 \geqslant 0.3$ 时，可初判为大偏心受压破坏形态；
2) 当 $e_0/h_0 < 0.3$ 时，可初判为小偏心受压破坏形态。

7.3.2 偏心受压构件正截面承载能力计算的基本原则

1. 计算基本假定及应力图

如前所述,偏心受压的破坏特征介于受弯和轴心受压之间。大偏心受压的破坏与适筋受弯构件相似,而小偏心受压构件与超筋受弯构件或轴心受压构件相似。截面破坏时的混凝土的最大压应力及其压应变随偏心距的大小而变化。

为简化计算,《混凝土结构设计标准(2024 年版)》(GB/T 50010—2010)采用了与受弯构件正截面承载力相同的计算假定。对受压区混凝土的曲线应力图也同样采用等效矩形应力图来代替。

2. 初始偏心距

初始偏心距 e_i 为实际的偏心荷载作用点到截面形心的距离。上述内容已讲述了计算偏心距 e_0 的意义,它是设计状态下并考虑二阶效应后的偏心距。但实际中因随机因素影响(荷载的作用位置和大小的不定性、施工误差及混凝土质量的不均匀性等),轴向力无法准确地作用在设计位置,因此引入附加偏心距 e_a 来表述这种随机因素导致的偏心情况。轴向力的初始偏心距 e_i 为计算偏心距与附加偏心距之和:

$$e_i = e_0 + e_a \tag{7-6}$$

式中 e_a——附加偏心距,取 20 mm 和偏心方向截面尺寸的 1/30 两者中的较大值。

3. 偏压构件侧移的二阶效应

偏心受压构件会在柱的中段附近产生横向挠度 a_f,该截面横向总侧移应为 $e_i + a_f$,构件承担的实际弯矩 $M = N(e_i + a_f)$,其值明显大于初始弯矩 Ne_i,如图 7-10 所示。该现象称为"二阶效应"或 P-δ 效应。

《混凝土结构设计标准(2024 年版)》(GB/T 50010—2010)采用近似计算偏压构件侧移二阶效应的增大系数法来考虑二阶效应。对于弯矩作用平面内截面对称的偏心受压构件,当同一主轴方向的杆端弯矩比 $\frac{M_2}{M_1} \leqslant 0.9$,且轴压比 $\lambda = \frac{N}{Af_c} \leqslant 0.9$ 时,若构件长细比满足式(7-7),可不考虑轴心压力在该方向挠曲杆中产生附加弯矩的影响。

$$\frac{l_0}{i} \leqslant 34 - 12\frac{M_1}{M_2} \tag{7-7}$$

式中 M_1、M_2——考虑侧移影响偏压构件两端截面按结构弹性分析确定的同一主轴的组合弯矩设计值,绝对值较大端为 M_2,绝对值较小端为 M_1,当构件按单项弯矩(即两端弯矩使柱同侧受拉时)M_1/M_2 取正值,否则取负值;

l_0——构件计算长度,可近似取偏心受压构件相对主轴方向上、下支点之间的距离;

i——偏心方向截面回转半径;对于圆形截面,$i = 4/d$;对于矩形截面,$i = 0.289h$,h 为矩形截面偏心方向的边长。

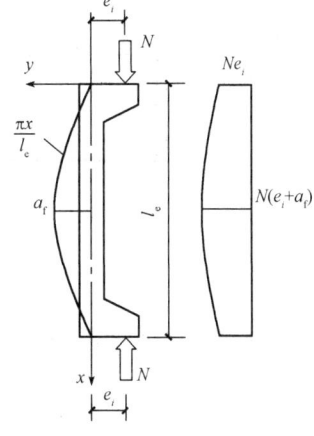

图 7-10 二阶效应示意

当不满足式(7-7)要求时,除排架结构柱外,其他偏心受压构件考虑轴向压力在挠曲杆中产生的二阶效应后控制截面的弯矩设计值 M,应按下列公式计算:

$$M = C_m \eta_{ns} M_2 \tag{7-8}$$

$$C_m = 0.7 + 0.3\frac{M_1}{M_2} \tag{7-9}$$

$$\eta_{ns} = 1 + \frac{1}{1\ 300(M_2/N + e_a)/h_0}\left(\frac{l_0}{h}\right)^2 \xi_c \tag{7-10}$$

$$\xi_c = \frac{0.5 f_c A}{N} \leqslant 1 \tag{7-11}$$

式中 C_m——构件端截面偏心距调节系数，小于 0.7 时取 0.7；

η_{ns}——弯矩增大系数，当 $C_m \eta_{ns} \leqslant 1$ 时，取 $C_m \eta_{ns} = 1$；

N——与弯矩设计值 M_2 相应的轴向压力设计值；

ξ_c——偏心受压构件的截面曲率修正系数，当 $\xi_c > 1.0$ 时，取 $\xi_c = 1.0$；

h——偏心方向的矩形截面高度，对圆形截面取直径；

h_0——偏心方向的截面有效高度；

f_c——混凝土轴心抗压强度设计值；

A——构件截面面积；

e_a——附加偏心距，按式(7-6)计算。

式中其他符号意义同前。

若为排架结构，式(7-10)中 1 300 取为 1 500。

7.3.3 偏心受压构件正截面承载力计算公式

1. 大偏心受压($\xi \leqslant \xi_b$)

根据大偏心受压构件的破坏特征及偏压构件的设计原则，画出大偏心受压构件正截面承载力计算图，如图 7-11 所示。

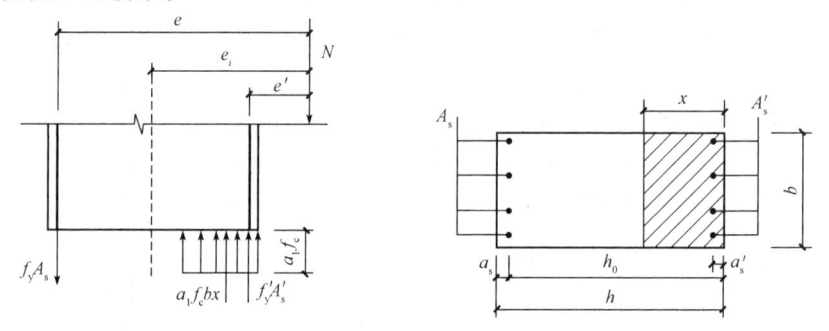

图 7-11 大偏心受压正截面承载力计算

由平衡条件可得基本计算公式：

$$N = \alpha_1 f_c b x + f'_y A'_s - f_y A \tag{7-12}$$

$$Ne = \alpha_1 f_c b x \left(h_0 - \frac{x}{2} \right) + f'_y A'_s (h_0 - a'_s) \tag{7-13}$$

式中 N——轴向压力设计值；

f_c——混凝土轴心抗压强度设计值；

f_y——钢筋抗拉强度设计值；

f'_y——钢筋抗压强度设计值；

b——垂直于偏心方向的截面宽度；

x——混凝土等效受压区高度；

A'_s——受压钢筋面积；

A——柱的截面面积；

h_0——偏心方向的截面有效高度；

α_1——系数，当混凝土强度等级不大于 C50 时，取 1.0；混凝土强度等级为 C80 时，取 0.94；其间按线性内插法确定；

a'_s——受压区钢筋合力作用点到截面受压区边缘的距离；

x——等效受压区高度；

e——轴向力作用点到受拉钢筋 A_s 合力点之间的距离。

$$e = e_i + \frac{h}{2} - a_s \tag{7-14}$$

式中 e_i——轴向力的初始偏心距，按式(7-6)计算。

一般情况下，式(7-12)用于计算等效受压区高度 x 并判断大、小偏心；式(7-13)用于计算钢筋面积。式(7-12)、式(7-13)的适用条件如下：

(1)为保证为大偏心受压破坏，即破坏时受拉钢筋应力先达到屈服强度，必须满足 $x \leqslant \xi_b h_0$ 或 $\xi \leqslant \xi_b$（可结合适筋梁的要求进行理解）；

(2)为了保证构件破坏时，受压钢筋应力能达到抗压强度设计值 f_y'，应满足 $x \geqslant 2a_s'$（可结合双筋梁的要求进行理解）。

当不满足条件 $x \leqslant \xi_b h_0$ 时，说明截面发生小偏心受压破坏，应改按小偏心受压公式进行计算。当不满足条件 $x \geqslant 2a_s'$ 时，说明虽然为大偏心受压（受拉钢筋屈服），但受压钢筋并未屈服，这时可对受压钢筋合力作用点取矩，并偏安全地忽略受压混凝土对此点的力矩，得式(7-15)：

$$Ne' = f_y A_s (h_0 - a_s') \tag{7-15}$$

式中 e'——轴向力作用点至受压钢筋合力作用点的距离，按式(7-16)计算。

$$e' = \eta_{ns} e_i - \frac{h}{2} + a_s' \tag{7-16}$$

式中 η_{ns}——弯矩增大系数；

e_i——初始偏心距；

h——偏心方向的截面高度；

a_s'——受压区钢筋合力作用点到截面受压区边缘的距离。

2. 小偏心受压（$\xi > \xi_b$）

小偏心受压构件的混凝土应力的分布不同于大偏心受压。但《混凝土结构设计标准（2024 年版）》(GB/T 50010—2010)为简化起见，采用了与大偏心受压相同的混凝土压应力计算简图，并将离压力远侧的纵筋 A_s 的应力无论拉、压，一概画为受拉，以 σ_s 表示。这样处理后的计算应力图如图 7-12 所示。

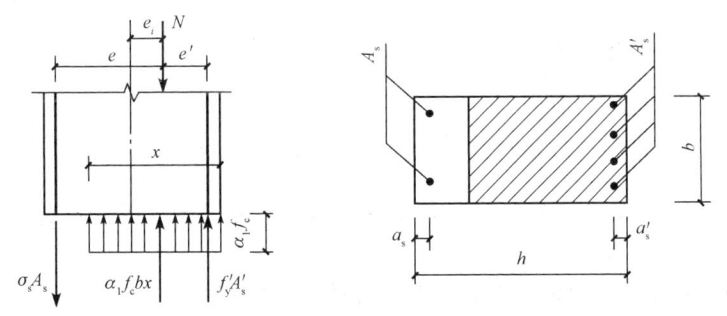

图 7-12 小偏心受压构件计算应力图

按照图 7-12 由平衡条件可得以下基本计算公式：

$$N = \alpha_1 f_c b x + f_y' A_s' - \sigma_s A_s \tag{7-17}$$

$$Ne = \alpha_1 f_c b x \left(h_0 - \frac{x}{2}\right) + f_y' A_s' (h_0 - a_s') \tag{7-18}$$

或

$$Ne' = \alpha_1 f_c b x \left(\frac{x}{2} - a_s'\right) + \sigma_s A_s (h_0 - a_s') \tag{7-19}$$

式中，$e'=\frac{h}{2}-(e_0-e_a)+a'_s$。

该公式与大偏压公式不同的是，远离轴向力一侧的钢筋应力为σ_s，其大小和方向有待确定。《混凝土结构设计标准(2024年版)》(GB/T 50010—2010)根据大量试验资料的分析，按下列公式简化计算：

$$\sigma_s=\frac{\frac{x}{h_0}-\beta_1}{\xi_b-\beta_1}f_y=\frac{\xi-\beta_1}{\xi_b-\beta_1}f_y \tag{7-20}$$

式中 β_1——系数，当混凝土强度等级不超过C50时，$\beta_1=0.8$；当混凝土强度等级为C80时，$\beta_1=0.74$；其间按线性内插法取用。

σ_s计算值为正号时，表示拉应力；σ_s计算值为负号时，表示压应力。因此σ_s的取值范围为：$-f'_y\leqslant\sigma_s\leqslant f_y$。显然，当$\xi=\xi_b$，即界限破坏时，$\sigma_s=f_y$。

上述小偏心受压公式仅适用于轴向压力近侧先压坏的一般情况，对于采用非对称配筋的小偏心受压构件，当$N>f_cbh$时，尚应验算离偏心压力较远一侧混凝土先被压坏的反向破坏情况（图7-13），计算公式如下：

$$Ne'=f_cbx\left(h'_0-\frac{x}{2}\right)+f'_yA_s(h'_0-a_s) \tag{7-21}$$

$$e'=\frac{h}{2}-a'_s-(e_0-e_a) \tag{7-22}$$

式中 e'——轴向力作用点至轴向力近侧钢筋合力点之间的距离；

h'_0——纵向受压钢筋合力点至截面远边的距离。

计算中不考虑偏心增大系数，取$\eta=1$，同时考虑反向附加偏心距，取$e'_i(e_0-e_a)$。

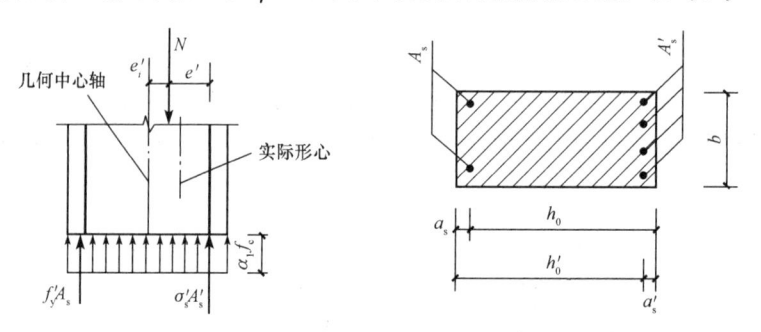

图7-13 小偏心受压反向破坏情况

对于小偏心受压构件除应计算弯矩作用平面的承载力外，还应按轴心受压构件验算垂直于弯矩作用平面的受压承载力。

7.3.4 对称配筋矩形截面偏心受压构件正截面承载力计算方法

偏心受压构件的截面配筋方式有对称配筋和非对称配筋两种。非对称配筋的计算方法与双筋梁类似，但因截面具有弯矩和轴力，所以比双筋梁的计算要复杂。对称配筋是在柱截面两侧配置相等的钢筋，即$A_s=A'_s$，$f'_y=f_y$。采用这种配筋方式的偏心受压构件可以承受变号弯矩作用，施工也比较简单，对装配式柱还可以避免弄错安装方向而造成事故。因此，对称配筋在实际工作中广泛采用。以下仅介绍偏心受压对称配筋柱的设计过程。

1. 通过结构计算已知截面内力设计值 M、N

通过前述方法（通过相关经验等方法）拟定截面尺寸bh，材料强度等级，f_c、f_y、f'_y、α_1、β_1，计算构件计算长度l_0。因此，截面的设计仅有钢筋截面面积A_s和A'_s未知。

2. 判别大、小偏心类型

对称配筋时，$A_s = A_s'$，$f_y' = f_y$，由 $f_y A_s = f_y' A_s'$，得

$$x = \frac{N}{\alpha_1 f_c b} \tag{7-23}$$

$$\xi = \frac{x}{h_0} = \frac{N}{\alpha_1 f_c b h_0} \tag{7-24}$$

当 $\xi \leqslant \xi_b$ 时，为大偏心受压构件，反之为小偏心受压构件。

3. 计算钢筋截面面积

(1)对于大偏心受压构件，如果 $x \geqslant 2a_s'$，则由式(7-18)可推得 A_s、A_s' 的计算公式为

$$A_s = A_s' = \frac{Ne - \alpha_1 f_c b x \left(h_0 - \dfrac{x}{2}\right)}{f_y'(h_0 - a_s')} \tag{7-25}$$

式中，$e' = \dfrac{h}{2} - (e_0 - e_a) + a_s'$。

如果 $x < 2a_s'$，由式(7-15)得

$$A_s = A_s' = \frac{Ne'}{f_y(h_0 - a_s')} \tag{7-26}$$

式中　e'——轴向力作用点至受压钢筋合力作用点的距离，按式(7-16)计算。

无论是大小偏心受压构件的设计，A_s 和 A_s' 都必须满足最小配筋率的要求。

(2)对于小偏心受压破坏，由于 $\xi > \xi_b$，根据式(7-24)计算得到的 ξ 并不是小偏心受压构件的真实值，必须重新进行计算。将 $x = \xi h_0$ 代入式(7-17)和式(7-18)得

$$A_s = \frac{N - \alpha_1 f_c b x}{f_y - \sigma_s} \tag{7-27}$$

式中　σ_s——偏压方向受压钢筋的应力，按式(7-20)计算。

将 $A_s = A_s'$，$f_y' = f_y$，$x = \xi h_0$ 代入式(7-17)和式(7-18)得

$$N = \alpha_1 f_c b h_0 \xi + f_y' A_s' - \frac{\xi - \beta_1}{\xi_b - \beta_1} f_y' A_s' \tag{7-28}$$

$$Ne = \alpha_1 f_c b \xi h_0^2 (1 - 0.5\xi) + f_y' A_s' (h_0 - a_s') \tag{7-29}$$

联立式(7-28)和式(7-29)可解得 ξ 和 A_s'，但计算较复杂。为简化计算，《混凝土结构设计标准(2024版)》(GB/T 50010—2010)根据大量试验资料的分析，矩形截面对称配筋可按下列近似公式计算 ξ 和 A_s、A_s'：

$$\xi = \frac{N - \xi_b \alpha_1 f_c b h_0}{\dfrac{Ne - 0.43 \alpha_1 f_c b h_0^2}{(\beta_1 - \xi_b)(h_0 - a_s')} + \alpha_1 f_c b h_0} + \xi_b \tag{7-30}$$

$$A_s = A_s' = \frac{Ne - \alpha_1 f_c b \xi h_0^2 (1 - 0.5\xi)}{f_y'(h_0 - a_s')} \tag{7-31}$$

按式(7-31)计算的 ξ 应满足以下条件：

$$\xi_b \leqslant \xi \leqslant \frac{h_0}{h}, \quad \xi \leqslant 2\beta_1 - \xi_b$$

1)若 $\xi_b \leqslant \xi \leqslant \dfrac{h_0}{h}$，则 ξ 计算结果有效，可代入式(7-31)计算钢筋面积；

2)若 $\xi > \dfrac{h_0}{h}$，则受压区计算高度超出截面高度，ξ 计算结果无效，应取 $\xi = \dfrac{h_0}{h}$，按全截面受压重新计算；

3)若式(7-30)中出现 $N-\xi_b\alpha_1 f_c bh_0<0$，说明应按大偏心受压计算，$\xi$ 计算结果无效；

4)若出现 $Ne<0.43\alpha_1 f_c bh_1$，说明截面尺寸过大，此时构件达不到承载能力极限状态，其配筋由最小配筋率控制。

计算时，大、小偏心构件都要满足最小配筋率要求。

【例 7-4】 某矩形截面钢筋混凝土柱，截面尺寸 $b=300$ mm，$h=500$ mm，柱的计算长度 $l_0=6.0$ m，$a_s=a_s'=45$ mm。控制截面上的轴向力组合设计值 $N=1\ 000$ kN，两端弯矩设计值分别为 $M_1=270$ kN·m，$M_2=300$ kN·m；偏心方向为截面长边方向。混凝土采用 C45，纵筋采用 HRB400 级钢筋。采用对称配筋，求钢筋截面面积 A_s 和 A_s'。

【解】 由题目信息可得 $A=300\times 500=150\ 000(\text{mm}^2)$；$h_0=500-45=455(\text{mm})$；$f_y'=360$ MPa；$f_c=21.1$ MPa；$\xi_b=0.518$。

(1)判断是否需要考虑附加弯矩的影响。

1)杆端弯矩比计算：$\dfrac{M_1}{M_2}=\dfrac{270}{300}=0.9\leqslant 0.9$

2)轴压比计算：$\lambda=\dfrac{N}{Af_c}=\dfrac{1\ 000\times 10^3}{300\times 500\times 21.1}=0.316\leqslant 0.9$

3)判断是否满足式(7-7)

$$\frac{l_0}{i}=\frac{l_0}{0.289h}=\frac{6}{0.289\times 0.5}=41.5$$

$$34-12\frac{M_1}{M_2}=34-12\times 0.9=23.2$$

轴压比不满足不等式 $\dfrac{l_0}{i}\leqslant 34-12\dfrac{M_1}{M_2}$，需要考虑附加弯矩影响。

(2)计算附加弯矩。

$$C_m=0.7+0.3\times\frac{M_1}{M_2}=0.7+0.3\times 0.9=0.97$$

$\xi_c=\dfrac{0.5f_c A}{N}=\dfrac{0.5\times 21.1\times 300\times 500}{1\ 000\times 10^3}=1.582$；取 $\xi_c=1$。

$e_a=20$ mm [取 20 mm 和 $h/30=500/30=16(\text{mm})$ 中较大者]

$$\eta_{ns}=1+\frac{1}{1\ 300(M_2/N+e_a)/h_0}\left(\frac{l_0}{h}\right)^2\xi_c$$

$$=1+\frac{1}{1\ 300\times[300\times 10^6/(1\ 000\times 10^3)+20]/(500-45)}\times\left(\frac{6\ 000}{500}\right)^2$$

$$=1.157$$

$$M=C_m\eta_{ns}M_2=0.97\times 1.157\times 300=336.8(\text{kN·m})$$

(3)求初始偏心距 e_i。

$$e_0=\frac{M}{N}=\frac{336.8\times 10^6}{1000\times 10^3}=336.8(\text{mm})$$

$$e_a=20(\text{mm})$$

$$e_i=e_0+e_a=336.8+20=356.8(\text{mm})$$

(4)判别大小偏心。

根据已知条件，有 $\xi_b=0.518$、$\alpha_1=1.0$、$\beta_1=0.8$、$h_0=455$ mm

$$x=\frac{N}{\alpha_1 f_c b}=\frac{1\ 000\ 000}{1\times 21.1\times 300}=158\text{ mm}$$

112

$x<\xi_b h_0=0.518\times455=235$ mm,故为大偏心受压,且满足 $x\geqslant 2a_s'=90$ mm。

(5)按大偏心受压进行配筋计算($A_s=A_s'$)。

$$e=\eta_{ns}e_i+\frac{h}{2}-a_s=1.23\times259+\frac{500}{2}-45=523.57(\text{mm})$$

由式(7-13)得

$$\begin{aligned}A_s=A_s'&=\frac{Ne-\alpha_1 f_c bx(h_0-0.5x)}{f_c'(h_0-a_s')}\\&=\frac{1\,000\times10^3\times618-1.0\times21.1\times300\times158\times(455-0.5\times158)}{360\times(450-45)}\\&=1\,639(\text{mm}^2)\end{aligned}$$

A_s 选用 6⌀20,$A_s=1\,884\text{mm}^2$;A_s' 选用 6⌀20,$A_s'=1\,884\text{mm}^2$。

全部纵向钢筋的配筋率 $=1\,884\times2/(300\times500)=2.5\%>0.6\%$;单侧纵向钢筋的配筋率 $=1.25\%>0.2\%$;满足最小配筋率的要求。

(6)垂直于弯矩作用平面的承载力验算。

(略)

【例 7-5】 某矩形截面钢筋混凝土柱,截面尺寸 $b=300$ mm,$h=500$ mm,柱的计算长度 $l_0=4.5$ m,$a_s=a_s'=40$ mm。控制截面上的轴向力设计 $N=2\,200$ kN,弯矩设计值 $M_1=230$ kN·m,$M_2=250$ kN·m。混凝土采用 C30,纵筋采用 HRB400 级钢筋。采用对称配筋,试求钢筋截面面积 A_s 和 A_s'。

【解】 (1)判断是否需要考虑附加弯矩的影响。

$\dfrac{M_1}{M_2}=0.92>0.9$,因此需要考虑附加弯矩的影响。

(2)计算附加弯矩。

$$C_m=0.7+0.3\frac{M_1}{M_2}=0.7+0.3\times0.92=0.976$$

$$\xi_c=\frac{0.5f_cA}{N}=\frac{0.5\times14.3\times300\times500}{2\,200\times10^3}=0.487\,5$$

$e_a=20$ mm[取 20 mm 和 $h/30=500/30=16(\text{mm})$ 中较大者]

$h_0=h-40=500-40=460(\text{mm})$;

$$\eta_{ns}=1+\frac{1}{1\,300(M_2/N+e_a)/h_0}\left(\frac{l_0}{h}\right)^2\xi_c=1+\frac{1}{1\,300\times\left(\dfrac{250\times10^6}{2\,200\times10^3}+20\right)/460}\times\left(\frac{4\,500}{500}\right)^2\times0.487\,5$$

$$=1.104\,5$$

$M=C_m\eta_{ns}M_2=0.976\times1.104\,5\times250=269.5(\text{kN}\cdot\text{m}^2)$

(3)求初始偏心距 e_i。

$$e_0=\frac{M}{N}=\frac{269.5\times10^6}{2\,200\times10^3}=122.5(\text{mm})$$

$e_a=20$ mm

$e_i=e_0+e_a=122.5+20=142.5(\text{mm})$

(4)判别大、小偏心。

根据已知条件,有 $\xi_b=0.518$、$\alpha_1=1.0$、$\beta_1=0.8$、$h_0=500-40=460(\text{mm})$

$$x=\frac{N}{\alpha_1 f_c b}=\frac{2\,200\times10^3}{14.3\times300}=512.8(\text{mm})$$

$x > \xi_b h_0 = 0.518 \times 460 = 238 (\text{mm})$，故为小偏心受压。

(5)按小偏心受压进行配筋计算($A_s = A'_s$)。

1)求实际的 ξ 值：

$$e = e_i + \frac{h}{2} - a_s = 142.5 + 500/2 - 40 = 352.5(\text{mm})$$

$$\xi = \frac{N - \xi_b \alpha_1 f_c b h_0}{\dfrac{Ne - 0.43\alpha_1 f_c b h_0^2}{(\beta_1 - \xi_b)(h_0 - a'_s)} + \alpha_1 f_c b h_0} + \xi_b$$

$$= \frac{2\,200 \times 10^3 - 0.518 \times 1.0 \times 14.3 \times 400 \times 460}{\dfrac{2\,200 \times 10^3 \times 352.5 - 0.43 \times 1.0 \times 14.3 \times 300 \times 460^2}{(0.8 - 0.518) \times (460 - 40)} + 1.0 \times 14.3 \times 400 \times 460} + 0.518$$

$$= 0.66$$

$h/h_0 = 500/460 = 1.08$，满足不等式：$\xi_b \leqslant \xi \leqslant h/h_0$；$\xi$ 值计算有效。

2)计算纵向受拉钢筋面积：

$$A_s = A'_s = \frac{Ne - \alpha_1 f_c b \xi h_0^2(1 - 0.5\xi)}{f'_y(h_0 - a'_s)}$$

$$= \frac{2\,200 \times 10^2 \times 352.5 - 1.0 \times 14.3 \times 300 \times 0.66 \times 460^2 \times (1 - 0.5 \times 0.66)}{360 \times (460 - 40)}$$

$$= 2\,474.1(\text{mm}^2)$$

A_s 选用 4⏀25，$A_s = 1\,964\,\text{mm}^2$；$A'_s$ 选用 4⏀25，$A'_s = 2\,945\,\text{mm}^2$；全部纵向钢筋的配筋率 = $2\,945 \times 2/(300 \times 500) = 2.6\% > 0.6\%$；单侧纵向钢筋的配筋率 = $1.9\% > 0.2\%$；满足最小配筋率的要求。

(6)垂直于弯矩作用平面的承载力验算。

(略)

7.3.5 偏心受压构件的斜截面受剪承载力计算

偏心受压构件除承受轴向压力和弯矩作用外，一般还承受剪力作用。当受到的剪力比较大时，还需要计算其斜截面的受剪承载力。

试验表明：适当的轴向压力可以延缓斜裂缝的出现和开展，增加了截面剪压区的高度，从而使受剪承载力得以提高。但当轴向压力 N 超过 $0.3f_c A$ 后(A 为构件的截面面积)，承载力的提高并不明显，超过 $0.5f_c A$ 后，还呈下降趋势。

根据试验结果，《混凝土结构设计标准(2024年版)》(GB/T 50010—2010)提出了以下的偏心受压构件受剪承载力计算方法。

为防止出现斜压破坏，矩形截面的钢筋混凝土偏心受压构件的受剪截面应符合下列条件。

$$V \leqslant 0.25\beta_c f_c b h_0 \tag{7-32}$$

矩形、T形和I形截面的钢筋混凝土偏心受压构件，其斜截面受剪承载力计算公式为

$$V \leqslant \frac{1.75}{\lambda + 1} f_t b h_0 + f_{yv} \frac{A_{sv}}{s} h_0 + 0.07N \tag{7-33}$$

式中 N——与剪力设计值 V 相应的轴向压力设计值，当 $N > 0.3f_c A$ 时，取 $N = 0.3f_c A$，A 为构件截面面积；

V——剪力设计值；

β_c——混凝土强度影响系数，当混凝土强度等级不超过 C50 时，取 1.0；当混凝土强度等级为 C80 时，取 0.8；其间按线性内插法确定；

λ——偏心受压构件计算截面剪跨比，按下列规定取用。

(1)对各类框架柱,宜取 $\lambda = \dfrac{M}{Vh_0}$;对框架结构的框架柱,当其反弯点在层高范围内时,可取 $\lambda = \dfrac{H_\mathrm{n}}{2h_0}$;当 $\lambda < 1$ 时,取 $\lambda = 3$;当 $\lambda > 3$ 时,取 $\lambda = 3$;此处 H_n 为柱净高,M 为计算截面上与剪力设计值相应的弯矩设计值。

(2)对其他偏心受压构件,当承受均布荷载时,取 $\lambda = 1.5$;当承受集中荷载时(包括作用有多种荷载且集中荷载对支座截面或节点边缘所产生的剪力值占总剪力值的75%以上的情况),取 $\lambda = \dfrac{a}{h_0}$;当 $\lambda < 1.5$ 时,取 $\lambda = 1.5$;当 $\lambda > 3$ 时,取 $\lambda = 3$;此处 a 为集中荷载至支座或节点边缘的距离。

矩形截面偏心受压构件,当符合下列条件时,可不进行斜截面受剪承载力计算,按构造要求配置箍筋。

$$V \leqslant \dfrac{1.75}{\lambda + 1} f_t b h_0 + 0.07N \tag{7-34}$$

知识拓展

加拿大魁北克大桥是一座铆接钢桁架悬臂梁桥。1907年8月29日,建设中的加拿大魁北克大桥突然发生垮塌,导致在桥上作业的75名工人罹难。

政府的事故调查显示,魁北克大桥坍塌的直接原因是主桥墩锚臂附近的下弦杆设计不合理,发生失稳;工程师在桥梁的设计阶段出现了以下失误。

(1)桥梁计算中存在基本错误。工程师在设计过程中,将主跨从487.7 m增加到548.6 m,荷载却没有重新计算。桥梁初始设计质量是2 760 t,实桥质量是3 250 t,增加了18%,导致架设后杆件受力过大。

(2)工程师为了降低上部结构由于跨度加大所增加的成本,随意地提高技术规定中钢材的许可应力;在毫无经验可循的情况下这显然是非常不合理的。

(3)主持建造这样一座在当时跨度最大的钢悬臂桥,建设部门本应该组织严密的设计审查,但在桥梁跨度变更和提高钢材许可应力后,建设部门并没有对可能带来的问题进行任何试验和研究,自认为仅仅依靠设计人员的经验和权威就能够保证这项工程的成功。

(4)施工中在大桥下弦杆出现较大弯曲的情况下,桥上总工长却因为怕耽搁工期而让工人上桥继续工作。在大桥的整个施工过程中缺少监管人员,从而在施工中出现问题后没能及时发现并采取相应的停工检查等措施,并将问题有效地反馈给总工程师和设计人员。

这场事故对建设工程领域产生了深远的影响。它使人们更加关注建设工程中的安全问题,特别是压杆稳定问题。事故发生后,政府接手了魁北克大桥的后续建设工作,并努力规避类似事故的发生。此外,魁北克大桥的坍塌也被视为一个典型的工程失败案例,被广泛用于工程教育和警示。在坍塌过后,大桥的钢铁废料被加拿大当地的七所大学合资买走制作成戒指,发给每一个从这些学校毕业的工程专业的学生。"工程师之戒"被用作提醒他们作为一名工程师的责任和义务,以此警醒他们要时刻关注工程安全和质量。

模块小结

(1)钢筋混凝土受压构件是建筑结构中非常重要的一部分,掌握其计算方法对掌握建筑结构有着非常重要的意义。

(2)轴向压力与构件轴线重合者(截面上仅有轴心压力),称为轴心受压构件;轴向压力与构件轴线不重合者(截面上既有轴心压力,又有弯矩),称为偏心受压构件。在偏心受压构件中又有单向偏心受压和双向偏心受压两种情况。

(3)与其他构件的设计过程一样,受压构件在内力已知后,应进行截面计算和构造处理。在截面计算时,对轴心受压构件仅需进行正截面承载力计算。对偏心受压构件除进行此种计算外,若截面上存在剪力,还需进行斜截面承载力计算;若偏心较大,需进行裂缝宽度验算。

课后习题

(1)某钢筋混凝土现浇楼盖底层柱,底层柱从基础顶面到一层楼盖顶面的高度为4.2 m;承受轴向力设计值 $N=2\,200$ kN,整个建筑均采用C30级混凝土,主要受力钢筋为HRB400级,请对截面进行设计。

(2)某根钢筋混凝土柱,按建筑设计要求截面为圆形,直径为450 mm。该柱承受的轴心压力设计值 $N=4\,200$ kN,柱的计算长度 $l_0=5.5$ mm,混凝土强度等级为C25,纵筋用HRB400级钢筋,箍筋用HPB300级钢筋。试进行该柱的设计。

(3)矩形截面柱 $b=300$ mm, $h=400$ mm。计算长度 l_0 为3 m,作用轴向力设计值 $N=300$ kN,弯矩设计值 $M=1\,500$ kN·m,混凝土强度等级为C25,钢筋采用HRB400级钢筋。设计纵向钢筋 A_s 及 A_s' 的数量。

(4)矩形截面柱 $b=400$ mm, $h=600$ mm。计算长度 l_0 为6 m,作用轴向力设计值 $N=2\,600$ kN,弯矩设计值 $M_1=M_2=140$ kN·m,混凝土强度等级为C30,钢筋采用HRB400级钢筋。设计纵向钢筋 $A_s=A_s'$ 的数量,并验算垂直弯矩作用平面的抗压承载力。

(5)现浇钢筋混凝土柱,截面尺寸 $b\times h=300$ mm$\times500$ mm, $a_s=a_s'=40$ mm,计算长度 $l_0=4.6$ m,混凝土强度等级为C30,钢筋为HRB400级,柱控制截面弯矩设计值 $M_1=200$ kN·m, $M_2=210$ kN·m,与 M_2 对应的轴向压力设计值 $N=1\,000$ kN,采用对称配筋,求该柱所需要的纵筋截面面积。

模块 8 钢筋混凝土构件正常使用极限状态计算

知识目标

(1)掌握钢筋混凝土构件正常使用极限状态的基本概念;
(2)掌握正常使用极限状态验算的主要内容,包括挠度验算、裂缝控制等,以及相应的验算方法和步骤;
(3)了解影响钢筋混凝土构件正常使用极限状态的主要因素。

能力目标

(1)能够根据设计要求和实际情况,选择合适的验算方法和参数进行钢筋混凝土构件正常使用极限状态的验算;
(2)能够正确分析验算结果,判断构件是否满足正常使用极限状态的要求,并提出相应的改进措施;
(3)能够综合运用所学知识,解决钢筋混凝土构件在实际工程中的耐久性问题。

素养目标

(1)培养对建筑行业的热爱;
(2)培养强烈的责任心和使命感;
(3)培养创新意识和创新精神。

工程案例

浙江某电厂濒临东海,厂区处于甬江下游河口段,属于海洋性气候,秋季受台风、潮汐影响较大,历年平均受台风影响 3 次,每次均持续 2~4 d,长则 6 d,风力一般为 8~10 级,最大风力可达 12 级以上。甬江属于不规则半日潮混合港,最大含氯 36.5%;电厂已建 30 年,常年受氯离子侵蚀,各期混凝土结构均有开裂、剥落及钢筋锈蚀等现象。特别有些混凝土保护层出现了较宽的纵向矮裂缝,钢筋严重锈蚀。

按照钢筋混凝土腐蚀的"五倍定律",建设中如果不当节省 1 元,那么发现锈蚀时采取措施需要花费 5 元,顺筋开裂时采取措施需要花费 25 元,严重破坏时采取措施则需要花费 125 元。对于基础设施工程,考虑钢筋混凝土耐久性并严格执行,工程的初始造价可能增加 1%~5%。如果不考虑或不重视钢筋混凝土的耐久性,维护和大修等费用可能高达工程造价的 5~10 倍。据统计,近年来我国每年因腐蚀造成的直接经济损失为 6 000 亿元,其中钢筋混凝土腐蚀损失每年超过 1 000 亿元。钢筋的耐久性问题应具有与承载能力同样的重要性,本模块核心内容为表征钢筋混凝土结构耐久性能的重要指标——正常使用极限状态;主要介绍裂缝宽度和变形的相关计算。

8.1 满足承载能力极限状态的基本要求

结构构件除应满足承载能力极限状态的需求外,还应满足正常使用极限状态的要求,以保证其适用性和耐久性。对于钢筋混凝土结构构件,裂缝的出现和开展将使构件刚度降低、变形加大、钢筋锈蚀。对于某些构件,变形过大还将影响精密仪器的使用、起重机的运行、非结构构件的损坏。同时,当裂缝宽度和挠度达到一定限值后,有损结构美观,造成不安全感。因此,相关规范规定:

拓展知识:建筑结构的基频对居住舒适度的影响

(1)受弯构件的最大挠度应按荷载效应的标准组合并考虑长期作用影响进行计算,其计算值不应超过挠度限值。

(2)钢筋混凝土构件正截面裂缝宽度应按荷载效应标准组合并考虑长期作用影响进行计算,其值不应超过最大裂缝宽度限值。

裂缝按其形成的原因可分为两大类:一类是由荷载因素引起的裂缝;另一类是由非荷载因素引起的裂缝,如材料收缩、温度变化、地基不均匀沉降等原因引起的裂缝。荷载裂缝是由荷载产生的主拉应力超过混凝土的抗拉强度引起的。本模块关于裂缝宽度的验算,仅仅是指对荷载作用下的正截面裂缝宽度的控制。

8.2 裂缝宽度验算

8.2.1 裂缝的发生及其分布

钢筋混凝土轴心受拉构件裂缝的出现,沿构件长度方向基本上是均匀分布的。当混凝土的拉应力达到其抗拉强度标准值 f_{tk} 后,在构件抗拉能力最弱的截面将出现第一批裂缝,其位置是随机的。混凝土开裂后退出工作,拉力全由钢筋承担,钢筋应力突变,使钢筋与混凝土之间产生粘结力 τ 和相对滑移。通过 τ 使钢筋的拉力部分地向混凝土传递,随着离开裂缝截面距离增大,混凝土拉应力逐渐增大,直到 $\sigma_c = f_{tk}$,新的裂缝出现。

拓展知识:常用梁的裂缝修补技术

1. 影响裂缝的主要因素

钢筋混凝土结构构件产生裂缝的原因有很多,主要包括两种类型:其一是直接荷载作用所引起的裂缝;其二是非荷载因素如材料收缩、温度梯度、混凝土碳化等引起的裂缝。很多裂缝的产生是多种因素集成的结果,影响裂缝的主要因素如下所述。

(1)纵筋的表面形状。带肋钢筋与混凝土的粘结强度较光圆钢筋大得多,可减小裂缝宽度。

(2)纵筋的直径。当构件内受拉纵筋截面相同时,采用细而密的钢筋,则会增大钢筋表面积,因而使粘结力增大,裂缝宽度变小。

(3)纵筋配筋率。构件受拉区混凝土截面的纵筋配筋率越大,裂缝宽度越小。

(4)纵向钢筋的应力。裂缝宽度与钢筋应力近似呈线性关系。

(5)保护层厚度。保护层越厚,裂缝宽度越大。

2. 减小构件裂缝宽度及措施

(1)选用变形较大的钢筋,它可以提高混凝土与钢筋之间的粘结作用,减小裂缝宽度;

(2)当受拉钢筋截面面积一定时,选用直径较细的钢筋,以增大钢筋与混凝土的接触面积,提高粘结作用;

(3)增加钢筋的总面积,从而减小钢筋的应力;

(4)提高混凝土的强度等级,一般情况下高强度混凝土的抗拉强度标准值 f_{tk} 也较大;改变截面形状和增大构件截面尺寸及减小混凝土保护层厚度等,也可不同程度地减小裂缝宽度。

8.2.2 裂缝宽度验算

裂缝宽度验算就是计算构件在荷载作用下产生的最大裂缝宽度 w_{max}，它不应超过《混凝土结构设计标准(2024年版)》(GB/T 50010—2010)规定的最大裂缝宽度限值 w_{lim}。混凝土构件的最大裂缝宽度限值见表8-1。

表8-1 结构构件的裂缝控制等级及最大裂缝宽度的限值　　　　　　　　　　　　　　mm

环境类别	钢筋混凝土结构		预应力钢筋混凝土结构	
	裂缝控制等级	w_{lim}	裂缝控制等级	w_{lim}
一	三级	0.30(0.40)	三级	0.20
二 a				0.10
二 b		0.20	二级	—
三 a、三 b			一级	—

在综合考虑各项影响因素的基础上，《混凝土结构设计标准(2024年版)》(GB/T 50010—2010)给出了最大裂缝宽度 w_{max} 的计算公式：

$$w_{max} = \alpha_{cr}\psi\frac{\sigma_s}{E_s}\left(1.9c_s + 0.08\frac{d_{eq}}{\rho_{te}}\right) \tag{8-1}$$

$$\psi = 1.1 - \frac{0.65f_{tk}}{\rho_{te}\sigma_s} \tag{8-2}$$

$$d_{ep} = \frac{\sum n_i d_i^2}{\sum n_i v_i d_i} \tag{8-3}$$

$$\rho_{te} = \frac{A_s + A_p}{A_{te}} \tag{8-4}$$

式中　α_{cr}——构件受力特征系数，按表8-2取用；

表8-2 构件受力特征系数

类型	α_{cr}	
	钢筋混凝土构件	预应力混凝土构件
受弯、偏心受压	1.9	1.5
偏心受拉	2.4	—
轴心受拉	2.7	2.2

　　ψ——裂缝间纵向钢筋应变不均匀系数，当 $\psi<0.2$ 时，取 $\psi=0.2$；当 $\psi>1.0$ 时，取 $\psi=1.0$；对直接承受重复荷载的构件，取 $\psi=1.0$；

　　σ_s——按荷载准永久组合计算的钢筋混凝土构件纵向受拉普通钢筋应力或按标准组合计算的预应力混凝土构件纵向受拉钢筋等效应力；

　　E_s——钢筋的弹性模量；

　　c_s——最外层纵向受拉钢筋外边缘至受拉区底边的距离(mm)；当 $c_s\leqslant 20$ 时，取 $c_s=20$；当 $c_s>65$ 时，取 $c_s=65$；

　　ρ_{te}——按有效受拉混凝土截面面积计算的纵向受拉钢筋配筋率；对无粘结后张构件，仅取纵向受拉普通钢筋计算配筋率；在最大裂缝宽度计算中，当 $\rho_{te}<0.01$ 时，取 $\rho_{te}=0.01$；

　　A_{te}——有效受拉混凝土截面面积；对轴心受拉构件，取构件截面面积；对受弯、偏心受压和偏心受拉构件，$A_{te}=0.5bh+(b_f-b)h_f$；此处，b_f、h_f 为受拉翼缘的宽度、高度；

A_s——受拉区纵向普通钢筋截面面积；

A_p——受拉区纵向预应力筋截面面积；

d_{eq}——受拉区纵向钢筋的等效直径(mm)；对无粘结后张构件，仅为受拉区纵向受拉普通钢筋的等效直径(mm)；

d_i——受拉区第 i 种纵向钢筋的公称直径；对于有粘结预应力钢绞线束的直径取为 $\sqrt{n_1 d_{p1}}$，其中 d_{p1} 为单根钢绞线的公称直径，n_1 为单束钢绞线根数；

n_i——受拉区第 i 种纵向钢筋的根数；对于有粘结预应力钢绞线，取为钢绞线束数；

v_i——受拉区第 i 种纵向钢筋的相对粘结特性系数，按表 8-3 采用：

表 8-3 钢筋的相对粘结特性系数　　　　　　　　　　　　　　　　　　　　mm

钢筋类别	钢筋		先张法预应力筋			后张法预应力筋		
	光圆钢筋	带肋钢筋	带肋钢筋	螺旋肋钢丝	钢绞线	带肋钢筋	钢绞线	光面钢丝
v_i	0.7	1.0	1.0	0.8	0.6	0.8	0.5	0.4

【例 8-1】 简支矩形截面梁的截面尺寸 $bh = 200 \text{ mm} \times 500 \text{ mm}$，混凝土强度等级为 C25，受拉区配置单侧层 HRB400 级钢筋 4⌀12，混凝土保护层厚度 $c = 25 \text{ mm}$，按荷载效应的标准组合计算的跨中弯矩 $M_q = 52.5 \text{ kN} \cdot \text{m}$，最大裂缝宽度限值 $w_{lim} = 0.3 \text{ mm}$，试验算其最大裂缝宽度 w_{max} 是否符合要求。

【解】（1）材料参数如下：$f_{tk} = 1.78 \text{ N/mm}^2$，$E_s = 2.0 \times 10^5 \text{ N/mm}^2$，$A_s = 452 \text{ mm}^2$，$\alpha_{cr} = 1.9$；$c_s = 25 \text{ mm}$。

（2）截面有效高度：$h_0 = 500 - (25 + 12/2) = 469 \text{(mm)}$。

（3）按有效受拉混凝土截面面积计算的纵向受拉钢筋配筋率：

$$A_{te} = 0.5bh + (b_f - b)h_f = 0.5bh = 0.5 \times 200 \times 500 = 50\ 000 \text{(mm}^2\text{)}$$

$$\rho_{te} = \frac{A_s}{A_{te}} = 452/50\ 000 = 0.009 < 0.01$$

取 $\rho_{te} = 0.01$。

（4）计算按荷载准永久组合计算的钢筋混凝土构件纵向受拉钢筋应力：

$$\sigma_s = \frac{M_q}{0.87 h_0 A_s} = \frac{52.5 \times 10^6}{0.87 \times 469 \times 452} = 285 \text{(N/mm}^2\text{)}$$

（5）裂缝间纵向钢筋应变不均匀系数：

$$\psi = 1.1 - 0.65 f_{tk}/(\rho_{te} \sigma_{sk}) = 0.694$$

（6）受拉区受拉钢筋等效直径(mm)：

$$d_{eq} = \frac{\sum n_i d_i^2}{\sum n_i v_i d_i} = 12 \text{(mm)}$$

（7）裂缝最大宽度计算及判定：

$$w_{max} = \alpha_{cr} \psi \frac{\sigma_s}{E_s} \left(1.9 c_s + 0.08 \frac{d_{eq}}{\rho_{te}}\right) = 1.9 \times 0.694 \times \frac{285}{2.0 \times 10^5} \times \left(1.9 \times 25 + 0.08 \times \frac{12}{0.01}\right) = 0.27 \text{(mm)}$$

$w_{max} \leq w_{lim}$，最大裂缝宽度符合规范要求。

一般情况下，裂缝宽度仅需要验算，而不必进行专门设计。

8.3 受弯构件的变形验算

8.3.1 钢筋混凝土梁抗弯刚度的特点

钢筋混凝土受弯构件的挠度可以利用材料力学的有关公式计算，关键在于如何确定截面抗弯刚度，刚度的计算要合理反映构件开裂后的塑性性质。

材料力学已经介绍了匀质弹性材料受弯构件的变形计算方法，均布荷载下跨中最大挠度按式(8-5)计算，集中荷载下跨中最大挠度按式(8-6)计算。

$$f=\frac{5q_{\mathrm{k}}l^{4}}{384EI}=\frac{5M_{\mathrm{k}}l^{2}}{48EI} \tag{8-5}$$

$$f=\frac{p_{\mathrm{k}}l^{3}}{48EI}=\frac{M_{\mathrm{k}}l^{2}}{12EI} \tag{8-6}$$

式中 M_{k}——按荷载效应的标准组合计算的跨中弯矩值；

EI——截面抗弯刚度；

f——荷载作用下的最大挠度；

q_{k}——均布荷载集度；

p_{k}——集中荷载；

l——梁的计算跨度。

拓展知识：连续刚构桥挠度过大的原因

由上式可见，截面抗弯刚度 EI 体现了截面抵抗弯曲变形的能力，同时也反映了截面弯矩与曲率之间的物理关系，对于理想弹性匀质材料，EI 为常数。但对于钢筋混凝土适筋梁，在受力过程中不断地产生裂缝，因此 EI 不是常数，而是与荷载大小和荷载作用的时间相关。

(1)一般情况下钢筋混凝土梁的截面抗弯刚度随着荷载的增加而降低。由于在钢筋混凝土构件中仍采用平截面假定，故变形计算可以直接引用材料力学的挠度计算公式，但应考虑其抗弯刚度受荷载的影响。因此，《混凝土结构设计标准(2024 年版)》(GB/T 50010—2010)中，用 B 来代替式(8-5)和式(8-6)中的 EI。这样，钢筋混凝土受弯构件挠度计算的实质就变成刚度 B 的计算问题。

(2)一般情况下钢筋混凝土构件的截面抗弯刚度随着荷载作用时间的增加而降低。所以，变形计算要考虑荷载作用时间长短的影响，即荷载长期作用的影响。相应地，钢筋混凝土梁在荷载效应准永久组合作用下的截面刚度用 B_{s} 表示，简称短期刚度；通过短期刚度再计算钢筋混凝土梁在荷载效应的标准组合作用下长期作用的截面抗弯刚度，用 B 表示。

综上两点，只要求出刚度 B，代入材料力学中的挠度计算公式，便可计算出挠度。

8.3.2 受弯构件的短期刚度 B_{s} 计算

根据理论分析和试验结果，对于矩形、T 形、倒 L 形、I 形钢筋混凝土受弯构件，按荷载准永久组合计算的短期刚度 B_{s} 计算公式为

$$B_{\mathrm{s}}=\frac{E_{\mathrm{s}}A_{\mathrm{s}}h_{0}^{2}}{1.15\psi+0.2+\dfrac{6\alpha_{\mathrm{E}}\rho}{1+3.5\gamma_{\mathrm{f}}'}} \tag{8-7}$$

式中 E_{s}——纵向受拉钢筋的弹性模量；

A_{s}——纵向受拉钢筋的截面面积；

h_{0}——构件截面有效高度；

ψ——裂缝间受拉钢筋应变不均匀系数，按式(8-2)计算；

α_{E}——钢筋弹性模量与混凝土弹性模量的比值，$\alpha_{\mathrm{E}}=\dfrac{E_{\mathrm{s}}}{E_{\mathrm{c}}}$；

ρ——纵向受拉钢筋配筋率；

γ_{f}'——受压翼缘加强系数，其值为受压翼缘面积与腹板有效面积的比值，按下式计算：

$$\gamma_{\mathrm{f}}'=\frac{(b_{\mathrm{f}}'-b)h_{\mathrm{f}}'}{bh_{0}} \tag{8-8}$$

b_{f}'——受压翼缘的宽度；

h_f'——受压翼缘的高度，当 $h_f' > 0.2h_0$ 时，取 $h_f' = 0.2h_0$。

8.3.3 受弯构件的长期刚度 B 计算

采用荷载标准组合时：

$$B = \frac{M_k}{M_q(\theta - 1) + M_k} B_s \tag{8-9}$$

采用荷载标准永久组合时：

$$B = \frac{B_s}{\theta} \tag{8-10}$$

式中 M_k——按荷载标准组合计算的弯矩值，取计算区段内最大的弯矩值；

M_q——按荷载标准永久组合计算的弯矩值，取计算区段内最大的弯矩值；

B_s——钢筋混凝土受弯构件的短期刚度，可按下列公式计算：

$$B_s = \frac{E_s A_s h_0^2}{1.15\psi + 0.2 + \dfrac{6\alpha_E \rho}{1 + 3.5\gamma_f}}$$

ψ——裂缝间纵向受拉普通钢筋应变不均匀系数；

α_E——钢筋弹性模量与混凝土弹性模量的比值，即 E_s/E_c；

ρ——纵向受拉钢筋配筋率；

γ_f——受拉翼缘截面积与腹板有效截面面积的比值；

θ——考虑荷载长期作用对挠度增大的影响系数，钢筋混凝土构件按下式计算：

$$\theta = 2.0 - 0.4 \frac{\rho'}{\rho} \tag{8-11}$$

式中，$\rho' = \dfrac{A_s'}{bh_0} \times 100\%$；$\rho = \dfrac{A_s}{bh_0} \times 100\%$。

单筋矩形、T 形和 I 形截面，$\theta = 2.0$。

8.3.4 受弯构件挠度计算

梁的弯曲刚度 B 确定后，就可以根据材料力学的式(8-5)和式(8-6)来计算，注意将材料力学公式中的刚度 EI 替代为 B，即均布荷载按式(8-12)计算，集中荷载按式(8-13)计算。

$$f = \frac{5q_k l^4}{384B} = \frac{5M_k l^2}{48B} \tag{8-12}$$

$$f = \frac{p_k l^3}{48B} = \frac{M_k l^2}{12B} \tag{8-13}$$

计算所得的挠度 f 不应超过《混凝土结构设计标准(2024 年版)》(GB/T 50010—2010)中规定的挠度限制值 $[f]$。

知识拓展

钢筋混凝土构件因混凝土自身原因容易产生裂缝，主要机理如下所述。

(1)沉降裂缝。沉降裂缝可分为塑性沉降裂缝与塑性收缩裂缝两种。塑性沉降裂缝常出现在钢筋上方、结构变化处；塑性收缩裂缝是不规则斜裂缝，在钢筋以上，常开始出现在现浇混凝土后 30 min~6 h。在浇筑混凝土过程中，浇筑高度越大，速度越快，由于混凝土的塑性塌落受到模板或顶部钢筋的抑制，在浇筑数小时后会发生塑性沉降裂缝；水泥用量越大，水胶比越高，在混凝土由塑性变为固体过程中，收缩就越大，引起塑性收缩裂缝也越大。

(2)干缩裂缝。干缩裂缝可细分为塑性干缩裂缝与长期干缩裂缝两种。塑性干缩裂缝为表面微裂，类似龟纹，主要影响混凝土外观，常开始出现在现浇混凝土后 1~7 d；长期干缩裂缝为表面干裂，裂缝走向纵横交错，裂缝宽度很小，与发丝相似，常开始出现在现浇混凝土后数周或数月之间。因此，浇筑完成后应特别重视养护。同时，养护不合理也会强化长期干缩裂缝的发展。长期干缩裂缝产生的原因：混凝土成型后养护不当，表面体积收缩大，受内部混凝土约束的影响，出现拉应力引起裂缝；采用了含泥量大的细砂、粉砂浇筑混凝土，混凝土收缩大，收缩时间长，出现裂缝；在混凝土振捣过程中，有过振现象，混凝土表面形成水泥含量较多的砂浆层，导致混凝土表面收缩，产生裂缝。

(3)温度裂缝。混凝土具有热胀冷缩性质，当有约束时，混凝土热胀冷缩所产生的体积胀缩，因为受到约束力的限制，在内部产生了温度应力，由于混凝土抗拉强度较低，容易被温度引起的拉应力拉裂，从而产生温度裂缝。如果冬期施工，过早除掉保温层，或受寒潮袭击，都可能导致混凝土因早期强度低而产生裂缝。当预制构件采用蒸汽养护时，由于降温过快或构件急于出池，均使混凝土表面剧烈降温，结果导致构件表面出现裂缝。在大体积混凝土水化时产生的大量水化热得不到散发，导致混凝土内外温差较大，使混凝土的形变超过极限引起裂缝。

(4)化学裂缝。当混凝土生产中混入侵蚀性水(如含氯离子的水)，或者使用过程中处于较恶劣的环境中时(盐碱地、受海水侵蚀的岸边等)。由于保护层厚度有限，环境中的氯离子侵入导致电化学腐蚀发生。另外，混凝土加水拌和后，水泥中的碱性物质与活性骨料中的活性氧化硅等发生碱-骨料反应，导致体积增大、混凝土胀裂。

模块小结

(1)裂缝宽度验算是钢筋混凝土构件正常使用极限状态计算中的重要内容之一。裂缝宽度的验算，可以确保构件在正常使用过程中不会因为裂缝过大而影响其使用性能和耐久性。

(2)规范中的裂缝宽度的计算是基于半理论半经验公式，考虑了混凝土强度、钢筋应力、保护层厚度等多个因素。应掌握根据规范公式进行裂缝宽度计算的方法。不同构件对裂缝宽度的限制值不同，最大裂缝宽度应控制在规范允许的范围内。

(3)裂缝宽度的形成和扩展受到多种因素的影响，如荷载大小、构件尺寸、配筋情况等。了解如何在设计中合理考虑这些因素，以控制裂缝宽度在允许范围内。

(4)变形验算基本上采用工程力学中的挠度计算公式，但截面抗弯刚度不仅随弯矩增大而减小，也随着荷载持续作用而减小，截面抗弯刚度需要修正，因此，变形验算实际就是截面刚度的计算。

课后习题

(1)为什么要对钢筋混凝土构件的裂缝和变形进行验算？

(2)如何减小裂缝宽度？

(3)如何减小受弯构件的变形？

(4)某钢筋混凝土简支梁，截面尺寸为 $b \times h = 250 \text{ mm} \times 500 \text{ mm}$，混凝土强度等级为C25，一类环境，由正截面承载力计算已配置了4根公称直径为18 mm的HRB400级钢筋，荷载准永久值产生的跨中最大弯矩 $M = 96.5 \text{ kN} \cdot \text{m}$，裂缝最大允许宽度 $[w_{\lim}] = 0.3 \text{ mm}$，试验算该梁的裂缝宽度是否满足要求。

(5)某钢筋混凝土简支梁，截面尺寸为 $b \times h = 250 \text{ mm} \times 500 \text{ mm}$，计算跨度为6.0 m，混凝土强度等级为C25，一类环境，按正截面承载力配有4根公称直径为20 mm的HRB400级钢筋，梁承受的均布恒荷载标准值为14.6 kN/m，均布活荷载标准值为5.3 kN/m，可变荷载的准永久值系数取 $\psi_q = 0.5$，梁的允许挠度 $[f] = 40 \text{ mm}$，试验算该梁挠度是否满足要求。

模块 9　预应力混凝土结构

知识目标

(1) 了解预应力混凝土的基本概念；
(2) 了解预应力混凝土的分类；
(3) 掌握预应力的各种损失及预应力损失值的组合；
(4) 掌握预应力混凝土构件的主要构造要求。

能力目标

(1) 能够掌握预应力的建立方法；
(2) 能够正确选用先张法、后张法制作构件所需的锚具及其设备；
(3) 能够掌握张拉控制应力与预应力损失；
(4) 具备预应力筋下料长度的计算及其制作能力。

素养目标

(1) 培养理解预应力混凝土原理的品质；
(2) 具有分析预应力混凝土受力特点的素质；
(3) 具有熟悉预应力钢筋构造要求的素质。

工程案例

预应力的基本原理在我国古代就已经有许多方面的应用。铁箍木桶就是一个很好的例子，如图 9-1 所示，在还没装水之前采用铁箍或竹箍套紧桶壁，便对木桶壁产生一个环向的压应力。若施加的压应力超过水压力引起的拉应力，木桶就不会开裂漏水，这就是早先的预应力原理。在圆形水池上作用预应力就像木桶加箍一样。

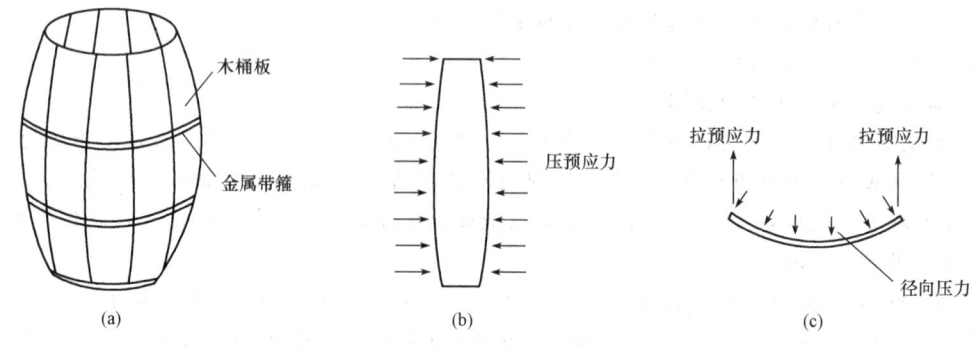

图 9-1　预应力原理
(a) 木桶；(b) 木桶板分离体；(c) 半个金属带箍分离体

9.1 预应力混凝土的发展

预应力技术从 20 世纪 20 年代进入土木工程的实际应用以来，已经成为土木工程领域的重要技术之一，尤其是在桥梁结构与大跨度房屋结构中，更是首选的技术。

预应力混凝土结构是由普通钢筋混凝土结构发展而来的，法国工程师弗来西奈在 1928 年成功研制了预应力混凝土，指出预应力混凝土必须采用高强度钢材和高强度混凝土，为预应力混凝土结构的发展奠定了基础。第二次世界大战结束后，为了适应大规模建设的需要，预应力技术在国外开始得到大量应用，20 世纪 60 年代，林同炎提出的用于预应力结构分析的荷载平衡法极大地促进了预应力技术的普及。我国预应力技术的起步始于 20 世纪 50 年代初。在中华人民共和国成立后，需要大量建设工业厂房和民用建筑，但由于国内钢材奇缺，迫切需要研究、利用高强度的钢材来满足经济建设的需要，由此开始了我国预应力技术的研究与应用。由于条件受限，当时我国预应力技术发展走的是低强度钢材预应力的道路，预应力钢材主要采用冷拉钢筋或冷拔钢丝，预应力技术主要应用于预制混凝土构件，典型构件有工业厂房中的预应力屋架、屋面梁、吊车梁等，还有民用建筑中的先张法预应力空心板等。

20 世纪 80 年代中期，我国预应力技术应用的主要目的仍然是通过对高强度钢筋施加预应力使高强度钢筋能够充分地发挥其作用，以减少钢材用量，同时克服混凝土抗拉强度低、容易开裂的缺点，应用的领域基本上以预制构件为主。

自 20 世纪 80 年代中后期开始，预应力技术得到了广泛的应用。近年来，建筑业推广应用的 10 项新技术中均列入了高效预应力技术，在建筑业"十二五"推广应用的 10 项新技术中，预应力技术仍是其重要的组成部分。在混凝土结构中，预应力技术由于采用了高强度钢材和高强度混凝土，可减少 30%～60% 的钢筋用量和 20%～40% 的混凝土用量，并且由于预应力的作用，可以控制结构开裂、变形等不利影响，提高混凝土结构的耐久性。

30 余年来，预应力技术已不仅被应用于混凝土构件，其应用的目的也不仅仅是发挥高强度钢筋的作用或提高混凝土的抗拉能力，预应力混凝土结构相比于传统的全预应力混凝土结构有了进一步的发展，逐渐应用于钢—混凝土组合结构、空间钢结构等领域，预应力技术的发展进入了新的历史时期。

9.2 预应力混凝土梁的工作原理

预应力在混凝土构件中的应用主要是克服混凝土受拉强度低的弱点，以及充分利用高强度钢材。对于钢筋混凝土受拉与受弯构件，由于混凝土的抗拉强度很低，一般其极限抗拉强度约为其抗压强度的 1/10。因此，在正常使用状态时，混凝土构件通常是带裂缝工作的；对于不允许开裂的构件，其受拉钢筋的应力为 20～30 MPa。对于允许开裂的构件，通常当受拉钢筋应力达到 250 MPa 时，裂缝宽度已达到 0.2～0.3 mm，此时构件的耐久性已有所降低，同时也不宜用于高湿度或具有腐蚀性的工作环境。为了满足变形和裂缝控制的要求，则需要增大构件的截面尺寸和用钢量，这将导致自重过大，使钢筋混凝土结构用于大跨度或承受动力荷载的结构成为不可能或很不经济。如果采用高强度钢筋，在使用荷载作用下，其应力可达 500～1 000 N/mm^2，但此时的裂缝宽度将很大，无法满足使用要求。因而，钢筋混凝土结构中采用高强度钢筋是不能充分发挥其作用的；而提高混凝土强度等级对提高构件的抗裂性能和控制裂缝宽度的作用也不大。

为了避免钢筋混凝土结构的裂缝过早出现、充分利用高强度钢筋及高强度混凝土，可以设法在结构构件受荷载作用前，通过预加外力，使它受到预压应力来减小或抵消荷载所引起的混凝土拉应力，从而使结构构件截面的拉应力不大，甚至处于受压状态，以达到控制受拉混凝土不过早开裂的目的。在构件承受荷载以前预先对混凝土施加压应力的方法有多种，例如：配置预应力筋，再通过张拉或其他方法建立预加应力的；在离心制管中采用膨胀混凝土生产的自应力混凝土等。本模块所讨论的预应力混凝土构件是指常用的张拉预应力筋的预应力混凝土构件。

预应力混凝土梁的工作原理可由图9-2予以说明。

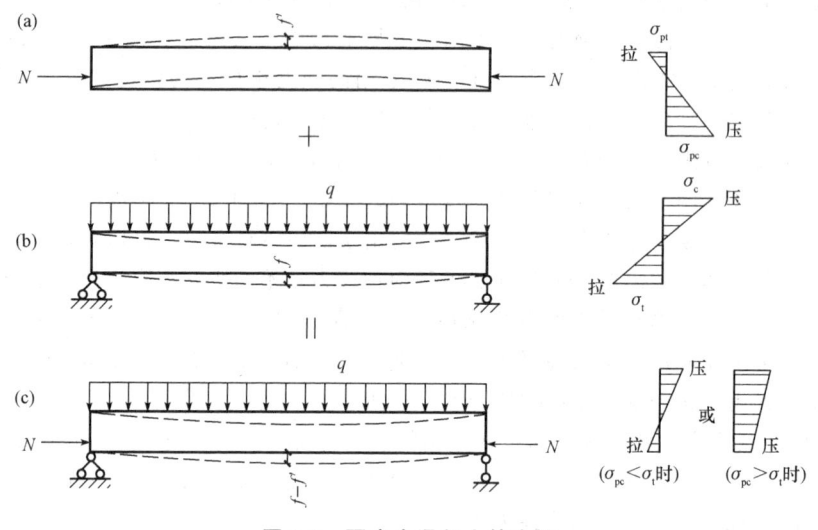

图 9-2 预应力混凝土简支梁
(a)预压力作用下；(b)外荷载作用下；(c)预压力与外荷载共同作用下

如图9-2所示，预应力混凝土简支梁在荷载作用之前，预先在梁的受拉区施加的偏心压力 N，使梁下边缘混凝土产生预压应力为 σ_{pc}，梁上边缘混凝土产生不大的预拉应力 σ_{pt}，如图9-2(a)所示。当荷载 q（包括梁自重）作用时，梁跨中截面下边缘产生拉应力 σ_t，梁上边缘产生压应力 σ_c，如图9-2(b)所示。这样，在预压力 N 和荷载 q 共同作用下，梁的下边缘拉应力将减至 $\sigma_t - \sigma_{pc}$，梁上边缘应力一般为压应力，但也有可能为较小的拉应力，如图9-2(c)所示。如果施加的预加力 N 比较大，则在荷载作用下梁的下边缘不会出现拉应力。由此可见，预应力混凝土构件可延缓混凝土构件的开裂，提高构件的抗裂度和刚度，同时可节约钢筋，减轻构件自重，克服钢筋混凝土的缺点。

预应力混凝土结构具有以下的优点。

(1)预应力混凝土由于有效利用了高强度钢筋及高强度混凝土，所以，其可做成比普通钢筋混凝土跨度大而自重小的细长承重结构。

(2)预应力可以改善混凝土结构的使用性能，从而可以防止混凝土开裂，或者至少可以把裂缝宽度限制到无害的程度，这就提高了结构的耐久性。

(3)在使用荷载作用下即使是部分预应力，也可将结构的变形控制在很小的状态。

(4)预应力混凝土结构具有很高的抗疲劳性能，即使采用部分预应力技术，钢筋应力的变化幅度也较小。

(5)预应力混凝土构件中，只要钢筋应变在0.01%以下，超载引起的裂缝在卸除荷载后就可能重新闭合。

9.3 预应力混凝土结构的分类

根据预应力技术应用的特点，预应力技术通常可分为三大类型，即张拉预应力筋的方法主要有先张法、后张法和体外预应力技术三种。

9.3.1 先张法

先张法是指在构件的混凝土浇筑之前将预应力筋张拉到设计控制应力,待混凝土强度达到规定值时(达到强度设计值的75%以上),将预应力筋切断,钢筋回缩挤压混凝土,使预应力施加到混凝土构件上,预应力是靠预应力筋与混凝土之间的粘结力来传递的。制作先张法预应力构件一般需要台座、拉伸机、传力架和夹具等设备,其工序如图9-3所示。当构件尺寸不大时,可不用台座,而在钢模上直接进行张拉。

先张法通常用于在工厂生产的中小型构件,由于先张法工艺不需要在构件中留设孔道,也不需要使用永久性的锚具和夹具,因此与预应力相关的成本较低。

9.3.2 后张法

先浇筑混凝土,待混凝土硬化后,在构件上直接张拉预应力钢筋的方法称为后张法。

张拉工序如图9-4所示:在构件的混凝土浇筑之前,在预应力筋相应的位置上预先埋设孔道或埋设无粘结(缓粘结)预应力筋,待混凝土强度达到设计强度的75%后,将预应力筋张拉到设计张拉应力,并利用专用锚具将预应力筋固定在混凝土构件端部,预应力主要是靠预应力筋端部的锚具来传递的。有粘结预应力筋需要在预留孔道中灌入灌浆材料使预应力筋与混凝土粘结成整体,也可不灌浆形成无粘结预应力混凝土结构。

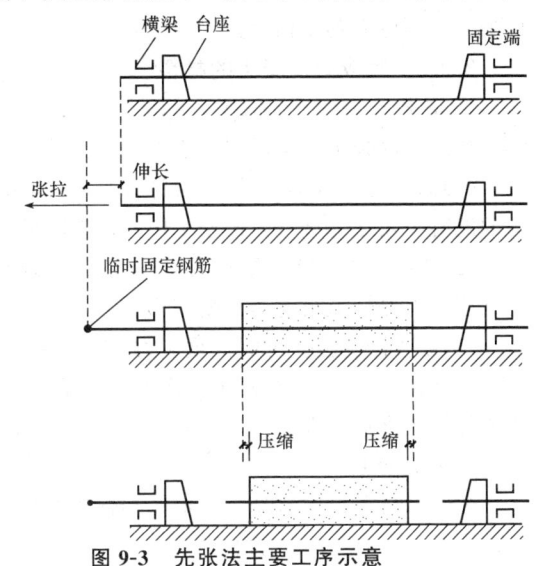

图9-3 先张法主要工序示意
(a)预应力筋就位;(b)张拉预应力筋;
(c)临时固定预应力筋,浇筑混凝土并养护;
(d)放松预应力筋,预应力筋回缩挤压混凝土,混凝土获得预压应力

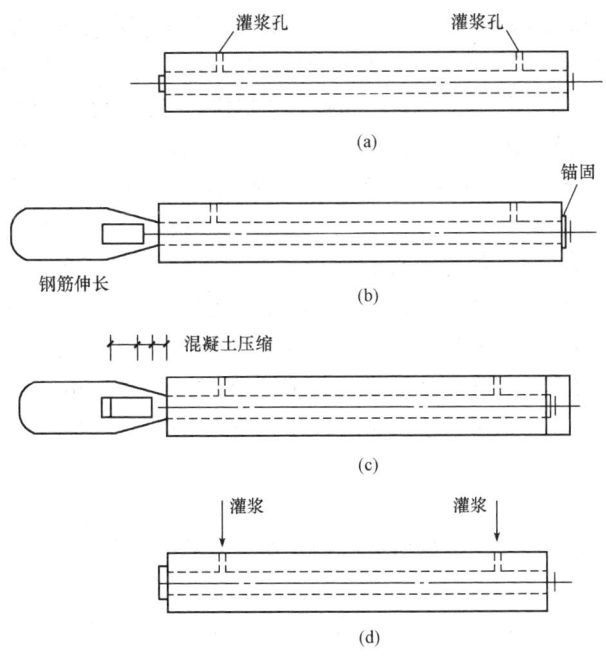

图9-4 后张法主要工序示意
(a)制作构件,预留孔道,穿入预应力筋;(b)安装千斤顶;(c)张拉预应力筋;
(d)锚固预应力筋,拆除千斤顶,孔道压力灌浆

9.3.3 体外预应力技术

体外预应力技术在严格意义上仍属于后张法的范畴，但由于其应用的目的、范围及设计分析方法与传统的后张法有很大不同，因此，通常将其单独划分为一类。体外预应力技术是指预应力筋位于构件的外部，或者说结构构件是由预应力筋与由其他材料的构件共同组成的。应用的目的可以是调整结构内力分布、控制结构变形、增加构件或结构承载能力等，应用范围覆盖了结构加固、预应力钢结构等。

9.3.4 预应力混凝土的材料

1. 混凝土

预应力混凝土结构对混凝土的要求如下。

(1)高强度。《混凝土结构设计标准(2024年版)》(GB/T 50010—2010)规定，预应力混凝土结构的混凝土强度等级不宜低于C40，且不应低于C30。

(2)收缩、徐变小。这样可减小由于混凝土收缩与徐变产生的预应力损失，同时也可以有效控制预应力混凝土结构的徐变变形。

(3)耐久性优良。可保证预应力混凝土结构的耐久性。

(4)快硬、早强。在先张法构件中采用快硬、早强的混凝土，可提高设备的周转率，从而降低造价、加快施工进度。

2. 预应力筋

预应力筋宜采用消除应力钢丝和钢绞线、中强度预应力钢丝、预应力螺纹钢筋。预应力混凝土结构对预应力筋的要求如下。

(1)高强度与低松弛。采用高强度、低松弛材料，可减小预应力损失，建立较高的有效预应力。

(2)良好的塑性性能。预应力筋在保证高强度的同时，应具有一定的塑性性能(伸长率和弯折次数)，以防止发生脆性破坏。当构件处于低温或受到冲击荷载作用时，还应具有一定的抗冲击性。

(3)良好的粘结性能。在先张法预应力构件中，预应力的传递是依靠预应力筋和混凝土之间的粘结力来完成的，因此，预应力钢筋和混凝土之间必须要有良好的粘结强度。采用光面高强度钢丝时，表面应"刻痕"或"压波"处理。后张法采用粘结预应力结构，预应力筋与孔道后灌水泥浆之间应有可靠的粘结性能，以使预应力筋与周围的混凝土形成一个整体并共同承受荷载作用。无粘结和体外预应力束完全依靠锚固系统来建立和保持预应力，为减少摩擦损失，要求预应力筋表面光滑即可。

(4)防腐蚀等耐久性能。预应力钢材腐蚀造成的后果比普通钢材要严重得多，主要原因是强度等级高的钢材对腐蚀更灵敏，同时预应力筋的直径相对较小。未经保护的预应力筋如暴露在室外环境中，经过一段时间将可能导致抗拉性能和疲劳强度下降。预应力钢材通常对两种类型的锈蚀是敏感的，即电化学腐蚀和应力腐蚀。在电化学腐蚀中，必须有水溶液存在，还需要空气(氧)；应力腐蚀是在一定的应力和环境条件下共同作用，引起钢材脆化的腐蚀。

为了防止预应力钢材腐蚀，先张法由混凝土粘结保护，后张法由粘结预应力筋并采用水泥灌浆保护；特殊环境条件下，采用预应力钢材镀锌、环氧涂层或外包防腐材料等综合措施来保证预应力筋的耐久性。

9.3.5 锚具和夹具

锚具和夹具是在制作预应力结构或构件时锚固预应力筋的工具。

1. 锚具

在后张法结构或构件中，为保持预应力筋的拉力并将其传递到混凝土内部的永久性锚固装置，称为锚具。

预应力筋锚固体系由固定端锚具、张拉端锚具和连接器组成。根据锚固形式的不同，锚具有夹片式、支承式、锥塞式和握裹式四种形式。

(1)固定端锚具。安装在预应力筋端部,通常埋在混凝土中,不用以张拉的锚具。常用的锚具形式有P形[图9-5(a)]和H形[图9-5(b)]。

1)P形锚具。P形锚具是指用挤压机将挤压套压结在钢绞线上的一种握裹式挤压锚具。其适用于构件端部设计应力大或群锚构件端部空间受到限制的情况。

2)H形锚具。H形锚具是指将钢绞线一端用压花机压成梨形后,固定在支架上,可排列成长方形或正方形的一种锚具。其适用于钢绞线数量较少、梁的断面比较小的情况。

以上两种锚具属于握裹式锚具,均是预先埋在混凝土内,待混凝土凝固到设计强度后,再进行张拉,利用握裹力将预应力传递给混凝土。

图 9-5　固定端握裹式锚具

(a)P形挤压锚具;(b)H形压花锚具

(2)张拉端锚具。安装在预应力筋张拉端端部、可以在预应力筋的张拉过程中始终对预应力筋保持锚固状态的锚固工具。

1)夹片式锚具。

①圆柱体夹片式锚具。圆柱体夹片式锚具由夹片、锚环、锚垫板及螺旋筋四部分组成。夹片是锚固体系的关键零件,用优质合金钢制造。圆柱体夹片式锚具有单孔[图9-6(a)]和多孔[图9-6(b)]两种形式。锚固性能稳定、可靠,适用范围广泛,并具有良好的放张自锚性能,施工操作简便,适用的钢绞线根数可从1根至55根。

②长方体扁形锚具[图9-6(c)]。长方体扁形锚具由扁锚板、工作夹片、扁锚垫板等组成。当预应力钢绞线配置在板式结构内时,如空心板、低高度箱梁等,为避免因配索而增大板厚,可采取扁形锚具将预应力钢绞线布置成扁平放射状,使应力分布更加均匀合理,进一步减薄结构厚度。

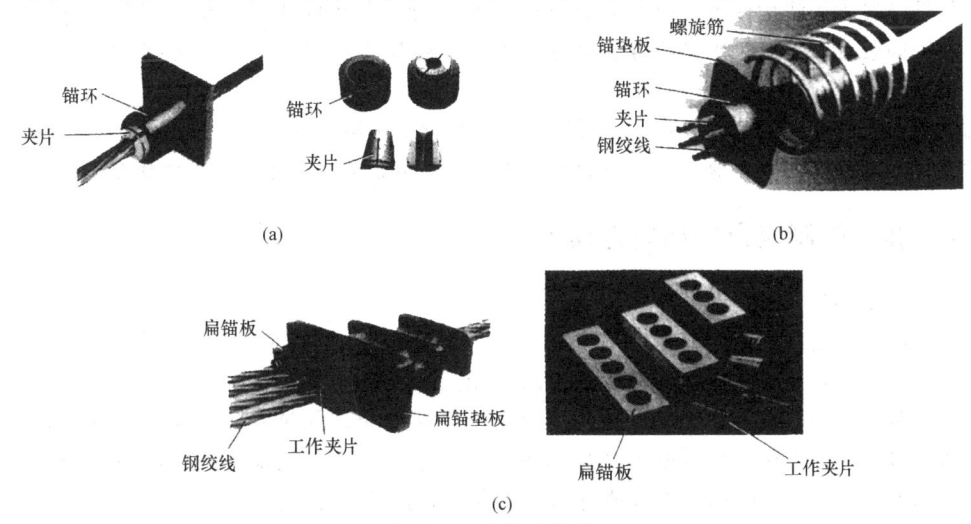

图 9-6　夹片式锚具

(a)圆形单孔锚具;(b)圆形多孔锚具;(c)长方体扁形锚具

2)支承式锚具。

①镦头锚具(图9-7)。镦头锚具可用于张拉端,也可用于固定端。张拉端采用锚环,固定端采用锚板。

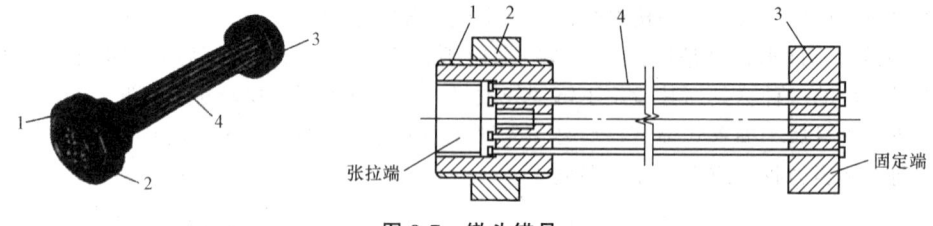

图 9-7 镦头锚具
1—锚环;2—螺母;3—固定端锚板;4—钢丝束

镦头锚具由锚板(或锚环)和带镦头的预应力筋组成。先将钢丝穿过固定端锚板及张拉端锚环中圆孔,然后利用镦头器对钢丝两端进行镦粗,形成镦头,通过承压板或疏筋板锚固预应力钢丝,可锚固极限强度标准值为1 570 MPa 和 1 670 MPa 的高强度钢丝束。

②螺母锚具(图9-8)用于锚固高强度精轧螺纹钢筋的锚具,由螺母、垫板、连接器组成,具有性能可靠、回缩损失小、操作方便的特点。

(3)锥塞式锚具。锥塞式锚具主要有钢质锥塞式锚具(图9-9),由锚环、锚塞组成。其工作原理是通过张拉预应力钢丝顶压锚塞,把钢丝束楔紧在锚环与锚塞之间,借助摩擦力传递张拉力。同时,利用钢丝回缩力带动锚塞向锚环内滑进,使钢丝进一步楔紧。

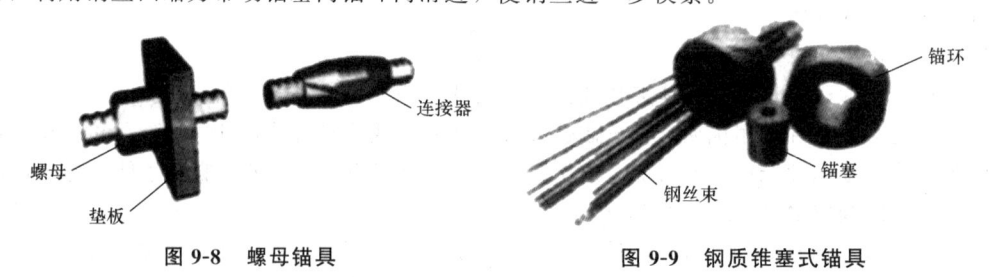

图 9-8 螺母锚具

图 9-9 钢质锥塞式锚具

2. 夹具

夹具是指在先张法构件施工时,为保持预应力筋的拉力并将其固定在生产台座(或设备)上的临时性锚固装置;在后张法结构或构件施工时,在张拉千斤顶或设备上夹持预应力筋的临时性装置(又称工具锚)。

锚具、夹具和连接器应具有可靠的锚固性能、足够的承载能力和良好的适用性,以保证充分发挥预应力筋的强度,安全地实现预应力张拉作业,避免锈蚀、粘污、遭受机械损伤或散失。

9.4 张拉控制应力与预应力损失

9.4.1 张拉控制应力 σ_{con}

张拉控制应力是指预应力筋在进行张拉时控制达到的最大应力值。其值为张拉设备(如千斤顶油压表)所指示的总张拉力除以预应力筋截面面积而得的应力值,以 σ_{con} 表示。

张拉控制应力的取值直接影响预应力混凝土的使用效果,如果张拉控制应力取值过低,则预应力筋经过各种损失后,对混凝土产生的预压力过小,不能有效地提高预应力混凝土构件的抗裂度和刚度。如果张拉控制应力取值过高,则可能引起以下问题。

(1)在施工阶段会使构件的某些部位受到拉力(称为预拉力)甚至开裂,对后张法构件可能造成端部混凝土局压破坏。

(2)构件出现裂缝时的荷载值与极限荷载值很接近,使构件在破坏前无明显的预兆,构件的延性较差。

(3)为了减少预应力损失,有时需要进行超张拉,有可能在超张拉过程中使个别预应力筋的应力超过其实际屈服强度,使预应力筋产生较大的塑性变形或脆断。

张拉控制应力值大小的确定,还与预应力的钢种有关。由于预应力混凝土采用的都为高强度钢筋,其塑性较差,故控制应力不能取得太高。

《混凝土结构设计标准(2024年版)》(GB/T 50010—2010)规定,在一般情况下,张拉控制应力不宜超过表 9-1 的限值。

表 9-1 张拉控制应力 σ_{con} 限值

钢筋种类	σ_{con}
消除应力钢丝、钢绞线	$\leqslant 0.75 f_{ptk}$
中强度预应力钢丝	$\leqslant 0.70 f_{ptk}$
预应力螺纹钢筋	$\leqslant 0.85 f_{pyk}$

注:①表中消除应力钢丝、钢绞线、中强度预应力钢丝的张拉控制应力值不应小于 $0.4 f_{ptk}$。
②预应力螺纹钢筋的张拉控制应力值不宜小于 $0.5 f_{pyk}$。

符合下列情况之一时,表 9-1 中的张拉控制应力限值可提高 $0.05 f_{ptk}$ 或 $0.05 f_{pyk}$。
(1)要求提高构件在施工阶段的抗裂性能而在使用阶段受压区内设置的预应力筋。
(2)要求部分抵消由于应力松弛、摩擦、钢筋分批张拉,以及预应力筋与张拉台座之间的温差等因素产生的预应力损失。

9.4.2 预应力损失

在预应力混凝土构件施工及使用过程中,由于混凝土和钢材的性质及制作方法存在缺点,预应力筋的张拉力值是在不断降低的,称为预应力损失。引起预应力损失的因素有很多,一般认为预应力混凝土构件的总预应力损失值,可采用各种因素产生的预应力损失值进行叠加的办法求得。下面讲述六种预应力损失。

1. 直线预应力筋由于锚具变形和预应力筋内缩引起的预应力损失值 σ_{l1}

当直线预应力筋张拉到 σ_{con} 后,锚固在台座或构件上时,由于锚具各零件之间(如锚具、垫板与构件之间的缝隙被挤紧)和预应力筋锚具之间的相对位移和局部塑性变形(图 9-10),被拉紧的预应力筋内缩(变松)引起的预应力损失值 σ_{l1}(N/mm²),按下式计算:

$$\sigma_{l1} = \frac{a}{l} E_s \tag{9-1}$$

式中 a——张拉端锚具变形和预应力筋内缩值(mm),按表 9-2 取用;
l——张拉端至锚固端之间的距离(mm);
E_s——预应力筋的弹性模量(N/mm²)。

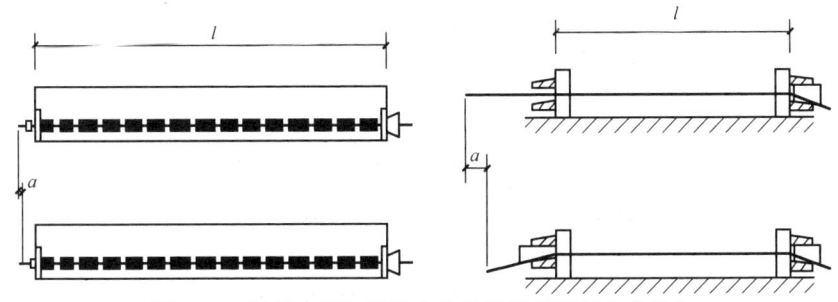

图 9-10 锚具变形和钢筋内缩松动引起的预应力损失

表 9-2　锚具变形和预应力筋内缩值 a　　　　　　　　　　　　　　　　mm

锚具类别		a
支承式锚具（钢丝束镦头锚具等）	螺母缝隙	1
	每块后加垫板的缝隙	1
夹片式锚具	有顶压时	5
	无顶压时	6～8

注：①表中的锚具变形和预应力筋内缩值也可根据实测数值确定。
　　②其他类型的锚具变形和钢筋内缩值应根据实测数据确定

锚具损失只考虑张拉端，固定端因在张拉过程中已被挤紧，故不考虑其所引起的应力损失。

对于块体拼成的结构，其预应力损失还应考虑块体间填缝的预压变形。当采用混凝土或砂浆填缝材料时，每条填缝的预压变形值可取 1 mm。

减少 σ_{l1} 的措施如下：

(1) 选择锚具变形小或使预应力筋内缩小的锚具、夹具，并尽量少用垫板，因为每增加一块垫板，a 值就增加 1 mm。

(2) 增加台座长度。因为 σ_{l1} 值与台座长度成反比，采用先张法生产的构件，当台座长度为 100 m 以上时，σ_{l1} 可忽略不计。

后张法构件曲线预应力筋或折线预应力筋，由于锚具变形和预应力内缩引起的预应力损失值 σ_{l1}，应根据曲线预应力筋或折线预应力筋与孔道壁之间反向摩擦影响长度 l_f 范围内的预应力筋变形值等于锚具变形和预应力筋内缩值的条件确定。σ_{l1} 可按《混凝土结构设计标准（2024 年版）》（GB/T 50010—2010）附录 J 进行计算。

2. 预应力筋与孔道壁之间的摩擦引起的预应力损失值 σ_{l2}

采用后张法张拉预应力筋时，由于预应力筋在张拉过程中与混凝土孔壁或套管接触而产生摩擦阻力。这种摩擦阻力距离预应力张拉端越远，影响越大，使构件各截面上的实际预应力有所减少，如图 9-11 所示，称为摩擦损失，以 σ_{l2} 表示。

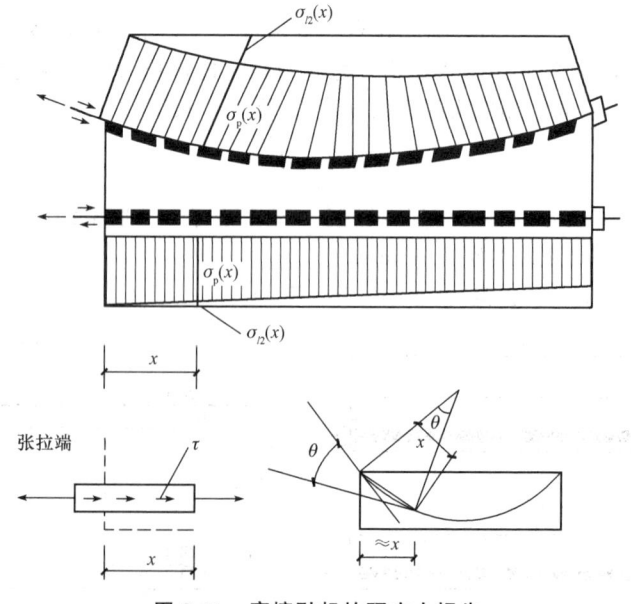

图 9-11　摩擦引起的预应力损失

σ_{l2} 可按下式进行计算：

$$\sigma_{l2} = \sigma_{con}\left(1 - \frac{1}{e^{\kappa x + \mu\theta}}\right) \tag{9-2}$$

当 $\kappa x + \mu\theta \leqslant 0.3$ 时，σ_{l2} 可按下列近似公式计算：

$$\sigma_{l2} = (\kappa x + \mu\theta)\sigma_{con} \tag{9-3}$$

式中 κ——考虑孔道每米长度局部偏差的摩擦系数，按表 9-3 取用；

x——从张拉端至计算截面的孔道长度（m），可近似取该段孔道在纵轴上的投影长度（图 9-11）；

μ——预应力筋与孔道壁之间的摩擦系数，按表 9-3 取用；

θ——从张拉端至计算截面曲线孔道各部分切线的夹角之和（以弧度计）。

当采用夹片式群锚体系时，在 σ_{con} 中宜扣除锚口摩擦损失。锚口摩擦损失按实测值或厂家提供的数据确定。

表 9-3 摩擦系数

孔道成型方式	κ	μ	
		钢绞线、钢丝束	预应力螺纹钢筋
预埋金属波纹管	0.001 5	0.25	0.50
预埋塑料波纹管	0.001 5	0.15	—
预埋钢管	0.001 0	0.30	—
抽芯成型	0.001 4	0.55	0.60
无粘结预应力筋	0.004 0	0.09	—

注：摩擦系数也可根据实测数据确定

减少 σ_{l2} 的措施如下。

(1) 采用两端张拉。比较图 9-12(a) 和图 9-12(b) 可以看出，两端张拉可减少一半损失。

(2) 采用超张拉，如图 9-12(c) 所示，张拉程序为 $0 \to 1.1\sigma_{con}$（持续 2 min）$\to 0.85\sigma_{con}$（停 2 min）$\to \sigma_{con}$。当张拉端 A 超张拉 10% 时，预应力筋中的预拉应力将沿 EHD 分布。当张拉端的张拉力降低至 $0.85\sigma_{con}$ 时，由于孔道与预应力筋之间产生反向摩擦，预拉应力将沿 $FGHD$ 分布。当张拉端 A 再次张拉至 σ_{con} 时，则预应力筋中的应力将沿 $CGHD$ 分布，显然比图 9-12(a) 所建立的预拉应力要均匀些，预应力损失要小一些。

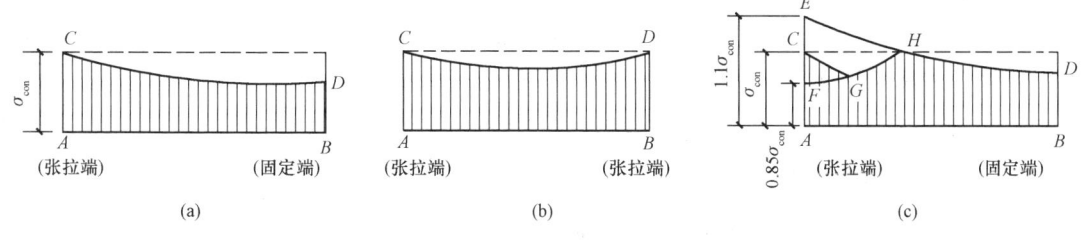

图 9-12 一端张拉、两端张拉及超张拉对减少摩擦损失的影响

3. 混凝土加热养护时预应力筋与承受拉力的设备之间的温差引起的预应力损失值 σ_{l3}

对于先张法构件，为缩短生产周期，浇灌混凝土后常采用蒸汽养护的办法加速混凝土的凝结。升温时，预应力筋受热自然膨胀，新浇筑的混凝土尚未结硬，且未与钢筋粘结成整体，由于钢筋与台座间存在温差，被固定在台座上的钢筋的伸长值将大于台座的伸长值。因此，钢筋变松，即张拉应力降低，产生预应力损失。降温时，混凝土已与钢筋粘结成整体而一起回缩，所以

产生的预应力将无法恢复。

设混凝土加热养护时，预应力筋与承受拉力的设备（台座）之间的温差为 Δt（℃），预应力筋的温度线膨胀系数 $\alpha = 0.00001/℃$，则 σ_{l3} 可按下式计算：

$$\sigma_{l3} = E_s \varepsilon_s = \frac{\Delta l}{l} E_s = \frac{\alpha l \Delta t}{l} E_s = \alpha E_s \Delta t$$
$$= 0.00001 \times 2.0 \times 10^5 t = 2\Delta t (\text{N/mm}^2) \tag{9-4}$$

减少 σ_{l3} 的措施如下。

（1）采用两次升温养护。先在常温下养护，待混凝土的强度等级达到 C7.5～C10 级时，再逐渐升温至规定的养护温度，这时可认为预应力筋与混凝土已粘结成整体，能够一起胀缩而不引起应力损失。

（2）在钢模上张拉预应力筋。由于预应力筋是锚固在钢模上的，升温时两者温度相同，可以不考虑此项损失。

4. 预应力筋应力松弛引起的预应力损失值 σ_{l4}

预应力筋在高应力长期作用下的塑性变形具有随时间而增长的性质，在预应力筋长度保持不变的条件下预应力筋的应力会随时间的增长而逐渐降低，这种现象称为预应力筋的应力松弛。另外，在预应力筋应力保持不变的条件下，其应变会随时间的增长而逐渐增大，这种现象称为预应力筋的徐变。预应力筋的松弛和徐变均将引起预应力筋中的应力损失，这种损失统称为预应力筋应力松弛损失 σ_{l4}。

《混凝土结构设计标准（2024 年版）》（GB/T 50010—2010）中 σ_{l4} 的计算公式如下。

（1）消除应力钢丝、钢绞线：

普通松弛

$$\sigma_{l4} = 0.4 \left(\frac{\sigma_{con}}{f_{ptk}} - 0.5 \right) \sigma_{con} \tag{9-5}$$

低松弛

当 $\sigma_{con} \leqslant 0.7 f_{ptk}$ 时，

$$\sigma_{l4} = 0.125 \left(\frac{\sigma_{con}}{f_{ptk}} - 0.5 \right) \sigma_{con} \tag{9-6}$$

当 $0.7 f_{ptk} < \sigma_{con} \leqslant 0.8 f_{ptk}$ 时，

$$\sigma_{l4} = 0.2 \left(\frac{\sigma_{con}}{f_{ptk}} - 0.575 \right) \sigma_{con} \tag{9-7}$$

（2）中强度预应力钢丝：

$$\sigma_{l4} = 0.08 \sigma_{con} \tag{9-8}$$

（3）预应力螺纹钢筋：

$$\sigma_{l4} = 0.03 \sigma_{con} \tag{9-9}$$

当 $\frac{\sigma_{con}}{f_{ptk}} \leqslant 0.5$ 时，σ_{l4} 可取为零。

试验表明，预应力筋应力松弛与下列因素有关。

（1）时间。开始阶段发展较快，第一小时松弛损失可达全部松弛损失的 50% 左右，24 h 后可达 80% 左右，以后发展缓慢。

（2）钢材的初始应力和极限强度。当初始应力小于 $0.7 f_{ptk}$ 时，松弛与初应力呈线性关系，初始应力高于 $0.7 f_{ptk}$ 时，松弛显著增大。

（3）张拉控制应力。张拉控制应力值高，应力松弛大；反之，应力松弛则小。

减小 σ_{l4} 的措施：进行超张拉，先控制张拉应力达 $1.05 \sigma_{con} \sim 1.1 \sigma_{con}$，持荷 2～5 min，然后

卸荷,再施加张拉应力至 σ_{con},这样可以减少松弛引起的预应力损失。

5. 混凝土收缩、徐变引起受拉区和受压区纵向预应力筋的损失值 σ_{l5}、σ'_{l5}

混凝土在一般温度条件下结硬时体积会发生收缩,而在预应力作用下,沿压力方向混凝土发生徐变。两者均使构件的长度缩短,预应力筋也随之内缩(变松),造成预应力损失。收缩与徐变虽然是两种性质完全不同的现象,但它们的影响因素、变化规律较为相似,故《混凝土结构设计标准(2024年版)》(GB/T 50010—2010)将这两项预应力损失合在一起考虑。

拓展知识:
预应力混凝土

混凝土收缩、徐变引起受拉区纵向预应力筋的预应力损失 σ_{l5} 和受压区纵向预应力筋的预应力损失 σ'_{l5},可按下列公式计算。

(1)一般情况。

先张法构件:

$$\sigma_{l5} = \frac{60 + 340 \dfrac{\sigma_{pc}}{f'_{cu}}}{1 + 15\rho} \tag{9-10}$$

$$\sigma'_{l5} = \frac{60 + 340 \dfrac{\sigma'_{pc}}{f'_{cu}}}{1 + 15\rho'} \tag{9-11}$$

后张法构件:

$$\sigma_{l5} = \frac{55 + 300 \dfrac{\sigma_{pc}}{f'_{cu}}}{1 + 15\rho} \tag{9-12}$$

$$\sigma'_{l5} = \frac{55 + 300 \dfrac{\sigma'_{pc}}{f'_{cu}}}{1 + 15\rho'} \tag{9-13}$$

式中 σ_{pc}、σ'_{pc}——受拉区、受压区预应力筋在各自合力点处混凝土法向压应力,此时,预应力损失值仅考虑混凝土预压前(第一批)的损失,其普通钢筋中的应力 σ_{l5}、σ'_{l5} 值应等于零;σ_{pc}、σ'_{pc} 值不得大于 $0.5f'_{cu}$;当 σ'_{pc} 为拉应力时,则式(9-11)、式(9-13)中的 σ'_{pc} 应等于零;计算混凝土法向应力 σ_{pc}、σ'_{pc} 时可根据构件制作情况考虑自重的影响;

f'_{cu}——施加预应力时的混凝土立方体抗压强度。

对先张法构件:

$$\rho = \frac{A_p + A_s}{A_0}, \quad \rho' = \frac{A'_p + A'_s}{A_0} \tag{9-14}$$

对后张法构件:

$$\rho = \frac{A_p + A_s}{A_n}, \quad \rho' = \frac{A'_p + A'_s}{A_n} \tag{9-15}$$

式中 A_0——混凝土换算截面面积;

A_n——混凝土净截面面积;

ρ、ρ'——受拉区、受压区预应力钢筋和普通钢筋的配筋率。

对于对称配置预应力筋和普通钢筋的构件,配筋率 ρ、ρ' 应分别按钢筋总截面面积的 1/2 计算。

当结构处于年平均相对湿度低于 40% 的环境下,σ_{l5} 和 σ'_{l5} 应增加 30%。

(2)对重要的结构构件。当需要考虑与时间相关的混凝土收缩、徐变及预应力筋应力松弛预应力损失值时,可按《混凝土结构设计标准(2024年版)》(GB/T 50010—2010)附录 K 进行计算。

减少 σ_{l5} 的措施：

(1)采用高强度水泥，减少水泥用量，降低水胶比，采用干硬性混凝土。
(2)采用级配较好的骨料，加强振捣，提高混凝土的密实性。
(3)加强养护，以减少混凝土的收缩。

6. 用螺旋式预应力筋作配筋的环形构件，由混凝土的局部挤压引起的预应力损失 σ_{l6}

采用螺旋式预应力筋作配筋的环形构件，由于预应力筋对混凝土的局部挤压，使环形构件的直径有所减小，预应力筋中的拉应力就会降低，从而引起预应力钢筋的预应力损失 σ_{l6}。

σ_{l6} 的大小与环形构件的直径 d 成反比，直径越小，损失越大，故《混凝土结构设计标准（2024年版）》(GB/T 50010—2010)规定：

当 $d \leqslant 3$ m 时

$$\sigma_{l6} = 30 \text{ N/mm}^2 \tag{9-16}$$

减少 σ_{l6} 的措施：做好骨料颗粒级配、加强振捣、加强养护以提高混凝土的密实性。

除上述六项损失外，当后张法构件的预应力筋采用分批张拉时，应考虑后批张拉预应力筋所产生的混凝土弹性压缩（或伸长）对先批张拉预应力筋的影响，可将先批张拉预应力筋的张拉控制应力值 σ_{con} 增加（或减少）$\alpha_E \sigma_{pci}$，此处 σ_{pci} 为后批张拉预应力筋在先批张拉预应力筋重心处产生的混凝土法向应力。

9.4.3 预应力损失值的组合

上述六项预应力损失值，有的只发生在先张法构件中，有的只发生在后张法构件中，有的两种构件均有，而且是分批产生的。为了便于分析和计算，《混凝土结构设计标准（2024年版）》(GB/T 50010—2010)规定，预应力构件在各阶段的预应力损失值宜按表9-4的规定进行组合。

表 9-4　各阶段预应力损失值的组合

预应力损失值的组合	先张法构件	后张法构件
混凝土预压前（第一批）的损失 σ_{lI}	$\sigma_{l1}+\sigma_{l2}+\sigma_{l3}+\sigma_{l4}$	$\sigma_{l1}+\sigma_{l2}$
混凝土预压后（第二批）的损失 σ_{lII}	σ_{l5}	$\sigma_{l4}+\sigma_{l5}+\sigma_{l6}$

注：先张法构件由于预应力筋应力松弛引起的损失值 σ_{l4} 在第一批和第二批损失中所占的比例，如需区分，可根据实际情况确定

考虑到各项预应力损失值的离散性，实际损失值有可能比按《混凝土结构设计标准（2024年版）》(GB/T 50010—2010)计算的值高，所以，当计算求得的预应力总损失值 σ_l 小于下列数值时，应按下列数值取用。

先张法构件：100 N/mm²。
后张法构件：80 N/mm²。

9.5　预应力混凝土构件的构造要求

预应力混凝土构件的构造要求，除应满足钢筋混凝土结构的有关规定外，还应根据预应力张拉工艺、锚固措施及预应力筋种类的不同，满足有关的构造要求。

1. 截面形式和尺寸

预应力轴心受拉构件通常采用正方形或矩形截面。预应力受弯构件可采用T形、L形及箱形等截面。

为了便于布置预应力筋，以及预压区在施工阶段有足够的抗压能力，可设计成上、下翼缘不

对称的 L 形截面，其下部受拉翼缘的宽度可比上翼缘窄些，但高度比上翼缘大。

截面形式沿构件纵轴也可以变化，如跨中为 L 形，邻近支座处为了承受较大的剪力并能有足够的位置布置锚具，在两端往往做成矩形。

由于预应力构件的抗裂度和刚度较大，其截面尺寸可比钢筋混凝土构件小。对预应力混凝土受弯构件，其截面高度 $h=L/20\sim L/14$，最小可为 $L/35$（L 为跨度），大致可取钢筋混凝土梁高的 70%。翼缘宽度一般可取 $h/3\sim h/2$，翼缘厚度可取 $h/10\sim h/6$，腹板宽度尽可能小些，可取 $h/15\sim h/8$。

2. 预应力纵向钢筋及端部附加竖向钢筋的布置

当荷载和跨度不大时，直线布置最为简单，如图 9-13(a)所示。施工时用先张法或后张法均可。

当荷载和跨度较大时，可布置成曲线形[图 9-13(b)]或折线形[图 9-13(c)]，施工时一般用后张法，如预应力混凝土屋面梁、吊车梁等构件。为了承受支座附近区段的主拉应力及防止由于施加预应力而在预拉区产生裂缝和在构件端部产生沿截面中部的纵向水平裂缝，在靠近支座部位，宜将一部分预应力筋弯起，弯起的预应力筋宜沿构件端部均匀布置。

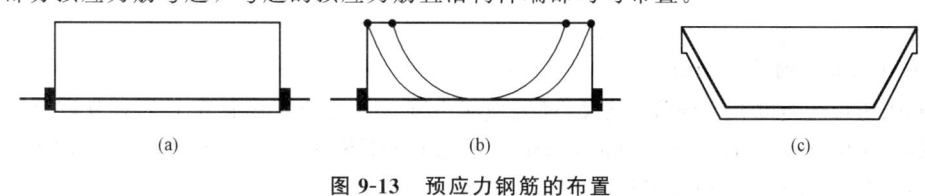

图 9-13 预应力钢筋的布置
(a)直线形；(b)曲线形；(c)折线形

当构件端部的预应力筋需集中布置在截面的下部或集中布置在上部和下部时，应在构件端部 $0.2h$（h 为构件端部的截面高度）范围内设置防端面裂缝的附加竖向焊接钢筋网、封闭式箍筋或其他形式的构造钢筋，而且宜采用带肋钢筋，其截面面积应符合附加竖向防剥裂构造钢筋验算公式的规定。

当端部截面上部和下部均有预应力筋时，附加竖向钢筋的总截面面积应采用上部和下部分别计算的预应力合力的较大值。

在构件端面横向也应按上述方法布置抗端面裂缝钢筋，并与上述竖向钢筋形成网片筋配置。

3. 普通纵向钢筋的布置

在预应力构件中，除配置预应力筋外，为了防止施工阶段因混凝土收缩、温差及施加预应力过程中引起预拉区裂缝，以及防止构件在制作、堆放、运输、吊装时出现裂缝或减小裂缝宽度，可在构件截面（预拉区）设置足够的普通钢筋。

在后张法预应力混凝土构件的预拉区和预压区，宜设置纵向普通构造钢筋；在预应力筋弯折处，应加密箍筋或沿弯折处内侧布置普通钢筋网片，以加强在钢筋弯折区段的混凝土。

对于预应力筋在构件端部全部弯起的受弯构件或直线配筋的先张法构件，当构件端部与下部支承结构焊接时，应考虑混凝土的收缩、徐变及温度变化所产生的不利影响，宜在构件端部可能产生裂缝的部位，设置足够的普通纵向构造钢筋。

4. 钢丝、钢绞线净间距

先张法预应力筋之间的净间距应根据浇筑混凝土、施加预应力及钢筋锚固要求确定。预应力筋之间的净间距不宜小于其公称直径的 2.5 倍和混凝土粗骨料最大粒径的 1.25 倍，且应符合下列规定：

(1)对预应力钢丝不应小于 15 mm；
(2)对三股钢绞线不应小于 20 mm；

(3)对七股钢绞线不应小于25 mm。

5. 后张法预应力筋的预留孔道

(1)对预制构件中预留孔道之间的水平净间距不应小于50 mm,且不宜小于粗骨料粒径的1.25倍,孔道至构件边缘的净间距不宜小于30 mm,且不宜小于孔道直径的1/2。

(2)在现浇混凝土梁中预留孔道在竖直方向的净间距不宜小于孔道外径,水平方向的净间距不宜小于孔道外径的1.5倍,且不应小于粗骨料粒径的1.25倍;从孔道外壁至构件边缘的净间距:梁底不宜小于50 mm,梁侧不宜小于40 mm,裂缝控制等级为三级的梁,梁底、梁侧分别不宜小于60 mm和50 mm。

(3)预留孔道的内径宜比预应力束外径及需穿过孔道的连接器外径大6~15 mm,且孔道的截面面积宜为穿入预应力束截面面积的3.0~4.0倍。

(4)在构件两端及跨中应设置灌浆孔或排气孔,其孔距不宜大于12 m。

(5)凡制作时需要起拱的构件,预留孔道宜随构件同时起拱。

6. 锚具

后张法预应力筋的锚固应选用可靠的锚具,其制作方法和质量要求应符合国家现行有关标准的规定。

7. 端部混凝土的局部加强

对先张法预应力混凝土构件单根配置的预应力筋,其端部宜设置螺旋筋;分散布置的多根预应力筋,在构件端部$10d$(d为预应力筋的公称直径)且不小于100 mm的长度范围内,宜设置3~5片与预应力筋垂直的钢筋网片。

后张法构件端部尺寸,应考虑锚具的布置、张拉设备的尺寸和局部受压的要求,必要时应适当加大。

在预应力筋锚具下及张拉设备的支承处,应采取设置预埋钢垫板及构造横向钢筋网片或螺旋式钢筋等局部加强措施。

对外露金属锚具应采取可靠的防腐及防火措施。

后张法预应力混凝土构件的曲线预应力钢丝束、钢绞线束的曲率半径不宜小于4 m。

对折线配筋的构件,在预应力筋弯折处的曲率半径可适当减小。

在局部受压间接钢筋配置区以外,在构件端部长度L不小于$3e$(e为截面重心线上部或下部预应力筋的合力点至邻近边缘的距离),但不大于$1.2h$(h为构件端部截面高度),高度为$2e$的附加配筋区范围内,应均匀配置附加防劈裂箍筋或网片。

知识拓展

预制梁混凝土拌合物入模温度宜为5~30 ℃,如夏期施工,预应力混凝土施工重点是控制入模温度不超过30 ℃。可从以下方面加以控制。

(1)物资部门要与水泥厂家沟通,要求对预制梁用的水泥按规定储存降温后方可出厂;梁场搅拌站要做好水泥供应计划,加大水泥的储备量,提前进场水泥,使其充分降温,水泥、粉煤灰、矿粉温度宜控制在45 ℃以下。

(2)混凝土所用粗、细骨料均存放在搭有遮阳棚的料仓内,并在施工前采用深井水充分洒水降温,粗、细骨料温度宜控制在27 ℃以下。

(3)混凝土拌和用水采用深挖地下储水池储水,并采用深水井水补给,同时购买冰块放于储水池充分降低水温,保证水温控制在15 ℃以下。

(4)混凝土施工避开高温时段施工,选在气温相对较低的夜间施工,施工气温保持在30 ℃以下为宜。

模块小结

(1)普通钢筋混凝土结构构件的受拉区一方面由于混凝土抗拉强度低，容易开裂，使构件刚度降低变形加大，影响结构的正常使用；另一方面高强度钢筋得不到充分利用，因为在普通钢筋混凝土结构中，即使采用高强度钢筋，但由于与混凝土受压强度不协调，在破坏时高强度钢筋的强度还没有被充分利用，构件就可能因受压混凝土强度不足而被压破坏。

预应力混凝土结构是指在结构构件承受外荷载作用前，预先对构件的受拉区施加预压力，这样当外荷载作用时，就要先抵消掉受拉区的预压力，混凝土才能受拉，从而延缓裂缝的出现，减少裂缝宽度，同时高强度钢材也能得到充分的利用。

(2)施加预应力的方法有先张法和后张法两种，先张法靠粘结力传送预应力，后张法靠锚具传送预应力。

(3)张拉控制应力是指预应力筋在进行张拉时控制达到的最大应力值。其值不能太低也不能太高，太低在混凝土中建立的预压力达不到预期的效果，太高则有可能在张拉钢筋时将其拉伸屈服。

(4)预应力损失是指预应力钢筋的张拉力由于材料性能及张拉工艺等原因而不断降低的现象，从而导致混凝土获得的预压力降低，设计中要加以控制。

(5)预应力混凝土构件的构造要求，是保证构件正常使用的重要措施，在设计和施工中要严格执行。

课后习题

(1)为什么要对构件施加预应力？预应力混凝土结构的优缺点是什么？
(2)为什么预应力混凝土构件所选用的材料都要求有较高的强度？
(3)什么是张拉控制应力？为何不能取太高，也不能取太低？
(4)预应力损失有哪些？分别是由什么原因产生的？如何减少各项预应力的损失值？
(5)预应力损失值为什么要分第一批损失和第二批损失？先张法和后张法各项预应力损失是怎样组合的？
(6)预应力混凝土构件的主要构造要求有哪些？

拓展知识：雄安市民服务中心

模块 10　装配式混凝土结构

知识目标

(1) 掌握装配式混凝土结构的基本概念；
(2) 了解装配式混凝土结构体系类型；
(3) 熟悉装配式混凝土结构概念、计算方法与结构设计要点。

能力目标

(1) 具备判断装配式混凝土结构体系类型的能力；
(2) 具备区分装配式混凝土结构的能力；
(3) 具备分析问题的能力及知识迁移的能力。

素养目标

(1) 培养协调沟通的能力；
(2) 培养踏实严谨、吃苦耐劳、追求卓越等优秀品质；
(3) 培养诚实守信和爱岗敬业的职业道德。

工程案例

深圳华章新筑项目(图 10-1)总建筑面积为 17.3 万平方米，有 5 栋 99.7 m 高的建筑，提供 2 740 套租赁住房。作为国内首个高度近 100 m 的混凝土模块化集成建筑，华章新筑项目建造工期仅一年，而按照传统建造方式需要 2~3 年完成。

项目的快速建造得益于模块化集成建筑(MiC 建筑)。模块化集成建筑能够实现结构、机电、装修集成化工厂生产，可大幅缩短建设周期，是集高装配率、高舒适度、高耐久性于一体的新型建筑工业化建造方式。

通过将 5 栋近百米高的建筑拆分为 6 028 个模块单元，项目将同附近居民发生交集的建造工序移至工厂完成，可节省 70% 以上的现场用工量，减少超过 75% 的建筑废弃物与 25% 的材料浪费。

图 10-1　深圳华章新筑项目

10.1 装配式混凝土建筑

10.1.1 装配式建筑的定义

装配式建筑是指由预制构件通过可靠连接方式建造的建筑。装配式建筑有两个主要特征：第一个特征是构成建筑的主要构件特别是结构构件是预制的（图10-2）；第二个特征是预制构件的连接方式必须可靠。

图 10-2 装配式建筑实例

按照装配式混凝土建筑、装配式钢结构建筑和装配式木结构建筑的国家标准，装配式建筑是"结构系统、外围护系统、内装系统、设备与管线系统的主要部分采用预制部品部件集成的建筑"。这个定义强调装配式建筑的4个系统（而不仅仅是结构系统）的主要部分采用预制部品部件集成。

10.1.2 装配式建筑的分类

1. 按结构材料分类

装配式建筑按结构材料分类，有装配式钢结构建筑、装配式钢筋混凝土建筑、装配式木结构建筑、装配式轻钢结构建筑和装配式复合材料建筑（钢结构、轻钢结构与混凝土结合的装配式建筑）。以上几种结构形式的建筑都是现代建筑。

古典装配式建筑按结构材料分类，有装配式石材结构建筑和传统装配式木结构建筑。

2. 按高度分类

装配式建筑按高度分类，有低层装配式建筑、多层装配式建筑、高层装配式建筑和超高层装配式建筑。

3. 按结构体系分类

装配式建筑按结构体系分类，有框架结构、框架-剪力墙结构、筒体结构、剪力墙结构、无梁板结构、预制钢筋混凝土柱单层厂房结构等。

4. 按预制率分类

装配式建筑按预制率分类，有超高预制率（70%以上）、高预制率（50%～70%）、普通预制率（20%～50%）、低预制率（5%～20%）和局部使用预制构件（小于5%）几种类型。

10.1.3 装配式混凝土建筑在国外的发展历史

1851年，伦敦用铁骨架嵌玻璃建成的水晶宫（图10-3）是世界上第一座大型装配式建筑。1891年，巴黎Ed. Coigent公司首次在Biarritz的俱乐部建筑中使用装配式混凝土梁，这是世界上第一个预制混凝土构件。

20世纪50年代，为了解决第二次世界大战后住房紧张和劳动力严重不足的问题，欧洲的一些发达国家大力发展预制装配式建筑，掀起了建筑工业化的高潮。20世纪60年代左右，建筑工业化的浪潮扩展到美国、加拿大、日本等发达国家。在1989年举行的第11届国际建筑研究与文献委员会的大会上，建筑工业化就被列为当时世界上建筑技术发展中的八大趋势之一。此外，新加坡自 20 世纪 90 年代初也开始引入装配式住宅，新加坡的建屋发展局(简称 HDB)开发的组屋均采用预制装配式技术，一般为 15~30 层的单元式高层住宅，现已发展得较为成熟。

图 10-3　伦敦水晶宫绘图

归纳起来，发达国家和地区装配式混凝土住宅的发展大致经历三个阶段：第一阶段是装配式混凝土建筑形成的初期阶段，重点建立装配式混凝土建筑生产(建造)体系；第二阶段是装配式混凝土建筑的发展期，逐步提高产品(住宅)的质量和性价比；第三阶段是装配式混凝土建筑发展的成熟期，进一步降低住宅的物耗和环境负荷，发展资源循环型住宅。

10.1.4　装配式混凝土建筑在我国的发展

我国装配式混凝土结构的应用起源于 20 世纪 50 年代。中华人民共和国成立初期，在苏联帮助下掀起了大规模工业化建设高潮。当时为满足大规模建造工业厂房的需求，由中国建筑标准设计研究院负责出版的单层工业厂房的图集，就是一整套全装配混凝土排架结构的系列图集。它是由预制变截面柱、大跨度预制 I 形截面屋面梁、预制屋顶桁架、大型预制屋面板及预制吊车梁等一系列配套预制构件组成的一套完整体系。此图集延续使用到 21 世纪初，共指导建造厂房面积达 3 亿平方米，为我国的工业建设作出了巨大的贡献。

1956 年，我国首次提出了建筑工业化的口号，当时建筑工业化的主要内容是构件的工业化生产，北京民族饭店(图 10-4)就是在这时建造的。在此期间，我国在苏联的帮助下，在清华大学、南京工学院(现东南大学)、同济大学、天津大学和哈尔滨建筑工程学院(现哈尔滨工业大学)等高等院校，专门设立了混凝土制品构件本科专业。可见当时国家对此事的重视，以及该领域专业技术人员的稀缺程度。

图 10-4　北京民族饭店(建于 1958 年)

从 20 世纪 60 年代初到 80 年代中期,预制构件生产经历了研究、快速发展、使用、发展停滞等阶段,到 20 世纪 80 年代中叶,装配式混凝土建筑的应用达到全盛时期,全国许多地方都形成了设计、制作和施工安装一体化的装配式建筑建造模式。此阶段的装配式混凝土建筑,以全装配大板居住建筑为代表,包括钢筋混凝土大板、少筋混凝土大板、内板外砖等多种形式。总建造面积约 700 万平方米,其中北京约 386 万平方米。代表性建筑有北京建国门外交公寓(图 10-5)。

图 10-5 北京建国门外交公寓(建于 1971 年)

20 世纪 80 年代末,装配式建筑开始迅速滑坡。究其原因,主要有以下方面:

(1)受设计概念的限制,结构体系追求全预制,尽量减少现场的湿作业量,造成在建筑高度、建筑形式、建筑功能等方面有较大的局限。

(2)受到当时的经济条件制约,建筑机具设备和运输工具落后,运输道路狭窄,无法满足相应的工艺要求。

(3)受当时的材料和技术水平的限制,预制构件接缝和节点处理不当,引发渗、漏、裂、冷等建筑物理问题,影响正常使用。

(4)施工监管不严,质量下降,造成节点构造处理不当,致使结构在地震中产生较多的破坏;如唐山大地震时,大量砖混结构遭到破坏,使人们对预制楼板的使用缺乏信心。

(5)20 世纪 80 年代初期我国改革开放后,农村大量劳动者涌向城市,大量未经过专门技术训练的农民工进入建筑业,从事劳动强度大、收入低的现场浇筑混凝土的施工工作,使得有一定技术难度的装配式结构缺乏性价比的优势,导致发展停滞。

20 世纪 90 年代初,现浇结构由于其成本较低、无接缝漏水问题、建筑平立面布置灵活等优势迅速取代了装配式混凝土建筑,绝大多数原有预制构件厂转产或关门歇业。专门从事生产民用建筑构件的预制工厂数量极其稀少。近些年,我国大中城市的住宅楼板绝大多数为现浇结构,装配式建筑近乎绝迹。

近 10 年,由于劳动力数量下降和成本提高,以及建筑业"四节一环保"的可持续发展要求,装配式混凝土建筑作为建筑产业现代化的主要形式,又开始迅速发展。在市场和政府的双向推动下,装配式混凝土建筑的研究和工程实践成为建筑业的新热点。为了避免重蹈 20 世纪 80 年代的覆辙,国内众多企业、高等院校、研究院所开展了比较广泛的研究和工程实践。在引入欧美、日本等发达国家和地区的现代化技术体系的基础上,完成了大量的理论、结构试验、生产设备、施工装配和工艺等研究,初步开发了一系列适用于我国国情的装配式结构技术体系。例如,宇辉集团于 2010 年建造的哈尔滨新新怡园项目(图 10-6)就是装配式结构技术新体系的体现。

· 143 ·

图 10-6　哈尔滨新新怡园项目(宇辉集团建于 2010 年)

发展装配式建筑是建造方式的重大变革,是推进供给侧结构性改革和新型城镇化发展的重要举措,有利于节约资源能源、减少施工污染、提升劳动生产效率和质量安全水平,有利于促进建筑业与信息化、工业化深度融合,培育新产业、新动能,推动化解过剩产能。

10.2　装配整体式混凝土建筑与全装配式混凝土建筑

按照结构中主要预制承重构件连接方式的整体性能,装配式建筑可分为装配整体式混凝土结构和全装配式混凝土结构。

装配整体式混凝土结构(图 10-7)是以钢筋和后浇混凝土为主要连接方式,性能等同或接近现浇结构。《装配式混凝土结构技术规程》(JGJ 1—2014)中规定,在各种设计状况下,装配整体式混凝土结构可采用与现浇混凝土相同的方法进行结构分析。

图 10-7　装配整体式混凝土结构项目

全装配式混凝土结构(图 10-8)是指预制构件间采用干式连接方法,安装简单方便,但设计方法与通常的现浇混凝土结构有较大区别,应进行专项设计及专家会审后方能施工。

图 10-8 全装配式混凝土结构项目

10.3 装配式混凝土建筑结构体系类型

目前的装配式混凝土建筑结构体系按结构形式主要可分为剪力墙结构、框架结构、框架-剪力墙结构等。在相关标准及规程中，建议应用装配整体式混凝土结构，其结构体系类型分为装配整体式剪力墙结构、装配整体式框架结构、装配整体式框架-剪力墙结构。

在我国的建筑市场中，剪力墙结构体系一直占据重要地位，以其在居住建筑中兼作结构墙和分隔墙，以及无梁、柱外露等特点得到市场的广泛认可。近年来，装配整体式剪力墙结构发展非常迅速，应用量不断加大，不同形式、不同结构特点的装配整体式剪力墙结构建筑不断涌现，在北京、上海、天津、哈尔滨、沈阳、合肥、深圳等诸多城市中均有大量建筑应用。

由于技术和使用习惯不同，我国装配整体式框架结构的应用较少，适用于低层、多层和高度适中的高层建筑，主要应用于厂房、仓库、商场、办公楼、教学楼、医务楼等建筑，这些结构要求具有开敞的大空间和相对灵活的室内布局。总体而言，目前在国内装配整体式框架结构很少应用于居用建筑。但在日本等国家，装配整体式框架结构大量应用于包括居住建筑在内的高层、超高层民用建筑。

装配整体式框架-剪力墙结构是由框架和剪力墙共同承受竖向和水平作用的结构，兼有框架结构和剪力墙的特点，体系中剪力墙和框架布置灵活，较容易实现大空间和较高的适用高度，可广泛应用于居住建筑、商业建筑、办公建筑等。目前，装配整体式框架-剪力墙结构仍处于研究完善阶段，国内应用数量非常少。

10.3.1 装配整体式框架结构

装配整体式框架结构按照材料可分为装配式混凝土框架结构、钢结构框架结构和木结构框架结构。装配式混凝土框架结构是近年来发展起来的，主要参照日本的相关技术，包括鹿岛、前田等公司的技术体系，同时结合我国特点进行吸收和再研究而形成的结构技术体系。

相对于其他结构体系，装配整体式框架结构的主要特点有：连接节点单一、简单，结构构件的连接可靠并容易得到保证，方便采用等同现浇的设计概念；框架结构布置灵活，容易满足不同的建筑功能需求；结合外墙板、内墙板及预制楼板或预制叠合楼板应用，装配率可以达到很高水平，适合建筑工业化发展。

目前，国内研究和应用的装配式混凝土框架结构，根据构件形式及连接形式，可大致分为以下几种。

（1）框架柱现浇，梁、楼板、楼梯等采用预制叠合构件或预制构件，是装配式混凝土框架结构的初级技术体系。

（2）在上述体系中将框架柱也采用预制构件，节点刚性连接，性能接近现浇框架结构，即装配整体式框架结构体系。其可细分为以下几种。

1）框架梁、柱预制，通过梁、柱后浇节点区进行整体连接，是纳入《装配式混凝土结构技术规程》(JGJ 1—2014)中的结构体系。

2）梁、柱节点与构件整体预制，在梁、柱构件上设置后浇段连接（图10-9）。

图 10-9　梁、柱节点与构件整体预制
(a)预制柱节点部分整体预制构件示例；(b)梁、柱节点整体预制构件示例

3）采用现浇或预制混凝土柱，预制预应力混凝土叠合梁、板，通过钢筋混凝土后浇部分将梁、板、柱及节点连成整体的框架结构体系。

装配式混凝土框架结构典型项目有福建建超集团建超服务中心1号楼工程、中国第一汽车集团装配式停车楼、南京万科上坊保障房工程等（图10-10）。

图 10-10　南京万科上坊保障房工程项目

10.3.2 装配整体式剪力墙结构

按照主要受力构件的预制及连接方式，国内的装配式剪力墙结构可分为装配整体式剪力墙结构（图10-11）、叠合板式剪力墙结构（图10-12）、多层剪力墙结构。

在装配式剪力墙结构中，装配整体式剪力墙结构应用较多，适用的房屋高度最大；叠合板式剪力墙结构由于连接简单，近年来在工程项目中的应用逐年增加。

装配整体式剪力墙结构是由全部或部分经整体或叠合预制的混凝土剪力墙构件或部件，通过各种可靠方式进行连接并现场后浇混凝土共同构件的装配整体式预制混凝土剪力墙结构。构件之间采用湿式连接，结构性能和现浇结构基本一致，主要按照现浇结构的设计方法进行设计。

图 10-11 装配整体式剪力墙结构　　　　图 10-12 叠合板式剪力墙结构

装配整体式剪力墙结构的主要受力构件如内外墙板、楼板等在工厂生产，并在现场组装而成。预制构件之间通过现浇节点连接在一起，有效地保证了建筑物的整体性和抗震性能。

目前，国内主要的装配整体式剪力墙结构体系制造企业中，包括宇辉、中建、宝业、远大、万科、中南、万融等，其关键技术在于剪力墙构件之间的接缝形式不同。预制剪力墙水平接缝处及竖向钢筋的连接可划分为以下几种形式。

(1)竖向钢筋采用套筒灌浆连接、接缝采用灌浆料填实，如中建、万科、宝业、远大、万融等，这是目前应用量最大的技术体系。

(2)竖向钢筋采用螺旋箍筋约束浆锚搭接连接、接缝采用灌浆料填实，如宇辉。

(3)竖向钢筋采用金属波纹管浆锚搭接连接、接缝采用灌浆料填实，如中南。

10.3.3 装配整体式框架-剪力墙结构

装配式框架-剪力墙结构根据预制构件部位的不同，可分为装配整体式框架-现浇剪力墙结构、装配整体式框架-现浇核心筒结构、装配整体式框架-剪力墙结构三种形式。

在装配整体式框架-现浇剪力墙结构中，预制框架结构部分的技术体系同上文；剪力墙部分为现浇结构，与普通现浇剪力墙结构要求相同。这种体系的优点是适用高度大，抗震性能好，框架部分的装配化程度较高；主要缺点是现场同时存在预制装配和现浇两种作业方式，施工组织和管理复杂，效率较低。由沈阳万融集团承建的"十二运"安保指挥中心和南科大厦项目采用了基于预制梁、柱节点的装配整体式框架-现浇剪力墙结构体系，由日本鹿岛公司设计，其中框架梁、柱全部预制，剪力墙现浇。

装配整体式框架-现浇核心筒结构具有很好的抗震性能。预制框架与现浇核心筒同步施工时，两种工艺施工造成交叉影响，难度较大；核心筒结构先施工、空间结构跟进的施工顺序可大大提高施工速度，但这种施工顺序需要研究、采用预制框架与现浇核心筒结构间的连接技术和后浇连接区段的支模、养护等，增大了施工难度，降低了效率。因此，从保证结构安全及施工效率的角度出发，核心筒部位的混凝土浇筑可采用滑模施工等较先进的施工工艺，施工效率高。

关于装配整体式框架-剪力墙结构体系的研究，国外如日本进行过类型研究并有大量工程实践，但体系稍有不同。国内目前正在开展相关的研究工作，根据研究成果已在沈阳建筑大学研究生公寓项目、万科研发中心公寓项目等开展了试点应用。

装配整体式框架-剪力墙典型项目有上海城建浦江 PC 保障房项目(图 10-13)、龙信集团龙馨家园老年公寓项目。

图 10-13 上海城建浦江 PC 保障房项目

10.4 装配率的概念与计算方法

《装配式建筑评价标准》(GB/T 51129—2017)(以下简称《标准》)自 2018 年 2 月 1 日起实施，它的编制，是以促进装配式建筑的发展、规范装配式建筑的评价为目标，根据系统性的指标体系进行综合打分，采用装配率来评价装配式建筑的装配化程度。《标准》中共设置 5 章 28 个条文，其中总则 4 条，术语 5 条，基本规定 4 条，装配率计算 13 条，评级等级划分 2 条。

10.4.1 《标准》的适用范围

《标准》适用于采用装配方式建造的民用建筑评价，包括居住建筑和公共建筑。对于一些与民用建筑相似的单层和多层厂房等工业建筑，如精密加工车间、洁净车间等，当符合本标准的评价原则时，可参照执行。

10.4.2 装配式建筑的评价指标

《标准》中规定装配式建筑的评价指标统一为"装配率"，明确了装配率是对单体建筑装配化程度的综合评价结果，装配率具体定义为单体建筑室外地坪以上的主体结构、围护墙和内隔墙、装修与设备管线等采用预制部品部件的综合比例。

10.4.3 装配率计算和装配式建筑等级评价单元

根据《标准》第 3.0.1 条，装配率计算和装配式建筑等级评价应以单体建筑作为计算和评价单元，并应符合下列规定：

(1) 单体建筑应按项目规划批准文件的建筑编号确认；

(2) 建筑由主楼和裙房组成时，主楼和裙房可按不同的单体建筑进行计算和评价；

(3) 单体建筑的层楼不大于 3 层，且地下建筑面积不超过 500 m² 时，可由多个单体建筑组成建筑组团作为计算和评价单元。

10.4.4 装配率计算法

根据《标准》第 4.0.1 条，装配率应根据表 10-1 中评价项分值，然后按下式计算：

$$P = \frac{Q_1 + Q_2 + Q_3}{100 - Q_4} \times 100\% \tag{10-1}$$

式中 P——装配率；

Q_1——主体结构指标实际得分值；

Q_2——围护墙和内隔墙指标实际得分值；

Q_3——装修和设备管线指标实际得分值；

Q_4——评价项目中缺少的评价项分值总和。

表 10-1 装配式建筑评分表

评价项		评价要求	评价分值	最低分值
主体结构 (50 分)	柱、支撑、承重墙、延性墙板等竖向构件	35%≤比例≤80%	20～30 *	20
	梁、板、楼梯、阳台、空调板等构件	70%≤比例≤80%	10～20 *	
围护墙和 内隔墙 (20 分)	非承重围护墙非砌筑	比例≥80%	5	10
	围护墙与保温、隔热、装饰一体化	50%≤比例≤80%	2～5 *	
	内隔墙非砌筑	比例≥50%	5	
	内隔墙与管线、装修一体化	50%≤比例≤80%	2～5 *	
装修和设备 管线 (30 分)	全装修	—	6	6
	干式工法楼面、地面	比例≥70%	6	—
	集成厨房	70%≤比例≤90%	3～6 *	
	集成卫生间	70%≤比例≤90%	3～6 *	
	管线分离	50%≤比例≤70%	4～6 *	

注：表中带"*"项的分值采用"内插法"计算，计算结果取小数点后 1 位

10.4.5 装配式建筑的基本标准

以控制性指标明确了最低准入门槛，以竖向构件、水平构件、围护墙和分隔墙、全装修等指标，分析建筑单体的装配化程度，发挥《标准》的正向引导作用。根据《标准》第 3.0.3 条，装配式建筑应同时满足下列要求：

(1)主体结构部分的评价分值不低于 20 分；
(2)围护墙和内隔墙部分的评价分值不低于 10 分；
(3)采用全装修；
(4)装配率不低于 50%。

10.4.6 装配式建筑的两种评价

《标准》中规定了装配式建筑的认定评价与等级评价两种评价方式，对装配式建筑设置了相对合理、可行的"准入门槛"，达到最低要求时，才能认定为装配式建筑，再根据分值进行等级评价。根据《标准》第 3.0.2 条，装配式建筑评价应符合下列规定：

(1)设计阶段宜进行预评价，并应按设计文件计算装配率；
(2)项目评价应在项目竣工验收后进行，并应按竣工验收资料计算装配率和确定评价等级。

在设计阶段可以进行预评价，《标准》用的是"宜"，也就是说不是必需程序。预评价的作用：对项目设计方案做出预判与优化；对项目设计采用新技术、新产品和新方法等的评价方法进行论证和确认；对施工图审查、项目统计与管理等提供基础性依据。

项目评价应在竣工验收后，依据验收资料进行，主要工作有对项目实际装配率进行复核，进行装配式建筑的认定；根据项目申请，对装配式建筑进行等级评价。

装配式建筑的两种评价方式间存在 10 分差值，将项目认定为装配式建筑与具有评价等级存有一定空间，为地方政府制定奖励政策提供弹性范围。

10.4.7 装配式建筑的等级评价

装配式建筑项目评价应在项目竣工验收后进行，并应按竣工验收资料计算装配率和确定评价等级。《标准》第 5.0.1、5.0.2 条内容如下：

(1)当评价项目满足《标准》第 3.0.3 条规定，且主体结构竖向构件中预制部品部件的应用比例不低于 35%时，可进行装配式建筑等级评价。

(2)装配式建筑评价等级应划分为 A 级、AA 级、AAA 级，并应符合下列规定：
1)装配率为 60%～75%时，评价为 A 级装配式建筑。
2)装配率为 76%～90%时，评价为 AA 级装配式建筑。
3)装配率为 91%及以上时，评价为 AAA 级装配式建筑。

10.5 装配式混凝土结构设计技术要点

10.5.1 装配式混凝土建筑布置原则

依据《装配式混凝土建筑技术标准》(GB/T 51231—2016)，装配式混凝土建筑的设计、生产运输、施工安装和质量验收适用于抗震设防烈度 8 度及 8 度以下地区的乙类、丙类建筑；甲类建筑、9 度抗震设防建筑、特殊工业建筑不适用装配式混凝土结构。

由于目前对装配式结构整体性能的研究较少，主要还是借助现浇结构进行，因而对于装配整体式结构的布置要求，要较严于现浇混凝土结构的布置要求。特别不规则的建筑会出现各种非标准构件，且在地震作用下内力分布较复杂，不适用于装配式结构。

装配式框架结构抗震设防要求与现浇框架结构一样进行考虑；并且应重视其平面、立面和竖向剖面的规则性对抗震性能及经济合理性的影响，宜择优选择规则的形体，开间、进深尺寸和构件类型应尽量减少规格，有利于建筑工业化。为减少装配中的施工难度，需尽量减少次梁。

《装配式混凝土结构技术规程》(JGJ 1—2014)对装配整体式结构平面布置给出了下列规定：

(1)平面形状宜简单、规则、对称，质量、刚度分布宜均匀，不应采用严重不规则的平面布置；

(2)平面长度不宜过长(图 10-14)，长宽比 L/B 宜按表 10-2 采用；

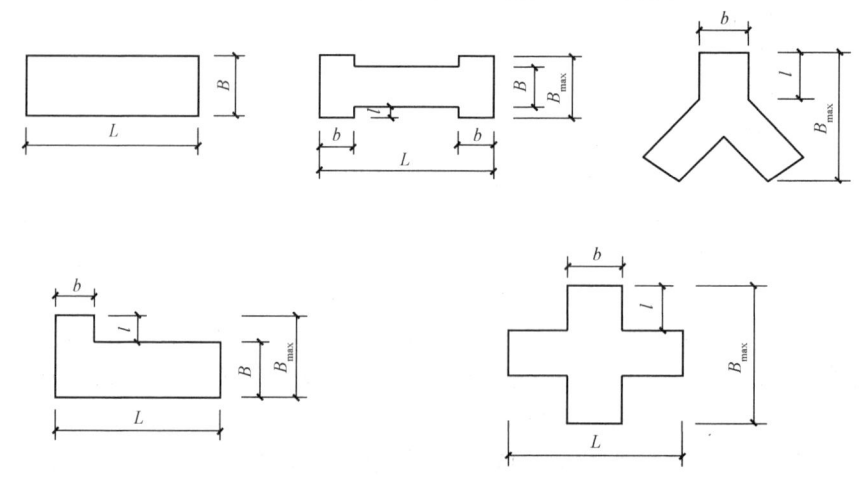

图 10-14 建筑平面示例

(3)平面凸出部分的长度 l 不宜过大，宽度 b 不宜过小(图 10-14)，l/B_{max}、l/b 宜按表 10-2 采用；

表 10-2 平面尺寸及凸出部位尺寸的比值限值

设防烈度	L/B	l/B_{max}	l/b
6、7 度	≤6.0	≤0.35	≤2.0
8、9 度	≤5.0	≤0.30	≤1.5

(4)平面不宜采用角部重叠或细腰形平面布置。

《建筑抗震设计标准(2024年版)》(GB/T 50011—2010)中规定的平面和竖向不规则的主要类型见表10-3、表10-4。

表10-3 平面不规则的主要类型

不规则类型	定义和参考指标
扭转不规则	楼层的最大弹性水平位移(或层间位移),大于该楼层两端弹性水平位移(或层间位移)平均值的1.2倍
凹凸不规则	结构平面凹进的一侧尺寸,大于相应投影方向总尺寸的30%
楼板局部不连续	楼板的尺寸和平面刚度急剧变化

表10-4 竖向不规则的主要类型

不规则类型	定义和参考指标
侧向刚度不规则	该层的侧向刚度小于相邻上一层的70%,或小于其上相邻三个楼层侧向刚度平均值的80%;除顶层或凸出屋面小建筑外,局部收进的水平向尺寸大于相邻下一层的25%
竖向抗侧力构件不连续	竖向抗侧力构件(柱、抗震墙、抗震支撑)的内力由水平转换构件(梁、桁架等)向下传递
楼层承载力突变	抗侧力结构的层间受剪承载力小于相邻上一楼层的80%

当结构布置超过表10-3和表10-4中一项及一项以上的不规则指标时,称为结构布置不规则;当超过表10-3和表10-4中多项指标,或某一项超过规定的指标较多,具有较明显的抗震薄弱部分,可能引起不良后果时,称为结构布置特别不规则;当结构体型复杂,多项不规则指标超过《建筑抗震设计标准(2024年版)》(GB/T 50011—2010)中规定的上限或某一项大大超过规定值,具有现有技术和经济条件不能克服的严重的抗震薄弱环节,可能导致地震破坏的严重后果时,称为结构布置严重不规则。

装配整体式建筑结构由于其构件在工厂预制、现场拼装,为了减少装配的数量及减少装配中的施工难度,需尽量减少设置次梁;为了节约造价,需尽可能地使用标准件,统一构件的尺寸及配筋等。

装配整体式建筑结构布置除需满足上述布置原则及规则性的规定外,在综合考虑建筑结构的安全、经济、适用等使用因素后,需要满足以下规定。

(1)建筑宜选用大开间、大进深的平面布置。

(2)承重墙、柱等竖向构件宜上下连续。

(3)门窗洞口宜上下对齐、成列布置,其平面位置和尺寸应满足结构受力及预制构件设计要求;剪力墙结构中不宜采用转角窗。

(4)厨房和卫生间的平面布置应合理,其平面位置和尺寸应满足结构受力及预制构件的要求;厨房和卫生间的水电设置管线宜采用管井集中布置。竖向管井宜布置在公共空间。

(5)住宅套型设计宜做到套型平面内基本间、连接构造、各类预制构件、配件及各类设备管线的标准化。

(6)空调板宜集中布置,并宜与阳台合并设置。

10.5.2 装配式混凝土结构适用高度

建筑物最大适用高度由结构规范规定,与结构形式、地震设防烈度、建筑高度等因素有关。《装配式混凝土结构技术规程》(JGJ 1—2014)和《高层建筑混凝土结构技术规程》(JGJ 3—2010)(简称《高规》)分别规定了装配式混凝土结构和现浇混凝土结构的最大适用高度。依据《装配式混凝土建筑技术标准》(GB/T 51231—2016)(简称《装标》)和《高规》,装配整体式混凝土结构与混凝土结构最大适用高度比较见表10-5。

表10-5 装配整体式混凝土结构与混凝土结构最大适用高度比较 m

结构体系	非抗震设计		抗震设防烈度							
			6度		7度		8度(0.2g)		8度(0.3g)	
	《高规》混凝土结构	《装标》装配式混凝土结构	《高规》混凝土结构	《装标》装配式混凝土结构	《高规》混凝土结构	《装标》装配式混凝土结构	《高规》混凝土结构	《装标》装配式混凝土结构	《高规》混凝土结构	《装标》装配式混凝土结构
框架结构	70	70	60	60	50	0	40	40	35	30
框架-剪力墙结构	150	150	130	130	120	120	100	100	80	80
剪力墙结构	150	140(130)	140	130(120)	100	110(100)	100	90(80)	80	70(60)
框支剪力墙结构	130	120(110)	120	110(100)	130	90(80)	80	70(60)	50	40(30)
框架-核心筒	160		150	150	130	130	100	100	90	90
筒中筒	200		180		150		120		100	
板柱-剪力墙	110		80		70		55		40	

1. 装配整体式框架结构

当采取了可靠的节点连接方式和合理的构造措施后[符合《装配式混凝土结构技术规程》(JGJ 1—2014)的要求],装配整体式框架结构的性能可以等同于现浇混凝土结构。因此,两者最大适用高度基本相同。

如果节点及接缝构造措施的性能达不到现浇结构的要求,其最大适用高度应适当降低。

2. 装配整体式剪力墙结构

墙体之间接缝数量多且构造复杂,接缝的构造措施及施工质量对结构整体的抗震性能影响较大,使其结构抗震性能很难完全等同于现浇结构。因此,装配整体式剪力墙结构的最大适用高度相比于现浇结构适当降低。当预制剪力墙数量较多时,即预制剪力墙承担的底部剪力较大时,对其最大适用高度限制更加严格。

3. 装配整体式框架-现浇剪力墙结构

装配整体式框架的性能与现浇框架等同,因此,整体结构的适用高度与现浇的框架-剪力墙结构相同。当框架采用预制预应力混凝土装配整体式框架时,其最大适用高度比框架采用现浇结构降低了10 m。

10.5.3 装配式混凝土结构高宽比

《装标》和《高规》分别规定了装配式混凝土结构和现浇混凝土结构的最大高宽比,装配整体式混凝土结构最大高宽比见表10-6,装配整体式混凝土结构与混凝土结构最大适用高宽比的比较见表10-7。除对结构刚度、整体稳定、承载力和经济合理性的宏观限制外,对于装配式混凝土结构,更重要的是提高结构的抗倾覆能力,减小结构底部在侧向力作用下出现拉力的可能性,避免墙板水平接缝在受剪的同时受拉。

表 10-6 装配整体式混凝土结构最大高宽比

结构类型	抗震设防烈度	
	6、7度	8度
装配整体式框架结构	4	3
装配整体式框架-现浇剪力墙结构	6	5
装配整体式剪力墙结构	6	5
装配整体式框架-现浇核心筒结构	7	6

表 10-7 装配整体式混凝土结构与混凝土结构最大适用高宽比的比较

结构体系	非抗震设计		抗震设防烈度					
			6、7度			8度		
	《高规》混凝土结构	《装规》装配式混凝土结构	《高规》混凝土结构	《装规》装配式混凝土结构	辽宁地方标准装配式结构	《高规》混凝土结构	《装规》装配式混凝土结构	辽宁地方标准装配式结构
框架结构	5	5	4	4	4	3	3	3
框架-剪力墙结构	7	6	6	6	6	5	5	5
剪力墙结构	7	6	6	6	6	5	5	5
框架-核心筒	8	7	7	7	7	6	6	6
筒中筒	8	8	8	7	7	7	7	6
板柱-剪力墙	6		5			4		
框架-钢支撑结构					4			3
叠合板式剪力墙结构					5			4
框支剪力墙结构					6			5

通过比较可知,对于框架结构和框架-现浇核心筒结构而言,装配整体式结构的高宽比和现浇结构一致;对于剪力墙结构和框架-现浇剪力墙结构而言,在抗震设计情况下,装配整体式结构的高宽比与现浇结构一致。

10.5.4 装配式混凝土结构抗震等级

抗震等级是抗震设计的房屋建筑结构的重要设计参数。装配整体式结构的抗震设计根据其抗震设防类别、设防烈度、结构类型、房屋高度四个因素确定抗震等级。抗震等级的划分体现了对于不同抗震设防类别、不同烈度、不同结构类型、同一烈度但不同高度的房屋结构弹塑性变形能力要求的不同,以及同一种构件在不同结构类型中的弹塑性变形能力要求的不同。装配式建筑结构根据抗震等级采取相应的抗震措施,抗震措施包括抗震设计时构件截面内力调整措施和抗震构造措施。

《装标》和《装配式混凝土结构技术规程》(JGJ 1—2014)中关于丙类建筑装配整体式混凝土结构的抗震等级规定见表 10-8 和表 10-9。

表 10-8 《装标》中丙类建筑装配整体式混凝土结构的抗震等级

结构类型		抗震设防烈度					
		6 度		7 度		8 度	
装配整体式框架结构	高度/m	≤24	>24	≤24	>24	24	>24
	框架	四	三	三	二	二	一
	大跨度框架	三		二		一	
装配整体式框架-现浇剪力墙结构	高度/m	≤60	>60	≤24	>24 且 ≤60	>60	≤24	>24 且 ≤60	>60
	框架	四	三	四	三	二	三	二	一
	剪力墙	三	三	三	二	二	二	一	一
装配整体式框架-现浇核心筒结构	框架	三		二		一	
	核心筒	二		二		一	
装配整体式剪力墙结构	高度/m	≤70	>70	≤24	>24 且 ≤70	>70	≤24	>24 且 ≤70	>70
	剪力墙	四	三	四	三	二	三	二	一
装配整体式部分框支剪力墙结构	高度/m	≤70	>70	≤24	>24 且 ≤70	>70	≤24	>24 且 ≤70	
	现浇框支框架	二	二	二	二	一	一	一	
	底部加强部位剪力墙	三	二	三	二	二	二	一	
	其他区域剪力墙	四	三	四	三	三	三	二	

表 10-9 《装配式混凝土结构技术规程》(JGJ 1—2014)中关于
丙类建筑装配整体式混凝土结构的抗震等级

结构类型		抗震设防烈度					
		6 度		7 度		8 度	
装配整体式框架结构	高度/m	≤24	>24	≤24	>24	≤24	>24
	框架	四	三	三	二	二	一
	大跨度框架	三		二		一	
装配整体式框架-现浇剪力墙结构	高度/m	≤60	>60	≤24	>24 且 ≤60	>60	≤24	>24 且 ≤60	>60
	框架	四	三	四	三	二	三	二	一
	剪力墙	三	三	三	二	二	二	一	一
装配整体式框架-现浇核心筒结构	框架	三		二		一	
	核心筒	二		二		一	
装配整体式剪力墙结构	高度/m	≤70	>70	≤24	>24 且 ≤70	>70	≤24	>24 且 ≤70	>70
	剪力墙	四	三	四	三	二	三	二	一

续表

结构类型		抗震设防烈度					
		6度		7度		8度	
装配整体式部分框支剪力墙结构	高度/m	≤70	>70	≤24	>24且≤70	>70	≤24	>24且≤70
	现浇框支结构	二	二	二	二		一	一
	底部加强部位剪力墙	三	二	三	二	一	二	一
	其他区域剪力墙	四	三	四	三	二	三	二

装配整体式剪力墙结构抗震等级的划分高度比现浇结构适当降低。

乙类装配整体式结构应按本地区抗震设防烈度提高1度的要求加强其抗震措施；当本地区抗震设防烈度为8度且抗震等级为一级时，应采取比一级更高的抗震措施。

当建筑场地为三、四类时，对设计基本地震加速度为0.15g的地区，宜按照抗震设防烈度8度(0.2g)时各类建筑的要求采取抗震措施。

乙类建筑和建造在三、四类场地且设计基本地震加速度为0.15g地区的丙类建筑，按规定提高一度确定抗震等级时，如果房屋高度超过提高一度后对应的房屋最大适用高度，则应采取比对应抗震等级更有效的抗震措施。

知识拓展

2016年9月，国务院办公厅印发了《关于大力发展装配式建筑的指导意见》，并提出：要以京津冀、长三角、珠三角三大城市群为重点推进地区，常住人口超过300万的其他城市为积极推进地区，其余城市为鼓励推进地区，因地制宜发展装配式混凝土结构、钢结构和现代木结构等装配式建筑，力争用10年左右的时间，使装配式建筑占新建建筑面积的比例达到30%。

模块小结

(1)装配式混凝土结构的基本概念。
(2)装配式混凝土结构体系类型。
(3)装配式混凝土结构的计算方法。
(4)装配式混凝土结构设计技术要点。

课后习题

(1)简述装配式建筑的概念和特点。
(2)我国装配式混凝土建筑的发展经历了怎样的历程？
(3)装配式建筑如何划分评价等级？
(4)列举国内外装配式建筑(除本书介绍的装配式建筑)。

第3篇　钢结构

教学引导

国家体育场("鸟巢")位于北京奥林匹克公园中心区南部。建筑面积25.8万平方米,占地面积20.4万平方米,容纳观众座席91 000个,其中固定座席约80 000个。国家体育场工程为特级体育建筑,主体结构设计使用年限为100年,主体建筑为南北长333 m、东西宽296 m的椭圆型,最高处高69 m。国家体育场于2003年12月24日开工建设,2008年6月28日落成。

鸟巢

国家体育场钢结构是目前世界上跨度很大的体育建筑之一,在建设中采用了先进的节能设计和环保措施,如良好的自然通风和自然采光、雨水的全面回收、可再生地热能源的利用、太阳能光伏发电技术的应用等。诸多先进的绿色环保举措使国家体育场成为名副其实的大型"绿色建筑"。它的主体是由一系列钢桁架围绕碗状座席区编织而成的"鸟巢"外形,空间结构新颖,建筑和结构浑然一体,独特、美观,具有很强的震撼力和视觉冲击力,充分体现了自然和谐之美。结构组件的相互支撑,形成了网络状的构架,它就像树枝编织的鸟巢,更像一个摇篮,寄托着人类对未来的希望。作为新时代的青年,在奋斗中释放青春激情、追逐青春理想,以青春之我、奋斗之我,为民族复兴铺路架桥,为祖国建设添砖加瓦,真正跑好历史交给我们的接力棒。

导读

钢结构的发展潜力巨大,前景广阔,我国40多年的改革开放和经济发展,已经为钢结构体系的应用创造了极为有利的发展环境。

首先,从发展钢结构的主要物质基础来看,自1996年开始我国钢材的总产量就已超过1亿吨,2021年我国钢材产量达到13.366 7亿吨,占全球总钢材产量的50%,居世界首位。随着钢材产量和质量的持续提高，其价格正逐步下降，钢结构的造价也相应有较大幅度的降低。与之相应的是，钢结构配套的新型建材也得到了迅速发展。20世纪50年代后，钢结构的设计、制造、安装水平有了很大提高，建成了大量钢结构工程，有些在规模上和技术上已达到世界先进水平。如采用大跨度网架结构的首都体育馆、上海体育馆、深圳体育馆，大跨度三角拱形式的西安秦始皇陵兵马俑陈列馆，悬索结构的北京工人体育馆、浙江体育馆，高耸结构中的200 m高的广州电视塔、420 m高的上海建成的东方明珠电视塔，板壳结构中有效容积达54 000 m^3 的湿式储气柜等。其次，从发展钢结构的技术基础来看，在普通钢结构、薄壁轻钢结构、高层民用建筑钢结构、门式刚架轻型房屋钢结构、网架结构、压型钢板结构、钢结构焊接和高强度螺栓连接、钢与混凝土组合楼盖、钢管混凝土结构及钢骨（型钢）混凝土结构等方面的设计、施工、验收规范规程及行业标准已发行20余本。有关钢结构的规范规程的不断完善为钢结构体系的应用奠定了必要的技术基础，为设计提供了依据。最后，从发展钢结构的人才素质来看，经过多年来的发展，专业钢结构设计人员已经形成一定的规模，而且他们的专业素质在实践中得到不断提高。而随着国内外钢结构设计软件的迅猛发展，软件功能日臻完善，为协助设计人员完成结构分析设计，施工图绘制提供了极大的便利条件。

随着社会分工的不断细化，钢结构设计也必将走向专业化发展的道路。专业钢结构设计也可弥补由于不熟悉钢结构形式而无法优化结构设计方案的问题。

模块 11　钢结构的材料

知识目标

(1) 了解钢材的发展概况及钢结构用钢的种类；
(2) 掌握钢材的主要力学性能及钢材的破坏形式；
(3) 熟悉建筑钢结构钢材的选用。

能力目标

(1) 具备良好的学习新知识的能力；
(2) 具备通过互联网查阅资料的能力；
(3) 具备钢结构材料的认知和选用能力。

素养目标

(1) 培养对建筑行业的热爱；
(2) 具备强烈的责任心和使命感；
(3) 具备一定自主思考和分析能力。

工程案例

巴黎埃菲尔铁塔塔身为钢架镂空结构，如图 11-1 所示。质量达 9 000 t，共用了 1.8 万余个金属部件，以 100 余万个铆钉铆成一体，全靠四条粗大的用水泥浇灌的塔墩支撑。全塔分为三层：第一层高 57 m，第二层高 115 m，第三层高 276 m。每层都设有带高栏的平台，供游人眺望独具风采的巴黎市区美景。这类结构的特点是高度大，主要承受风荷载，采用钢结构可以减轻自重，方便架设和安装，并因构件截面小而使风荷载大大减小，从而取得更大的经济效益。

图 11-1　埃菲尔铁塔

11.1 钢材的力学性能

钢结构在使用过程中会受到各种形式的作用,因此,要求钢材具有良好的力学性能、加工性能和耐腐蚀性能,以保证结构安全可靠。

11.1.1 钢材的应力-应变(σ-ε)曲线

低碳钢在单向拉伸时的 σ-ε 曲线是通过静力拉伸试验得到的,如图 11-2 所示。从图 11-2 可以看出,钢材的工作特性可以分成如下几个阶段。

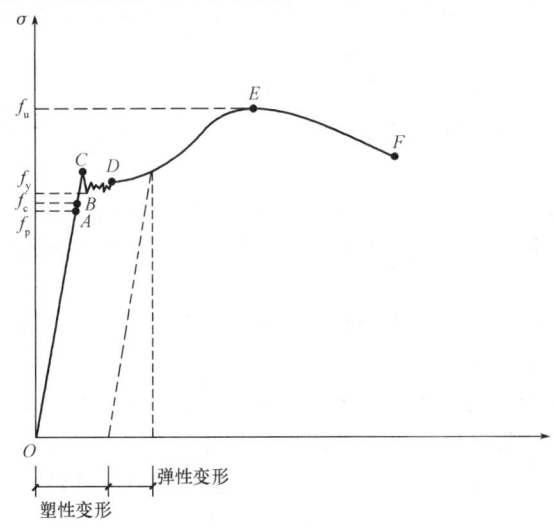

图 11-2 钢材的 σ-ε 曲线

1. 弹性阶段(OAB 段)

在曲线 OAB 段,钢材处于弹性阶段,当荷载增加时变形也增加,当荷载降到 0(完全卸载)时变形也降到 0(曲线回到原点)。其中,OA 段是一条线段,荷载与伸长成正比,符合胡克定律。A 点对应的应力称为比例极限,用 f_p 表示;B 点对应的应力称为弹性极限,用 f_e 表示。由于比例极限和弹性极限非常接近,试验中很难加以区别,所以实际应用中常将两者视为相等。

2. 屈服阶段(BCD 段)

当应力超过弹性极限后,应力不再增加,仅有些微小的波动;而应变在应力几乎不变的情况下急剧增长,材料暂时失去了抵抗变形的能力。这种现象一直持续到 D 点。这种应力几乎不变、应变却不断增加,从而产生明显塑性变形的现象,称为屈服现象。在该阶段中,曲线第一次上升到达的最高点,称为上屈服点;曲线首次下降所达到的最低点,称为下屈服点,即屈服极限,用 f_y 表示。

3. 强化阶段(DE 段)

经过屈服阶段以后,从 D 点开始曲线又逐渐上升,材料又恢复了抵抗变形的能力,要使它继续变形,必须增加应力,这种现象称为材料的强化。此时钢材的弹性并没有完全恢复,塑性特性非常明显,此时若将外力慢慢卸去,应力-应变关系将沿着与 OA 段近乎平行的直线下降。这说明材料的变形已不能完全消失,其中,能消失的变形称为弹性变形(应变);残留下来的变形称为塑性变形(应变)。曲线最高点 E 点,是材料所能承受的最大荷载,其对应的应力,称为极限强度或抗拉强度,用 f_u 表示。

4. 颈缩阶段(EF 段)

当应力超过极限强度时,在试件材料质量较差处,截面出现横向收缩,截面面积开始显著缩小，塑性变形迅速增大，这种现象称为颈缩。此时，应力不断降低，变形却持续发展，直至 F 点试件断裂。

由以上现象可以看到，当应力到达屈服极限时，钢材会产生显著的塑性变形；当应力到达抗拉强度（强度极限）f_u 时，钢材会由于局部变形而导致断裂，这都是工程实际中应当避免的。因此，屈服极限和抗拉强度是反映钢材强度的两个主要性能指标。

5. 单向拉伸试验的几个力学性能指标

(1) 比例极限（f_p）和弹性极限（f_e）。应力小于比例极限时，应力与应变为直线关系。弹性极限比比例极限略高，在应力小于弹性极限时，钢材处于弹性阶段，若在此时卸载，则拉伸变形可以完全恢复。

弹性阶段应力-应变曲线的斜率就是钢材的弹性模量。

(2) 屈服极限（f_y）。应力达到屈服极限后，应力基本保持不变而应变持续发展，形成屈服台阶，钢材进入塑性阶段。

设计时，屈服极限被视为静力强度的承载力极限，其原因如下：

1) 屈服极限可以看成弹性工作和塑性工作的分界点。应力达到屈服极限后，塑性变形很大，极易察觉，可及时处理而不致破坏。

2) 应力达到屈服极限后，钢材仍可以继续承载（到达极限强度后才破坏），这样，钢材有必要的安全储备。

计算时可以假设钢材为理想的弹塑性体。这是因为钢材在屈服极限之前的性质接近理想的弹性体，屈服极限之后的屈服现象又接近理想的塑性体，并且应变的范围已足够用来考虑结构或构件的塑性变形的发展，因此，可以认为钢材是理想的弹塑性材料，并将屈服极限 f_y 作为钢材弹性和塑性的分界点，如图 11-3 所示。这就为进一步发展钢结构的计算理论提供了基础。

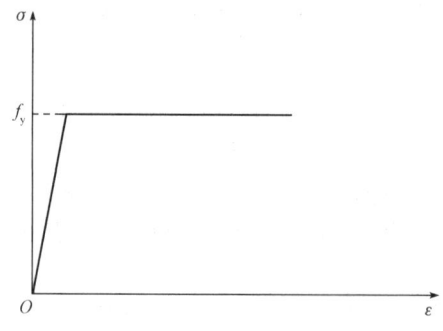

图 11-3 理想的弹塑性体

高强度钢没有明显的屈服极限，可将卸载后残余应变为 0.2% 所对应的应力作为屈服强度（有时用 $f_{0.2}$ 表示），也称名义屈服或条件屈服。

钢结构设计中对以上两者不加以区别，统称为屈服强度，用 f_y 表示。

(3) 极限（抗拉）强度（f_u）。屈服阶段过后，钢材内部组织经过调整，对荷载的抵抗能力有所提高，钢材进入强化阶段。应力达到极限强度 f_u 时，试件在最薄弱处出现"颈缩"现象，随之破坏。

(4) 屈强比。屈强比是指屈服强度和抗拉强度的比值，它是衡量钢材强度储备的一个系数。抗拉强度 f_u 是钢材破坏前能够承受的最大应力。虽然在达到这个应力时，钢材已由于产生很大的塑性变形而失去使用性能，但是抗拉强度高可增加结构的安全保障，因此将屈服强度和抗拉强度的比值 f_y/f_u 定义为屈强比，作为衡量钢材强度储备的一个系数。屈强比越低，钢材的安全储备越大。

11.1.2 钢材的塑性

塑性是指钢材破坏前产生塑性变形的能力。衡量钢材塑性好坏的主要指标是伸长率 δ 和断面收缩率ψ。δ、ψ值越大，钢材的塑性越好。δ与ψ可由静力拉伸试验得到。

1. 伸长率

伸长率δ等于试件拉断后原标距的伸长值和原标距比值的百分率，即

$$\delta = \frac{l_1 - l_0}{l_0} \times 100\% \tag{11-1}$$

式中　δ——伸长率；
　　　l_0——试件原标距；
　　　l_1——试件拉断后的标距。

2. 断面收缩率

断面收缩率是指试件拉断后，颈缩区的断面面积缩小值与原断面面积比值的百分率，即

$$\psi = \frac{A_1 - A_0}{A_0} \times 100\% \tag{11-2}$$

式中　ψ——断面收缩率；
　　　A_0——试件原断面面积；
　　　A_1——试件拉断后颈缩区的断面面积。

11.1.3 钢材的冷弯性能

钢材的冷弯性能是指钢材在冷加工（常温下加工）中产生塑性变形时，对发生裂缝的抵抗能力。钢材的冷弯性能用冷弯试验来检验。

冷弯试验在材料试验机上进行，通过冷弯冲头加压，如图11-4所示。当试件弯曲至180°时，检查试件弯曲部分的外面、里面和侧面。如无裂纹、断裂或分层，则认为试件冷弯性能合格。

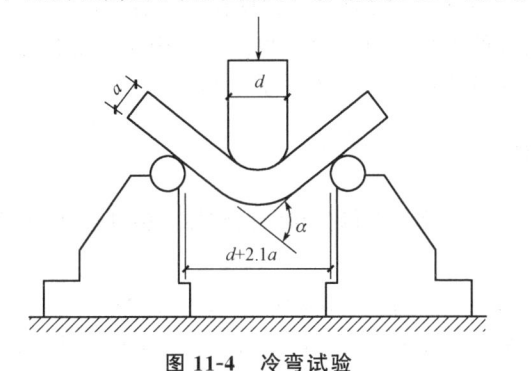

图 11-4　冷弯试验

拓展知识：中国南极长城站

冷弯试验一方面可以检验钢材能否适应构件制作中的冷加工工艺过程；另一方面通过试验还能暴露出钢材的内部缺陷，鉴定钢材的塑性和可焊性。冷弯试验是鉴定钢材质量的一种良好方法，是衡量钢材力学性能和冶金质量的综合指标。

11.1.4 钢材的冲击韧性

钢材的强度和塑性指标是由静力拉伸试验获得的，当其用于承受动力荷载时，显然有很大的局限性。衡量钢材抗冲击性能的指标是钢材的韧性。韧性是钢材在塑性变形和断裂过程中吸收能量的能力，它与钢材的塑性有关而又不同于塑性，是强度与塑性的综合表现。

韧性指标用冲击韧性值 a_k 表示，由冲击试验获得。它是判断钢材在冲击荷载作用下是否出现脆性破坏的重要指标之一。

在冲击试验中，一般采用截面尺寸为 10 mm×10 mm，长度为 55 mm，中间开有小槽（夏氏 V形缺口）的长方形试件，放在摆锤式冲击试验机上进行试验，如图11-5所示。冲断试样后，可求出 a_k 值，即

· 161 ·

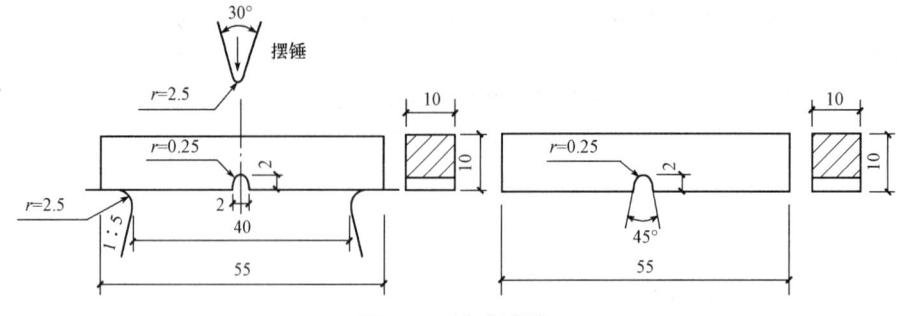

图 11-5 冲击试验

$$a_k = \frac{A_k}{A_n} \tag{11-3}$$

式中 a_k——冲击韧性值[N·m/cm²(或 J/cm²)];

A_k——冲击功[N·m(或 J)],由试验机上的刻度盘读出,或按式 $A_k = W(h_1 - h_2)$ 计算;

W——摆锤质量(N);

h_1、h_2——冲断前、后的摆锤高度(m);

A_n——试件缺口处的净截面面积(cm²)。

11.1.5 钢材的可焊性

钢材的可焊性是指在一定工艺和结构条件下,钢材经过焊接能够获得良好焊接接头的性能。

可焊性分为施工上的可焊性和使用性能上的可焊性。施工上的可焊性是指焊接构件对产生裂纹的敏感性;使用性能上的可焊性是指焊接构件在焊接后的力学性能是否低于母材的性能。

一般来说,可焊性良好的钢材,用普通的焊接方法焊接后焊缝金属及其附近热影响区的金属不产生裂纹,并且其力学性能不低于母材的力学性能。

11.2 钢材的破坏

钢材虽然具有较好的塑性性能,但仍存在塑性破坏和脆性破坏两种可能。

11.2.1 塑性破坏

塑性破坏也称为延性破坏。它的特征是构件应力超过屈服强度 f_y,并达到抗拉强度 f_u 后,构件产生明显的变形并断裂;塑性破坏的断口常为杯形,呈纤维状,色泽发暗。塑性破坏在破坏前有很明显的变形,并有较长的变形持续时间,便于发现和补救。

11.2.2 脆性破坏

脆性破坏在破坏前无明显变形,平均应力也小(一般小于屈服强度),没有任何预兆,破坏断口平直并呈光泽的晶粒状。脆性破坏是突然发生的,危险性大,应尽量避免。

影响钢材脆断的直接因素是裂纹尺寸、作用应力和材料的韧性。提高钢材抗脆断性能的主要措施如下:

(1)加强施焊工艺管理,避免施焊过程中产生裂纹、夹渣和气泡等。

(2)焊缝不宜过分集中,施焊时不宜过强约束,避免产生过大残余应力。低温下发生低应力的脆断,常与残余应力有关。

(3)进行合理细部构造设计,避免产生应力集中。应力集中处会产生同号应力场,使钢材变脆。尽量避免采用厚钢板,厚钢板比薄钢板更易脆断。

(4)选择合理的钢材,钢材化学成分与钢材抗脆断能力有关,含碳量多的钢材,抗脆断性能有所下降。对于在低温下工作的钢结构,应选择抗低温冲击韧性好的材料。

此外，冷加工、加载速度等对钢材抗脆断性能都有影响，在设计中应加以注意。

11.3 建筑钢结构用钢材

11.3.1 碳素结构钢

碳素结构钢是最普遍的工程用钢，按其碳质量分数的多少，又可分成低碳钢、中碳钢和高碳钢三种。通常将碳质量分数为 0.03%～0.25%的钢材称为低碳钢，碳质量分数为 0.25%～0.60%的钢材称为中碳钢，碳质量分数为 0.60%～2.0%的钢材称为高碳钢。

拓展知识：上海环球金融中心

建筑钢结构主要使用的钢材是低碳钢。

1. 普通碳素结构钢

按照《碳素结构钢》(GB/T 700—2006)的规定，碳素结构钢分为四个牌号，即 Q195、Q215、Q235 和 Q275。牌号由代表屈服强度的字母、屈服强度数值、质量等级、脱氧方法符号四个部分按顺序组成。其中，Q 为钢材屈服强度，"屈"字汉语拼音首字母；A、B、C、D 为质量等级；F 为沸腾钢；Z 为镇静钢；TZ 为特殊镇静钢，相当于桥梁钢。

对于 Q235 来说，A、B 两级钢的脱氧方法可以是"Z"或"F"，C 级钢只能是"Z"，D 级钢只能是"TZ"，其中，用"Z"与"TZ"符号时可以省略。

例如：Q235-A·F 表示屈服强度为 235 N/mm² 的 A 级沸腾钢；Q235-B 表示屈服强度为 235 N/mm² 的 B 级镇静钢。

2. 优质碳素结构钢

优质碳素结构钢是以满足不同加工要求而赋予相应性能的碳素钢。《优质碳素结构钢》(GB/T 699—2015)中所列牌号适于建筑钢结构使用的有四个牌号，分别是 Q195，Q215A、B，Q235A、B、C、D，Q275。

11.3.2 低合金高强度结构钢

低合金高强度结构钢是指在炼钢过程中添加一些合金元素(其总质量分数不超过 5%)的钢材。加入合金元素后钢材强度可明显提高，使钢结构构件的强度、刚度、稳定性(度)三个主要控制指标都能充分发挥，尤其在大跨度或重负载结构中优点更为突出，一般可比碳素结构钢节约 20%左右的用钢量。

低合金高强度结构钢的牌号表示方法与碳素结构钢一致，即由代表"屈服强度"的汉语拼音首字母 Q、屈服强度数值、质量等级符号(A、B、C、D、E)三部分按顺序排列。根据《低合金高强度结构钢》(GB/T 1591—2018)的规定，钢的牌号共有 Q355、Q390、Q420、Q460、Q500、Q550、Q620 和 Q690 八种，随着质量等级的变化，其化学成分(熔炼分析)和力学性能也有变化。

11.3.3 耐大气腐蚀用钢(耐候钢)

在普通碳素钢材的冶炼过程中，加入少量特定的合金元素，一般为 Cu、P、Cr、Ni 等，使之在金属基体表面形成保护层，以提高钢材耐大气腐蚀性能，这类钢统称为耐大气腐蚀用钢或耐候钢。

我国现行生产的这类钢又分为高耐候结构钢和焊接结构用耐候钢两类。

1. 高耐候结构钢

按照《耐候结构钢》(GB/T 4171—2008)的规定，高耐候结构钢适用于耐大气腐蚀的建筑结构产品，通常在交货状态下使用。

这类钢的耐候性能比焊接结构用耐候钢好，故称为高耐候结构钢。高耐候结构钢按化学成分可分为铜磷钢和铜磷铬镍钢两类。其牌号由分别代表"屈服强度"和"高耐候"的汉语拼音首字母 Q 和 GNH、屈服强度数值及质量等级(A、B、C、D)组成。例如，牌号 Q355GNH 表示屈服强度为 355 MPa、质量等级为 C 级的高耐候结构钢。

高耐候结构钢分为 Q265GNH、Q295GNH、Q310GNH、Q355GNH 四种牌号。

2. 焊接结构用耐候钢

焊接结构用耐候钢以保持钢材具有良好的焊接性能为特点，其适用厚度可达 100 mm。其主要用于制作螺栓连接、铆接和焊接的结构件。牌号由代表"屈服强度"的汉语拼音首字母 Q 和"耐候"的汉语拼音首字母 NH 及钢材的质量等级（A、B、C、D、E）顺序组成。其分为 Q235NH、Q295NH、Q355NH、Q415NH、Q460NH、Q500NH、Q550NH 七种牌号。钢材的质量等级只与钢材的冲击韧性试验温度及冲击功数值有关。

11.3.4 建筑钢材的规格

钢结构所用钢材的规格主要有热轧钢板、型钢、圆钢及冷弯薄壁型钢，还有热轧钢管和冷弯焊接钢管，如图 11-6 所示。

1. 热轧钢板和型钢

热轧钢板包括厚钢板和薄钢板，表示方法为"—宽度×厚度×长度"，单位为 mm。钢板的牌号为 Q355GJ、Q390GJ、Q420GJ、Q460GJ、Q500GJ、Q550GJ、Q620GJ、Q690GJ 八种。

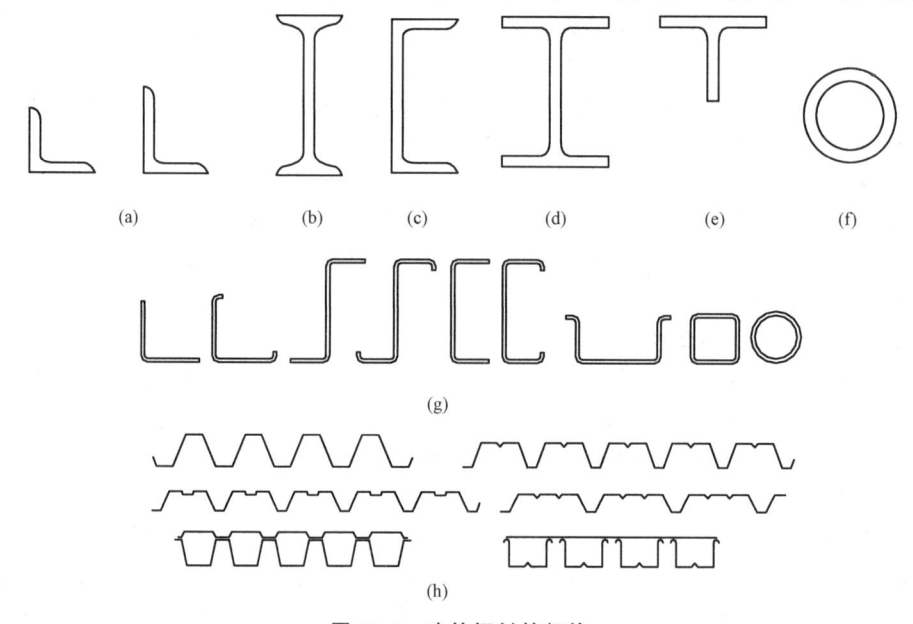

图 11-6 建筑钢材的规格

(a)角钢；(b)工字钢；(c)槽钢；(d)H 型钢；(e)T 型钢；(f)钢管；(g)冷弯薄壁型钢；(h)压型钢板

工字钢有普通工字钢和轻型工字钢之分。普通工字钢用号数表示，号数为截面高度（以厘米为单位）。20 号以上的工字钢，同一号数根据腹板厚度不同分为 a、b、c 三类，如 I32a、I32b、I32c。轻型工字钢比普通工字钢的腹板薄，翼缘宽而薄。轻型工字钢可用汉语拼音字母"Q"表示，如 QI40。

H 型钢比工字钢的翼缘宽度大且等厚，因此更高效。依据《热轧 H 型钢和剖分 T 型钢》（GB/T 11263—2017）的规定，热轧 H 型钢分为宽翼缘 H 型钢、中翼缘 H 型钢、窄翼缘 H 型钢及薄壁 H 型钢，代号分别为 HW、HM、HN 和 HT，型号采用"高度×宽度"来表示，如 HW400×400、HM500×300、HN700×300、HT200×100。H 型钢的两个主轴方向的惯性矩接近，使构件受力更加合理。目前，H 型钢已广泛应用于高层建筑、轻型工业厂房和大型工业厂房中。

槽钢的规格以代号[和"截面高度(mm)×翼缘宽度(mm)×腹板厚度(mm)"表示，如[200×

73×7。此外，也可以用型号表示，即用代号[和截面高度的厘米数以及 a、b、c 等表示(意义同工字钢)，如[200×73×7 也可以表示为[20a。

角钢有等边角钢和不等边角钢两种。如∟100×10 表示边长为 100 mm，厚度为 10mm 的等边角钢，∟100×80×8 表示长边为 100 mm，短边为 80 mm，厚度为 8 mm 的不等边角钢。

钢管常用热轧无缝钢管和焊接钢管。用"外径×壁厚"表示，单位为 mm，如 $\varphi 102×5$。

2．冷弯薄壁型钢

冷弯薄壁型钢采用薄钢板冷轧制成，其截面形式及尺寸按合理方案设计。薄壁型钢能充分利用钢材的强度，节约钢材，在轻钢结构中得到广泛应用，主要用作厂房的檩条、墙梁。冷弯型钢的壁厚一般为 1.5～12 mm，国外已发展到 25 mm，但用作承重结构受力构件时，壁厚不宜小于 2 mm，需采用 Q235 钢或 Q345 钢，且应保证其屈服强度、抗拉强度、伸长率、冷弯试验和硫、磷的质量分数合格；对于焊接结构应保证碳质量分数合格。成型后的型材不得有裂纹。

知识拓展

高层建筑钢结构近年来如雨后春笋般地拔地而起，发展迅速。我国 20 世纪 80 年代建成的高层建筑钢结构最高为 208 m，90 年代建造或设计的高层建筑钢结构最高的超过 400 m，20 世纪已达 600 多米。大跨度空间钢结构最先让人们了解的是网架工程，其发展的速度较快，计算也比较成熟，国内有许多专用网架计算和绘图程序，是其迅速发展的重要原因。悬索及斜拉结构、膜和索膜结构在国内应用也较多，主要用于体育馆、车站等大空间公共建筑。其他大跨度空间钢结构如立体桁架、预应力拱结构、弓式结构、悬吊结构、网格结构、索杆杂交结构、索穹顶结构等在全国各地均有实例。

轻钢结构是近 10 年来发展最快的。这种结构工业化、商品化程度高，施工快，综合效益高，市场需求量很大，已引起结构设计人员注意。轻钢住宅的研究开发已在各地试点，是轻型钢结构发展的一个重要方向，目前已经有多种的低层、多层和高层的设计方案和实例。因其具有大跨度、大空间，分隔使用灵活，而且施工速度快、抗震有利的特点，必将对我国传统的住宅结构模式产生较大影响。

模块小结

(1)钢材的受力可以分成弹性阶段、屈服阶段、强化阶段和颈缩阶段四个阶段。
(2)屈服强度和抗拉强度是反映钢材强度的两个主要性能指标。
(3)钢材存在塑性破坏和脆性破坏两种破坏可能。
(4)碳素结构钢是最普遍的工程用钢，按其碳质量分数的多少，可分成低碳钢、中碳钢和高碳钢三种。

课后习题

(1)钢材在单向拉伸时，其受力特性是什么？
(2)什么叫作屈强比？为什么要规定钢材的屈强比？
(3)提高钢材抗脆断性能的主要措施包括哪些？
(4)普通碳素结构钢的牌号如何表示？

模块 12　钢结构的连接

知识目标

(1)掌握焊缝连接和螺栓连接的构造及受力性能；
(2)熟悉钢结构连接的种类及其特点；
(3)了解焊接残余应力和残余变形产生的原因及其危害。

能力目标

(1)能够进行焊缝连接和螺栓连接计算；
(2)能够对焊缝连接缺陷及质量进行检验；
(3)能够采取措施减少焊接残余应力。

素养目标

(1)培养对建筑行业的热爱；
(2)具备强烈的责任心和使命感；
(3)具备创新意识和创新精神。

工程案例

佐治亚穹顶是目前世界上最大的索穹顶结构，双曲抛物面形张拉整体索穹顶结构，由美国工程师列维等设计，是1996年亚特兰大奥运会主赛馆的屋盖结构，如图12-1所示。其长轴为240 m，短轴为193 m，为钻石形状，曾被评为全美最佳设计。其整个结构由联方型索网、三根环索、不连续撑杆及中央桁架组成。

图 12-1　佐治亚穹顶体育馆

佐治亚穹顶体育馆的整个屋顶由7.9 m宽、1.5 m厚的混凝土受压环固定，共52根支柱支撑着700 m周长的混凝土受压环，钢焊接件被预埋进受压环内，以提供26个屋顶连接点。为了使屋顶的热膨胀不影响下部结构，受压环坐落在"特氟隆"承压垫上。这样，在外力作用下，承压垫只能径向移动，并可将风力和地震力均匀传向基础。脊索及底部环索上的连接件均为焊接件。这些接头沟通过钢板与其他杆件连接。飞杆的底部与斜索和环索固定，飞杆的连接件做成铰接件，以使其易于安装并在不均匀承重情况下允许接头旋转。

12.1 钢结构构件间的连接

钢结构的连接方法有焊缝连接、螺栓连接、铆钉连接和轻型钢结构的紧固件连接四种，如图12-2所示。

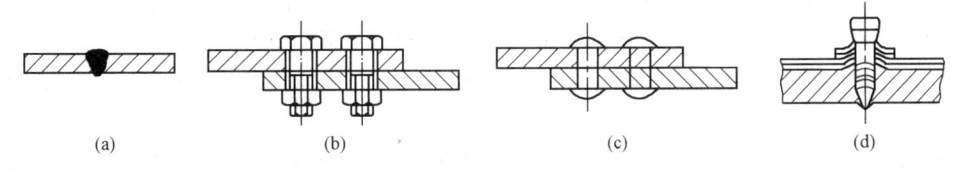

图12-2 钢结构的连接方法
(a)焊缝连接；(b)螺栓连接；(c)铆钉连接；(d)紧固件连接

12.1.1 焊缝连接的特点

焊缝连接是目前钢结构最主要的连接方法。其优点包括不削弱构件截面，节约材料；构造简单，对钢材的任何方位、角度和形状一般可直接连接；密封性能好，连接的刚度大；制造方便，可采用自动化作业，生产效率高。其缺点有焊缝附近钢材因焊接高温作用形成热影响区，其材质变脆；焊接残余应力和残余变形，对结构的承载力、刚度和使用性能有一定影响；焊接结构对裂纹很敏感，一旦产生局部裂纹，就很容易扩展到整体，低温冷脆现象较为严重；焊接的塑性和韧性较差，施焊时可能产生缺陷，使疲劳强度降低。

拓展知识：装配式建筑钢筋套筒如何在低温条件下灌浆施工

12.1.2 螺栓连接的种类及特点

螺栓连接可分为普通螺栓连接和高强度螺栓连接两类。其优点：施工工艺简单、安装方便，特别适用于工地安装连接，工程进度和质量易得到保证；拆装方便，适用于需装拆结构的连接和临时性连接。其缺点：对构件截面有一定的削弱；有时在构造上还需增设辅助连接件，故用料增加，构造较复杂；螺栓连接需制孔，拼装和安装时对孔，工作量增加，且对制造的精度要求较高。螺栓连接也是钢结构连接的重要方式之一。

1. 普通螺栓连接

普通螺栓分A、B、C三级。其中A级和B级为精制螺栓，螺栓材料的性能等级为5.6级和8.8级(其抗拉强度分别不小于500 N/mm² 和800 N/mm²，屈强比分别为0.6和0.8)，这种螺栓须经车床加工精制而成，表面光滑，精度较高。而且要求配用Ⅰ类孔，即螺栓孔须在装配好的构件上钻成或扩钻成孔，为保证精度，如在单个零件上钻孔，则需分别使用钻模钻制。Ⅰ类孔孔壁光滑，对孔准确。C级螺栓为粗制螺栓，螺栓材料的性能等级为4.6级和4.8级(其抗拉强度不小于400 N/mm²，屈强比分别为0.6和0.8)，做工较粗糙，尺寸不是很准确。一般配用Ⅱ类孔，即螺栓孔在零件上一次冲成，或不用钻模钻成。

A级、B级螺栓孔径d_0比螺杆直径d大0.3~0.5 mm，其连接抗剪和承压强度高，连接变形小，但由于成本高、制造安装较困难，故一般较少采用。C级螺栓孔径d_0比螺杆直径d大1.5~3.0 mm，一般情况下，C级螺栓要求：当螺栓公称直径$d\leqslant 6$ mm时，d_0比d大1.5 mm；当$d=18$~24 mm时，d_0比d大2.0 mm；当$d=27$~30 mm时，d_0比d大3.0 mm。其连接传递剪力时,连接变形较大,但传递拉力的性能尚好。C级螺栓常用于承受拉力的安装螺栓连接、次要结构的受剪连接及安装时的临时固定。

普通螺栓连接的优点是装拆方便,不需要特殊设备。

2. **高强度螺栓连接**

高强度螺栓的性能等级分为8.8级(用45钢、35钢制成)和10.9级(用40B钢和20MnTiB钢制成),表示螺栓抗拉强度分别不低于800 N/mm² 和 1 000 N/mm²,且屈强比分别为0.8和0.9。

高强度螺栓连接分为摩擦型螺栓连接和承压型螺栓连接两种。摩擦型螺栓连接是只依靠摩擦阻力传力,并以剪力不超过接触面摩擦力作为设计准则。其整体性和连接刚度好、变形小、受力可靠、耐疲劳,特别适用于承受动力荷载的结构。承压型螺栓连接允许接触面滑移,以连接达到破坏的极限承载力作为设计准则。其设计承载力高于摩擦型螺栓连接,但整体性和刚度较差、剪切变形大、动力性能差,只适用于承受静力或间接动力荷载结构中允许发生一定滑移变形的连接。摩擦型螺栓的孔径应比螺杆直径 d 大 1.5~2.0 mm;承压型螺栓的孔径 d_0 应比螺杆直径 d 大 1.0~1.5 mm。

高强度螺栓连接的缺点是在扳手、材料、制造和安装方面有一些特殊的技术要求,且价格较高。

12.1.3 铆钉连接的种类及特点

铆钉连接有热铆和冷铆两种,热铆是将烧红的铆钉插入构件的钉孔,然后用铆钉枪或压铆机挤压铆合而成的。冷铆是在常温下铆合而成的。在建筑结构中一般采用热铆。铆钉连接在受力和计算上与普通螺栓连接类似,其特点是传力可靠、塑性、韧性均较好,但其制造费工费料,且劳动强度高,施工麻烦,打铆时噪声大,劳动条件差,目前已极少采用。

12.1.4 冷弯薄壁轻型钢结构的紧固件连接的种类及特点

在冷弯薄壁轻型钢结构中经常采用射钉、自攻螺钉、钢拉铆钉等机械式连接方法,主要用于压型钢板之间及压型钢板与冷弯型钢等支承构件之间的连接。

12.2 焊缝连接

12.2.1 焊接方法

钢结构常用的焊接方法是电弧焊,根据操作的自动化程度和焊接时用以保护熔融金属的物质种类,电弧焊分为手工电弧焊、自动或半自动埋弧焊及气体保护焊等。

1. **手工电弧焊**

手工电弧焊是钢结构中最常用的焊接方法,其设备简单,操作灵活方便,适用于任意空间位置的焊接,应用极为广泛。但生产效率比自动或半自动埋弧焊低,质量较差,且变异性大,焊缝质量在一定程度上取决于焊工的技术水平,劳动条件差。手工电弧焊由焊条、焊钳、焊件、电焊机和导线等组成电路。通电后,在涂有药皮的焊条与焊件间产生电弧。电弧的温度可高达 3 000 ℃。在高温作用下,焊条熔化,滴入在焊件上被电弧吹成的熔池,与焊件的熔融金属相互结合,冷却后形成焊缝。同时焊条药皮形成的熔渣和气体覆盖着熔池,防止空气中的氧、氮等气体与熔池中的液体金属接触,避免形成脆性易裂的化合物,如图 12-3 所示。手工电弧焊常用的焊条有碳钢焊条和低合金钢焊条,其牌号有 E43 型、E50 型和 E55 型等。手工电弧焊所用的焊条应与焊件钢材相适应。一般情况下:对 Q235 钢采用 E43 型焊条;对 Q345 钢采用 E50 型焊条;对 Q390 钢和 Q420 钢采用 E55 型焊条。当不同强度的两种钢材连接时,宜采用与低强度钢材相适应的焊条。

2. **自动或半自动埋弧焊**

自动或半自动埋弧焊的原理是电焊机可沿轨道按规定的速度移动,外表裸露、不涂焊药的焊丝成卷装置在焊丝转盘上,焊剂呈散状颗粒装在漏斗中,焊剂从漏斗中流下来覆盖在焊件上的焊剂层中。通电引弧后，因电弧的作用，焊丝、焊件和焊剂熔化，焊剂熔渣浮在熔融焊缝金属上面，阻止熔融金属与空气的接触，并供给焊缝金属必要的合金元素。随着焊机的自动移动，颗粒状的焊剂不断地由漏斗流下，电弧完全埋在焊剂之内，同时焊丝也自动下降，所以，称其为自动埋弧焊，如图 12-4 所示。自动埋弧焊焊缝的质量稳定，焊缝内部缺陷很少，所以质量比手工电弧焊高。半自动埋弧焊是人工移动焊机，它的焊缝质量介于自动埋弧焊与手工电弧焊之间。

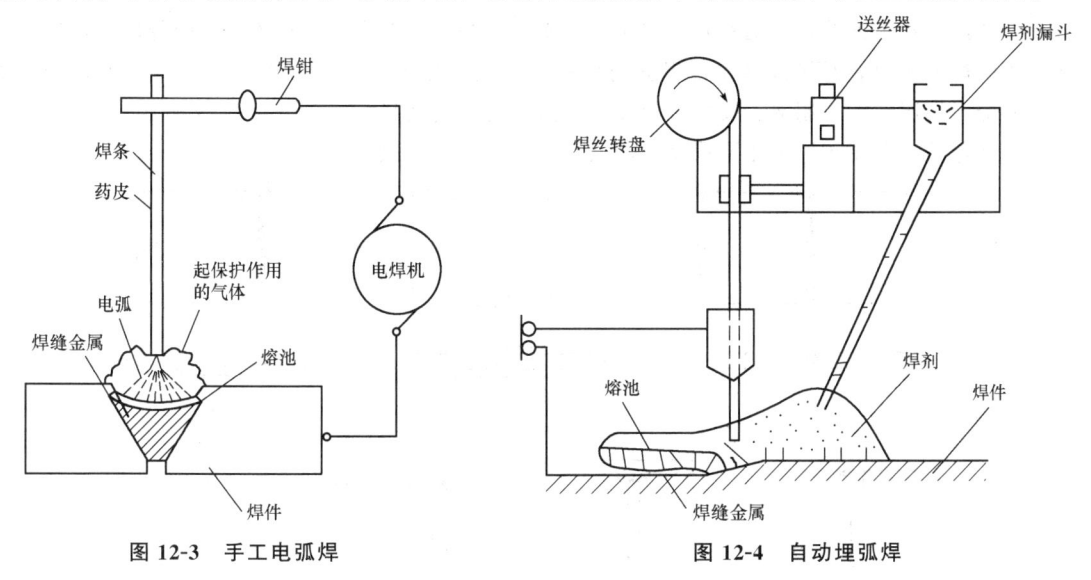

图 12-3　手工电弧焊

图 12-4　自动埋弧焊

自动或半自动埋弧焊应采用与被连接件金属强度相匹配的焊丝与焊剂。

3. 气体保护焊

气体保护焊的原理是在焊接时用喷枪喷出的惰性气体和二氧化碳气体在电弧周围形成局部保护层，防止有害气体侵入焊缝并保证焊接过程的稳定。操作时可用自动或半自动方式，如图 12-5 所示。

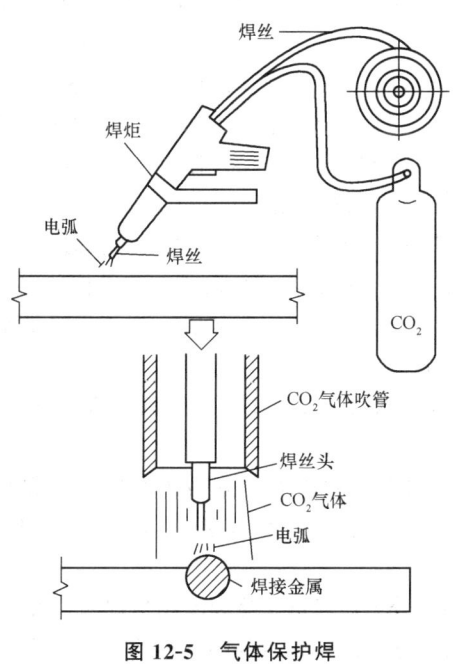

图 12-5　气体保护焊

气体保护焊的焊缝熔化区没有熔渣形成,能够清楚地看到焊缝的成型过程;又由于热量集中,焊接速度较快,焊件熔深大,所能形成的焊缝强度比手工电弧焊高,且具有较高的耐腐蚀性,适于全方位的焊接。但气体保护焊操作时须在室内避风处,若在工地施焊,则须搭设防风棚。

12.2.2 焊缝连接与焊缝的形式

1. 焊缝连接的形式

焊缝连接按被连接构件的相对位置可分为对接、搭接、T形连接和角连接四种形式,这些连接所用的焊缝主要有对接焊缝和角焊缝两种焊缝形式,如图12-6所示。在具体应用时,应根据连接的受力情况、结构制造、安装和焊接条件进行适当的选择。

对接连接主要用于厚度相同或相近的两构件间的相互连接。

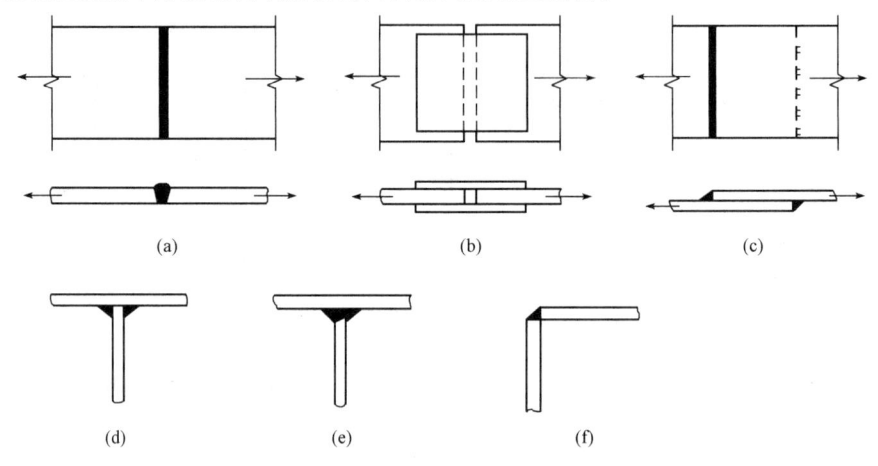

图 12-6 焊缝连接的形式
(a)对接连接;(b)用拼接钢板的对接连接;(c)搭接连接;(d)、(e)T形连接;(f)角连接

图12-6(a)所示为采用对接焊缝的对接连接,由于被连接的两构件在同一平面内,因而传力较均匀平顺,没有明显的应力集中,且用料经济,但是焊件边缘需要加工,对所连接的两块板的间隙和坡口尺寸有严格要求。

图12-6(b)所示为极用双层盖板和角焊缝的对接连接,这种连接受力情况复杂、传力不均匀、费料;但因不需要开坡口,所以施工简便,且所连接的两块板的间隙大小不需要严格控制。

图12-6(c)所示为采用角焊缝的搭接连接,特别适用于不同厚度构件的连接。其传力不均匀、材料较费,但构造简单、施工方便,目前还广泛应用。

图12-6(d)所示为采用角焊缝的T形连接,焊件间存在缝隙,截面突变,应力集中现象严重,疲劳强度较低,可用于承受静力荷载或间接动力荷载结构的连接中。

图12-6(e)所示为采用K形坡口焊缝的T形连接,用于直接承受动力荷载的结构,如重级工作制吊车梁的上翼缘与腹板的连接。

图12-6(f)所示为采用角焊缝的角连接,主要用于制作箱形截面。

2. 焊缝的形式

按照焊缝与所受力方向的关系,对接焊缝分为正对接焊缝和斜对接焊缝,如图12-7(a)和图12-7(b)所示。角焊缝又分为正面角焊缝(端缝)、侧面角焊缝(侧缝)和斜焊缝(斜缝),如图12-7(c)所示。

角焊缝按沿长度方向的布置分为连续角焊缝和断续角焊缝两种,如图12-8所示。连续角焊缝的受力性能较好,断续角焊缝的起、灭弧处容易引起应力集中,重要结构应避免采用,只能用于一些次要构件的连接或受力很小的连接中。断续角焊缝焊段的长度 $l_1 \geqslant 10h_f$(h_f 为角焊缝的焊脚尺寸)或 50 mm，其净距应满足：对受压构件，$l \leq 15t$；对受拉构件，$l \leq 30t$（t 为较薄焊件的厚度）。

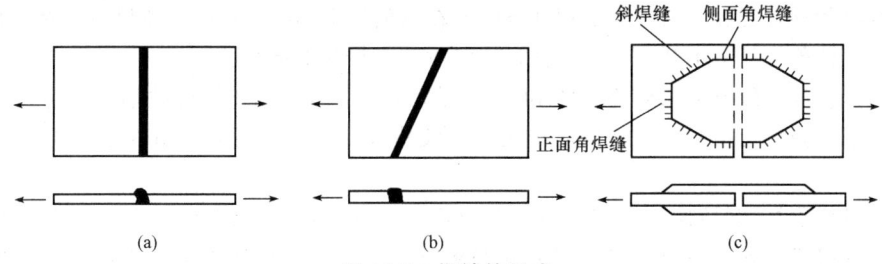

图 12-7 焊缝的形式
(a)正对接焊缝；(b)斜对接焊缝；(c)角焊缝

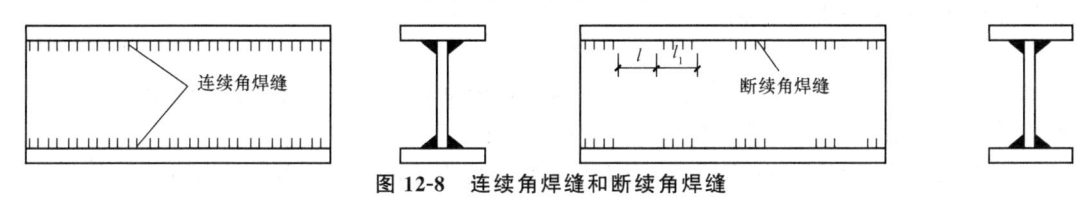

图 12-8 连续角焊缝和断续角焊缝

焊缝按施焊位置分为平焊、横焊、立焊和仰焊，如图 12-9 所示。平焊也称俯焊，施焊方便，质量易保证；横焊、立焊施焊要求焊工的操作水平较平焊高，质量较平焊低；仰焊的操作条件最差，焊缝质量最不易保证。因此，设计和制造时应尽量避免采用仰焊。

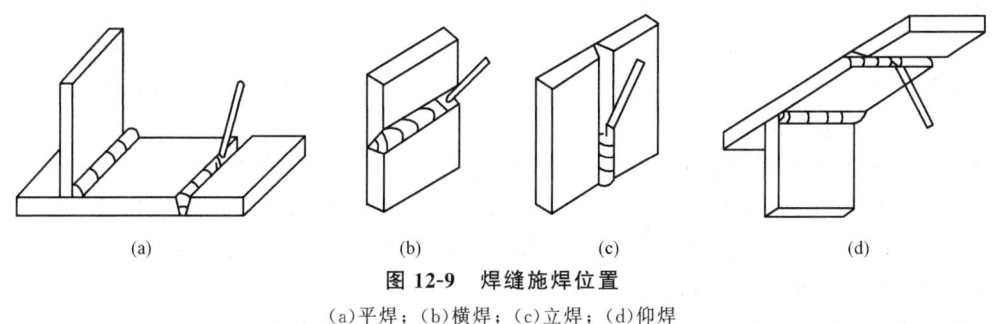

图 12-9 焊缝施焊位置
(a)平焊；(b)横焊；(c)立焊；(d)仰焊

12.2.3 焊缝质量级别

1. 焊缝缺陷

焊缝缺陷是指在焊接过程中产生于焊缝金属或其附近热影响区钢材表面或内部的缺陷。常见的焊缝缺陷有裂纹、焊瘤、烧穿、弧坑、气孔、夹渣、咬边、未熔合、未焊透，以及焊缝尺寸不符合要求、焊缝成型不良等，如图 12-10 所示。

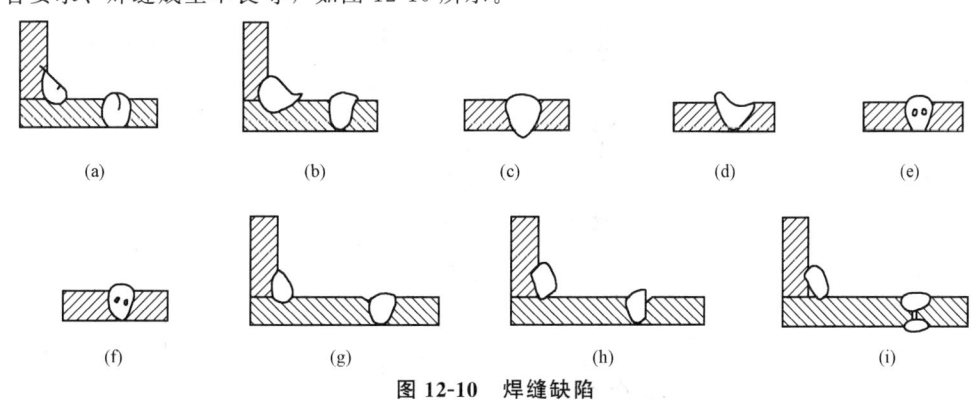

图 12-10 焊缝缺陷
(a)裂纹；(b)焊瘤；(c)烧穿；(d)弧坑；(e)气孔；(f)夹渣；(g)咬边；(h)未熔合；(i)未焊透

2. 焊缝质量验收

焊缝缺陷的存在使焊缝的受力面积削弱,并在缺陷处引起应力集中,所以对连接的强度、冲击韧性及冷弯性能等均有不利影响。因此,焊缝质量验收非常重要。

焊缝质量验收一般可采用外观检查和内部无损检验,前者检查外观缺陷和几何尺寸,后者检查内部缺陷。内部无损检验目前广泛采用超声波检验。此外,还可采用 X 射线和 γ 射线透视或拍片。

焊缝质量级别按《钢结构工程施工质量验收标准》(GB 50205—2020)分为三级:三级焊缝只要求对全部焊缝进行外观检查;二级焊缝除要求对全部焊缝进行外观检查外,还对部分焊缝进行超声波等内部无损检验;一级焊缝除要求对全部焊缝进行外观检查和内部无损检验外,这些检查都应符合相应级别质量标准。

3. 焊缝质量等级的规定

《钢结构设计标准》(GB 50017—2017)根据钢结构的重要性、荷载特性、焊缝形式、工作环境及应力状态等情况,对焊缝质量等级进行了具体规定。

(1)在需要进行疲劳计算的构件中,凡对接焊缝均应焊透,其质量等级:作用力垂直于焊缝长度方向的横向对接焊缝或 T 形对接与角接组合焊缝,受拉时应为一级,受压时不应低于二级;作用力平行于焊缝长度方向的纵向对接焊缝不应低于二级。

(2)不需要进行疲劳计算的构件中,凡要求与母材等强度的对接焊缝宜焊透,其质量等级:受拉时应不低于二级,受压时不宜低于二级。

(3)重级工作制(A6~A8)和起重量 $Q \geqslant 50$ t 的中级工作制(A4、A5)吊车梁的腹板与上翼缘之间,以及吊车桁架上弦杆与节点板之间的 T 形连接部位焊缝应焊透,焊缝形式应为对接与角接的组合焊缝,其质量等级不应低于二级。

(4)部分焊透的对接焊缝采用角焊缝或部分焊透的对接与角接组合焊缝的 T 形连接部位,以及搭接连接角焊缝,其质量等级:直接承受动荷载且需要进行疲劳计算的结构和起重机起重量 $Q \geqslant 50$ t 的中级工作制吊车梁,以及梁柱、牛腿等重要节点不应低于二级;其他结构可为三级。

12.2.4 焊缝符号及标注方法

在钢结构施工图上,要用焊缝符号标明焊缝的形式、尺寸和辅助要求。根据《焊缝符号表示法》(GB/T 324—2008)和《建筑结构制图标准》(GB/T 50105—2010)的规定,焊缝符号主要由引出线和基本符号组成,必要时还可加上辅助符号、补充符号和栅线符号,见表 12-1。

表 12-1 焊缝符号

类别	名称		示意图	符号	示例
基本符号	对接焊缝	I 形		‖	
		V 形		V	
		单边 V 形		V	
		K 形		K	

续表

类别	名称	示意图	符号	示例
基本符号	角焊缝		◿	
	塞焊缝		⊔	
辅助符号	平面符号		—	
	凹面符号		⌣	
补充符号	三面围焊符号		⊐	
	周边焊缝符号		○	
	工地现场焊符号		⚑	
	焊缝底部有垫板的符号		⊐	
	尾部符号		＜	
栅线符号	正面焊缝			
	背面焊缝			
	安装焊缝			

· 173 ·

12.2.5 对接焊缝的构造和计算

对接焊缝按焊缝是否焊透可分为焊透焊缝和未焊透焊缝。一般采用焊透焊缝,当板件厚度较大而内力较小时,才可以采用未焊透焊缝。由于未焊透焊缝应力集中和残余应力严重,所以,对于直接承受动力荷载的构件不宜采用未焊透焊缝。本节所讲的对接焊缝计算均指焊透焊缝。

1. 对接焊缝的形式和构造

对接焊缝的焊件边缘常需要加工成坡口,故又称坡口焊缝。其坡口形式和尺寸应根据焊件厚度和施焊条件来确定。按照保证焊缝质量、便于施焊和减小焊缝截面的原则,根据《钢结构焊接规范》(GB 50661—2011)中推荐的焊接接头基本形式和尺寸,常见的坡口形式有 I 形、单边 V 形、V 形、J 形、U 形、K 形和 X 形等,如图 12-11 所示。

焊件较薄(手工电弧焊 $t=36$ mm;自动埋弧焊 $t=6\sim10$ mm)时,不开坡口,即采用 I 形坡口,如图 12-11(a)所示;中等厚度焊件(手工电弧焊 $t=6\sim16$ mm;自动埋弧焊 $t=10\sim20$ mm)宜采用有适当斜度的单边 V 形、V 形或 J 形坡口,如图 12-11(b)~图 12-11(d)所示;较厚焊件(手工电弧焊 $t>16$ mm;自动埋弧焊 $t>20$ mm)宜采用 U 形、K 形或 X 形坡口,如图 12-11(e)~图 12-11(g)所示。U 形、K 形或 X 形坡口与 V 形坡口相比,截面面积小,但加工费工。V 形和 U 形坡口焊缝主要为正面焊,对反面焊时应清根补焊,以达到焊透。若不具备补焊条件,或因装配条件限制间隙过大,应在坡口下面预设垫板,来阻止熔融金属流淌和使根部焊透,如图 12-11(h)所示。K 形和 X 形坡口焊缝均应清根并双面施焊。图 12-11 中 p 为钝边(手工电弧焊为 $0\sim3$ mm,自动埋弧焊一般为 $2\sim6$ mm),可起托住熔融金属的作用;b 为间隙(手工电弧焊一般为 $0\sim3$ mm,自动埋弧焊一般为 0),可使焊缝有收缩余地,并使各斜坡口组成一个施焊空间,确保焊条得以运转,焊缝能够焊透。

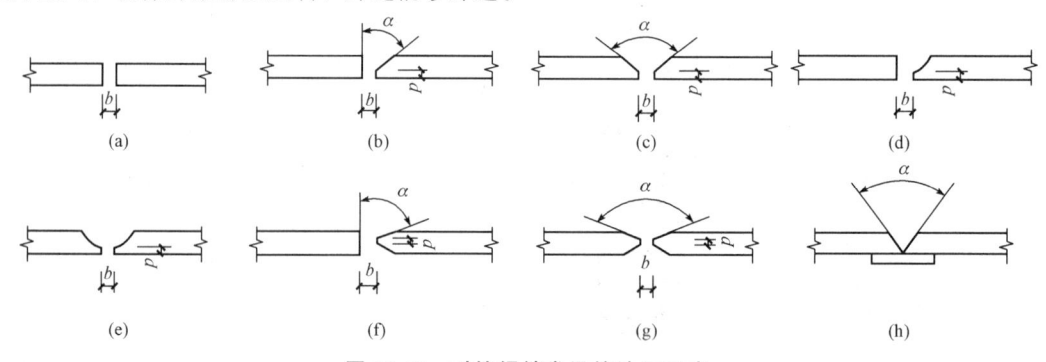

图 12-11 对接焊缝常见的坡口形式

(a)I 形;(b)单边 V 形;(c)V 形;(d)J 形;(e)U 形;(f)K 形;(g)X 形;(h)加垫板的 V 形

当用对接焊缝拼接不同宽度或厚度的焊件且差值超过 4 mm 时,应分别在宽度方向或厚度方向从一侧或两侧做成坡度不大于 1:2.5 的斜坡,如图 12-12 所示,使截面平缓过渡,减少应力集中。直接承受动力荷载且需要进行疲劳计算的结构,变宽、变厚处的斜角坡度不应大于 1:4。

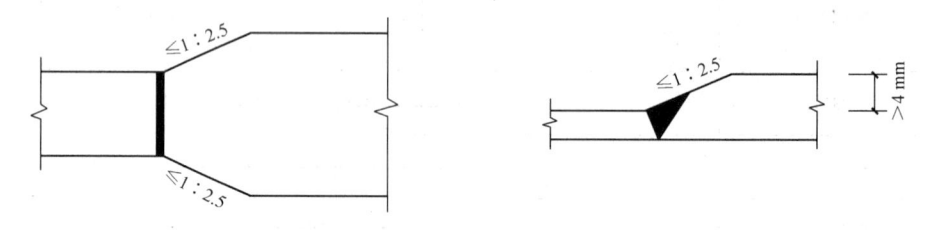

图 12-12 不同宽度或厚度钢板的拼接

钢板的拼接当采用纵、横两个方向的对接焊缝时，可采用十字形交叉[图 12-13(a)]或 T 形交叉[图 12-13(b)]。当为 T 形交叉时，交叉点的间距 a 不得小于 200 mm。

对接焊缝两端因起弧和灭弧影响，常不易焊透而出现凹陷的弧坑，此处极易产生应力集中和裂纹现象。为消除以上不利影响，施焊时应在焊缝两端设置引弧板，如图 12-14 所示，其材质应与被焊母材相同，焊接完毕后用火焰切除，并修磨平整。当某些情况下无法采用引弧板时，每条焊缝计算长度应为实际长度减 $2t$（t 为较薄焊件厚度）。

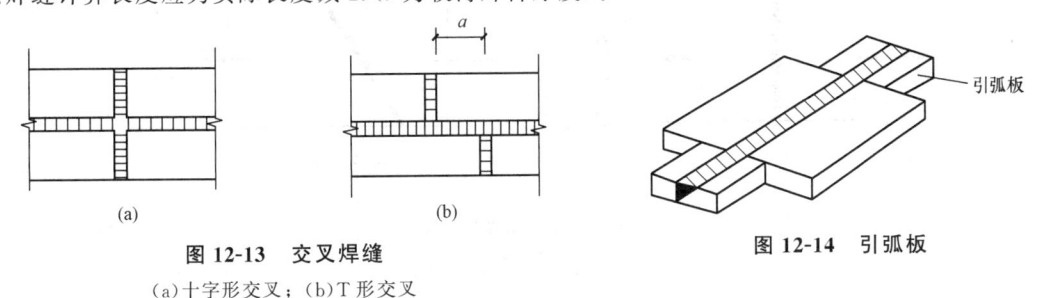

图 12-13 交叉焊缝
(a)十字形交叉；(b)T 形交叉

图 12-14 引弧板

2. 对接焊缝的计算

对接焊缝的截面与被连接件的截面基本相同，焊缝中的应力分布情况与被连接件截面一致，设计时采用的强度计算公式与被连接件的基本相同。

(1)轴心受力对接焊缝的计算。对接焊缝受垂直于焊缝长度方向的轴心拉力或压力[图 12-15(a)]作用，其强度计算公式为

$$\sigma = \frac{N}{l_w h_e} \leqslant f_t^w \text{ 或 } f_c^w \tag{12-1}$$

式中　N——轴心拉力或压力设计值；

l_w——焊缝的计算长度，当采用引弧板时，取焊缝实际长度，当未采用引弧板时，每条焊缝取实际长度减 $2h_e$；

h_e——对接接头取连接件的较小厚度，T 形接头取腹板厚度；

f_t^w、f_c^w——对接焊缝的抗拉、抗压强度设计值。

由钢材的强度设计值和焊缝强度设计值相比较可知，对接焊缝的设计值均与连接件钢材的抗压及抗剪强度设计值相同，而抗拉强度设计值只在焊缝质量为三级时才较低。所以，采用引弧板施焊时，质量为一级、二级和没受拉应力的三级对接焊缝，其强度无须计算，即可用于构件的任何部位。

质量为三级的受拉或无法采用引弧板的对接焊缝需要进行强度计算，当计算不满足要求时，可将其移到受力较小处，不便移动时可改用二级焊缝或采用三级斜焊缝，如图 12-15(b)所示。《钢结构设计标准》(GB 50017—2017)规定，当斜焊缝与作用力间的夹角 θ 符合 $\tan\theta \leqslant 1.5$（$\theta \leqslant 56°$）时，其强度超过母材，可不做计算。

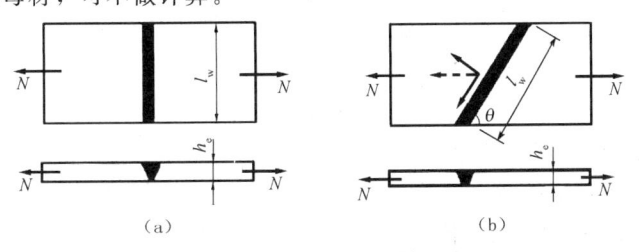

图 12-15 对接焊缝受轴心力
(a)受轴心拉力；(b)采用斜焊缝

【例 12-1】 计算图 12-16 所示的两块钢板的对接焊缝。已知截面尺寸为 $B=400$ mm，$h_e=12$ mm，轴心力设计值 $N=1\,000$ kN，钢材为 Q235 钢，采用手工电弧焊，焊条为 E43 型，施焊不用引弧板，焊缝质量等级为三级。

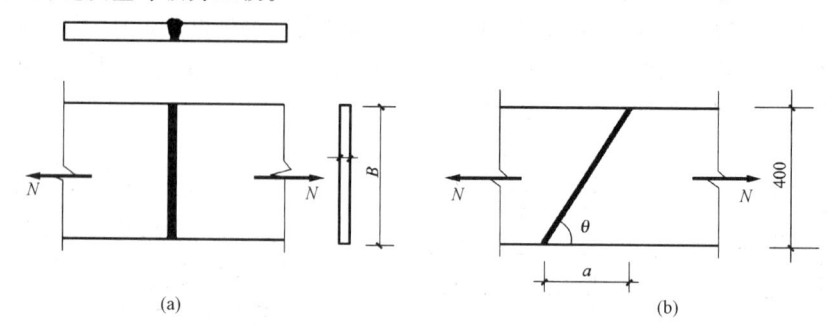

图 12-16 例 12-1 图
(a)直焊缝；(b)斜焊缝

【解】 根据钢板厚度和焊缝质量等级查《钢结构设计标准》(GB 50017—2017)附表，$f_t^w=185$ N/mm²，焊缝计算长度 $l_w=B-2h_e=400-2\times12=376$ (mm)。

$$\sigma=\frac{N}{l_w h_e}=\frac{1\,000\times10^3}{376\times12}=222(\text{N/mm}^2)>f_t^w=185 \text{ N/mm}^2$$

故不满足要求。

应改为如图 12-16(b)所示的斜焊缝来增大焊缝计算长度，取 $\tan\theta=1.5$，则

$$a=\frac{B}{\tan\theta}=\frac{400}{1.5}=267(\text{mm})$$

取 270 mm，焊缝计算长度

$$l_w=B/\sin\theta-2h_e=\frac{400}{\frac{3}{\sqrt{13}}}-2\times12=456.7(\text{mm})$$

$$\sigma=\frac{N\cdot\sin\theta}{l_w h_e}=\frac{1\,000\times10^3\times\frac{3}{\sqrt{13}}}{456.7\times12}=151.6(\text{N/mm}^2)<f_t^w=185 \text{ N/mm}^2$$

焊缝满足要求。

(2)弯矩、剪力共同作用时对接焊缝的计算。

1)矩形截面。图 12-17(a)所示为矩形截面在弯矩与剪力共同作用下的对接焊缝连接。由于焊缝截面是矩形，由材料力学可知，最大正应力与最大剪应力不在同一点上，因此，应分别验算其最大正应力和最大剪应力，即

$$\sigma_{\max}=\frac{M}{W_w}=\frac{6M}{l_w^2 h_e}\leqslant f_t^w \text{ 或 } f_c^w \tag{12-2}$$

$$\tau_{\max}=\frac{VS_w}{I_w h_e}\leqslant f_v^w \tag{12-3}$$

式中 M——计算截面处的弯矩设计值；
W_w——焊缝计算截面的截面模量；
V——计算截面处的剪力设计值；
S_w——焊缝计算截面对中性轴的最大面积矩；
I_w——焊缝计算截面对中性轴的惯性矩；

f_v^w——对接焊缝的抗剪强度设计值。

其他符号意义同前。

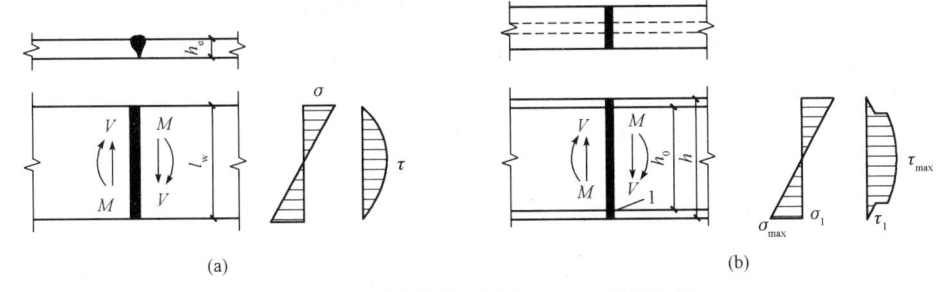

图 12-17 对接焊缝受弯矩、剪力共同作用
(a)矩形截面；(b)I形截面

2)I形截面。图 12-17(b)所示为I形截面在弯矩与剪力共同作用下的对接焊缝连接。截面中的最大正应力和最大剪应力也不在同一点上，也应按式(12-2)和式(12-3)分别进行验算。在I形焊缝截面翼缘与腹板相交处，同时受有较大的正应力 σ_1 和剪应力 τ_1，还应验算其折算应力，即

$$\sqrt{\sigma_1^2 + 3\tau_1^2} \leqslant 1.1 f_t^w \tag{12-4}$$

式中 σ_1——I形焊缝截面翼缘与腹板相交处的弯曲正应力，$\sigma_1 = \dfrac{Mh_0}{W_w h} = \sigma_{max} \dfrac{h_0}{h}$；

τ_1——I形焊缝截面翼缘与腹板相交处的剪应力，$\tau_1 = \dfrac{VS_{w1}}{I_w t_w}$；

S_{w1}——I形截面受拉(或受压)翼缘对截面中性轴的面积矩；

t_w——I形截面腹板厚度；

1.1——考虑最大折算应力只发生在焊缝局部，因此该点的设计强度提高10%。

其他符号意义同前。

【例 12-2】 某8 m跨度简支梁的截面和荷载(含梁自重在内的设计值)如图 12-18 所示，在距 A 支座 2.4 m 处有翼缘和腹板的拼接连接，试设计其拼接的对接焊缝。已知钢材为 Q235 钢，采用 E43 型焊条，手工电弧焊，三级质量标准，施焊时采用引弧板。翼缘尺寸 $b \times h$ 为 250 mm×16 mm，腹板尺寸为 1 000 mm×10 mm。

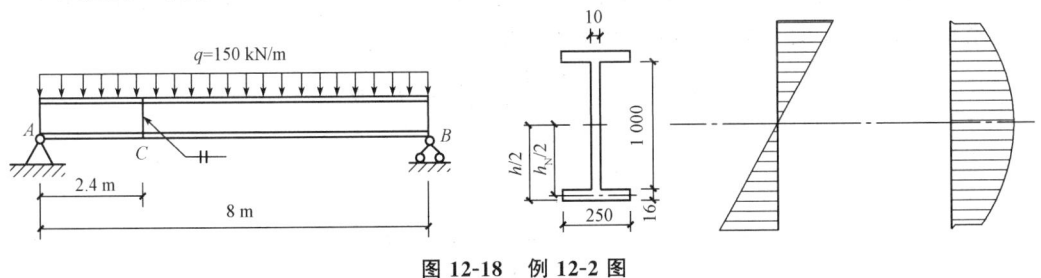

图 12-18 例 12-2 图

【解】 (1)距 A 支座 2.4 m 处的截面内力计算：

$$M = \frac{qa}{2}(l-a) = \frac{1}{2} \times 150 \times 2.4 \times (8-2.4) = 1\ 008 (\text{kN} \cdot \text{m})$$

$$V = q\left(\frac{l}{2} - a\right) = 150 \times \left(\frac{8}{2} - 2.4\right) = 240 (\text{kN})$$

(2)焊缝计算截面的几何特性计算：

$$I_w = \frac{1}{12} \times (250 \times 1\ 032^3 - 240 \times 1\ 000^3) = 2.9 \times 10^9 (\text{mm}^4)$$

$$W_w = \frac{2.9 \times 10^9}{516} = 5.6 \times 10^6 (\text{mm}^3)$$

$$S_{w1} = 250 \times 16 \times 508 = 2.03 \times 10^6 (\text{mm}^3)$$

$$S_w = 2.03 \times 10^6 + 10 \times 500 \times 250 = 3.28 \times 10^6 (\text{mm}^3)$$

(3)焊缝强度计算：

查得，$f_t^w = 185 \text{ N/mm}^2$，$f_c^w = 125 \text{ N/mm}^2$，则

$$\sigma_{max} = \frac{M}{W_w} = \frac{1\,008 \times 10^6}{5.6 \times 10^6} = 180(\text{N/mm}^2) < f_t^w = 185 \text{ N/mm}^2$$

$$\tau_{max} = \frac{VS_w}{I_w h_e} = \frac{240 \times 10^3 \times 3.28 \times 10^6}{2.9 \times 10^9 \times 10} = 27.14(\text{N/mm}^2) < f_c^w = 125 \text{ N/mm}^2$$

$$\sigma_1 = \frac{Mh_0}{W_w h} = \sigma_{max} \frac{h_0}{h} = 180 \times \frac{1\,000}{1\,032} = 174.4(\text{N/mm}^2) < f_t^w = 185 \text{ N/mm}^2$$

$$\tau_1 = \frac{VS_{w1}}{I_w h_e} = \frac{240 \times 10^3 \times 2.03 \times 10^6}{2.9 \times 10^9 \times 10} = 16.8(\text{N/mm}^2)$$

$$\sqrt{\sigma_1^2 + 3\tau_1^2} = \sqrt{174.4^2 + 3 \times 16.8^2} = 176.8(\text{N/mm}^2) < 1.1 f_t^w = 1.1 \times 185 = 203.5(\text{N/mm}^2)$$

因此，采用此对接焊缝满足要求。

(3)弯矩、剪力和轴心力共同作用时对接焊缝的计算。

1)矩形截面。图12-19(a)所示为在弯矩、剪力、轴心力共同作用下的矩形截面对接焊缝。焊缝截面的最大正应力在焊缝的端部，其值为轴心力和弯矩产生的应力之和，最大剪应力在截面的中性轴上。因此，应分别验算其最大正应力和最大剪应力，即

$$\sigma_{max} = \sigma_N + \sigma_M = \frac{N}{l_w h_e} + \frac{M}{W_w} \leqslant f_t^w \text{ 或 } f_c^w \quad (12\text{-}5)$$

$$\tau_{max} = \frac{VS_w}{I_w h_e} \leqslant f_t^w$$

在截面中性轴上，有 σ_N 和 τ_{max} 同时作用，还应验算其折算应力，即

$$\sqrt{\sigma_N^2 + 3\tau_{max}^2} \leqslant 1.1 f_v^w \quad (12\text{-}6)$$

2)I形截面。图12-19(b)所示为在弯矩、剪力、轴心力共同作用下的I形截面对接焊缝。同理，应验算其最大正应力、最大剪应力和折算应力，即

$$\sigma_{max} = \sigma_N + \sigma_M = \frac{M}{W_w} \pm \frac{N}{A_w} \leqslant f_t^w \text{ 或 } f_c^w \quad (12\text{-}7)$$

$$\tau_{max} = \frac{VS_w}{I_w t_w} \leqslant f_v^w \quad (12\text{-}8)$$

$$\sqrt{(\sigma_N + \sigma_1) + 3\tau_1^2} \leqslant 1.1 f_t^w \quad (12\text{-}9)$$

$$\sqrt{\sigma_N^2 + 3\tau_{max}^2} \leqslant 1.1 f_t^w$$

式中　A_w——焊缝计算截面面积；

σ_1、τ_1——取值同式(12-4)。

12.2.6　角焊缝的构造和计算

1.角焊缝的形式和构造

(1)角焊缝的形式。角焊缝是沿着被连接板件之一的边缘施焊而成的，角焊缝根据两焊脚边的夹角可分为直角角焊缝[图12-20(a)～图12-20(c)]和斜角角焊缝[图12-20(d)～图12-20(f)]，在钢结构中，最常用的是直角角焊缝，斜角角焊缝主要用于钢管结构。

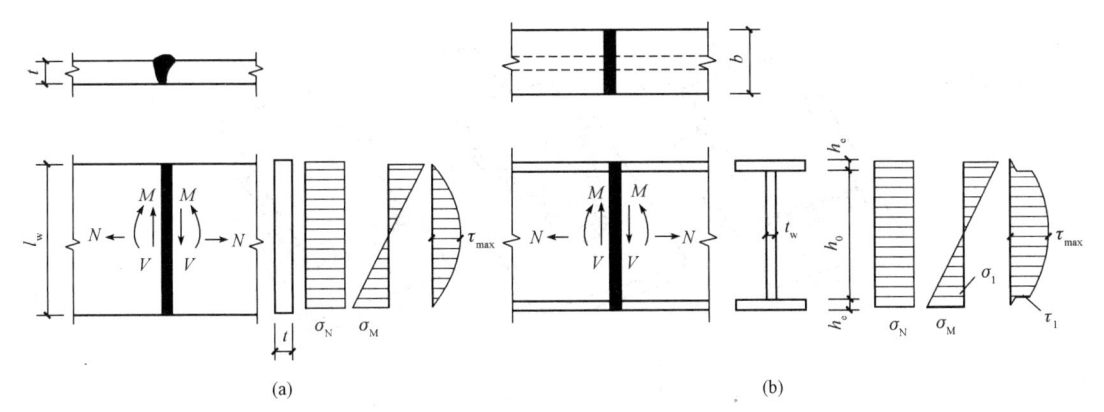

图 12-19　受弯矩、剪力和轴心力共同作用的对接焊缝
(a)矩形截面；(b)I形截面

直角角焊缝按其截面形式可分为普通型[图 12-20(a)]、平坦型[图 12-20(b)]和凹面型[图 12-20(c)]三种。钢结构一般采用普通型直角角焊缝，但其力线弯折较多，应力集中严重。对直接承受动力荷载的结构，为使传力平顺，正面角焊缝宜采用平坦型直角角焊缝，侧面角焊缝宜采用凹面型直角角焊缝。

普通型直角角焊缝截面的两个直角边长 h_f，称为焊脚尺寸。试验表明，直角角焊缝的破坏常发生在45°喉部截面，通常认为直角角焊缝以45°方向的最小截面作为有效截面(或称计算截面)。其截面厚度称为有效厚度或计算厚度 h_e，直角角焊缝的计算厚度，当焊件间隙 $b \leq 1.5$ mm 时，$h_e = 0.7h$；当 1.5 mm $< b \leq 5$ mm 时，$h_e = 0.7(h_f - b)$，平坦型和凹面型直角角焊缝的 h_f 和 h_e 分别按图 12-20(b)和图 12-20(c)采用。

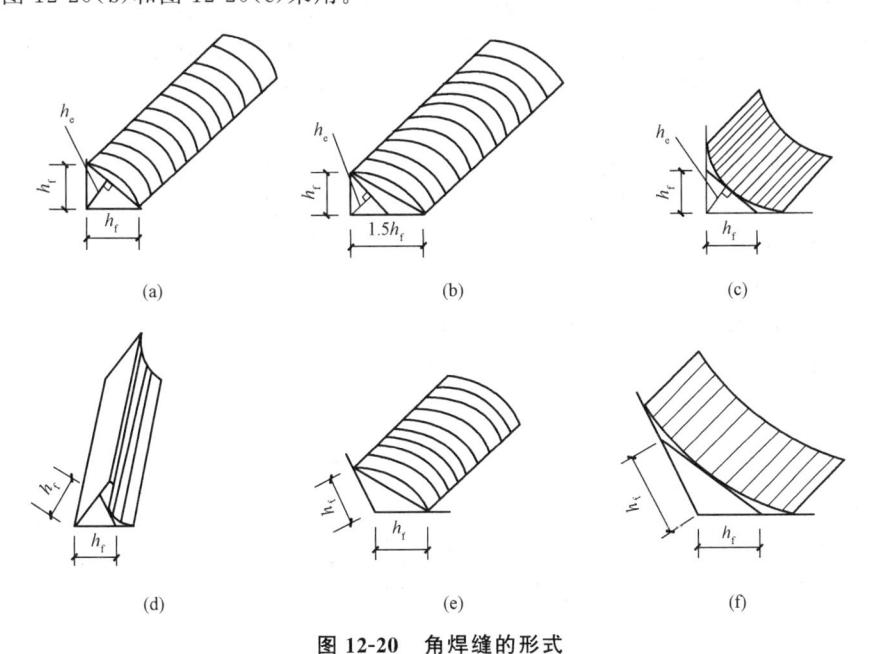

图 12-20　角焊缝的形式
(a)普通型直角角焊缝；(b)平坦型直角角焊缝；(c)凹面型直角角焊缝；(d)～(f)斜角角焊缝

角焊缝按其长度方向和外力作用方向的不同，可分为垂直于力作用方向的正面角焊缝和平行于力作用方向的侧面角焊缝，以及与力作用方向成斜交的斜向角焊缝，如图 12-21 所示。

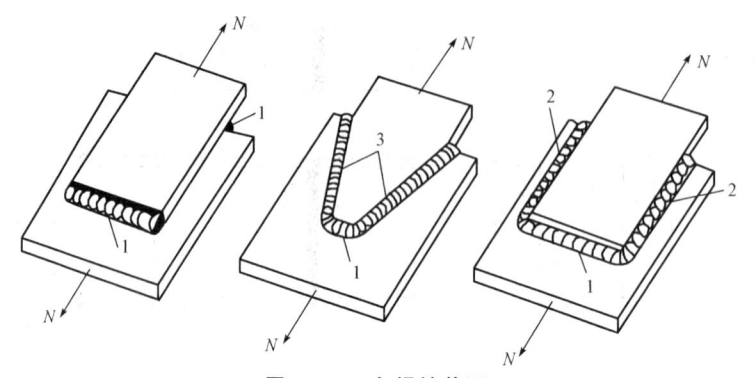

图 12-21 角焊缝截面
1—正面角焊缝；2—侧面角焊接；3—斜向角焊缝

(2) 角焊缝的构造要求。

1) 最小焊脚尺寸。角焊缝最小焊脚尺寸见表 12-2。

表 12-2　角焊缝最小焊脚尺寸　　　　　　　　　　　　　　　　　　　　mm

母材厚度	角焊缝最小焊脚尺寸
$t \leq 6$	3
$6 < t \leq 12$	5
$12 < t \leq 20$	6
$t > 20$	8

2) 最大焊脚尺寸。当焊件较薄、角焊缝的焊脚尺寸过大、焊接时热量输入过大时，焊件将产生较大的焊接残余应力和残余变形，较薄焊件易烧穿。板件边缘的角焊缝与板件边缘等厚时，施焊时易产生咬边现象。《钢结构设计标准》(GB 50017—2017) 规定

$$h_{f\max} \leq 1.2 t_{\min}$$

式中　$t_{\min}$——较薄焊件厚度（钢管结构除外）(mm)，如图 12-22(a) 所示。

对图 12-22(b) 所示板件（厚度为 t_1）边缘的角焊缝 $h_{f\max}$ 还应符合：当 $t_1 > 6$ mm 时，$h_{f\max} \leq t_1 - (1 \sim 2)$ mm；当 $t_1 \leq 6$ mm 时，$h_{f\max} \leq t_1$。

3) 不等焊脚尺寸。当焊件厚度相差较大，且采用等焊脚尺寸无法满足最大和最小焊脚尺寸的要求时，可采用不等焊脚尺寸，即与较薄焊件接触的焊脚尺寸满足 $h_f \leq 1.2 t_1$，与较厚焊件接触的焊脚尺寸满足 $h_f \geq 1.5 \sqrt{t_2}$，其中 $t_2 > t_1$，如图 12-22(c) 所示。

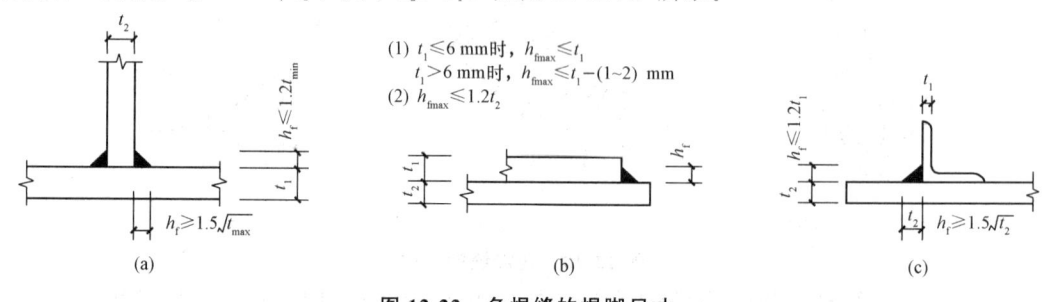

图 12-22　角焊缝的焊脚尺寸
(a) 较薄焊件；(b) 板件边缘；(c) 不等焊脚尺寸

【例 12-3】　设计如图 12-23 所示中节点板和预埋钢板间的角焊缝。偏心力 $P = 150$ kN（静荷载）。钢材 Φ3F，手工焊，焊条 E43 型。

图 12-23 例 12-3 图

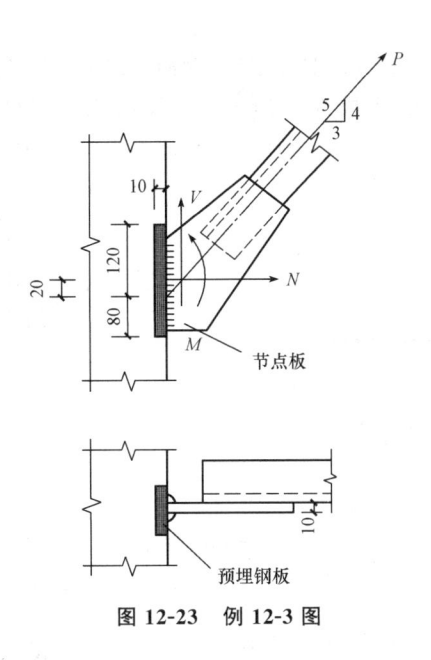

【解】 根据《钢结构设计标准》(GB 50017—2017)得 $f_f^w=160\ \text{N/mm}^2$，故角焊缝承受的力

$$N=\frac{3P}{5}=\frac{3\times150}{5}=90\ \text{kN}$$

$$V=\frac{4P}{5}=\frac{4\times150}{5}=120\ \text{kN}$$

$$M=Ne=90\times2=180\ \text{kN·cm}$$

考虑到连接板件厚度为 10 mm，受静力荷载，取 $h_f=8$ mm

确定危险点，计算危险点应力，焊缝下端点最危险，故该点各项应力

$$\sigma_M=\frac{M}{W_w}=\frac{6\times180\times10^4}{0.7\times8\times(200-2\times8)^2\times2}=28.5\ \text{N/mm}^2$$

$$\sigma_N=\frac{N}{A_w}=\frac{90\times10^3}{0.7\times8\times(200-2\times8)\times2}=43.7\ \text{N/mm}^2$$

$$\tau_f=\frac{V}{A_w}=\frac{120\times10^3}{0.7\times8\times(200-2\times8)\times2}=58.2\ \text{N/mm}^2$$

$$\sqrt{\left(\frac{28.5+43.7}{1.22}\right)^2+58.2^2}=83\ \text{N/mm}^2<f_f^w=160\ \text{N/mm}^2$$

焊缝强度富裕量较大是因为节点板尺寸较大的缘故，而节点板尺寸常由其他构造要求决定。

4）侧面角焊缝的最大计算长度。侧面角焊缝沿长度方向受力不均匀，两端大而中间小，且随焊缝长度与其焊脚尺寸之比的增大而差别增大。当焊缝过长时，焊缝两端应力可能达到极限，两端首先出现裂缝，而焊缝中部还未充分发挥其承载力。因而，《钢结构设计标准》(GB 50017—2017)规定，侧面角焊缝的最大计算长度取 $l_w\leqslant60h_f$。当实际长度大于上述规定数值时，其超过部分在计算中不予考虑；当内力沿侧面角焊缝全长分布时，其计算长度不受此限制。如 I 形截面柱或梁的翼缘与腹板的连接焊缝等。

5）最小计算长度。角焊缝焊脚大而长度过小时，将使焊件局部加热严重，并且起弧、灭弧的弧坑相距太近，以及能产生其他缺陷，使焊缝不够可靠。因此，《钢结构设计标准》(GB 50017—2017)规定，$l_w\leqslant8h_f$ 且 $l_w\geqslant40$ mm。

6）当板件端部仅用两侧面角焊缝连接时，为避免应力传递的过分弯折而使构件中应力不均匀,《钢结构设计标准》(GB 50017—2017)规定,侧面角焊缝长度 $l_w \geq b$,如图 12-24(a)所示。

为避免焊缝横向收缩时引起板件拱曲太大,如图 12-24(b) 所示,《钢结构设计标准》(GB 50017—2017)规定,$b \leq 16t(t > 12 \text{ mm})$ 或 $190 \text{ mm}(t \leq 12 \text{ mm})$($t$ 为较薄焊件厚度)。当宽度 b 不满足上述规定时,应加正面角焊缝。

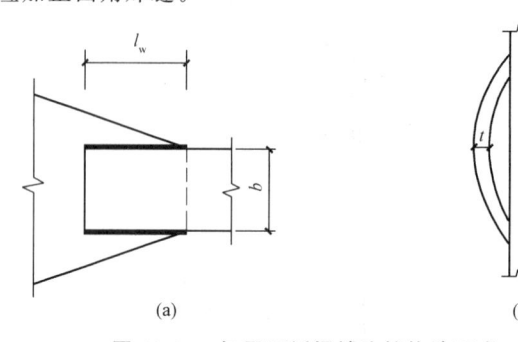

图 12-24 仅用两侧焊缝连接构造要求
(a)侧面角焊缝长度;(b)焊缝横向收缩引起板件拱曲

7)在搭接连接中,为了减少焊缝收缩产生的残余应力及偏心产生的附加弯矩,规定搭接长度 $l_d \geq 5t_{\min}$,且不得小于 25 mm,如图 12-25 所示。

8)当角焊缝的端部在构件的转角处时,为了避免建筑结构起弧、灭弧的缺陷发生在应力集中较严重的转角处,规定在转角处做长度为 $2h_f$ 的绕角焊,且在施焊时必须在转角处连续焊(不能断弧),如图 12-26 所示。

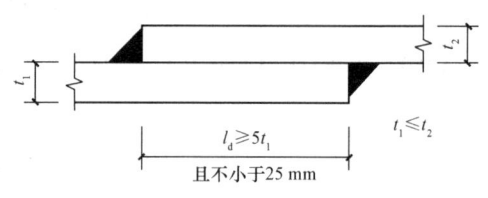

图 12-25 搭接长度要求

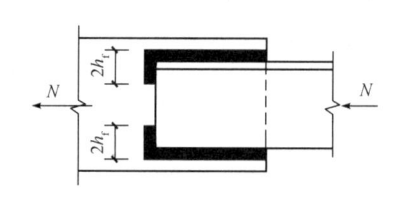

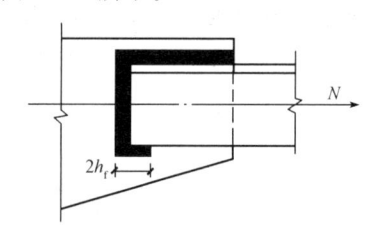

图 12-26 角焊缝的绕角焊

2. 角焊缝的计算

(1)直角角焊缝强度计算的基本公式。由于角焊缝受力后的应力分布很复杂,很难用精确的方法计算。实际计算时采用简化的方法,假定角焊缝的破坏截面在最小截面(45°喉部截面),其计算厚度为 $h_e = h_f \cos 45° = 0.7h_f$,其面积为 $h_e l_w$(l_w 为角焊缝的计算长度),该截面称为角焊缝的计算截面,并假定截面上的应力沿焊缝长度方向均匀分布。

《钢结构设计标准》(GB 50017—2017)规定,角焊缝计算公式为

$$\sqrt{\left(\frac{\sigma_f}{\beta_f}\right)^2 + \tau_f^2} \leq f_f^w \tag{12-10}$$

式中 σ_f——按焊缝有效截面计算,垂直于焊缝长度方向的应力;

τ_f——按焊缝有效截面计算,平行于焊缝长度方向的应力;

β_f——正面角焊缝的强度设计值增大系数,《钢结构设计标准》(GB 50017—2017)规定:承受静力荷载或间接动力荷载的结构取 1.22;对直接承受动力荷载的结构取 1.0;

f_f^w——角焊缝强度设计值。

(2)角焊缝受轴心力作用时的计算。当作用力(拉力、压力、剪力)通过角焊缝的形心时,可认为焊缝的应力为均匀分布。因作用力方向与焊缝长度方向间关系的不同,故在应用式(12-10)计算时 τ_f、σ_f 应分别为:

1)侧面角焊缝(作用力平行于焊缝长度方向):

$$\tau_f = \frac{N}{h_e l_w} \leqslant f_f^w \tag{12-11}$$

式中 l_w——角焊缝的计算长度,对每条焊缝等于实际长度减 $2h_f$。

2)正面角焊缝(作用力垂直于焊缝长度方向):

$$\sigma_f = \frac{N}{h_e l_w} \leqslant \beta_f f_f^w \tag{12-12}$$

两个方向的力共同作用的角焊缝,应分别计算两个方向力作用下的 σ_f 和 τ_f,然后按式(12-10)计算即可。

3)周围角焊缝。由侧面、正面和斜向角焊缝组成的周围角焊缝,假设破坏时各部分都达到了各自的极限强度,则计算公式为

$$\frac{N}{\sum(\beta_f h_e l_w)} \leqslant f_f^w \tag{12-13}$$

对承受静力或间接动力荷载的结构,式(12-13)中 β_f 按下列规定采用:侧面角焊缝部分取 $\beta_f = 1.0$;正面角焊缝部分取 $\beta_f = 1.22$;斜向角焊缝部分按 $\beta_f = \beta_\theta = 1/\sqrt{1-\sin(2\theta)/3}$ 计算(β_θ 为斜向角焊缝强度增大系数,其值为 1.0~1.22)。表 12-3 列出了轴心力与焊缝长度方向的夹角 θ 与 $\beta_{f\theta}$ 的关系。对直接承受动力荷载的结构,则一律取 $\beta_f = 1.0$。

表 12-3 $\beta_{f\theta}$ 值

θ	0°	20°	30°	40°	45°	50°	60°	70°	80°~90°
$\beta_{f\theta}$	1	1.02	1.04	1.08	1.10	1.11	1.15	1.19	1.22

【**例 12-4**】 如图 12-27 所示,焊缝连接采用三面围焊,承受的轴心拉力设计值 $N = 1\,000$ kN。钢材为 Q235B 钢,焊条为 E43 型,试验算此连接焊缝是否满足要求。

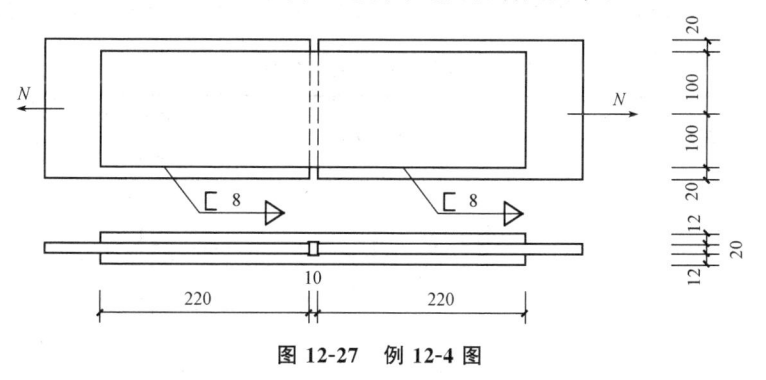

图 12-27 例 12-4 图

【**解**】 确定角焊缝的焊脚尺寸 h_f:

取 $h_f = 8$ mm,则 $h_f \leqslant h_{f\max} = t - (1\sim2) = 12 - (1\sim2) = 10\sim11$(mm)

$$h_f < 1.2 t_{\min} = 1.2 \times 12 = 14.4 \text{(mm)}$$

根据表 12-2 可知,$h_f = 6$ mm

查得角焊缝强度设计值 $f_f^w = 160$ N/mm²,故正面角焊缝承受的力

$$N_1 = 2h_e l_{w1} \beta_f f_f^w = 2 \times 0.7 \times 8 \times 200 \times 1.22 \times 160 \times 10^{-3} = 437 \text{(kN)}$$

183

则侧面角焊缝承受的力为 $N_2 = N - N_1 = 1\,000 - 437 = 563 (\text{kN})$，则

$$\tau_f = \frac{N_2}{4 \times 0.7 h_e l_{w2}} = \frac{563 \times 10^3}{4 \times 0.7 \times 6 \times 220} = 152.33 (\text{N/mm}^2) < f_f^w = 160 \text{ N/mm}^2$$

故满足要求。

(3) 角钢连接的角焊缝计算。在钢桁架中，杆件一般采用角钢，各杆件与连接板用角焊缝连接在一起，连接焊缝可以采用两面侧焊、三面围焊和L形围焊三种形式，如图12-28所示。为了避免焊缝偏心受力，焊缝传递的合力作用线应与角钢的轴线重合。

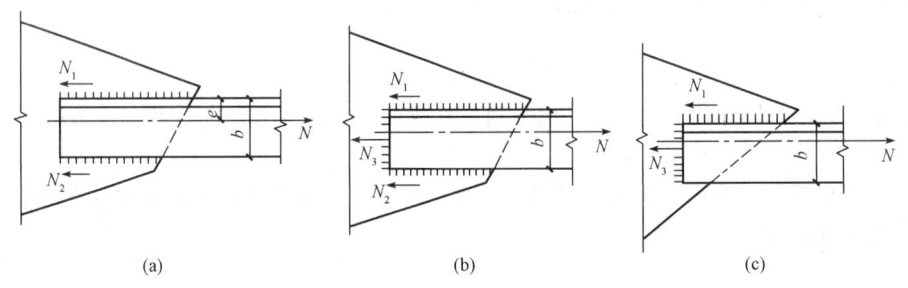

图 12-28 角钢与钢板的角焊缝连接形式
(a) 两面侧焊；(b) 三面围焊；(c) L形围焊

1) 采用两侧面角焊缝连接，如图12-28(a)所示。虽然轴心力通过截面形心，但由于截面形心到角钢肢背和肢尖的距离不等，因此，肢背焊缝和肢尖焊缝承担的内力也不相等。设 N_1、N_2 分别为角钢肢背和肢尖焊缝承担的内力，由平衡条件 $\sum M = 0$，可得

$$N_1 = \frac{b-e}{b}N = K_1 N \tag{12-14}$$

$$N_2 = \frac{e}{b}N = K_2 N \tag{12-15}$$

式中 b——角钢肢宽；

e——角钢的形心轴到肢背的距离（查型钢表获取）；

K_1、K_2——角钢肢背、肢尖焊缝的内力分配系数，可按表12-4的近似值取用。

表 12-4 角钢角焊缝内力分配系数表

角钢类型		等边角钢	不等边角钢（短边相连）	不等边角钢（长边相连）
连接情况				
分配系数	角钢肢背 K_1	0.70	0.75	0.65
	角钢肢尖 K_2	0.30	0.25	0.35

2) 采用三面围焊连接，如图12-28(b)所示。先根据构造要求选取正面角焊缝的焊脚尺寸 h_{f3}，计算其所能承担的内力 N_3（设截面为双角钢组成的T形截面）。

$$N_3 = 2 \times 0.7 h_{f3} b \beta_f f_f^w \tag{12-16}$$

由平衡条件可得

$$N_1 = K_1 N - \frac{N_3}{2} \quad (12\text{-}17)$$

$$N_2 = K_2 N - \frac{N_3}{2} \quad (12\text{-}18)$$

3) 采用 L 形围焊，如图 12-28(c)所示。

令式(12-18)中的 $N_2 = 0$，可得

$$N_3 = 2K_2 N \quad (12\text{-}19)$$

则

$$N_1 = N - N_3 = (1 - 2K_2)N \quad (12\text{-}20)$$

根据以上计算求得各条焊缝的内力后，按构造要求确定肢背与肢尖焊缝的焊脚尺寸，可计算出肢背与肢尖焊缝的计算长度。对于双角钢组成的 T 形截面：

肢背的一条侧面角焊缝长

$$l_{w1} = \frac{N_1}{2 \times 0.7 h_{f1} f_f^w} \quad (12\text{-}21)$$

式中　h_{f1}——角钢肢背焊缝的焊脚尺寸。

肢尖的一条侧面角焊缝长

$$l_{w2} = \frac{N_2}{2 \times 0.7 h_{f2} f_f^w} \quad (12\text{-}22)$$

式中　l_{w2}——角钢肢尖焊缝的焊脚尺寸。

每条侧面角焊缝的实际长度，应根据施焊情况和连接类型确定：用围焊相连（三面围焊或L形围焊），焊缝的实际长度为 $l = l_w + h_f$；两侧面角焊缝连接，每条侧面角焊缝的实际长度为 $l = l_w + 2h_f$；绕焊的侧面角焊缝，其焊缝实际长度为 $l = l_w$（绕角焊缝长度 $2h_f$ 不计入计算长度）。

【例 12-5】 如图 12-29 所示，2∟100 mm×10 mm 的角钢与厚度为 14 mm 的节点板连接，轴心力设计值 $N = 450$ kN（静力荷载），钢材为 Q235 钢，手工电弧焊，采用两侧面角焊缝连接，试确定肢背和肢尖所需的实际焊缝长度。

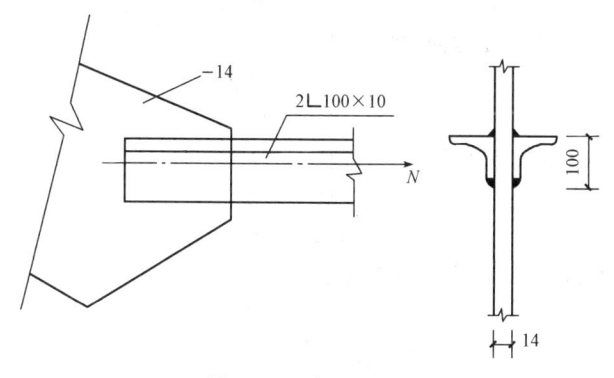

图 12-29　例 12-5 图

【解】 设角钢肢背、肢尖及端部焊缝尺寸相同，取 $h_f = 8$ mm，则

$$h_f \leqslant t - (1 \sim 2) = 10 - (1 \sim 2) = 8 \sim 9 (\text{mm})$$

$$h_f < 1.2 t_{\min} = 1.2 \times 10 = 12 (\text{mm})$$

根据表 12-2 可知，$h_f \geqslant 6$ mm。

由《钢结构设计标准》(GB 50017—2017)查得，角焊缝强度设计值 $f_f^w = 160$ N/mm²。由表 12-4 查得，焊缝内力分配系数为 $K_1 = 0.70$，$K_2 = 0.30$。

角钢肢背和肢尖焊缝承受的内力分别为

$$N_1 = K_1 N = 0.7 \times 450 = 315 (\text{kN}); \quad N_2 = K_2 N = 0.3 \times 450 = 135 (\text{kN})$$

肢背和肢尖焊缝需要的实际长度为

$$l_{w1} = \frac{N_1}{2h_e f_f^w} + 2h_f = \frac{315 \times 10^3}{2 \times 0.7 \times 8 \times 160} + 2 \times 8 = 192 (\text{mm}),\ 取\ 200\ \text{mm};$$

$$l_{w2} = \frac{N_2}{2h_e f_f^w} + 2h_f = \frac{135 \times 10^3}{2 \times 0.7 \times 8 \times 160} + 2 \times 8 = 91 (\text{mm}),\ 取\ 100\ \text{mm}。$$

(4) 弯矩、剪力和轴心力共同作用时 T 形连接的角焊缝计算。图 12-30(a)所示为一受斜向偏心拉力 F 作用的角焊缝连接的 T 形接头。将作用力 F 分解并向焊缝形心简化，角焊缝同时承受轴心力 $N = F_x$、剪力 $V = F_y$ 和弯矩 $M = Ve$ 的共同作用。焊缝计算截面上的应力分布如图 12-30(b)所示，其中 A 点应力最大，为危险点。

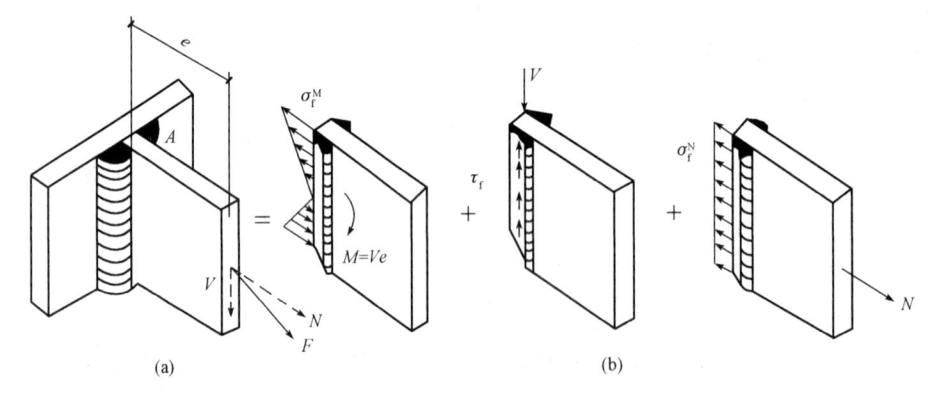

图 12-30 弯矩、剪力和轴心力共同作用时 T 形连接的角焊缝
(a) T 形接头；(b) 应力分布

由 N 产生的垂直于焊缝长度方向的应力为

$$\sigma_f^N = \frac{N}{A_w} = \frac{N}{2h_e l_w} \tag{12-23}$$

由 M 产生的垂直于焊缝长度方向的应力为

$$\sigma_f^M = \frac{M}{W_w} = \frac{6M}{2h_e l_w^2} \tag{12-24}$$

由 V 产生的平行于焊缝长度方向的应力为

$$\tau_f = \frac{V}{A_w} = \frac{V}{2h_e l_w} \tag{12-25}$$

代入式(12-10)，焊缝上 A 点的应力应满足

$$\sqrt{\left(\frac{\sigma_f^N + \sigma_f^M}{\beta_f}\right)^2 + \tau_f^2} \leqslant f_f^w \tag{12-26}$$

仅有弯矩和剪力共同作用时，焊缝上 A 点的应力应满足

$$\sqrt{\left(\frac{\sigma_f^M}{\beta_f}\right)^2 + \tau_f^2} \leqslant f_f^w \tag{12-27}$$

式中 A_w——角焊缝的有效截面面积；

W_w——角焊缝的有效截面模量。

【例 12-6】 试计算如图 12-31 所示钢板与柱翼缘的连接角焊缝的强度。已知 $N = 390$ kN(设计值)，与焊缝之间的夹角 $\theta = 60°$，钢材为 Q235 钢，手工电弧焊，焊条为 E43 型。

图 12-31 例 12-6 图

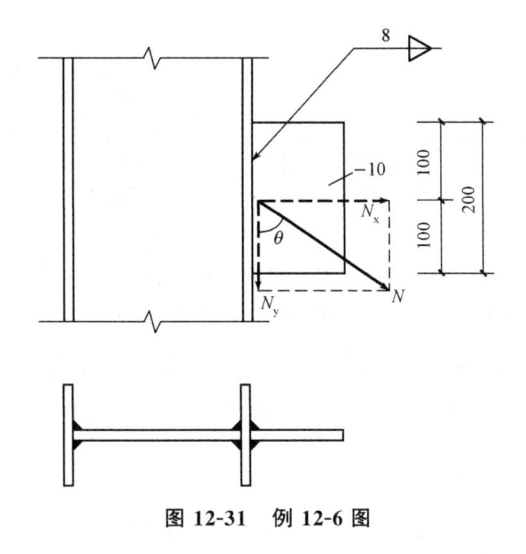

【解】 查得 $f_f^w = 160 \text{ N/mm}^2$。

$$N_x = N\sin\theta, \quad N_y = N\cos\theta$$

$$\sigma_f = \frac{N_x}{A_w} = \frac{N\sin\theta}{2 \times 0.7 h_f l_w} = \frac{390 \times 10^3 \times \sin60°}{2 \times 0.7 \times 8 \times (200-2\times8)} = 163.89(\text{N/mm}^2)$$

$$\tau_f = \frac{N_y}{A_w} = \frac{N\cos\theta}{2 \times 0.7 h_f l_w} = \frac{390 \times 10^3 \times \cos60°}{2 \times 0.7 \times 8 \times (200-2\times8)} = 94.62(\text{N/mm}^2)$$

$$\sqrt{\left(\frac{\sigma_f}{\beta_f}\right)^2 + \tau_f^2} = \sqrt{\left(\frac{163.89}{1.22}\right)^2 + 94.62^2} = 164.32(\text{N/mm}^2) > f_f^w = 160 \text{ N/mm}^2$$

故不满足要求，焊缝不安全。

12.2.7 焊接残余应力和残余变形

1. 焊接残余应力和残余变形产生的原因

钢结构构件或节点在焊接过程中，局部区域受到很强的高温作用，在此不均匀的加热和冷却过程中产生的变形称为焊接残余变形。焊接后冷却时，焊缝与焊缝附近的钢材不能自由收缩，由该约束所产生的应力称为焊接残余应力。

焊接残余应力按其与焊缝长度方向或厚度方向的关系可分为纵向残余应力、横向残余应力和厚度方向残余应力。纵向残余应力是沿着焊缝长度方向的应力，焊接高温使焊缝周围产生塑性压缩，冷却时收缩受到限制，焊缝区受拉，焊缝区以外受压。横向残余应力是垂直于焊缝长度方向且平行于构件表面的应力，纵向收缩产生反向变形，中间受拉，两端受压；先焊接面限制后焊接变形中间受压，两端受拉应力叠加。厚度方向残余应力是垂直于焊缝长度方向且垂直于构件表面的应力，表面先冷却限制内部收缩，内部受拉，表面受压。

焊接残余变形是由于焊接过程中焊区的收缩变形引起的，表现为构件局部的鼓起、歪曲、弯曲或扭曲等，主要有纵向收缩和横向收缩变形、弯曲变形、角变形、波浪变形、扭曲变形等，如图 12-32 所示。

2. 焊接残余应力和残余变形的危害

无外加约束的情况下，焊接残余应力是自相平衡的内应力。因此，焊接残余应力对在常温下承受静力荷载的结构的承载力没有影响，但会降低构件的刚度和稳定性。因焊缝中存在三向同号应力，阻碍了塑性变形，使裂缝容易发生和开展，因此疲劳强度降低。

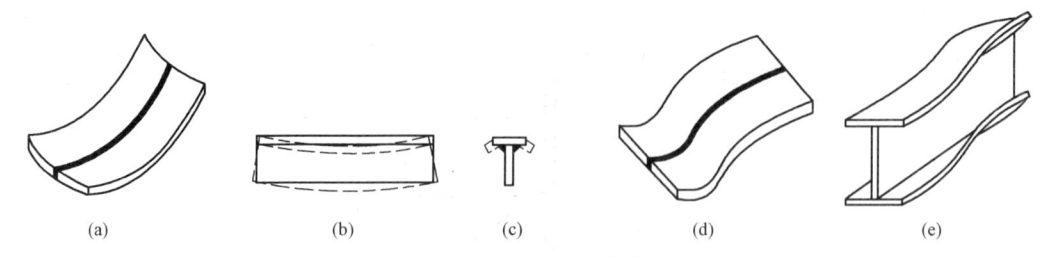

图 12-32　焊接残余变形

(a)纵向收缩和横向收缩变形；(b)弯曲变形；(c)角变形；(d)波浪变形；(e)扭曲变形

焊接残余变形会使构件不能保持正确的设计尺寸及位置，使安装发生困难，甚至可能影响结构的工作。例如，轴心压杆，因焊接发生了弯曲变形，变成了压弯构件，故强度和稳定承载力都会降低。

3. 减少焊接残余应力和残余变形的措施

(1)设计上的措施。选用适宜的焊脚尺寸和焊缝长度；焊缝对称布置，尽量避免焊缝过度集中和多方向相交；连接过渡尽量平缓；焊缝布置应尽可能考虑施焊方便，避免仰焊。

(2)工艺方面的措施。采用合理的施焊次序。图 12-33(a)所示的长焊缝采用分段退焊，图 12-33(b)所示的厚焊缝采用分层焊，图 12-33(c)所示的钢板采用分块拼接，以及图 12-33(d)所示的 I 形截面采用对角跳焊。

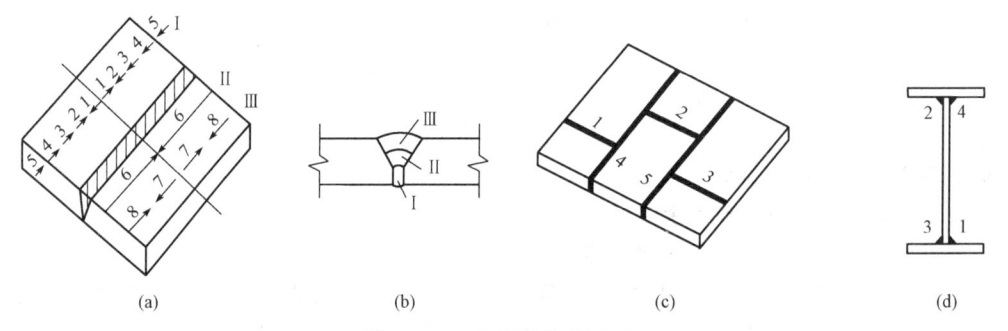

图 12-33　合理的施焊次序

(a)分段退焊；(b)分层焊；(c)钢板分块拼接；(d)对角跳焊

(3)采用反向预变形，如图 12-34 所示，即施焊前给构件一个与焊接变形相反的变形，使之与焊接所引起的变形相抵消，从而减少最终的焊接变形量。

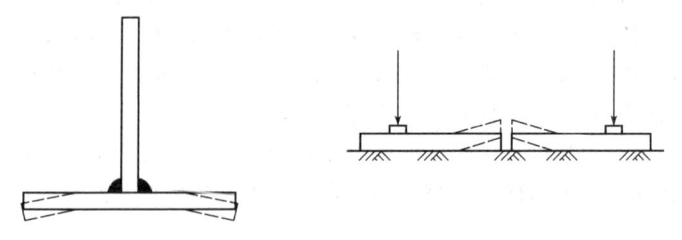

图 12-34　减少焊接变形的措施

(4)对已产生变形的构件，可局部加热后用机械的方法进行校正。

(5)对小尺寸的构件，可在焊前预热，或焊后回火加热到 600 ℃左右，然后缓慢冷却，可部分消除焊接残余应力。焊接后对焊件进行锤击，也可以减少焊接残余应力与残余变形。

12.3 普通螺栓连接

12.3.1 普通螺栓连接的构造

1. 螺栓的规格

钢结构工程中采用的普通螺栓形式为六角头型，其代号用字母 M 与公称直径的毫米数表示，建筑工程常用 M16、M20、M24 等螺栓。

钢结构施工图采用的螺栓及孔的图例见表 12-5。

表 12-5 钢结构施工图采用的螺栓及孔的图例

序号	名称	图例	说明
1	永久螺栓		
2	安装螺栓		
3	高强度螺栓		1. 细"＋"线表示定位线。 2. ϕ 表示螺栓孔直径。 3. M 表示螺栓型号
4	圆形螺栓孔		
5	长圆形螺栓孔		

2. 螺栓的排列

螺栓的排列应简单紧凑、整齐划一并便于安装紧固，通常采用并列和错列两种形式，如图 12-35 所示。其特点：并列简单，但螺栓孔对截面削弱较大；错列紧凑，减少截面削弱，但排列较繁杂。

无论采用哪种排列方法，螺栓间距及螺栓到构件边缘的距离应满足下列要求：

(1)受力要求：螺栓间距及螺栓到构件边缘的距离不应太小，以免螺栓之间的钢板截面削弱过大造成钢板被拉断，或边缘处螺栓孔前的钢板被冲剪断。对于受压构件，平行于力方向的螺栓间距不应过大，否则螺栓间钢板可能鼓曲。

(2)构造要求：螺栓中距及边距不应过大，否则被连接的钢板不能紧密贴合，潮气容易侵入缝隙，引起钢板锈蚀。

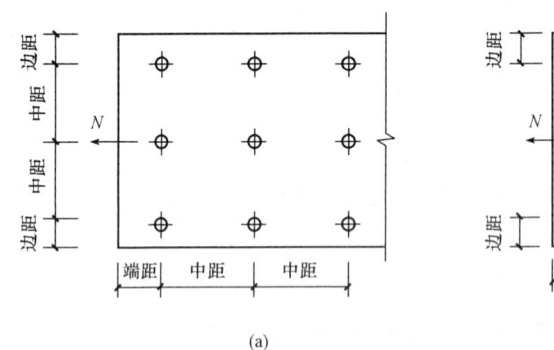

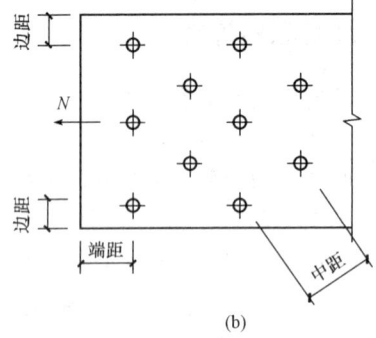

图 12-35 螺栓的排列
(a)并列；(b)错列

(3)施工要求：螺栓间距应有足够的空间，以便于转动扳手，拧紧螺母。

《钢结构设计标准》(GB 50017—2017)规定了螺栓孔距、端距及边距的容许值，见表12-6。

型钢（普通工字钢、角钢和槽钢）上的螺栓排列，除要满足表12-6的要求外，还应注意不要在靠近截面倒角和圆角处打孔，并应分别符合表12-7～表12-9的要求。

表12-6 螺栓或铆钉的孔距、边距和端距容许值

名称	位置和方向			最大容许间距（取两者的较小值）	最小容许间距
中心间距	外排（垂直内力方向或顺内力方向）			$8d_0$ 或 $12t$	$3d_0$
	中间排	垂直内力方向		$16d_0$ 或 $24t$	
		顺内力方向	构件受压力	$12d_0$ 或 $18t$	
			构件受拉力	$16d_0$ 或 $24t$	
	沿对角线方向			—	
中心至构件边缘的距离	顺内力方向			$4d_0$ 或 $8t$	$2d_0$
	垂直内力方向	剪切边或手工切割边			$1.5d_0$
		轧制边、自动气割或锯割边	高强度螺栓		$1.2d_0$
			其他螺栓或铆钉		

注：①d_0 为螺栓孔或铆钉孔直径，对槽孔为矩向尺寸；t 为外层较薄板件的厚度。
②钢板边缘与刚性构件（如角钢、槽钢等）相连的螺栓或铆钉的最大间距，可按中间排的数值采用。
③计算螺栓孔引起的截面削弱时可取 $d+4$ mm 和 d_0 的较大者

表12-7 角钢上螺栓线距表　　　　　　　　　　　　　　　　mm

单行排列	b	45	50	56	63	70	75	80	90	100	110	125
	e	25	30	30	35	40	45	45	50	55	60	70
	$d_{0\max}$	13.5	15.5	17.5	20	22	22	24	24	24	26	26
双行错列	b	125	140	160	180	200	双行并列	b	140	160	180	200
	e_1	55	60	65	65	80		e_1	55	60	65	80
	e_2	35	45	50	80	80		e_2	60	70	80	80
	$d_{0\max}$	24	26	26	26	26		$d_{0\max}$	20	22	24	28

190

表 12-8　普通工字钢上螺栓线距表　　　　　　　　　　　　　　　　　　　　mm

型号		10	12.6	14	16	18	20	22	25	28	32	36	40	45	50	56	63
翼缘	a	36	42	44	44	50	54	54	64	64	70	74	80	84	94	104	110
	d_{0max}	11.5	11.5	13.5	15.5	17.5	17.5	20	22	22	22	24	24	26	26	26	26
腹板	c_{max}	35	35	40	45	50	50	50	60	60	65	65	70	75	75	80	80
	d_{0max}	9.5	11.5	13.5	15.5	17.5	17.5	20	22	22	22	24	24	26	26	26	26

表 12-9　普通槽钢上螺栓线距表　　　　　　　　　　　　　　　　　　　　mm

型号		5	6.3	8	10	12.6	14	16	18	20	22	25	28	32	36	40
翼缘	a	20	22	25	28	30	35	35	40	45	45	50	50	50	60	60
	d_{0max}	11.5	11.5	13.5	15.5	17.5	17.5	20	22	22	22	24	24	26	26	26
腹板	c_{max}	—	—	—	35	45	45	50	55	55	60	60	65	70	75	75
	d_{0max}	—	—	—	11.5	13.5	17.5	17.5	20	22	22	22	24	24	26	26

注：d_{0max} 为最大孔径

3. 螺栓连接的构造要求

螺栓连接除应满足上述螺栓排列的限值要求外，根据不同情况还应满足下列构造要求。

(1) 为使连接可靠，每一杆件在节点上及拼接接头的一端，不宜少于两个永久性螺栓。对于组合构件的缀条，其端部连接可采用一个螺栓。

(2) 直接承受动力荷载的普通受拉螺栓连接，应采用双螺母或其他防止螺母松动的有效措施，如采用弹簧垫圈、将螺母和螺杆焊死等。

(3) C 级螺栓与孔壁的间隙较大，宜用于沿其杆轴方向受拉的连接。承受静力荷载或间接承受动力荷载结构中的次要连接、承受静力荷载的可拆卸结构的连接和临时固定构件用的安装连接中，也可用 C 级螺栓受剪。但在重要的连接中，例如：吊车梁或制动梁上翼缘与柱的连接，由于传递制动梁的水平支承反力，同时受到反复动力荷载作用，所以，不得采用 C 级螺栓；制动梁与吊车梁上翼缘的连接，承受着反复的水平制动力和卡轨力，应优先采用高强度螺栓；柱间支撑与柱的连接，以及在柱间支撑处吊车梁下翼缘与柱的连接等承受剪力较大的部位，均不得采用 C 级螺栓承受剪力。

(4) 由于型钢的抗弯刚度较大，采用高强度螺栓时不容易使摩擦面紧密贴合，故其拼接件宜采用钢板。

12.3.2　普通螺栓连接的受力性能

螺栓连接按螺栓传力方式可分为受剪螺栓连接、受拉螺栓连接和同时受拉受剪螺栓连接，如图 12-36 所示。受剪螺栓连接是连接受力后使被连接件的接触面产生相对滑移倾向的螺栓连接，它依靠螺杆的受剪和螺杆对孔壁的挤压来传递垂直于螺杆方向的外力；受拉螺栓连接是连接受力后使被连接件的接触面产生相互脱离倾向的螺栓连接，它由螺杆直接承受拉力来传递平行于螺杆的外力；连接受力后产生相对滑移和脱离倾向的螺栓连接是同时受拉受剪螺栓连接，它依靠螺杆的承压、受剪和直接承受拉力来传递外力。

1. 受剪螺栓连接

受剪螺栓受力后，当外力不大时，由构件间的摩擦力来传递外力。当外力增大超过极限摩擦力后，构件间相对滑移，螺杆开始接触构件的孔壁而受剪，孔壁则受压。

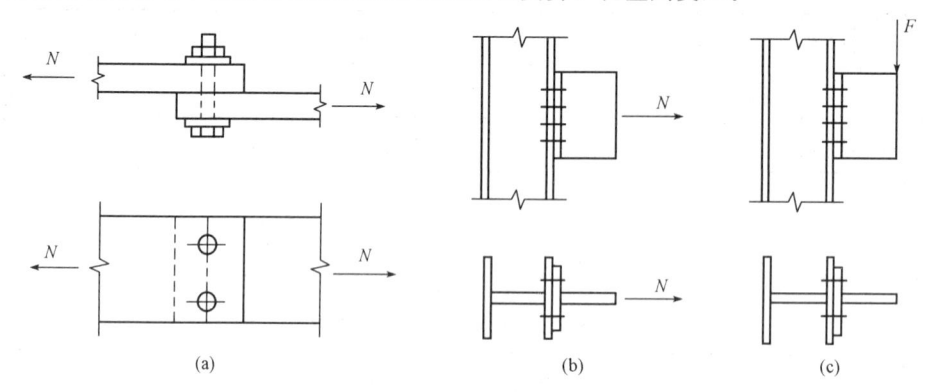

图 12-36　普通螺栓连接按传力方式分类
(a)受剪螺栓连接；(b)受拉螺栓连接；(c)同时受拉受剪螺栓连接

当连接处于弹性阶段时，螺栓群中的各螺栓受力不等，两端大，中间小；当外力继续增大，达到塑性阶段时，各螺栓承担的荷载逐渐接近，最后趋于相等直到破坏，如图 12-37 所示。

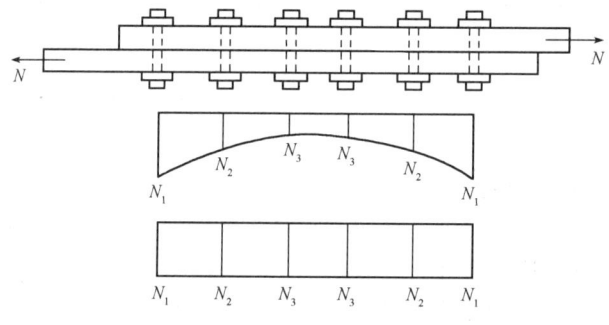

图 12-37　螺栓的内力分布

连接工作经历了三个阶段：弹性阶段、相对滑移阶段、弹塑性阶段。

受剪螺栓连接在荷载的作用下，可能有五种破坏形式(图 12-38)：①螺杆被剪断[图 12-38(a)]；②板件被挤压破坏或螺栓承压破坏[图 12-38(b)]；③板件被拉断[图 12-38(c)]；④板件端部被冲剪破坏[图 12-38(d)]；⑤螺杆弯曲破坏[图 12-38(e)]。

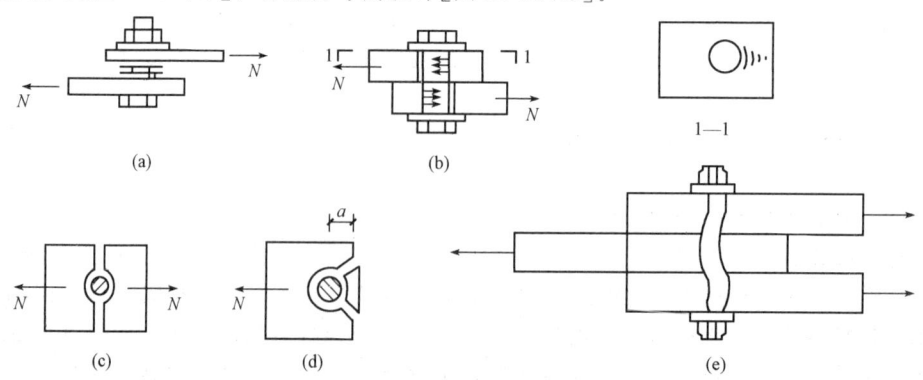

图 12-38　受剪螺栓连接的破坏形式
(a)螺杆被剪断；(b)板件被挤压破坏或螺栓承压破坏；(c)板件被拉断；
(d)板件端部被冲剪破坏；(e)螺杆弯曲破坏

为保证螺栓连接能安全承载，对第①、②种破坏，通过计算单个螺栓的承载力来控制；对第

③种破坏，通过验算构件净截面强度来控制；对第④、⑤种破坏，通过采取一定构造措施来控制，保证螺栓间距及边距不小于表 12-6 的规定，可避免构件端部板被剪坏，限制板叠厚度不超过螺杆直径的 5 倍，可防止螺杆弯曲破坏。

2. 受拉螺栓连接

受拉螺栓连接的破坏形式一般表现为螺杆被拉断，拉断的部位通常在螺纹削弱的截面处。

图 12-39(a)所示为柱翼缘与牛腿用螺栓连接。螺栓群在弯矩作用下，连接的上部牛腿与翼缘有分离的趋势，使螺栓群的旋转中心下移。通常近似假定螺栓群绕最底排螺栓旋转，各排螺栓所受拉力的大小与该排螺栓到转动轴线的距离 y 成正比。因此，顶排螺栓(1 号)所受拉力最大，如图 12-39(b)所示。

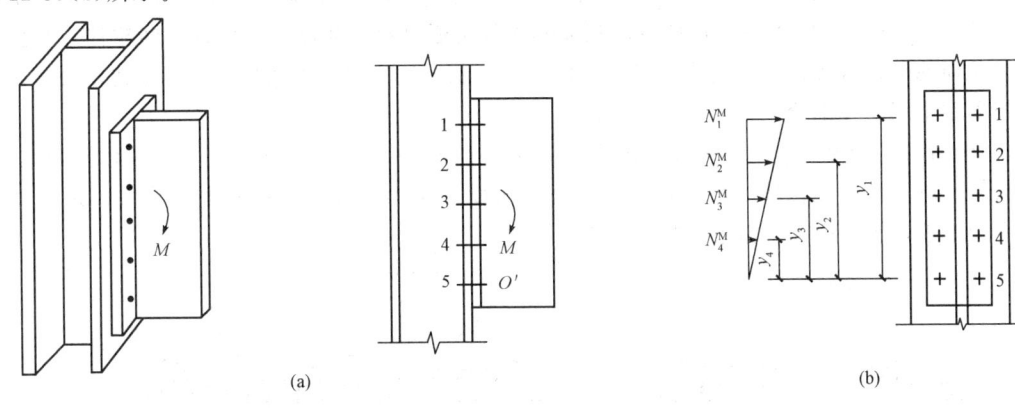

图 12-39 弯矩作用下的受拉螺栓
(a)柱翼缘与牛腿用螺栓连接；(b)各排螺栓所受拉力的大小与该排螺栓到转动轴线的距离成正比

3. 同时受拉受剪螺栓连接

如图 12-40 所示，螺栓群承受偏心力 F 的作用，将 F 向螺栓群简化，可知螺栓群同时承受剪力 $V=F$ 和弯矩 $M=Fe$ 的作用。

同时承受剪力和拉力作用的普通螺栓连接，应考虑以下两种可能的破坏形式：

(1)螺杆受剪力兼受拉力破坏；
(2)孔壁承压破坏。

对于 C 级螺栓，一般不允许受剪(承受静力荷载的次要连接或临时安装连接除外)，可设置承托承受剪力，螺栓只承受弯矩产生的拉力。

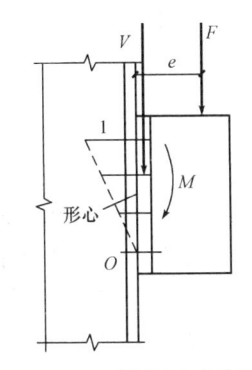

图 12-40 螺栓同时承受拉力和剪力作用

12.4 高强度螺栓连接

高强度螺栓连接有摩擦型和承压型两种。摩擦型高强度螺栓的连接较承压型高强度螺栓的连接变形小，承载力小，耐疲劳，抗动力荷载性能好；承压型高强度螺栓连接承载力大，抗剪变形大，所以一般仅用于承受静力荷载和间接动力荷载结构中的连接。

高强度螺栓的构造和排列要求，除螺杆与孔径的差值较小外，与普通螺栓相同。

高强度螺栓安装时将螺母拧紧，使螺杆产生预拉力而压紧构件接触面，靠接触面的摩擦来阻止连接板相互滑移，以达到传递外力的目的。

12.4.1 高强度螺栓的材料和性能等级

目前，我国采用的高强度螺栓性能等级，按热处理后的强度分为 8.8 级和 10.9 级。8.8 级的高强度螺栓采用中碳钢中的 45 钢和 35 钢制成。10.9 级的高强度螺栓采用 20MnTiB 钢（20 锰钛硼）、40B（40 硼）钢和 35VB（35 钒硼）钢制成；螺母常用 45 钢、35 钢和 15MnVB（15 锰钒硼）钢制成。垫圈常用 45 钢和 35 钢制成。螺栓、螺母、垫圈制成品均应经过热处理，以达到规定的指标要求。

12.4.2 高强度螺栓的紧固方法和预拉力

1. 高强度螺栓的紧固方法

高强度螺栓和与之配套的螺母和垫圈合称连接副。我国现有的高强度螺栓有大六角头型和扭剪型两种，如图 12-41 所示。这两种高强度螺栓都是通过拧紧螺母，使螺杆受到拉伸，产生预拉力，从而使被连接板件之间产生压紧力。但具体控制方法不同，大六角头型采用转角法和扭矩法；扭剪型采用扭掉螺栓尾部的梅花卡头法。

(1) 转角法。转角法先用普通扳手初拧，使被连接板件相互紧密贴合，再以初拧位置为起点，用长扳手或风动扳手旋转螺母至终拧角度。终拧角度与螺栓直径和连接件厚度有关。这种方法无须专用扳手，工具简单，但不够精确。

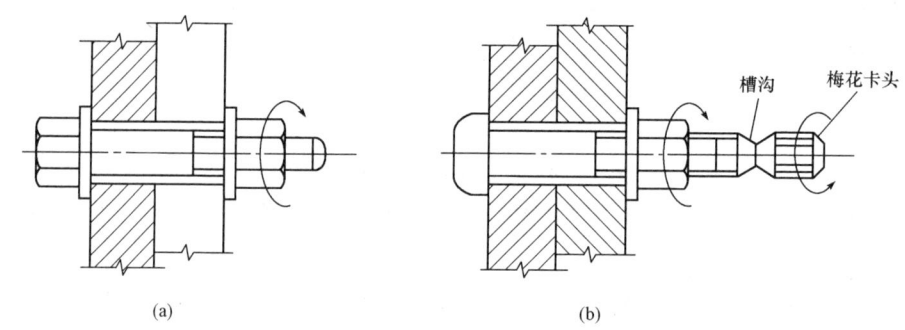

图 12-41 高强度螺栓
(a) 大六角头型；(b) 扭剪型

(2) 扭矩法。扭矩法用一种可直接显示扭矩大小的特制扳手来实现。先用普通扳手初拧（不小于终拧扭矩值的 50%），使连接件紧贴，然后用定扭矩测力扳手终拧。终拧扭矩值按预先测定的扭矩与螺栓拉力之间的关系确定，使拧时偏差不得超过 ±10%。

(3) 扭掉螺栓尾部的梅花卡头法。这种方法在紧固时用特制的电动扳手，这种扳手有两个套筒，外套筒套在螺母六角体上，内套筒套在螺栓的梅花卡头上。接通电源后，两个套筒按相反方向转动，螺母逐步拧紧，梅花卡头的环形槽沟受到越来越大的剪力，当达到所需要的紧固力时，环形槽沟处剪断，梅花卡头掉下，这时螺栓预拉力达到设计值，安装结束。安装后一般不拆卸。

2. 高强度螺栓的预拉力

高强度螺栓的预拉力值应尽量高一些，但必须保证螺栓在拧紧过程中不会屈服或断裂，因此，控制预拉力是保证连接质量的重要因素之一。预拉力值与螺栓的材料强度和有效截面等因素有关，《钢结构设计标准》(GB 50017—2017) 规定其计算公式为

$$P = \frac{0.9 \times 0.9 \times 0.9}{1.2} f_u A_e \tag{12-28}$$

式中 A_e——螺纹处的有效面积；

f_u——螺栓材料经热处理后的最低抗拉强度，对于 8.8 级螺栓，$f_u = 830 \text{ N/mm}^2$；对于 10.9 级螺栓，$f_u = 1\,040 \text{ N/mm}^2$。

式(12-28)中的系数 1.2 是考虑拧紧螺栓时螺杆内产生的剪应力的影响,三个系数 0.9 是分别考虑:螺栓材质的不均匀性;补偿螺栓紧固后因有一定松弛而引起的预拉力损失;以螺栓的抗拉强度为准,为了安全引入的附加安全系数。各种规格高强度螺栓的预拉力取值见表 12-10。

表 12-10　高强度螺栓的预拉力 P 值　　　　　　　　　　　　　　　　　　　　kN

螺栓性能等级	螺栓型号					
	M16	M20	M22	M24	M27	M30
8.8 级	80	125	150	175	230	280
10.9 级	100	155	190	225	290	355

3. 高强度螺栓摩擦面抗滑移系数

提高摩擦面抗滑移系数 μ,是提高高强度螺栓连接承载力的有效措施。摩擦面抗滑移系数 μ 的大小与连接处构件接触面的处理方法和钢材的品种有关。《钢结构设计标准》(GB 50017—2017)推荐采用的接触面处理方法有喷砂(丸)、喷砂(丸)后涂无机富锌漆、喷砂(丸)后生赤锈和钢丝刷消除浮锈或对干净轧制表面不加处理等,各种处理方法相应的 μ 值详见表 12-11。

表 12-11　钢材摩擦面抗滑移系数 μ

连接处构件接触面的处理方法	构件的钢材牌号		
	Q235 钢	Q345 钢或 Q390 钢	Q420 钢或 Q460 钢
喷硬质石英砂或铸钢棱角砂	0.45	0.45	0.45
抛丸(喷砂)	0.40	0.40	0.40
钢丝刷清除浮锈或未经处理的干净轧制面	0.30	0.35	—

注:1. 钢丝刷除锈方向应与受力方向垂直;
　　2. 当连接构件采用不同钢材牌号时,μ 按相应较低强度者取值;
　　3. 采用其他方法处理时,其处理工艺及抗滑移系数值均需经试验确定。

知识拓展

建筑作为能耗的大户,材料在建筑中能耗比例较高。传统建筑多采用现场浇筑的施工方式,存在材料浪费问题,而且施工工期较长。在当前新形势下,国家大力提倡节能减排,建筑行业为了实现自身经济效益的最大化,并基于环境保护的视角,对于建筑工程施工中材料的损耗越来越重视,这也使装配式建筑得以快速发展起来。在装配式建筑施工过程中,构件节点连接技术发挥着极为关键的作用,需要根据工程实际情况合理运用节点连接技术,从而为装配式建筑整体施工质量和安全打下坚实的基础。

在装配式建筑节点连接施工过程中,根据具体施工方式可将其划分为干、湿两种连接方式,干连接方式构件在工厂内制成,连接部位植入节点部件,并采用螺栓、榫卯和焊接等方面进行连接,形成一个整体,施工方法简单和方便。湿连接方式构件在工厂内生产,并运输至施工现场,再通过混凝土浇筑将各构件连接在一起,施工较为复杂,质量监督难度较大,但具有较强的抗震性能,整体性方面也具有较强的优势。

模块小结

(1)钢结构的连接方法有焊缝连接、螺栓连接、铆钉连接和轻型钢结构用的紧固件连接四种。

(2)焊缝连接按被连接构件的相对位置可分为对接、搭接、T形连接和角连接四种形式。

(3)焊缝质量级别按《钢结构工程施工质量验收标准》(GB 50205—2020)分为三级,三级焊缝只要求对全部焊缝进行外观检查;二级焊缝除要求对全部焊缝进行外观检查外,还对部分焊缝进行超声波等内部无损检验;一级焊缝除要求对全部焊缝进行外观检查和内部无损检验外,这些检查还都应符合相应级别质量标准。

(4)钢结构构件或节点在焊接过程中,局部区域受到很强的高温作用,在此不均匀的加热和冷却过程中产生的变形称为焊接残余变形。焊接后冷却时,焊缝与焊缝附近的钢材不能自由收缩,由此约束而产生的应力称为焊接残余应力。

(5)抗剪螺栓连接在荷载的作用下,可能有五种破坏形式:①螺杆被剪断;②板件被挤压破坏或螺栓承压破坏;③板件被拉断;④构件端部被冲剪破坏;⑤螺杆弯曲破坏。

课后习题

(1)钢结构常用的连接方法有哪几种?

(2)连接形式和焊缝形式各有哪些类型?

(3)焊缝质量分几个等级?与钢材等强度的受拉和受弯对接焊缝应采用什么等级?

(4)轴心受拉的对接焊缝在什么情况下必须进行强度验算?

(5)角焊缝的构造要求有哪些?

(6)角焊缝的基本计算公式 $\sqrt{\left(\dfrac{\sigma_f}{\beta_f}\right)^2+\tau_f^2}\leqslant f_f^w$ 中的 σ_f、β_f 和 τ_f 如何确定?

(7)残余应力对结构有哪些影响?

(8)普通螺栓的受剪螺栓连接有哪几种破坏形式?采用什么方法可以防止?

(9)设计如图 12-42 所示的钢板对接焊缝拼接。已知轴心拉力设计值 $N=450$ kN(静力荷载),材料为 Q235 钢,焊条为 E43 型,手工电弧焊,焊缝质量为三级,施焊时采用引弧板。

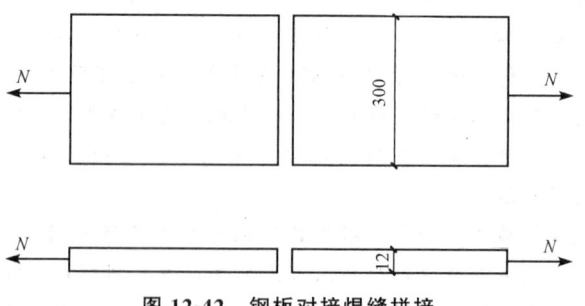

图 12-42 钢板对接焊缝拼接

(10)验算图 12-43 所示的柱与牛腿连接的对接焊缝。已知:静力荷载 $F=200$ kN(设计值),偏心距 $e=150$ mm,钢材为 Q390 钢,采用 E55 型焊条,手工电弧焊,焊缝质量为二级,施焊时采用引弧板。

(11)设计一双盖板的钢板对接接头,如图 12-44 所示,已知钢板截面尺寸为 400 mm×

12 mm，承受的轴心拉力设计值 $N=900$ kN（静力荷载），钢材为 Q345 钢，焊条采用 E50 型，手工电弧焊。

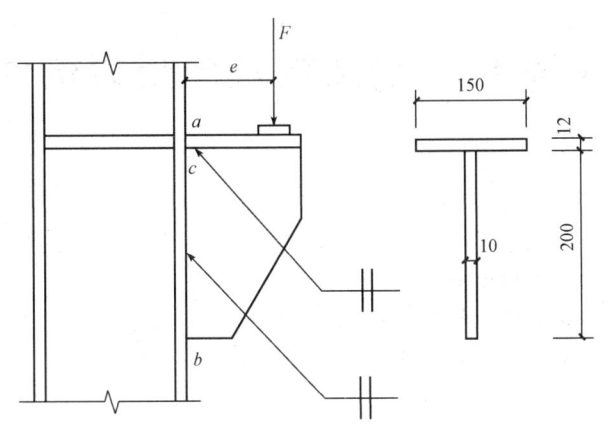

图 12-43　柱与牛腿连接的对接焊缝

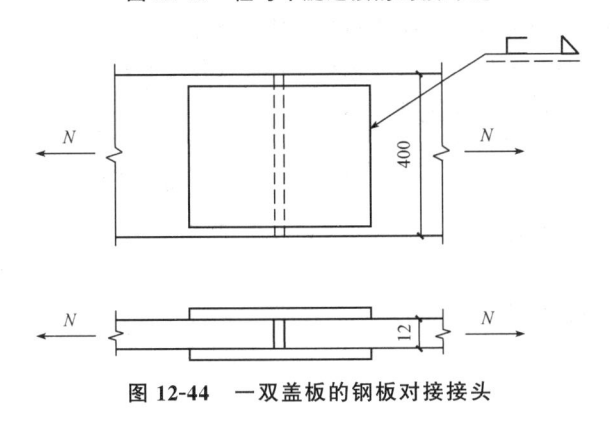

图 12-44　一双盖板的钢板对接接头

（12）图 12-45 所示的连接，已知：轴心拉力设计值 $N=550$ kN（静力荷载），材料为 Q345 钢，焊条 E50 型，手工电弧焊。

1) 计算角钢与节点板间的角焊缝 A 的焊缝长度，只用侧焊缝相连。

2) 计算节点板与端板的角焊缝 B 需要的焊脚尺寸 h_f。

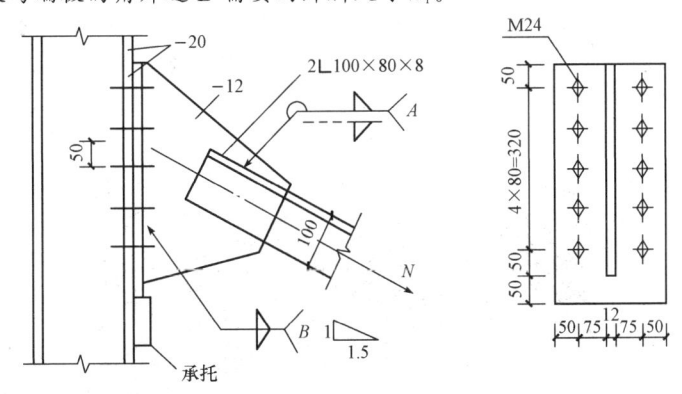

图 12-45　角钢与节点板的边接

模块 13　钢结构轴向受力构件

知识目标

(1) 掌握轴向受力构件的构造要求；
(2) 掌握实腹式轴心受压构件的构造要求；
(3) 掌握格构式轴心受压构件的构造要求。

能力目标

(1) 能够对钢结构轴向受力构件的强度和刚度进行计算；
(2) 能够对钢结构轴压构件的整体稳定和局部稳定进行计算；
(3) 具备通过互联网查阅资料的能力。

素养目标

(1) 培养对建筑行业的热爱；
(2) 具备强烈的责任心和使命感；
(3) 具备创新意识和创新精神。

工程案例

索穹顶结构是 20 世纪 80 年代美国工程师盖格 (Geiger) 发展和推广富勒 (Fuller) 张拉整体结构思想后实现的一种新型大跨度结构，是一种结构效率极高的张力集成体系或全张力体系，如图 13-1 所示。它采用高强度钢索作为主要受力构件，配合使用轴心受压杆件，通过施加预应力，巧妙地张拉成穹顶结构。该结构由径向拉索、环索、压杆、内拉环和外压环组成，其平面可建成圆形、椭圆形或其他形状。整个结构除少数几根压杆外都处于张力状态，可充分发挥钢索的强度，这种结构质量极轻，安装方便，经济合理，具有新颖的造型，被成功地应用于一些大跨度和超大跨度的结构。

拓展知识：Levy 体系索穹顶与 Geiger 体系索穹顶的区别与改进

图 13-1　索穹顶结构

13.1 轴向受力构件的截面形式

轴向受力构件是指只承受通过构件截面形心的轴向力作用的构件。它分为轴心受拉构件和轴心受压构件两类，广泛应用于网架、网壳、桁架、屋架、托架和塔架等各类承重体系及支撑体系中。

轴向受力构件按其截面形式，可分为实腹式构件和格构式构件两种。图 13-2 所示为轴心受压柱的截面形式。

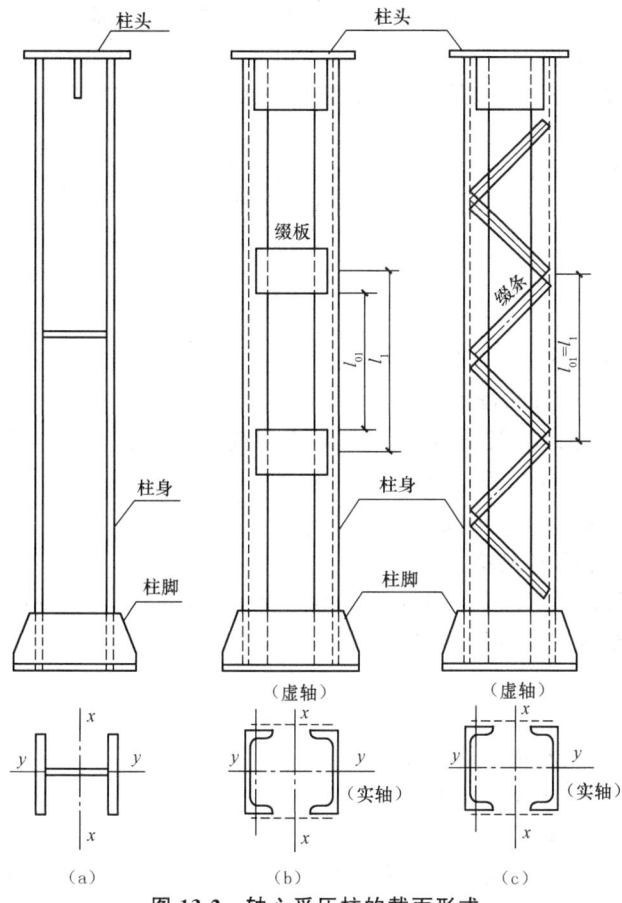

图 13-2 轴心受压柱的截面形式
(a)实腹式柱；(b)格构式柱(缀板式)；(c)格构式柱(缀条式)

实腹式截面是整体连通的截面，常见的有三种截面形式。第一种是热轧型钢截面，有圆钢、圆管、方管、角钢、槽钢、工字钢、宽翼缘 H 型钢、T 型钢等，其中最常用的是 I 形或 H 形截面；第二种是冷弯型钢截面，有卷边和不卷边的方管、角钢和槽钢；第三种是型钢或钢板连接而成的组合截面。

格构式构件一般由两个或多个分肢用缀件连接而成，常用的是双肢格构式构件。通过分肢腹板的主轴称为实轴，通过分肢缀件的主轴称为虚轴。分肢通常采用轧制槽钢或工字钢，承受荷载较大时可采用焊接 I 形截面或槽形组合截面。缀件设置在分肢翼缘两侧平面内，其作用是将各分肢连成整体，使其共同受力，并承受绕虚轴弯曲时产生的剪力。

实腹式构件比格构式构件构造简单，制造方便，整体受力和抗剪性能好，但截面尺寸较大时耗钢量多；而格构式构件容易实现两个主轴方向的等稳定性，刚度较大，抗扭性能较好，用料较省。

13.2 轴向受力构件的强度和刚度

轴向受力构件的设计要满足两种极限状态的要求。对承载能力极限状态，轴心受拉构件只需要满足强度的要求；而轴向受压构件既需要满足强度的要求，也需要满足稳定性的要求。对正常使用极限状态，两类构件都需要满足刚度的要求。

13.2.1 轴心受力构件的强度

轴心受拉构件，当端部连接及中部拼接处组成截面的各板件都由连接件直接传力时，其截面强度计算应符合下列规定：

除采用高强度螺栓摩擦型连接外，其截面强度应采用下列公式计算：

毛截面屈服

$$\sigma = \frac{N}{A} \leqslant f \tag{13-1}$$

净截面断裂

$$\sigma = \frac{N}{A_n} \leqslant 0.7 f_u \tag{13-2}$$

式中 N——所计算截面处的拉力设计值(N)；

A——构件的毛截面面积(mm^2)；

A_n——构件的净截面面积(mm^2)，当构件多个截面有孔时，取最不利的截面；

f——钢材的抗拉、抗压强度设计值(N/mm^2)；

f_u——钢材的抗拉强度最小值(N/mm^2)。

13.2.2 轴心受力构件的刚度

为满足正常使用要求，必须保证轴心受力构件具有一定的刚度。轴心受力构件的刚度是通过限制构件长细比来保证的，《钢结构设计标准》(GB 50017—2017)对刚度的要求是

$$\lambda_{max} = \frac{l_0}{i} \leqslant [\lambda] \tag{13-3}$$

式中 λ_{max}——两主轴方向长细比的较大值；

l_0——相应方向的构件计算长度；

i——相应方向的截面回转半径；

$[\lambda]$——受拉构件或受压构件的容许长细比，按表13-1或表13-2选用。

表13-1 受拉构件的容许长细比

项次	构件名称	承受静力荷载或间接承受动力荷载的结构			直接承受动力荷载的结构
		一般建筑结构	对腹杆提供平面外支点的弦杆	有重级工作制起重机的厂房	
1	桁架的构件	350	250	250	250
2	吊车梁或吊车桁架以下的柱间支撑	300	—	200	—
3	除张紧的圆钢外的其他拉杆、支撑、系杆等	400	—	350	—

注：①除对腹杆提供平面外支点的弦杆外，承受静力荷载的结构受拉构件，可仅计算竖向平面内的长细比；
②中级、重级工作制吊车桁架下弦杆的长细比不宜超过200；
③在设有夹钳或刚性料耙等硬钩起重机的厂房中，支撑的长细比不宜超过300；
④受拉构件在永久荷载与风荷载组合作用下受压时，其长细比不宜超过250；
⑤跨度等于或大于60 m的桁架，其受拉弦杆和腹杆的长细比，承受静力荷载或间接承受动力荷载时不宜超过300，直接承受动力荷载时不宜超过250；
⑥受拉构件的长细比不宜超过本表规定的容许值。柱间支撑按拉杆设计时，竖向荷载作用下柱子的轴力应按无支撑时考虑

表 13-2 受压构件的容许长细比

项次	构件名称	容许长细比
1	柱、桁架和天窗架中的杆件	150
	柱的缀条、吊车梁或吊车桁架以下的柱间支撑	
2	支撑	200
	用以减少受压构件长细比的杆件	

注：①跨度等于或大于 60 m 的桁架，其受压弦杆、端压杆和直接承受动力荷载的受压腹杆的长细比不宜大于 120；
②轴心受压构件的长细比不宜超过本表规定的容许值，但当杆件内力设计值不大于承载能力的 50% 时，容许长细比值可取 200。

【例 13-1】 试确定如图 13-3 所示截面的轴心受拉构件的最大承载力设计值和最大容许计算长度。钢材为 Q235 钢，构件端部由两个直径为 22 mm 的普通螺柱连接，$[\lambda]=350$。

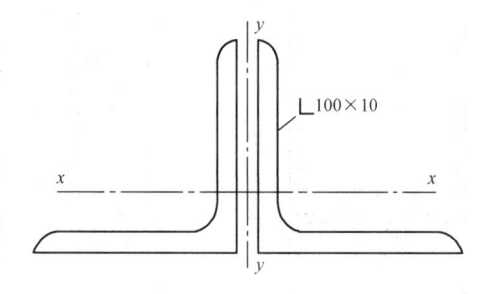

图 13-3 例 13-1 图

【解】 由《钢结构设计标准》(GB 50017—2017) 查得，$f=215 \text{ N/mm}^2$。

查《钢结构设计标准》(GB 50017—2017) 型钢表中热轧等边角钢的规格和截面特征，可知 $A = 19.261 \times 2 = 38.52 (\text{cm}^2)$，$i_x = 3.05 \text{ cm}$，$i_y = 4.52 \text{ cm}$。

$$A_n = A - 22 \times 10 \times 2 \times 10^{-2}$$
$$= 38.52 - 4.4$$
$$= 34.12 (\text{cm}^2)$$

由毛截面屈服强度计算公式 $\sigma = \dfrac{N}{A} \leq f$ 得，该轴心拉杆的最大承载能力设计值为

$$N = Af = 38.52 \times 10^2 \times 215 \times 10^{-3} = 828.18 (\text{kN})$$

由净截面断裂强度计算公式 $\sigma = \dfrac{N}{A_n} \leq 0.7 f_u$ 得，该轴心拉杆的最大承载能力设计值为

$$N = 0.7 A_n f_u = 0.7 \times 34.12 \times 10^2 \times 370 \times 10^{-3} = 883.71 (\text{kN})$$

两者取小值，该轴心拉杆的最大承载能力设计值为 828.18 kN。

由轴心受力构件的刚度公式 $\lambda = \dfrac{l_0}{i} \leq [\lambda]$ 得，该轴心拉杆的最大容许计算长度为

$$l_{0x} = [\lambda] i_x = 350 \times 3.05 \times 10^{-2} = 10.68 (\text{m})$$
$$l_{0y} = [\lambda] i_y = 350 \times 4.52 \times 10^{-2} = 15.82 (\text{m})$$

因此，该轴心受拉构件的最大承载能力设计值为 828.18 kN，最大容许计算长度对于 x 轴为 10.68 m，对于 y 轴为 15.82 m。

13.3 实腹式轴心受压柱

13.3.1 构造

在选择实腹式轴心受压构件的截面时,应随即计算各板件的宽厚比使其满足限值的要求。《钢结构设计标准》(GB 50017—2017)规定,当腹板的高厚比 $h_0/t_w>80$ 时,为防止腹板在运输和施工过程中发生变形,提高构件的抗扭刚度,应在腹板两侧对称设置横向加劲肋(图13-4)。构件较长时,还应设置中间横隔。

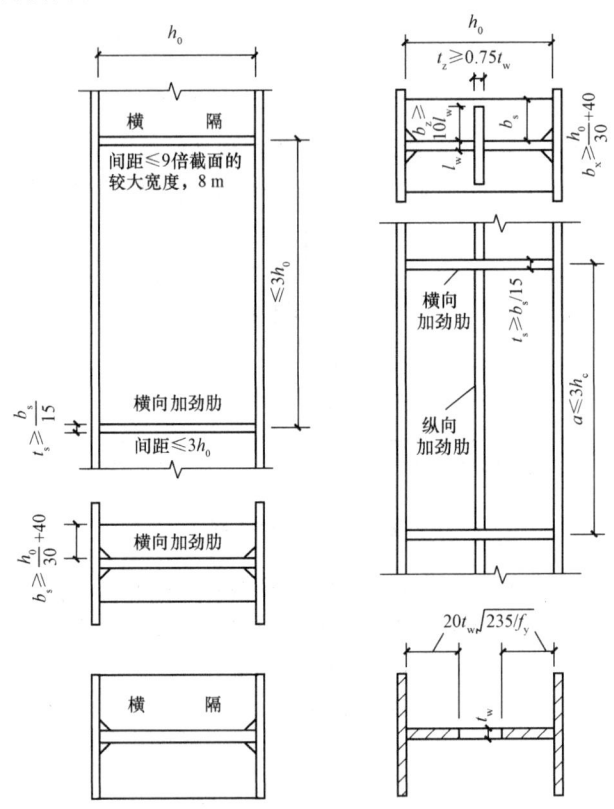

图 13-4 实腹式轴心受压构件的构造

实腹式轴心受压构件只有在有缺陷或偶然横力作用下才承受剪力,所以,其腹板和翼缘的焊缝受力很小,焊缝的焊脚可按构造需要取 4~8 mm。

13.3.2 截面设计步骤

确定实腹式轴心受压构件的截面时,应考虑的原则如下:

(1)等稳定性——使构件在两个主轴方向的长细比尽量接近。

(2)宽肢薄壁——在满足板件宽厚比的条件下,使截面面积的分布尽量远离形心轴,以增加截面的惯性矩和回转半径,提高构件的强度和刚度,达到经济的效果。

(3)构造简单——制造省工,便于与其他构件连接。

当已知轴心受压柱的内力设计值 N,两个方向的计算长度 l_{0x}、l_{0y},以及钢材抗压强度设计值 f 后,即可按设计所确定的截面形式选择截面尺寸。通常是先根据近似回转半径按整体稳定性要求初选截面,同时要满足局部稳定要求。然后,根据准确计算的回转半径值做最后验算。若截面有开孔或削弱,则还需要验算净截面强度。具体步骤如下:

(1)假设柱的长细比 λ,求出需要的截面面积 A。一般可先取 λ 为 50~100,轴心力较大而计算长度小时取较小值,反之取较大值。根据 λ 和截面类别及钢种查得稳定系数中值,用下式求出符合假设 λ 值所需的截面面积 A:

$$A = \frac{N}{\varphi f} \tag{13-4}$$

(2)求符合假设 λ 值时截面两主轴方向所需的回转半径:

$$i_x = \frac{l_{0x}}{\lambda}, \quad i_y = \frac{l_{0y}}{\lambda}$$

(3)求出截面面积 A、两个主轴的回转半径 i_x 和 i_y 后,优先选择轧制型钢,如普通工字钢、H 型钢等。当现有的型钢规格不满足尺寸要求时,可采用组合截面。这时,需要初步定出截面的轮廓尺寸,一般根据回转半径定出截面高度和宽度:

$$h \approx \frac{i_x}{\alpha_1}, \quad b \approx \frac{i_y}{\alpha_2}$$

其中,α_1 和 α_2 为截面回转半径近似值系数。常用截面的回转半径近似值见表 13-3。

表 13-3 常见截面回转半径近似值

截面							
$i_x = \alpha_1 h$	$0.43h$	$0.38h$	$0.40h$	$0.30h$	$0.28h$	$0.32h$	—
$i_y = \alpha_2 b$	$0.24b$	$0.44b$	$0.60b$	$0.40b$	$0.215b$	$0.24b$	$0.20b$

(4)按上述需要的 A、h、b 和构造要求局部稳定性和钢材规格初选截面。

(5)确定初选截面后,验算强度、刚度、局部稳定和整体稳定。如不合适,则需要调整重选。

【例 13-2】 某车间工作平台的实腹式轴心受压柱,设计内力 $N = 3\,600$ kN,两端铰接,计算长度 $l_{0x} = l_{0y} = 7$ m。钢材 Q235($f = 215$ N/mm²),采用 3 块钢板焊成的 I 形截面,翼缘边缘火焰切割,截面无孔洞削弱。试选择其截面。

【解】 根据题意,查《钢结构设计标准》(GB 50017—2017)可知,稳定系数 φ 应按 b 类截面取值。由表 13-2 可知,长细比限值为 150。局部稳定要求 $h_0/t_w \leqslant 25+0.5\lambda$,$b/t \leqslant 10+0.1\lambda$。

$i_x \approx 0.43h$,$i_y \approx 0.24b$(表 13-3)。

(1)初选截面。

1)假设 $\lambda = 70$,查《钢结构设计标准》(GB 50017—2017)得 $\varphi = 0.745$。所需截面面积为

$$A = \frac{N}{\varphi f} = \frac{3\,600 \times 10^3}{0.745 \times 215} = 22\,475 \text{ (mm}^2\text{)}$$

2)求所要求的回转半径和轮廓尺寸

$$i_x = i_y = l_{0x}/\lambda = l_{0y}/\lambda = 7\,000/70 = 100 \text{ (mm)}$$
$$h = i_x/0.43 = 100/0.43 = 233 \text{ (mm)}$$
$$b = i_y/0.24 = 100/0.24 = 417 \text{ (mm)}$$

3)初选截面尺寸。考虑到焊接和柱头、柱脚构造要求,h 不宜太小,取 $h \approx b$,从而设 $b = h = 420$ mm,则所需平均板厚为 $22\,475/(3 \times 420) = 17.8$ (mm)。此截面可以满足要求,但板厚偏大,而轮廓尺寸 b、h_0 偏小,使稳定系数 φ 值偏小,而且翼缘板较厚(当 $t = 16 \sim 40$ mm 时,强度设计值降低为 205 N/mm²),不经济。

重新假设 $b=h=500$ mm，则

$$i_x = 0.43h = 0.43 \times 500 = 215 \text{(mm)}, \quad \lambda_x = 7\,000/215 = 32.6$$
$$i_y = 0.24b = 0.24 \times 500 = 120 \text{(mm)}, \quad \lambda_y = 7\,000/120 = 58.3$$

按 λ_x、λ_y 中较大者 $\lambda_y=58.3$ 查得 $\varphi=0.811$，则所需截面面积为

$$A = \frac{N}{\varphi f} = \frac{3\,600 \times 10^3}{0.811 \times 215} = 20\,646 \text{(mm}^2\text{)}$$

所需平均板厚 $20\,646/(3 \times 500) = 13.8$ (mm)。

选截面尺寸如图 13-5 所示，控制截面面积为

$$A = 2 \times 500 \times 16 + 470 \times 10 = 20\,700 \text{(mm}^2\text{)} > 20\,646 \text{ mm}^2$$

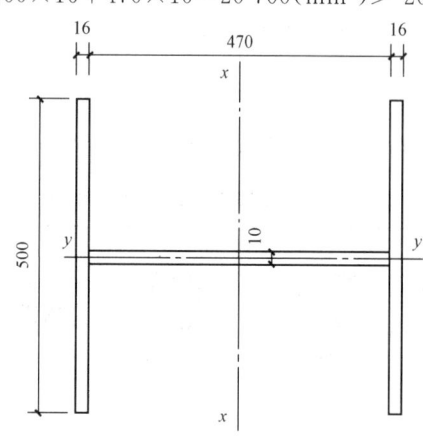

图 13-5 例 13-2 图

(2) 验算已选截面。

1) 强度。由于无孔洞削弱，不必再行验算。

2) 整体稳定和刚度：

$$I_y = \frac{1}{12} \times (2 \times 16 \times 500^3 + 470 \times 10^3)$$
$$= 333.4 \times 10^6 \text{(mm}^4\text{)}$$
$$i_y = \sqrt{333.4 \times 10^6/20\,700} = 126.9 \text{(mm)}$$
$$\lambda_y = 7\,000/126.9 = 55.2 < [\lambda] = 150$$
$$I_x = \frac{1}{12} \times (500 \times 502^3 + 490 \times 470^3)$$
$$= 9\,510.5 \times 10^6 \text{(mm}^4\text{)}$$
$$i_x = \sqrt{9\,510.6 \times 10^6/20\,700} = 677.8 \text{(mm)}$$
$$\lambda_x = 7\,000/677.8 = 10.3 < [\lambda] = 150$$

由 λ_y 控制，得 $\varphi=0.826$，则

$$\sigma = \frac{N}{\varphi A} = \frac{3\,600 \times 10^3}{0.826 \times 20\,700} = 210.5 \text{(N/mm}^2\text{)} < f = 215 \text{ N/mm}^2$$

满足要求。

3) 局部稳定 ($\lambda_{max} = \lambda_y = 55.2$)。

翼缘：$b/t = 245/16 = 15.3 < 10 + 0.1\lambda = 10 + 0.1 \times 55.2 = 15.52$

腹板：$h_0/t_w = 470/10 = 47 < 25 + 0.5\lambda = 25 + 0.5 \times 55.2 = 52.6$

满足要求。

(3)构造要求。

$h_0/t_w = 470/10 = 47 < 80$,可以不设横向加劲肋。

翼缘和腹板连接焊缝采用自动焊,$h_{f,min} = 1.5\sqrt{t_2} - 1 = 1.5\sqrt{16} - 1 = 5(mm)$,取 $h_f = 5$ mm。

13.4 格构式轴心受压柱

格构式轴心受压柱的设计内容和实腹式轴心受压柱相似,也应满足强度、刚度、整体稳定和局部稳定4个方面的要求。其中,最重要的是整体稳定。与实腹式轴心受压柱设计比较,还要求进行下列设计。

13.4.1 格构式轴心受压柱绕虚轴方向的整体稳定

格构式轴心受压柱绕实轴方向整体稳定的计算与实腹式轴心受压柱相同,而在绕虚轴方向,由于柱肢间仅靠缀材联系,刚度较弱,当柱失稳时除弯曲变形外,还发生不可忽略的剪切变形,因而,整体稳定临界应力比长细比相同的实腹式轴心受压柱低。若格构式构件绕虚轴(设为 x 轴)的长细比为 λ_x,由于其临界应力低于长细比相同的实腹式构件,可以把它设想成相当于长细比为 $\lambda_{0x}(\lambda_{0x} > \lambda_x)$ 的实腹式柱,λ_{0x} 则称为格构式受压构件绕虚轴的换算长细比。换算长细比的计算方法详见《钢结构设计标准》(GB 50017—2017)。

因此,格构式轴心受压柱绕虚轴方向的整体稳定可用换算长细比计算,计算方法与实腹式轴压柱相同。

综合上述,格构式轴心受压柱对实轴的长细比 λ_y 和对虚轴的换算长细比 λ_{0x} 均不得超过容许长细比。

由于 λ_x 值与 λ_y 值可以通过调整柱肢间距离的办法增减,因此,格构式构件一般能满足两方面接近等稳定性的要求。

13.4.2 格构式轴心受压柱的柱肢稳定

设计方法是把各柱肢在缀材之间的一段作为一个单独的轴心受压构件考虑,并对其较弱轴做稳定性计算。此时,柱肢计算长度 l_{01} 取缀条节点间的距离或缀板间的净距,柱肢的回转半径 i_1 取柱肢截面最小回转半径。长细比 $\lambda_1 = l_{01}/i_1$。

柱肢失稳的临界应力应不小于整体失稳的临界应力,因此,原则上只需要控制柱肢 λ_1 不大于构件的 λ_{max} 即可。但是,制造装配误差或其他缺陷可能使各柱肢受力不均匀,柱肢截面又小于整体截面,对缺陷的影响更为敏感;同时,柱肢截面的类别(φ 值)可能低于整体截面。所以,λ_1 值应控制得更小些。此外,实际构件一般有初弯曲或初偏心,轴心力 N 在构件截面上产生附加弯矩和剪力,附加弯矩使部分柱肢所受压力增大。缀板式格构构件中的附加剪力还在构件柱肢内产生弯矩,尤其会明显地降低柱肢的稳定性。上述因素都应在控制柱肢 λ_1 时予以考虑。所以,《钢结构设计标准》(GB 50017—2017)对柱肢长细比 λ_1 做如下规定:

(1)缀条式格构受压构件:$\lambda_1 \leqslant 0.7\lambda_{max}$。$\lambda_{max}$ 为 λ_x、λ_y 中的较大值。

(2)缀板式格构受压构件:$\lambda_1 \leqslant 0.5\lambda_{max}$(当 $\lambda_{max} \leqslant 50$ 时取 $\lambda_{max} = 50$),且 $\lambda_1 \leqslant 40$。

13.4.3 缀材设计

缀材设计并不影响格构式轴心受压柱的截面选择。理想的格构式轴心受压柱只承受轴心压力 N,故缀材在理论上不受力。实际上,由于构件有初弯曲、初偏心等各种缺陷,不可避免地产生弯曲变形、承受弯矩和剪力,所以,缀材及其连接应按可能的最大剪力设计。

格构式轴心受压柱设计的具体步骤请参阅相关专业书籍。

13.5 偏心受压柱

偏心受压柱主要承受轴心压力 N 及弯矩 M。

偏心受压柱的截面形式分为实腹式和格构式两类。轴心受压柱的截面形式仍然适用，但为适应抗弯的需要，应采用相对较窄较高的截面，增大弯矩作用方向的截面高度和刚度。

偏心受压柱截面设计也应满足强度、刚度、整体稳定和局部稳定 4 个方面的要求。

13.5.1 强度

偏心受压柱的截面应力主要是由 N 和 M 引起的正应力，应按净截面计算截面边缘纤维处的最大受拉或受压应力。计算时常可按具体情况考虑一定程度的塑性变形发展情况（塑性变形发展系数 γ）。对某些剪力或横向荷载较大的偏心受压柱（如框架柱等），还应计算剪应力或局部压应力、折算应力。

13.5.2 刚度

偏心受压柱的刚度用最不利方向的最大长细比 λ_{max} 衡量，λ_{max} 是 λ_x、λ_y 或斜向 λ 中的最大者。验算应满足下式要求：

$$\lambda_{max} \leq [\lambda] \tag{13-5}$$

《钢结构设计标准》(GB 50017—2017) 规定，偏心受压柱长细比限值 $[\lambda]$ 与轴心受压柱相同。对某些使用上需要限制其变形的偏心受压柱，还需要计算其变形或挠度使之不超过限值。

13.5.3 整体稳定

偏心受压柱截面内有相当大的压应力，整体失稳可能发生在弯矩作用平面内。偏心受压柱整体失稳时的临界应力低于轴心受压柱，计算时须同时考虑 N 和 M 的作用。

13.5.4 局部稳定

偏心受压柱的局部稳定包括构件各组成板件的局部稳定和格构式构件中各柱肢的局部稳定。与轴心受压构件相同，保证偏心受压柱板件局部稳定的方法主要是限制其宽厚比不超过规定的限值，必要时还要在腹板中设置横向或纵向加劲肋。格构式偏心受压柱柱肢的长细比也应不超过限值。另外，偏心受压格构式柱中的各柱肢受力各不相等，甚至截面也不相同，故还应对其不利受压柱肢按轴心受压柱或偏心受压柱进行局部稳定验算。若柱肢采用型钢，则不需要验算。

> **知识拓展**
>
> 对于轴心受压构件，除构件很短及有孔洞等削弱时可能发生强度破坏外，通常由整体稳定控制其承载力。轴心受压构件丧失整体稳定常常是突发性的，容易造成严重后果，应予以特别重视。构件在轴心压力作用下发生整体失稳，可能有三种屈曲变形形式：
>
> (1) 弯曲屈曲：构件轴线由直线变为曲线，这时构件的任一截面均绕一个主轴弯曲；
>
> (2) 扭转屈曲：构件绕轴线扭转；
>
> (3) 弯扭屈曲：构件在产生弯曲变形的同时伴有扭转变形。
>
> 轴心压杆的屈曲形式主要取决于构件截面的形式和尺寸、构件的长度、构件支承约束条件等。
>
> 整体稳定要求是指构件在设计荷载作用下，不致发生屈曲而丧失承载力。
>
> 实践表明，一般钢结构中常用截面的轴心受压构件，由于构件厚度较大，其抗扭刚度也相对较大，失稳时主要发生弯曲屈曲。所以，《钢结构设计标准》(GB 50017—2017) 中对轴心受压构件整体稳定计算所用的稳定系数，主要是根据弯曲给出的。对单轴对称截面的构件绕对称轴弯扭屈曲的情况，则采用按弯曲屈曲而适当调整降低其稳定系数的方法简化计算。对冷弯薄壁型

钢构件绕对称轴弯扭屈曲的情况,采用换算长细比的方法考虑其影响。

模块小结

(1)轴心受力构件的截面分为型钢截面和组合截面两类。型钢截面如圆钢、圆钢管、方钢、角钢、槽钢、工字钢、宽翼缘 H 型钢等;组合截面由型钢或钢板组成,又分为实腹式截面和格构式截面。

(2)轴心受力构件的强度。轴心受拉构件,当端部连接及中部拼接处组成截面的各板件都由连接件直接传力时,其截面强度计算应符合下面规定。

除采用高强度螺栓摩擦型连接外,其截面强度应采用下列公式计算:

毛截面屈服:

$$\sigma = \frac{N}{A} \leqslant f$$

净截面断裂:

$$\sigma = \frac{N}{A_n} \leqslant 0.7 f_u$$

(3)轴心受力构件的刚度。轴心受力构件的刚度应满足下式要求:

$$\lambda = \frac{l_0}{i} \leqslant [\lambda]$$

(4)轴心受压构件的整体稳定。轴心受压杆件的整体稳定计算公式为

$$\sigma = \frac{N}{\varphi A} \leqslant f$$

(5)轴压杆件的局部稳定。实腹式轴心受压构件的局部失稳是指在构件发生整体失稳以前,组成构件的各板件不能在轴心压力作用下保持平面平衡状态,发生平面外双向波状突曲的局部屈曲现象。

保证板件纵向受压局部稳定的主要措施是减小板件厚度比,并不应超过规范规定的限值。

(6)确定实腹式轴心受压构件的截面时,应考虑的原则是等稳定性、宽肢薄壁、构造简单。

(7)格构式轴心受压柱的设计内容和实腹式轴心受压柱类似,也应满足强度、刚度、整体稳定和局部稳定四个方面的要求。其中,最重要的是整体稳定。

(8)偏心受压柱主要承受轴心压力 N 及弯矩 M。其截面形式分为实腹式和格构式两类。偏心受压柱截面设计应满足强度、刚度、整体稳定和局部稳定四个方面的要求。

课后习题

(1)以轴心受压构件为例,说明构件强度计算与稳定计算的区别。

(2)轴心受压构件的整体稳定性与哪些因素有关?初始缺陷包括哪些因素?整体稳定性不能满足要求时,若不增大截面面积,还可以采取什么措施提高其承载力?

(3)提高轴心受压杆钢材的抗压强度能否提高其承载能力?为什么?

(4)保证轴心受压构件翼缘和腹板局部稳定的主要措施是什么?

(5)实腹式轴心受压构件须做哪几方面的验算?实腹式轴心受压柱截面设计的步骤怎样?

(6)设计某工作平台轴心受压柱的截面尺寸,柱高 6 m,两端铰接,截面为焊接 I 形,翼缘为火焰切割边,柱所承受的轴心压力设计值 $N = 4\,500$ kN,钢材为 Q235 钢。

(7)试设计一个两端铰接的缀条格构轴心受压柱,柱长为 6 m,承受的轴心力设计值为

1 500 kN，钢材为 Q355，焊条为 E50 系列。

（8）试验算图 13-6 所示两种 I 形截面柱所能承受的最大轴心压力。钢材为 Q235，翼缘为剪切边，柱高 10 m，两端简支（计算长度等于柱高）。

（9）一实腹式轴心受压柱，承受轴压力设计值为 3 000 kN，计算长度 $l_{0x}=10$ m，$l_{0y}=5$ m。截面采用焊接组合 I 形，尺寸如图 13-7 所示。翼缘为剪切边，钢材 Q235。容许长细比 $[\lambda]=150$。试验算整体稳定性和局部稳定性。

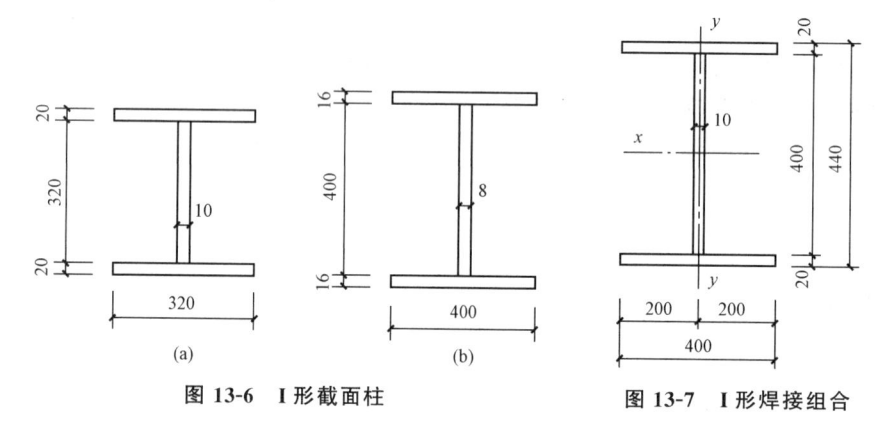

图 13-6　I 形截面柱

图 13-7　I 形焊接组合

模块 14 钢结构受弯构件

知识目标

(1) 了解钢梁的形式与选用；
(2) 熟悉建筑钢结构相关标准规范；
(3) 掌握梁与柱的连接构造要求。

能力目标

(1) 能够对钢梁的强度和刚度进行计算；
(2) 能够对钢梁的整体稳定和局部稳定进行计算；
(3) 具备通过互联网查阅资料的能力。

素养目标

(1) 培养对建筑行业的热爱；
(2) 具备强烈的责任心和使命感；
(3) 具备创新意识和创新精神。

工程案例

北京工业大学体育馆创造了世界建筑史上的一个纪录——世界上跨度最大的预应力弦支穹顶，最大跨度达 93 m，如图 14-1 所示。北京工业大学体育馆上部是一个球冠顶面的单层网壳，由很多钢管组成，下部用钢索撑起来。在羽毛球馆单层网壳下面，使用高强度的钢索进行张拉将网壳支撑住。在体育馆穹顶结构中，连接五道环索的，是编织成渔网般的钢管。而在这编织结构中，有 102 个万向可伸缩节点。所谓万向可伸缩节点，就是将环索和"渔网"交叉点的"死扣"改成"活扣"。而"活扣"的做法，就是将固定节点分成两半，顶部固定的部分开凹槽，而底部的一部分做成半球状，类似人的关节。两个一套，受力性能更好，对于建筑而言更安全。

图 14-1 北京工业大学体育馆

14.1 钢梁的形式和应用

钢梁是实腹式受弯构件,应用广泛,如楼盖梁、工作平台梁(图 14-2)、吊车梁和框架梁等,可以做成简支梁、连续梁。梁的受弯可分为仅在主平面内受弯的单向弯曲和在两个主平面内受弯的双向受弯两种受力状态。

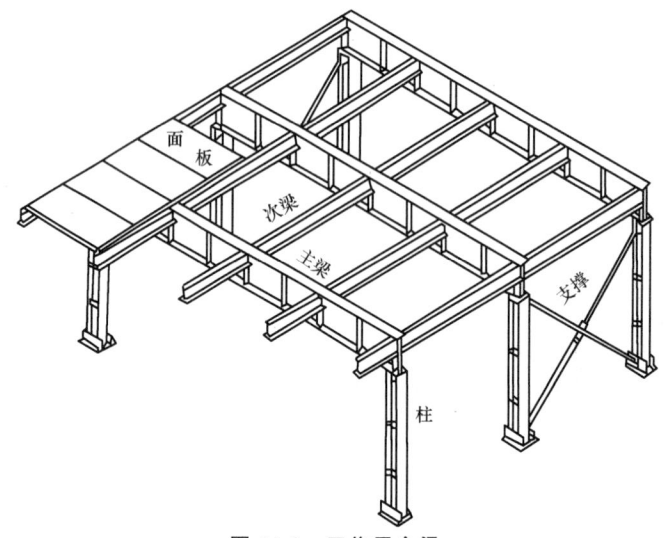

图 14-2 工作平台梁

通常钢梁用热轧工字钢和槽钢等型钢制成,也有用钢板或型钢经焊接、螺栓连接而制成的组合梁(图 14-3)。

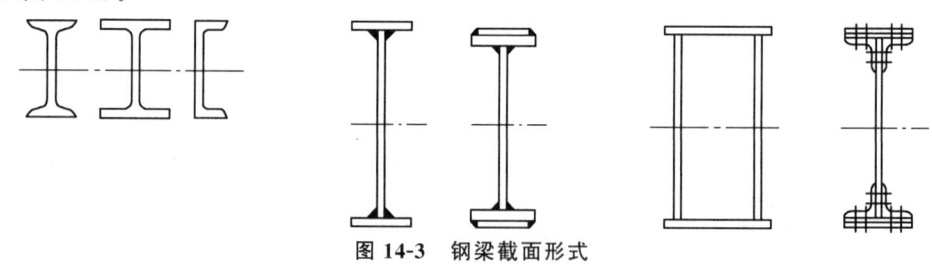

图 14-3 钢梁截面形式

钢结构中梁的布置称为梁格,它是由梁排列组成的结构承重体系,通常由主梁和次梁组成。按主梁和次梁的排列情况,梁格分为 3 种结构形式(图 14-4)。

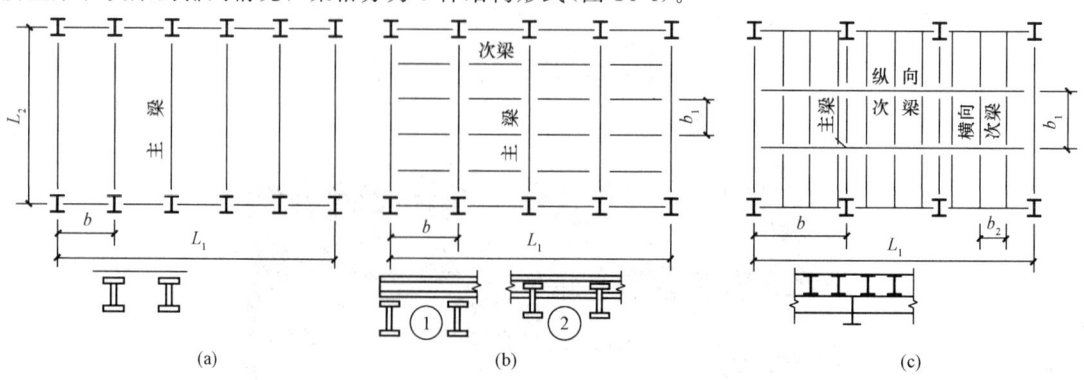

图 14-4 梁格结构形式
(a)简单梁格;(b)普通梁格;(c)复式梁格

(1)简单梁格——仅有主梁,适用于梁跨度较小的情况。
(2)普通梁格——设置主梁和次梁,次梁支承主梁,适用于大多数的梁格尺寸和荷载情况。
(3)复式梁格——除主梁和纵向次梁外,还在纵向次梁间设横向次梁,适用于荷载重、主梁跨度大的情况。

一般来说,后两种梁格结构形式比较经济。

钢梁的设计内容包括强度、刚度、整体稳定和局部稳定。

14.2 钢梁的强度和刚度

梁的设计首先应使强度和刚度满足要求。

14.2.1 强度

强度计算内容包括抗弯强度和抗剪强度验算,必要时还要验算局部压应力 σ_c。对梁的翼缘和腹板交接处、连续梁的支座处等各种应力较大的部位,还应验算折算应力 σ_{eq}。

1. 抗弯强度

钢梁弯曲时弯曲应力 σ 与应变 ε 的关系曲线与受拉时相似。钢材的塑性性能好,在达到极限强度前已有一定的塑性变形。所以,设计时可以假定钢材为理想弹塑性材料,截面模量 W 应乘以截面塑性发展系数 γ。同时,应用净截面计算。

钢梁单向弯曲的抗弯强度应符合下式要求:

$$\sigma = \frac{M_x}{\gamma_x W_{nx}} \leqslant f \tag{14-1}$$

式中 M_x——绕 x 轴的弯矩设计值(I形截面 x 为强轴)(N·mm);

γ_x—— x 轴的截面塑性发展系数,工字钢 $\gamma_x = 1.05$,其他截面的塑性发展系数可见《钢结构设计标准》(GB 50017—2017);

W_{nx}——对 x 轴的净截面模量(mm^3);

f——钢材抗弯强度设计值(N/mm^2)。

2. 抗剪强度

梁截面抗剪强度按下式验算:

$$\tau = \frac{VS}{It_w} \leqslant f_v \tag{14-2}$$

式中 V——计算截面沿腹板平面的剪力设计值(N);

S——计算剪应力处以上毛截面对中和轴的面积矩(mm^3);

I——毛截面惯性矩(mm^4);

t_w——腹板厚度(mm);

f_v——钢材的抗剪强度设计值(N/mm^2)。

I形截面上的最大剪应力发生在腹板的中和轴处。

当梁的抗剪强度不足时,最有效的办法是增大腹板面积。由于腹板高度一般由梁的刚度条件和构造要求决定,因此常常是增大腹板厚度。

轧制工字钢的腹板厚度 t_w 都较大,抗剪强度均能满足,所以,无严重切割不验算剪应力。

3. 局部承压强度

当梁上翼缘承受沿腹板平面的集中荷载(例如,次梁传来的集中力、支座反力等)且在该荷载作用处未设支承加劲肋时,应验算腹板计算高度上边缘的局部承受强度(局部压应力 σ_c)。

$$\sigma_c = \frac{\psi F}{t_w l_z} \leqslant f \tag{14-3}$$

$$l_z = 3.25 \sqrt[3]{\frac{I_R + I_f}{t_w}} \tag{14-4}$$

或

$$l_z = a + 5h_y + 5h_R \tag{14-5}$$

式中 F——集中荷载设计值，对动力荷载应考虑动力系数(N)；
ψ——集中荷载的增大系数，对重级工作制吊车梁，$\psi=1.35$；对其他梁，$\psi=1.0$；
l_z——集中荷载在腹板计算高度上边缘的假定分布长度，宜按式(14-4)计算，也可采用简化式(14-5)计算(mm)；
t_w——腹板厚度(mm)；
I_R——轨道绕自身形心轴的惯性矩(mm^4)；
I_f——梁上翼缘绕翼缘中面的惯性矩(mm^4)；
a——集中荷载沿梁跨度方向的支承长度(mm)，对钢轨上的轮压可取 50 mm；
h_y——自梁顶面至腹板计算高度上边缘的距离，对焊接梁为上翼缘厚度，对轧制I形截面梁是梁顶面到腹板过渡完成点的距离(mm)；
h_R——轨道的高度，对梁顶无轨道的梁取值为0(mm)；
f——钢材的抗压强度设计值(N/mm^2)。

在梁的支座处，当不设置支承加劲肋时，也应按式(14-3)计算腹板计算高度下边缘的局部压应力，但 ψ 取 1.0。支座集中反力的假定分布长度，应根据支座具体尺寸按式(14-5)计算。

4. 折算应力

在组合梁的腹板计算高度边缘处若同时受有较大的弯曲正应力 σ_1、剪应力 τ_1 和局部压应力，或同时受有较大的弯曲正应力 σ_1、剪应力 τ_1（如连续梁支座处或梁的翼缘截面改变处等）时，应按复杂应力状态计算其折算应力 σ_{eq}：

$$\sqrt{\sigma^2 + \sigma_c^2 - \sigma\sigma_c + 3\tau^2} \leqslant \beta_1 f \tag{14-6}$$

$$\sigma = \frac{M}{I_n} y_1 \tag{14-7}$$

式中 σ、τ、σ_c——腹板计算高度边缘同一点上同时产生的正应力、剪应力和局部压应力，τ 和 σ_c 应按式(14-2)和式(14-3)计算，σ 应按式(14-7)计算，σ 和 σ_c 以拉应力为正值，压应力为负值(N/mm^2)；
I_n——梁净截面惯性矩(mm^4)；
y_1——所计算点至梁中和轴的距离(mm)；
f——钢材的抗压强度设计值(N/mm^2)；
M——梁的弯矩设计值(N·mm)；
β_1——强度增大系数，当 σ 与 σ_c 异号时，取 $\beta_1=1.2$；当 σ 与 σ_c 同号或 $\sigma_c=0$ 时，取 $\beta_1=1.1$。

14.2.2 刚度

梁的刚度按荷载标准值引起的最大挠度 v 来衡量，v 越小，刚度越大。《钢结构设计标准》(GB 50017—2017)按全部荷载标准值作用、可变荷载标准值作用两种情况分别规定了梁的最大挠度限值 $[v_T]$ 和 $[v_Q]$，用 v 与跨度 l 的比值（相对挠度限值）表示。为保证梁的正常使用，挠度验算时应满足下式要求：

$$v \leqslant [v_T] \text{ 和 } v \leqslant [v_Q] \tag{14-8}$$

梁的最大挠度 v 可用材料力学公式计算。例如，等截面简支梁承受均布荷载 q 时

$$v = \frac{5ql^4}{384EI} \tag{14-9}$$

式中 E——钢材的弹性模量;
　　　I——梁截面的毛惯性矩。

挠度限值可查阅《钢结构设计标准》(GB 50017—2017)。例如,楼(屋)盖主梁和工作平台梁的挠度限值在全部荷载标准值下为 $l/400$、在可变荷载标准值下为 $l/500$,次梁则分别为 $l/250$ 和 $l/350$。其中,l 为梁的跨度。

增大截面高度可以提高梁的刚度,减小挠度。

【**例 14-1**】 一工作平台的梁格布置如图 14-5 所示,次梁采用 Q235 型钢。经计算作用在次梁上的全部荷载标准值 $p_k = 40.1$ kN/m。其中,可变荷载标准值 $q_k = 31.25$ kN/m。全部荷载设计值 $p = 51.2$ kN/m。试选择次梁截面。

【**解**】 次梁采用热轧普通工字钢。因梁上有面板焊接牢固,不必计算整体稳定。对型钢也不必计算局部稳定。所以,仅需计算强度和刚度。

(1)抗弯强度计算。

次梁内力:
$$M_{max} = \frac{1}{8}pl^2 = \frac{1}{8} \times 51.2 \times (6)^2 = 230.4 \text{(kN·m)}$$

$$V_{max} = \frac{1}{2}pl = \frac{1}{2} \times 51.2 \times 6 = 153.6 \text{(kN)}$$

截面塑性发展系数 $\gamma_x = 1.05$,所需截面模量为

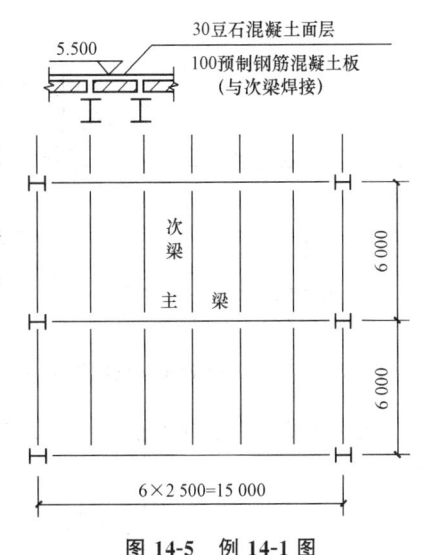

$$W_n = \frac{M_{max}}{\gamma_x f} = \frac{230.4 \times 10^6}{1.05 \times 215} = 1\,021 \times 10^3 \text{(mm}^3\text{)}$$

由型钢表初选 I40a,$W = 1\,090 \times 10^3$ mm³ $> 1\,021 \times 10^3$ mm³。其他截面几何性质:$I = 217\,00 \times 10^4$ mm⁴,$S = 631 \times 10^3$ mm³,$h = 400$ mm,$b = 142$ mm,$t_w = 10.5$ mm($t < 16$ mm,抗弯设计强度 $f = 215$ N/mm²),满足要求。

采用轧钢型钢,抗剪强度自然满足,不需要验算。

(2)次梁挠度计算。

全部标准荷载作用下:
$$v = \frac{5p_k l^4}{384EI} = \frac{5 \times 40.1 \times (6\,000)^4}{384 \times 206 \times 10^3 \times 21\,700 \times 10^4} = 15.1 \text{(mm)} = \frac{l}{397} < [v_T] = \frac{l}{250}$$

可变荷载作用下:
$$v = \frac{5q_k l^4}{384EI} = \frac{5 \times 31.25 \times (6\,000)^4}{384 \times 206 \times 10^3 \times 21\,700 \times 10^4} = 11.8 \text{(mm)} = \frac{l}{508} < [v_Q] = \frac{l}{350}$$

满足要求。

14.3 钢梁的整体稳定和局部稳定

14.3.1 整体稳定

钢梁在主平面内受弯,应保持其侧向平直无位移,否则发生整体失稳(图 14-6)。钢梁截面一般高而窄,为了保证其整体稳定性,须进行计算并采取相应的构造措施。

1. 无须计算整体稳定性的情况

当梁符合下列情况之一时,可不计算其整体稳定性。

(1)当铺板(各种钢筋混凝土板和钢板)密铺在梁的受压翼缘并与其牢固连接,能阻止梁受压翼缘侧向位移时。

(2)当箱形截面简支梁符合上述要求或截面尺寸(图 14-7)满足 $h/b_0 \leqslant 6$,$l_1/b_0 \leqslant 95\dfrac{235}{f_y}$ 时。

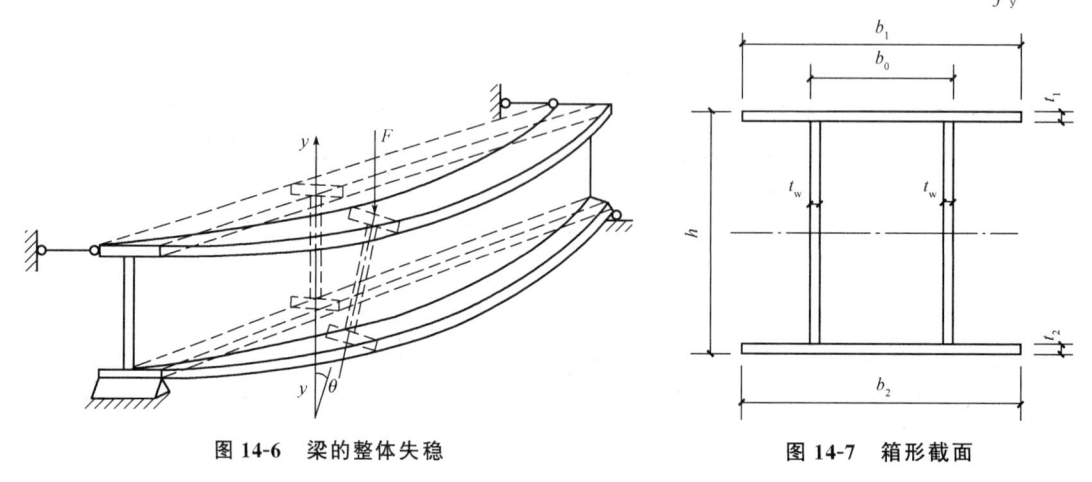

图 14-6 梁的整体失稳　　　　图 14-7 箱形截面

无论梁是否需要计算整体稳定,在其支座处均应采取构造措施以防止梁端截面的扭转,如图 14-8 所示。

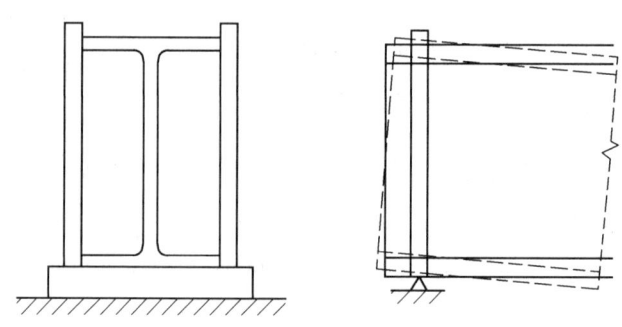

图 14-8 梁夹支座

2. 梁的整体稳定性验算

(1)验算公式。发生整体失稳时,钢梁的临界弯曲应力 σ_{cr} 小于钢材的抗弯强度 f,令两者的比值为 $\varphi_b = \sigma_{cr}/f$,并称其为整体稳定系数。

对在最大刚度主平面内单向弯曲的梁,整体稳定计算公式为

$$\frac{M_x}{\varphi_b W_x} \leqslant f \tag{14-10}$$

式中　M_x——绕强轴作用的最大弯矩设计值(N·mm);

W_x——按受压最大纤维确定的毛截面模量(mm),当截面板件宽厚比等级为 S1 级、S2 级、S3 级或 S4 级时,应取全截面模量;当截面板件宽厚比等级为 S5 级时,应取有效截面模量,均匀受压翼缘有效外伸宽度可取 $15\sqrt{235/f_y}$,腹板有效截面可按《钢结构设计标准》(GB 50017—2017)第 8.4.2 条的规定采用;

φ_b——梁的整体稳定系数,按《钢结构设计标准》(GB 50017—2017)附录 C 确定。

当梁的整体稳定性要求不满足时,可采用加大梁的截面尺寸或增加侧向支撑的办法。前一

种办法中以增大受压翼缘的宽度最为有效,侧向支撑应设置在(或靠近)梁的受压翼缘。

(2)整体稳定系数 φ_b。

1)等截面焊接工字钢和轧钢 H 型钢简支梁。

$$\varphi_b = \beta_b \frac{4\,320}{\lambda_y^2} \cdot \frac{Ah}{W_x} \left[\sqrt{1 + \left(\frac{\lambda_y t_1}{4.4h}\right)^2} + \eta_b \right] \varepsilon_k \tag{14-11}$$

式中 β_b——梁整体稳定的等效临界弯矩系数,按《钢结构设计标准》(GB 50017—2017)采用;

λ_y——梁在侧向支承点间对截面弱轴 y—y 轴的长细比,$\lambda_y = l_1/i_y$,i_y 为梁毛截面对 y 轴的截面回转半径(mm),l_1 为梁受压翼缘侧向支承点之间的距离(mm);

A——梁的毛截面面积(mm^2);

h、t_1——梁截面的全高和受压翼缘厚度(mm),等截面铆接(或高强度螺栓连接)简支梁,其受压翼缘厚度 t_1 包括翼缘角钢厚度在内;

η_b——截面不对称影响系数,对双轴对称 I 形截面 $\eta_b = 0$;对单轴对称 I 形截面,加强受压翼缘时 $\eta_b = 0.8(2a_b - 1)$,加强受拉翼缘时 $\eta_b = 2a_b - 1$,$a_b = I_1/(I_1 + I_2)$,I_1 和 I_2 分别为受压翼缘和受拉翼缘对 y 轴的惯性矩(mm^3);

ε_k——钢号修正系数,其值为 235 号钢材牌号中屈服点数值的比值的平方根。

当按式(14-11)计算所得 φ_b 值大于 0.6 时,应用按下式计算所得的 φ_b' 值代替 φ_b 值:

$$\varphi_b' = 1.07 - \frac{0.282}{\varphi_b} \leqslant 1.0 \tag{14-12}$$

梁的整体稳定临界荷载与梁的侧向抗弯刚度、抗扭刚度及跨度等有关。等效临界弯矩系数 β_b 是不同横向荷载作用下梁的稳定系数与纯弯曲稳定系数的比值。

2)轧制普通工字钢简支梁。《钢结构设计标准》(GB 50017—2017)给出了轧制普通工字钢简支梁整体稳定系数 φ_b 表。同样,当 φ_b 值大于 0.6 时,应用式(14-12)计算所得的 φ_b' 值替代 φ_b 值。

研究和工程实践表明,钢梁的稳定性与自由长度 l_1(受压翼缘侧向支承间的距离)及受压翼缘宽度 b_1 有关。所以,提高钢梁整体稳定性的最有效措施:一是加大受压翼缘的宽度 b_1,以增大梁的侧向抗弯刚度和抗扭刚度;二是增加梁受压翼缘的侧向支撑点,以减小其侧向自由长度 l_1。例如,钢梁在端部有支座侧向支承点,在跨中则由次梁连接及支撑体系、面板牢固连接等提供补充的侧向支承。《钢结构设计标准》(GB 50017—2017)还规定了各种截面梁的等效临界弯矩系数 β_b 的计算方法。

14.3.2 局部稳定

热轧工字钢的腹板较厚,不可能发生局部失稳,故不必验算。在组合截面钢梁中,为了提高梁的强度和刚度并节约腹板钢材,腹板往往较高、较薄;为了提高整体稳定性,翼缘板宜宽一些。但是,若板件过于宽薄,又容易丧失局部稳定。

组合梁腹板丧失局部稳定的概念和计算方法与轴心受压柱的腹板完全相同,只是应力状态较复杂。保证腹板局部稳定性的措施:一是增加腹板厚度;二是按计算配置加劲肋。加劲肋把腹板划分成较小的四边支承矩形区格,提高了临界应力,从而满足局部稳定性的要求。在腹板高厚比较大的梁中,后一措施能取得更好的经济效益。一般情况下是配置垂直于梁轴线方向的腹板横向加劲肋,腹板高度比较大时还需要在腹板受压区加配沿梁轴线方向的纵向加劲肋,在梁的局部压应力较大的区格可配置短加劲肋(图 14-9)。提高腹板局部稳定性的加劲肋称为间隔加劲肋,同时可作为传递支座反力或较大固定集中荷载的加劲肋称为支承加劲肋(图 14-10)。

《钢结构设计标准》(GB 50017—2017)规定了在组合梁腹板中宜配置加劲肋的场合和计算要求。承受静力荷载和间接承受动力荷载的焊接腹板屈曲后强度,按《钢结构设计标准》

(GB 50017—2017)有关焊接截面梁腹板考虑屈曲后强度计算的规定计算其受弯和受剪承载力。不考虑腹板屈曲后强度时，当 $h_0/t_w > 80\sqrt{\dfrac{235}{f_y}}$，焊接截面梁应计算腹板的稳定性。$h_0$ 为腹板的计算高度，t_w 为腹板的厚度。轻级、中级工作制吊车梁计算腹板的稳定性时，吊车轮压设计值可乘以折减系数 0.9。

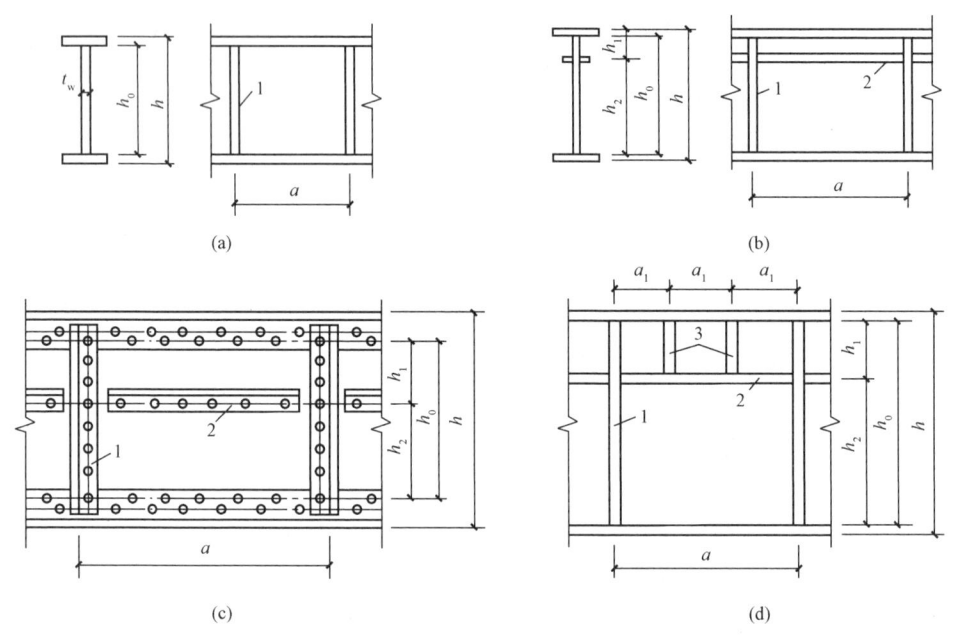

图 14-9 加劲肋布置

(a)仅配置横向加劲肋的腹板；(b)、(c)同时用横向加劲肋和纵向加劲肋加强的腹板；
(d)在受压翼缘与纵向加劲肋之间设有短向加劲肋的区格
1—横向加劲肋；2—纵向加劲肋；3—短加劲肋

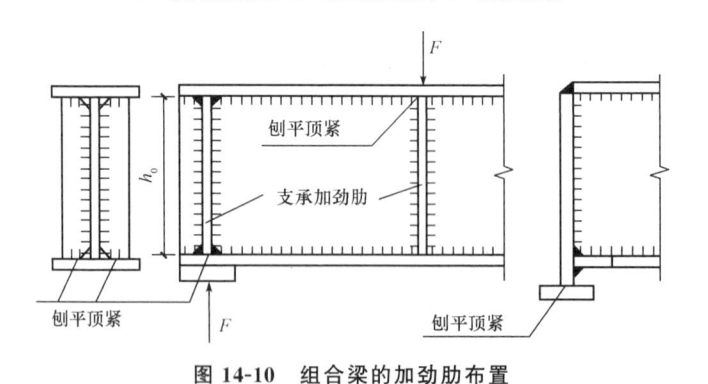

图 14-10 组合梁的加劲肋布置

焊接截面梁腹板配置加劲肋应符合下列规定：

（1）当 $h_0/t_w \leqslant 80\sqrt{\dfrac{235}{f_y}}$ 时，对有局部压应力的梁，宜按构造配置横向加劲肋；当局部压应力较小时，可不配置加劲肋。

（2）直接承受动力荷载的吊车梁及类似构件，应按下列规定配置加劲肋：

1）当 $h_0/t_w > 80\sqrt{\dfrac{235}{f_y}}$ 时，应配置横向加劲肋。

2)当受压翼缘扭转受到约束且 $h_0/t_w > 170\sqrt{\dfrac{235}{f_y}}$、受压翼缘扭转未受到约束且 $h_0/t_w > 150\sqrt{\dfrac{235}{f_y}}$，或按计算需要时，应在弯曲应力较大区格的受压区增加配置纵向加劲肋。局部压应力很大的梁，必要时尚宜在受压区配置短加劲肋；对单轴对称梁，当确定要配置纵向加劲肋时，h_0 应取腹板受压区高度 h_c 的 2 倍。

3)不考虑腹板屈曲后强度，当 $h_0/t_w > 80\sqrt{\dfrac{235}{f_y}}$ 时，宜配置横向加劲肋。

4) h_0/t_w 不宜超过 250。

5)梁的支座处和上翼缘受有较大固定集中荷载处，宜设置支承加劲肋。

6)腹板的计算高度 h_0 应按下列规定采用：对于轧制型钢梁，为腹板与上、下翼缘相连接处两内弧起点间的距离；对焊接截面梁，为腹板高度；对高强度螺栓连接（或铆接）梁，为上、下翼缘与腹板连接的高强度螺栓（或铆钉）线间的最近距离。

①仅配置横向加劲肋的腹板[图 14-9(a)]，其各区格的局部稳定应按下列公式计算：

$$\left(\dfrac{\sigma}{\sigma_{cr}}\right)^2 + \left(\dfrac{\tau}{\tau_{cr}}\right)^2 + \dfrac{\sigma_c}{\sigma_{c,cr}} \leqslant 1.0 \qquad [14\text{-}13(a)]$$

$$\tau = \dfrac{V}{h_w t_w} \qquad [14\text{-}13(b)]$$

式中 σ——所计算腹板区格内，由平均弯矩产生的腹板计算高度边缘的弯曲压应力（N/mm²）；

τ——所计算腹板区格内，由平均剪力产生的腹板平均剪应力（N/mm²）；

σ_c——腹板计算高度边缘的局部压应力，应按式（14-3）计算，但式中的 ψ 取 1.0（N/mm²）；

h_w——腹板高度（mm）；

t_w——构件的腹板厚度（mm）；

V——所计算腹板区格内的平均剪力（kN）；

σ_{cr}、τ_{cr}、$\sigma_{c,cr}$——各种应力单独作用下的临界应力（N/mm²）。

②同时用横向加劲肋和纵向加劲肋加强的腹板[图 14-9(b)、(c)]，其局部稳定性应按下列公式计算：

a. 受压翼缘与纵向加劲肋之间的区格。

$$\dfrac{\sigma_2}{\sigma_{cr1}} + \left(\dfrac{\sigma_c}{\sigma_{c,cr1}}\right)^2 + \left(\dfrac{\tau}{\tau_{cr1}}\right)^2 \leqslant 1.0 \qquad (14\text{-}14)$$

式中，σ_{cr1}、τ_{cr1}、$\sigma_{c,cr1}$ 按《钢结构设计标准》(GB 50017—2017)规定的方法计算。

b. 受拉翼缘与纵向加劲肋之间的区格。

$$\dfrac{\sigma_2}{\sigma_{cr2}} + \left(\dfrac{\tau}{\tau_{cr2}}\right)^2 + \dfrac{\sigma_{c2}}{\sigma_{c,cr2}} \leqslant 1.0 \qquad (14\text{-}15)$$

式中 σ_{cr2}、τ_{cr2}、$\sigma_{c,cr2}$——按《钢结构设计标准》(GB 50017—2017)规定的方法计算；

σ_2——所计算区格内由平均弯矩产生的腹板在纵向加劲肋处的弯曲压应力（N/mm²）；

σ_{c2}——腹板在纵向加劲肋处的横向压应力，取 $0.3\sigma_c$（N/mm²）。

③在受压翼缘与纵向加劲肋之间设有短向加劲肋的区格[图 14-9(d)]，其局部稳定性应按式（14-14）计算，详见《钢结构设计标准》(GB 50017—2017)的规定。

（3）加劲肋的设置应符合下列规定：

1)加劲肋宜在腹板两侧成对配置，也可单侧配置，但支承加劲肋、重级工作制吊车梁的加劲肋不应单侧配置。

2)横向加劲肋的最小间距应为 $0.5h_0$，除无局部压应力的梁，当 $h_0/t_w \leqslant 100$ 时，最大间距可采用 $2.5h_0$ 外，最大间距应为 $2h_0$。纵向加劲肋至腹板计算高度受压边缘的距离应为 $h_c/2.5 \sim h_c/2$。

3)在腹板两侧成对配置的钢板横向加劲肋，其截面尺寸应符合式(14-16)的规定。

外伸宽度：
$$b_s = \frac{h_0}{30} + 40 \qquad [14\text{-}16(a)]$$

厚度：
$$\text{承压加劲肋 } t_s \geqslant \frac{b_s}{15}, \text{ 不受力加劲肋 } t_s \geqslant \frac{b_s}{19} \qquad [14\text{-}16(b)]$$

4)在腹板一侧配置的横向加劲肋，其外伸宽度应大于按式[14-16(a)]计算所得的1.2倍，厚度应符合式[14-16(b)]的规定。

5)在同时采用横向加劲肋和纵向加劲肋加强的腹板中，横向加劲肋的截面尺寸除符合上述1)～4)的规定外，其截面惯性矩 I_z 还应符合式[14-17(a)]要求：
$$I_z \geqslant 3h_0 t_w^3 \qquad [14\text{-}17(a)]$$

纵向加劲肋的截面惯性矩：

当 $a/h_0 \leqslant 0.85$ 时：
$$I_y \geqslant 1.5h_0 t_w^3 \qquad [14\text{-}17(b)]$$

当 $a/h_0 > 0.85$ 时：
$$I_y \geqslant \left(2.5 - 0.45\frac{a}{h_0}\right)\left(\frac{a}{h_0}\right)^2 h_0 t_w^3 \qquad [14\text{-}17(c)]$$

6)短加劲肋的最小间距为 $0.75h_1$。短加劲肋外伸宽度取横向加劲肋外伸宽度的70%～100%，厚度不应小于短加劲肋外伸宽度的1/15。

7)用型钢(H 型钢、工字钢、槽钢、肢尖焊于腹板的角钢)做成的加劲肋，其截面惯性矩不得小于相应钢板加劲肋的惯性矩。在腹板两侧成对配置的加劲肋，其截面惯性矩应以梁腹板中心线为轴线进行计算。在腹板一侧配置的加劲肋，其截面惯性矩应以加劲肋相连的腹板边缘为轴线进行计算。

8)焊接梁的横向加劲肋与翼缘板、腹板相接处应切角，当作为焊接工艺孔时，切角宜采用半径 $R = 30$ mm 的 1/4 圆弧。

(4)梁的支承加劲肋应符合下列规定：

1)应按承受梁支座反力或固定集中荷载的轴心受压构件计算其在腹板平面外的稳定性；此受压构件的截面应包括加劲肋和加劲肋每侧 $15h_w\sqrt{\frac{235}{f_y}}$ 范围内的腹板面积，计算长度取 h_0。

2)当梁支承加劲肋的端部为刨平顶紧时，应按其所承受的支座反力或固定集中荷载计算其端面承压应力；突缘加劲肋的伸出长度不得大于其厚度的2倍；当端部为焊接时，应按传力情况计算其焊缝应力。

3)支承加劲肋与腹板的连接焊缝，应按传力需要进行计算。

【例 14-2】 一焊接 I 形等截面简支梁的跨度 $l = 4$ m，钢材 Q235B。均布荷载作用在下翼缘上，最大计算弯矩 $M_x = 1\,128$ kN·m。通过满应力设计，所选截面如图 14-11 所示。试验算该梁的整体稳定性。

【解】 (1)求整体稳定系数。

截面几何性质
$$A = 1\,400 \times 8 + 2 \times 320 \times 12 = 18\,880 (\text{mm}^2)$$

$$I_x = \frac{1}{12} \times 8 \times (1\,400)^3 + 2 \times 320 \times 12 \times (706)^2 = 56.57 \times 10^8 (\text{mm}^4)$$

$$W_x = \frac{I_x}{y} = \frac{56.57 \times 10^8}{1\,400/2 + 12} = 7.945 \times 10^6 (\text{mm}^3)$$

$$I_y = 2 \times \frac{1}{12} \times 12 \times (320)^3 = 0.655\,4 \times 10^8 (\text{mm}^4)$$

$$i_y = \sqrt{I_y/A} = \sqrt{0.655\,4 \times 10^8/18\,880} = 58.9 (\text{mm})$$

$$\lambda_y = \frac{l_1}{i_y} = \frac{4\,000}{58.9} = 68$$

$$\xi = \frac{l_1 t_1}{b_1 h} = \frac{4\,000 \times 12}{320 \times 1\,424} = 0.105 < 2.0$$

图 14-11 例 14-2 图

由《钢结构设计标准》(GB 50017—2017) 查得 $\beta_b = 0.69 + 0.13\xi = 0.69 + 0.13 \times 0.105 = 0.704$，则

$$\varphi_b = \beta_b \frac{4\,320}{\lambda_y^2} \frac{Ah}{W_x} \left[\sqrt{1 + \left(\frac{\lambda_y t_1}{4.4h}\right)^2} + \eta_b \right] \frac{235}{f_y}$$

$$= 0.704 \times \frac{4\,320}{68} \times \frac{18\,880 \times 1\,424}{7.945 \times 10^6} \times \left[\sqrt{1 + \left(\frac{68 \times 12}{4.4 \times 1\,424}\right)^2} + 0 \right] \times \frac{235}{235}$$

$$= 2.244 > 0.6$$

再由式(14-12)算得

$$\varphi'_b = 1.07 - \frac{0.282}{\varphi_b} = 1.07 - \frac{0.282}{2.244} = 0.944 \approx 1.0$$

这样，梁的抗弯强度不但能得到充分利用，而且整体稳定性也正好能保证。

14.4 次梁与主梁的连接

次梁与主梁的连接构造分为叠接构造和平接构造两类。

叠接构造是直接把次梁放在主梁上，并用焊缝或螺栓相连[图 14-12(a)]，对简支次梁和连续次梁都可用。叠接构造简单，但结构高度大，影响使用空间，而且连接刚度较差，应用比较少。

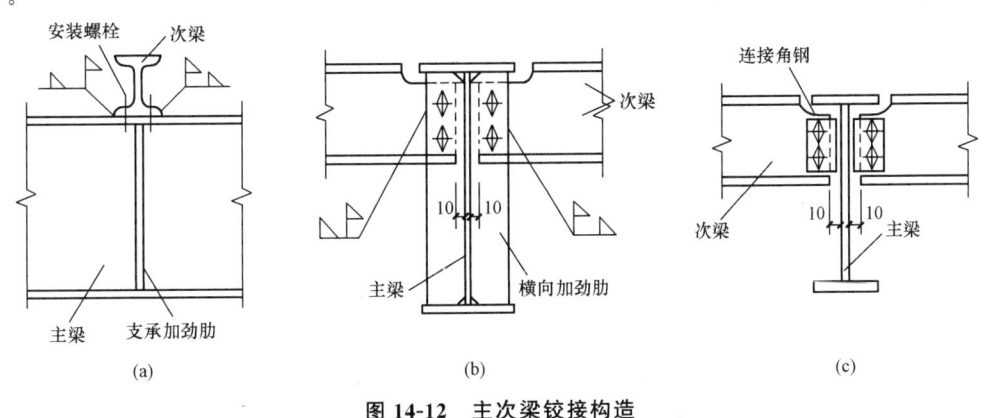

图 14-12 主次梁铰接构造

(a) 叠接；(b) 平接；(c) 利用短角钢的平接

平接的结构高度较小，增大了梁格的刚度，应用较多，但是次梁的端部需要切割。根据工程具体情况，次梁顶面可与主梁顶面持平、略高或略低。次梁端部与主梁翼缘冲突部分应切成圆弧

过渡，避免产生严重的应力集中。图 14-12(b)所示为次梁腹板用螺栓连接于主梁加劲肋上，构造简单，安装方便。也可以利用两个短角钢将次梁连接于主梁腹部[图 14-12(c)]，通常先在主梁腹板上焊上一个短角钢，待次梁就位后再加另一短角钢并用安装焊缝焊牢，以上平接做法是次梁和主梁的铰接构造。当次梁或主梁的跨度和荷载较大、为了减小梁的挠度，或为连续次梁时，一般可采用如图 14-13 所示的刚接平接构造。次梁的支座反力传给焊接于主梁侧面的承托，在次梁的支座负弯矩作用下，由上翼缘的连接盖板传递拉力，下翼缘的承托水平顶板传递压力。

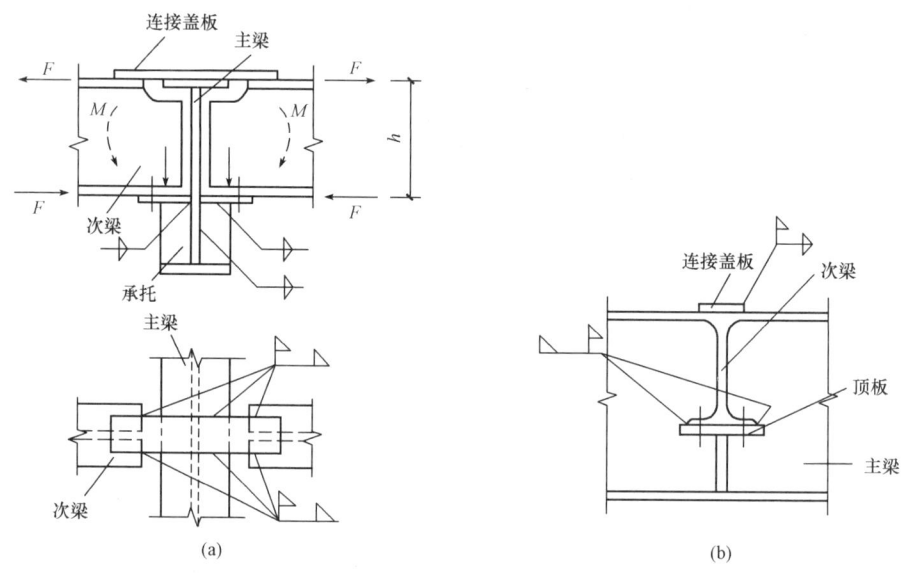

图 14-13　次梁和主梁的刚接平接构造
(a)加连接钢板；(b)连续次梁与主梁的连接

14.5　梁与柱的连接

梁与柱的连接做法有两种构造形式：一种做法适用于顶层梁，梁直接置于柱顶(图 14-14)。顶柱与梁端加劲肋之间应有密切的联系，应在柱上端设置具有一定刚度的顶板。在图 14-14(a)中，梁端支座加劲肋采用突缘板形式，其底部刨平或铣平，与顶柱板顶紧，传力明确，是较好的轴心受压柱与梁的连接构造。图 14-14(b)所示的连接构造简单，制造、安装方便，但两梁的荷载不等时柱为偏心受压。另一种做法是梁连接于柱侧的下部承托上(图 14-15)。其中，图 14-15(a)所示应用较多，因为构造处理简单，传力明确，制造和安装也较为方便，但在梁端顶部还应设置顶部短角钢或垫板以防止梁端在受力后发生平面外的偏移，同时又不影响梁端在平面内比较自由地转动，使其较好地符合铰接计算简图的要求。图 14-15(b)所示的构造适用于梁支座反力较大时，梁的反力通过用厚钢板制成的承托传递到柱子上，传力明确，但对制造和安装精度的要求较高。

在多层框架结构中，梁与柱的连接节点应为刚接，以传递反力和弯矩，柱通常是上下贯通的，梁与柱需在现场连接。一种做法是梁端部直接与柱相连接，如图 14-16 所示。其中，图 14-16(a)中梁的翼缘和腹板与柱焊接，多用于梁悬臂段与柱在工厂的连接；图 14-16(b)中，梁的翼缘与柱焊接，腹板则通过焊在柱上的连接件与柱用高强度螺栓连接；图 14-16(c)中，梁通过端板与柱用高强度螺栓连接。为了保证柱腹板不致被压坏或局部失稳，通常在梁翼缘对应位置设置柱的横向加劲肋。另一种做法是把梁与预先焊在柱上的梁悬臂相连。

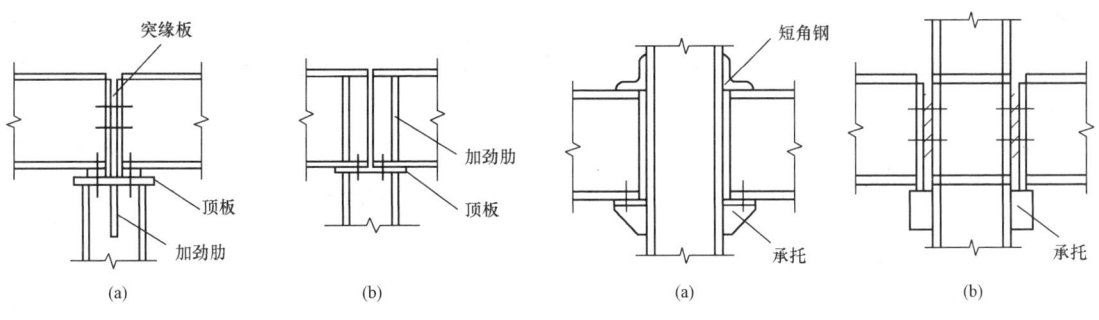

图 14-14 梁置于柱顶
(a)轴心受压；(b)偏心受压

图 14-15 梁与柱侧连接
(a)设置短角钢或垫板防偏移；(b)梁支座反力较大

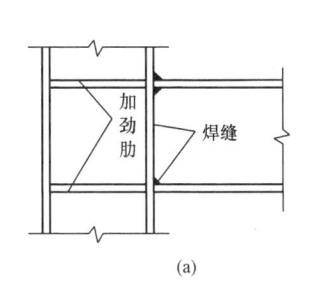

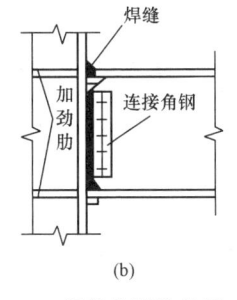

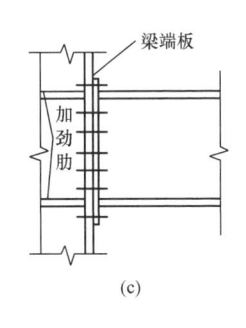

图 14-16 梁柱的刚接连接
(a)翼缘和腹板与柱焊接；(b)翼缘焊接，腹板螺栓连接；(c)端板与柱螺栓连接

知识拓展

钢结构受弯构件设计指的是在钢结构中承受弯曲力作用的构件，如梁、柱等。设计钢结构受弯构件需要考虑多个方面，包括弯矩分布、截面设计、材料选择、连接方式确定等。钢结构受弯构件设计的步骤如下。

1. 弯矩分布

弯矩分布是在结构受到荷载作用时，梁或柱上产生的弯矩的分布情况。在确定设计弯矩时，需要考虑荷载的大小、位置和分布情况，以及梁或柱的几何形状和支座条件等。根据这些信息，可以计算出梁或柱上的弯矩图，并确定设计弯矩的大小和分布。

2. 截面设计

截面设计是根据弯矩和受力要求，选择合适的截面形状和尺寸。钢结构受弯构件的截面设计需要满足强度和刚度要求。在强度方面，截面的抗弯能力需要大于设计弯矩，以确保构件的安全性能。在刚度方面，截面的刚度需要满足结构的挠度和变形要求，以确保结构的稳定性和正常使用。常用的截面形状包括Ⅰ形截面、H形截面、管截面等，可以根据具体的设计要求选择合适的截面形状。

3. 材料选择

钢结构受弯构件通常使用普通碳素结构钢或高强度结构钢。在选择材料时，需要考虑强度、刚度、可焊性、耐腐蚀性等性能要求。一般来说，高强度结构钢具有较高的强度和刚度，但成本相对较高，适用于要求比较高的工程项目。普通碳素结构钢具有较低的成本和普遍的可用性，适用于一般的工程项目。

4. 确定连接方式

连接方式是指构件之间的连接方式，包括焊接、螺栓连接等。在选择连接方式时，需要考虑连接的强度、刚度、耐久性等要求。焊接是常用的连接方式,可以提供较高的强度和刚度,但需要特殊的施工条件和技术要求。螺栓连接相对来说较为简单,可以方便拆卸和更换,但强度和刚度相对较低。

此外,钢结构受弯构件的设计还需要考虑其他因素,如构件的自重、温度变化、防火要求等。这些因素会对构件的设计和选材造成影响,需要根据具体情况进行综合考虑。

综上所述,钢结构受弯构件的设计是一个复杂的工程任务,需要考虑多个因素,包括弯矩分布、截面设计、材料选择、连接方式确定等。设计师需要综合考虑结构的强度、刚度、稳定性和经济性等要求,选择合适的截面形状、尺寸和材料,同时确保构件的施工可行性和使用安全性。通过科学、合理的设计,可以提高钢结构受弯构件的性能和效益,保障结构的安全和持久运行。

模块小结

(1)梁的强度。强度计算内容包括抗弯强度和抗剪强度验算,必要时还要验算局部压应力 σ_c。对梁的翼缘和腹板交接处、连续梁的支座处等各种应力较大的部位还应验算折算应力 σ_{eq}。

1)抗弯强度。钢梁单向弯曲的抗弯强度应符合下式要求:

$$\sigma = \frac{M_x}{\gamma_x W_{nx}} \leqslant f$$

2)抗剪强度。梁截面抗剪强度按下列公式验算:

$$\tau = \frac{VS}{It_w} \leqslant f_v$$

3)局部承压强度:

$$\sigma_c = \frac{\psi F}{t_w l_z} \leqslant f$$

$$l_z = 3.25 \sqrt[3]{\frac{I_R + I_f}{t_w}} \quad 或 \quad l_z = a + 5h_y + 5h_R$$

4)折算应力:

$$\sqrt{\sigma^2 + \sigma_c^2 - \sigma\sigma_c + 3\tau^2} \leqslant \beta_1 f$$

$$\sigma = \frac{M}{I_n} y_1$$

(2)梁的刚度。为保证梁的正常使用,挠度验算时应满足下式要求:

$$v \leqslant [v_T] \text{ 和 } v \leqslant [v_Q]$$

(3)梁的整体稳定。对在最大刚度主平面内单向弯曲的梁,整体稳定计算公式如下:

$$\frac{M_x}{\varphi_b W_x} \leqslant f$$

(4)梁的局部稳定。保证腹板局部稳定性的措施:一是增加腹板厚度;二是按计算配置加劲肋。

(5)次梁与主梁的连接构造分为叠接和平接两类。

(6)梁与柱的连接做法有两种构造形式:一种做法适用于顶层梁,梁直接置于柱顶。顶柱与梁端加劲肋之间应有密切的联系,应在柱上端设置具有一定刚度的顶板;另一种做法是梁连接于柱侧的下部承托上。

课后习题

(1) 钢梁的强度计算包括哪些内容？什么情况下须计算梁的局部压应力和折算应力？

(2) 梁发生强度破坏与丧失整体稳定有何区别？影响钢梁整体稳定的主要因素有哪些？提高钢梁整体稳定性的有效措施有哪些？

(3) 梁的整体稳定与局部稳定在概念上有何不同？

(4) 钢梁的拼接、主次梁连接各有哪些方式？其主要设计原则是什么？

(5) 试验算图14-17所示双对称I形截面简支梁的整体稳定性。梁跨度为6.9 m。在跨中央有一集中荷载500 kN(设计值)作用于梁的上翼缘，跨中无侧向支承，材料Q235钢。

(6) 焊接I形等截面简支梁(图14-18)，跨度为15 m，在距支座5 m处各有一次梁，次梁传来的集中荷载(设计值)$F=200$ kN，钢材为Q235。试验算其整体稳定性。

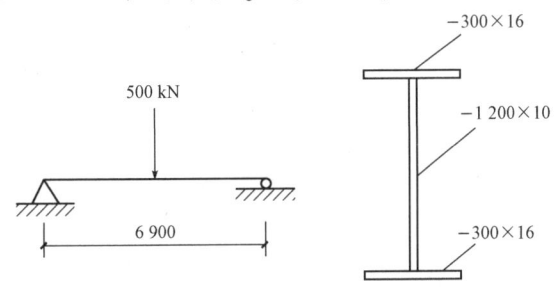

图 14-17 双对称I形截面简支梁

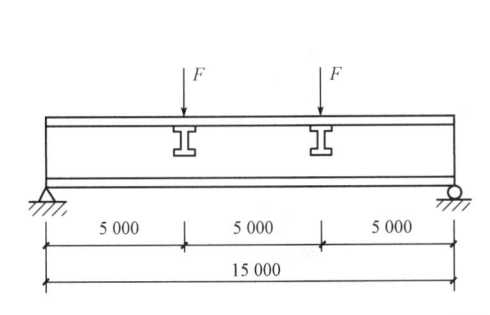

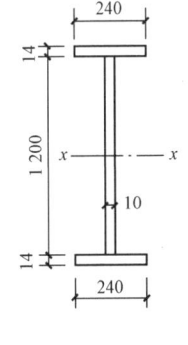

图 14-18 I形等截面简支梁

拓展知识：泥土到奇迹，解码中国古砖千年变身记

拓展知识：天津奥林匹克中心体育场

第4篇　砌体结构

教学引导

嵩岳塔是屹立在"五岳"之中岳——河南省嵩山南麓的一座古老佛塔,初建于北魏正光四年(公元523年),塔顶重修于唐。该塔历经1 400多年风雨侵蚀,仍巍然屹立,是中国现存最早的砖塔,也是中国建筑史上不能忽视的砌体结构。嵩岳塔为砖筑密檐式塔,也是唯一的一座十二边形塔,其近于圆形的平面、分为上下两段的塔身,都与印度浮图塔相当接近,是密檐式塔的早期形态。

嵩岳塔具有极高的建筑和艺术价值,塔高39.8 m,共15层,底层直径为10.6 m,内径为5 m,壁厚为2.5 m,如此多层的高塔在全国范围内罕有。它是一座砖塔,全塔除塔刹和基石外,均以砖砌筑,砖呈灰黄色,以黏土砌缝。汉魏时塔多为木构楼阁式,后来才渐渐被砖石材料代替,嵩岳塔则是这一转化的最早实例,因而极为可贵。该塔的外形和下层平面均为十二边形,是现存塔的实物中的孤例。

嵩岳塔

拓展知识:砖瓦建筑欣赏

导读

几千年来,基于"秦砖汉瓦"的中华砌文化源远流长,砌体建筑注重自然和生活协调,形成了独具特色的中国建筑体系。绿色循环低碳发展,是当今时代科技革命和产业变革的重要方向,碳达峰、碳中和是事关中华民族永续发展和构建人类命运共同体的战略决策,是一场广泛而深刻的经济社会系统性变革,建筑产业在此进程中均占有举足轻重的地位。砌体结构在中国历史悠久,而在当代,其在新材料、新工艺、新结构的加持下焕发了生机,发展砌体结构一定要因地制宜,以当地的实际资源情况为基础,充分地利用当地的资源来发展砌体砌块。最主要的是能够有效地促进我国能源的可持续发展战略,最大限度地保护环境,还能够加强对工业废料的利用,如粉煤灰、矿渣和炉渣等,此外在实际的砌体结构施工中,还要树立整体的观念,才能够保证建筑的可靠、安全、耐久等功能。

模块 15　砌体结构材料及砌体主要力学性能

知识目标

(1)掌握砌体的受压性能和影响砌体抗压强度的主要因素；
(2)熟悉砌体材料种类和砌体种类；
(3)了解砌体的受拉、受弯和受剪的力学性能。

能力目标

(1)能够根据工程需要选择合适的砌体材料和结构；
(2)能够根据砌体出现的裂纹判断发生的破坏类型；
(3)能够正确查阅、使用砌体抗压强度设计规范。

素养目标

(1)培养对建筑行业的热爱；
(2)增强创新意识和探索精神；
(3)具备严谨细致的工作态度。

工程案例

赵州桥(图 15-1)是世界上现存年代久远、跨度最大、保存最完整的单孔坦弧敞肩石拱桥，其建造工艺独特，在世界桥梁史上首创"敞肩拱"结构形式，具有较高的科学研究价值；雕作刀法苍劲有力，艺术风格新颖豪放，显示了隋代浑厚、严整、俊逸的石雕风貌，桥体饰纹雕刻精细，具有较高的艺术价值。赵州桥在我国造桥史上占有重要地位，对全世界后代桥梁建筑有着深远的影响。

赵州桥建造中选用了附近州县生产的质地坚硬的青灰色砂石作为石料，采用圆弧拱形式，使石拱高度降低。主孔净跨度为 37.02 m，而拱高只有 7.23 m，拱高和跨度之比为 1:5 左右，这样就实现了低桥面和大跨度的双重目的。

图 15-1　赵州桥

15.1 砌体结构材料

砌体是由块体和砂浆砌筑而成的整体材料;由砖砌体、石砌体或砌块砌体建造的结构,称为砌体结构。

15.1.1 块材

块材是砌体的主要组成部分,占砌体总体积的78%以上。目前,我国砌体结构常用的块材主要有以下几类。

1. 砖

(1)烧结普通砖和烧结多孔砖。

1)烧结普通砖。烧结普通砖是由煤矸石、页岩、粉煤灰或黏土为主要原料,经过焙烧而成的实心砖,分为烧结煤矸石砖、烧结页岩砖、烧结粉煤灰砖等。我国烧结普通砖的标准尺寸为240 mm×115 mm×53 mm。为了保护土地资源,国家禁止使用黏土实心砖,推广和生产利用工业废料等非黏土原材料制成的砖材,已成为我国墙体材料改革的发展方向。

2)烧结多孔砖。烧结多孔砖是以煤矸石、页岩、粉煤灰或黏土为主要原料,经焙烧而成,孔洞率不大于35%,孔的尺寸小而数量多,主要用于承重部位的砖。其外形尺寸有240 mm×115 mm×90 mm、190 mm×190 mm×90 mm等多种。与烧结普通砖相比,烧结多孔砖突出的优点是减轻墙体自重1/4~1/3,节约原料和能源,提高砌筑效率约40%,降低成本20%左右,显著改善保温隔热性能。

砖的抗压强度等级由抗压强度和抗折强度综合确定。烧结普通砖、烧结多孔砖的强度等级分为MU30、MU25、MU20、MU15和MU10五个级别。

(2)混凝土砖。混凝土砖是以水泥为胶结材料,以砂、石等为主要骨料,加水搅拌、成型、养护制成的一种多孔的混凝土半盲孔砖或实心砖。多孔砖的主规格尺寸为240 mm×115 mm×90 mm、240 mm×190 mm×90 mm、190 mm×190 mm×90 mm等;实心砖的主规格尺寸为240 mm×115 mm×53 mm、240 mm×115 mm×90 mm等。混凝土多孔砖具有生产能耗低、节土利废、施工方便和体轻、强度高、保湿效果好、耐久、收缩变形小、外观规整等特点,是一种替代烧结普通砖的理想材料。

混凝土普通砖、混凝土多孔砖的强度等级分为MU30、MU25、MU20和MU15四个级别。

(3)蒸压灰砂普通砖和蒸压粉煤灰普通砖。两者都属于非烧结硅酸盐砖。蒸压灰砂普通砖是以石灰等钙质材料和砂等硅质材料为主要原料,经坯料制备、压制排气成型、高压蒸汽养护而成的实心砖。蒸压粉煤灰普通砖是以石灰、消石灰(如电石渣)或水泥等钙质材料与粉煤灰等硅质材料及骨料(砂等)为主要原料,掺加适量石膏,经坯料制备、压制排气成型、高压蒸汽养护而成的实心砖。

蒸压灰砂普通砖和蒸压粉煤灰普通砖的尺寸为240 mm×115 mm×53 mm,可分为MU25、MU20、MU15三个强度等级。

2. 混凝土小型空心砌块

混凝土小型空心砌块是由普通混凝土或轻骨料混凝土制成,主规格尺寸为390 mm×190 mm×190 mm,空心率为25%~50%的空心砌块,简称混凝土砌块或砌块。

砌块的强度等级取3个砌块单块抗压强度平均值,混凝土砌块、轻骨料混凝土砌块的强度等级有MU20、MU15、MU10、MU7.5和MU5五个。

3. 石材

石材抗压强度高,抗冻性、抗水性及耐久性均较好,通常用于建筑物基础、挡土墙等,也可用于建筑物墙体。砌体中的石材应选用无明显风化的天然石材。石材按加工后的外形规则程度分为料石和毛石两种,料石按其加工面的平整度分为细料石、半细料石、粗料石和毛料石4种。毛石是指形状不规则、中部厚度不小于150 mm的块石。

石材的强度等级用边长为70 mm的立方体试块的抗压强度表示。抗压强度取3个试件破坏强度的平均值。石材的强度等级分为MU100、MU80、MU60、MU50、MU40、MU30和MU20七个等级。

15.1.2 砂浆

砌体中砂浆的作用是将块材连成整体,从而改善块材在砌体中的受力状态,使其应力均匀分布,同时因砂浆填满了块材间的缝隙,也降低了砌体的透气性,提高了砌体的防水、隔热、抗冻等性能。砂浆按成分不同分为以下几种。

1. 水泥砂浆

水泥砂浆即不加塑性掺合料的纯水泥砂浆。水泥砂浆强度高,耐久性和耐火性好,但其流动性和保水性较差,常用于地下结构或经常受水侵蚀的砌体部位。

2. 混合砂浆

混合砂浆即有塑性掺合料的水泥砂浆,包括水泥石灰砂浆、水泥黏土砂浆等。混合砂浆强度较高,耐久性、流动性和保水性均较好,便于施工,容易保证施工质量,常用于地上砌体,是最常用的砂浆。

3. 非水泥砂浆

非水泥砂浆即不含水泥的砂浆。其包括石灰砂浆、黏土砂浆、石膏砂浆等。非水泥砂浆的强度较低,耐久性也差,流动性和保水性较好,通常用于强度要求不高的地上砌体,也可用于临时建筑或简易建筑。

根据砂浆试块的抗压强度,砂浆的强度等级分为M15、M10、M7.5、M5和M2.5五个等级。

15.1.3 专用砌筑砂浆

1. 混凝土砌块(砖)专用砌筑砂浆

混凝土砌块(砖)专用砌筑砂浆是由水泥、砂、水及根据需要掺入的掺合料和外加剂等组分,按一定比例,采用机械拌和制成,专门用于砌筑混凝土砌块的砌筑砂浆,简称砌块专用砂浆。

与普通砂浆相比,其和易性好、粘结强度高,可使砌体灰缝饱满,整体性好,减小墙体开裂和渗漏,提高砌块建筑质量。

2. 蒸压灰砂普通砖和蒸压粉煤灰普通砖专用砌筑砂浆

蒸压灰砂普通砖和蒸压粉煤灰普通砖专用砌筑砂浆是由水泥、砂、水,以及根据需要掺入的掺合料和外加剂等组分,按一定比例,采用机械拌和制成,专门用于砌筑蒸压灰砂普通砖或蒸压粉煤灰普通砖砌体,且砌体抗剪强度应不低于烧结普通砖砌体的抗剪强度。

3. 混凝土砌块灌孔混凝土

混凝土砌块灌孔混凝土是由水泥、骨料、水,以及根据需要掺入的掺合料和外加剂等组分,按一定比例,采用机械搅拌后,用于浇筑混凝土砌块砌体芯柱或其他需要填实部位孔洞的混凝土,简称砌块灌孔混凝土。它是一种高流动性、低收缩性的细石混凝土,使砌块建筑的整体工作性能、抗震性能及承受局部荷载的能力等有明显的改善和提高。砌块灌孔混凝土的强度可分为Cb40、Cb35、Cb30、Cb25和Cb20五个等级。

4. 我国砌体结构发展概况

(1)应用范围扩大。

(2)新材料、新技术和新结构的不断研制和使用。

(3)砌体结构计算理论和计算方法的逐步完善。

5. 砌体结构的优缺点

(1)优点。

1)砌体结构材料来源广泛,易于就地取材。

2)砌体结构有很好的耐火性和较好的耐久性。

3)砖砌体的保温、隔热性能好,节能效果明显。

4)可以节约水泥、钢材和木材。

5)当采用砌块或大型板材做墙体时,可以减轻结构自重,加快施工进度,易于进行工业化生产和施工。

(2)缺点。

1)砌体结构自重大。

2)无筋砌体的抗拉、抗弯及抗剪强度低,抗震及抗裂性能较差。

3)砌体结构砌筑工作繁重。

6. 砌体材料的选择

在砌体结构设计中,块体及砂浆的选择既要保证结构的安全、可靠,又要获得合理的经济技术指标,一般应按照以下原则和规定进行选择。

(1)应根据"因地制宜,就地取材"的原则,尽量选择当地性能良好的块材和砂浆材料,以获得较好的技术经济指标。

(2)为了保证砌体的承载力,要根据设计计算选择强度等级适宜的块体和砂浆。

(3)要保证砌体的耐久性。所谓耐久性,就是要保证砌体在长期使用过程中具有足够的承载能力和正常使用性能,避免或减少块体中可溶性盐的结晶风化,导致块体掉皮和层层剥落现象。另外,块体的抗冻性能对砌体的耐久性有直接影响。抗冻性的要求是要保证在多次冻融循环后块体不至于剥蚀及强度降低。一般块体吸水率越大,抗冻性越差。

(4)自承重墙的空心砖、轻骨料混凝土砌块的强度等级,应按下列规定采用。

1)空心砖的强度等级:MU10、MU7.5、MU5 和 MU3.5。

2)轻骨料混凝土砌块的强度等级:MU10、MU7.5、MU5 和 MU3.5。

(5)砂浆的强度等级应按下列规定采用。

1)烧结普通砖、烧结多孔砖、蒸压灰砂普通砖和蒸压粉煤灰普通砖砌体采用的普通砂浆强度等级:M15、M10、M7.5、M5 和 M2.5。蒸压灰砂普通砖和蒸压粉煤灰普通砖砌体采用的专用砌筑砂浆强度等级:Ms15、Ms10、Ms7.5 和 Ms5.0。

2)混凝土普通砖、混凝土多孔砖、单排孔混凝土砌块和煤矸石混凝土砌块砌体采用的砂浆强度等级:Mb20、Mb15、Mb10、Mb7.5 和 Mb5。

3)双排孔或多排孔轻骨料混凝土砌块砌体采用的砂浆强度等级:Mb10、Mb7.5 和 Mb5。

4)毛料石、毛石砌体采用的砂浆强度等级:M7.5、M5 和 M2.5。

注:确定砂浆强度等级时应采用同类块体为砂浆强度试块底模。

15.2 砌体种类

砌体分为无筋砌体和配筋砌体两类。

15.2.1 无筋砌体

无筋砌体由块体和砂浆组成,包括砖砌体、砌块砌体和石砌体。无筋砌体房屋抗震性能和抗不均匀沉降能力较差。

1. 砖砌体

砖砌体包括实砌砖砌体和空斗墙。

承重墙一般采用实砌砖砌体，砌筑方式一顺一丁、梅花丁、三顺一丁等，如图 15-2 所示。实砌砖砌体可以砌成厚度为 120 mm（半砖）、240 mm（一砖）、370 mm（一砖半）、490 mm（两砖）及 620 mm（两砖半）的墙体，也可以砌成厚度为 180 mm、300 mm 和 420 mm 的墙体，但此时部分砖必须侧砌，不利于抗震。

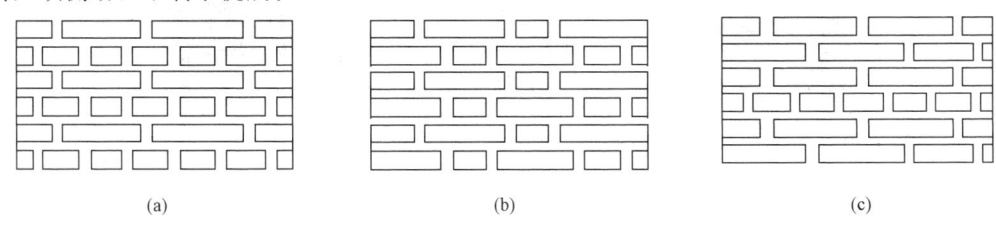

图 15-2 砖墙的常见砌法
(a)一顺一丁；(b)梅花丁；(c)三顺一丁

采用目前国内几种常用规格的烧结多孔砖可砌成 90 mm、180 mm、190 mm、240 mm、290 mm 和 390 mm 等厚度的墙体。

2. 砌块砌体

砌块砌体由砌块和砂浆砌筑而成。其自重轻，保温隔热性能好，施工进度快，经济效果好，又具有优良的环保性。因此，砌块砌体，特别是小型砌块砌体有很广阔的发展前景。

采用砌块砌体是墙体改革的一项重要措施和途径，排列砌块是设计工作中的一个环节，直接影响砌块砌体的整体性和砌体的强度。砌块排列要有规律，并使砌块类型最少。同时，排列应整齐，尽量减少通缝。排列时一般利用配套规格的砌块，其中大规格的砌块占 70% 以上时比较经济。

3. 石砌体

石砌体由石材和砂浆（或混凝土）砌筑而成，可分为料石砌体、毛石砌体和毛石混凝土砌体三类。石砌体价格低，可就地取材，但其自重大，隔热性能差，做外墙时厚度一般较大，在产石的山区应用较为广泛。石砌体常用于挡土墙、承重墙或基础。

15.2.2 配筋砌体

配筋砌体是指在灰缝中配置钢筋或钢筋混凝土的砌体，包括网状配筋砌体、组合砖砌体、配筋混凝土砌块砌体。

(1) 网状配筋砌体。网状配筋砌体又称为横向配筋砌体，是在砖柱或砖墙中每隔几皮砖在其水平灰缝中设置直径为 3~4 mm 的方格网式钢筋网片，或直径为 6~8 mm 的连弯式钢筋网片[图 15-3(a)、(d)]，在砌体受压时，网状配筋可约束砌体的横向变形，从而提高砌体的抗压强度。

(2) 组合砖砌体。组合砖砌体有两种：一种是先在砌体外侧预留的竖向凹槽内配置纵向钢筋，再浇筑混凝土面层或钢筋砂浆面层构成[图 15-3(b)]，可认为是外包式组合砖砌体；另一种是砖砌体和钢筋混凝土构造柱组合墙，是在砖砌体中每隔一定距离设置钢筋混凝土构造柱，并在各层楼盖处设置钢筋混凝土圈梁（约束梁），使砖砌体墙与钢筋混凝土构造柱和圈梁组成一个构件（弱框架）共同受力，属于内嵌式组合砖砌体[图 15-3(e)]。

(3) 配筋混凝土砌块砌体。配筋混凝土砌块砌体是在砌块墙体上下贯通的竖向孔洞中插入竖向钢筋，并用灌孔混凝土灌实，使竖向和水平钢筋与砌体形成一个共同工作的整体[图 15-3(c)]。由于这种墙体主要用于中高层或高层房屋中起剪力墙作用，故又称为配筋砌块剪力墙。

配筋砌体不仅加强了砌体的各种强度和抗震性能，还扩大了砌体结构的使用范围，如高强度混凝土砌块通过配筋与浇筑灌孔混凝土，可作为 10~20 层房屋的承重墙体。

砌体按所采用块体的主要材料可以分为砖砌体、砌块砌体和石砌体。

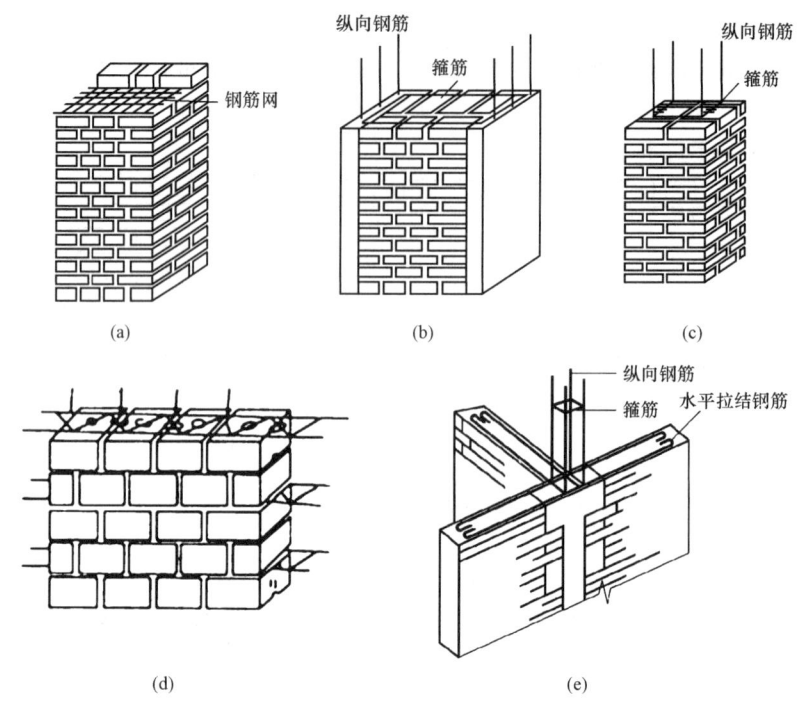

图 15-3　配筋砌体形式
(a)网状配筋；(b)组合砌体；(c)纵向配筋；(d)横向配筋；(e)约束砌体

1. 砖砌体

砖砌体包括烧结普通砖、烧结多孔砖、蒸压灰砂普通砖、蒸压粉煤灰普通砖、混凝土普通砖、混凝土多孔砖的无筋和配筋砌体。

2. 砌块砌体

砌块砌体包括混凝土砌块、轻骨料混凝土砌块的无筋和配筋砌体。

3. 石砌体

石砌体包括各种料石和毛石的砌体。

15.3　砌体的力学性能

15.3.1　砌体的受压性能和抗压强度

1. 砌体受压破坏特征和机理

试验表明，砌体轴心受压从加载直到破坏，按照裂缝的出现、开展和最终破坏，大致经历三个阶段。

第一阶段，从砌体受压开始，当压力增大至50%～70%的破坏荷载时，砌体内出现第一条(批)裂缝。对于砖砌体，在此阶段，单块砖内产生细小裂缝，且多数情况下裂缝约有数条，但一般不穿过砂浆层，如果不再增加压力，单块砖内的裂缝也不继续开展。对于混凝土小型空心砌块，在此阶段，砌体内通常只产生一条细小裂缝，但裂缝往往在单个块体的高度内贯通，如图15-4(a)所示。

第二阶段，随着荷载的增加，当压力增大至80%～90%的破坏荷载时，单个块体内的裂缝将不断开展，裂缝沿着竖向灰缝通过若干皮砖或砌块，并逐渐在砌体内连接成一段段较连续的裂缝。此时荷载即使不再增加，裂缝仍会继续开展，砌体已临近破坏，在工程实践中可视为处于十分危险的状态，如图15-4(b)所示。

第三阶段，随着荷载的继续增加，砌体中的裂缝迅速延伸且宽度扩展，连续的竖向贯通裂缝将砌体分割形成小柱体，砌体个别块体材料可能被压碎或小柱体失稳，从而导致整个砌体的破坏。以砌体破坏时的压力除以砌体截面面积所得的应力值，称为该砌体的极限抗压强度，如图 15-4(c)所示。

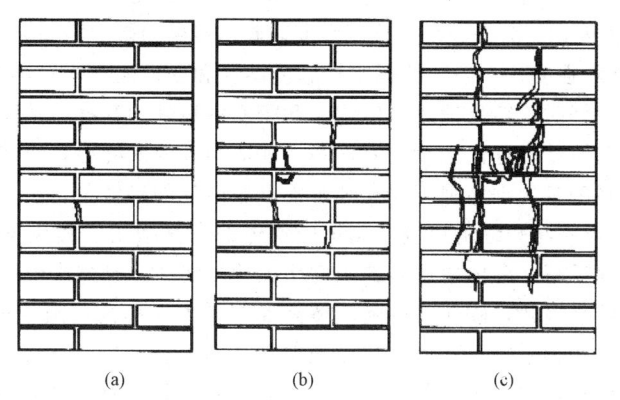

图 15-4　轴心受压砖砌体受压的三个阶段
(a)第一阶段；(b)第二阶段；(c)第三阶段

拓展知识：建筑垃圾变废为宝，再生砖材砌筑未来

试验表明，砌体的破坏，并不是由于砖本身抗压强度不足，而是竖向裂缝扩展连通使砌体分割成小柱体，最终砌体因小柱体失稳而破坏。分析认为产生这一现象的原因除砖与砂浆表面接触不良，使砖内出现弯剪应力外，另一个原因是砖和砂浆的受压变形性能不一致。砌体在受压产生压缩变形的同时还要产生横向变形，但在一般情况下砖的横向变形小于砂浆的横向变形，又由于两者之间存在着粘结力和摩擦力，故砖将阻止砂浆的横向变形，使砂浆受到横向压力，但反过来砂浆将通过两者间的粘结力增大砖的横向变形，使砖受到横向拉应力。砖内产生的附加横向拉应力将加快裂缝的出现和发展，另外，由于砌体的竖向灰缝往往不饱满、不密实，这将造成砌体在竖向灰缝处的应力集中，也加快了砖的开裂，使砌体强度降低，如图 15-5 所示。

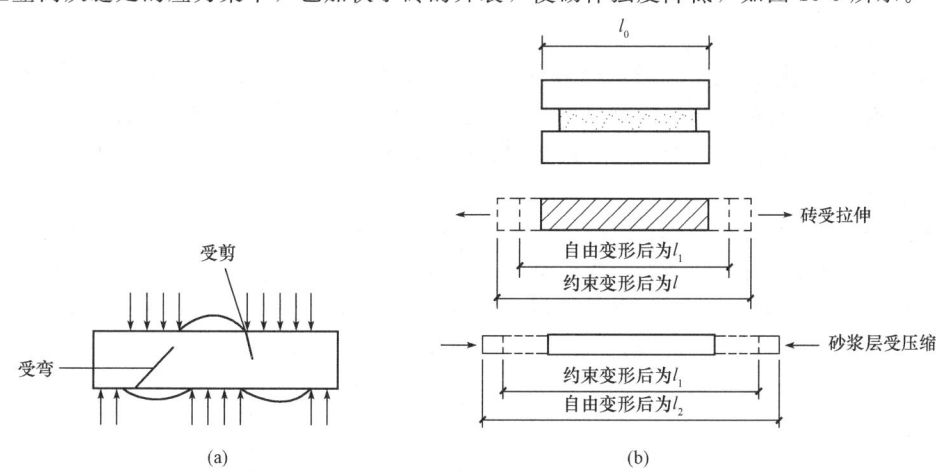

图 15-5　砖砌体的应力分布
(a)砌体中砖块的受力分析；(b)砖和砂浆横向变形的差异

综上可见，砌体的破坏是由于砖块受压、弯、剪、拉而开裂及最后小柱体失稳引起的，所以块体的抗压强度没有充分发挥出来，故砌体的抗压强度总是远低于砖的抗压强度。

2. 影响砌体抗压强度的因素

砌体是一种复合材料，其抗压性能不仅与块体和砂浆材料的物理、力学性能有关，还受施工质量及试验方法等多种因素的影响。影响砌体抗压强度的主要因素有以下几个。

(1)块体和砂浆的强度。块体和砂浆的强度是决定砌体抗压强度的主要因素。试验表明，块体和砂浆的强度越高，砌体的抗压强度越高。相比较而言，块体强度对砌体强度的影响要大于砂浆，因此要提高砌体的抗压强度，就要优先考虑提高块体的强度。而在考虑提高块体强度时，应首选提高块体的抗弯强度，因为提高块体抗压强度对砌体强度的影响不如提高块体抗弯强度明显。

(2)砂浆的性能。除强度外，砂浆的保水性、流动性和变形能力均对砌体的抗压强度有影响。砂浆的流动性与保水性好时，容易铺成厚度均匀和密实性良好的灰缝，从而提高砌体强度。而对于纯水泥砂浆，其流动性差，且保水性较差，不易铺成均匀的灰缝层，影响砌体的强度，所以同一强度等级的混合砂浆砌筑的砌体强度要比纯水泥砂浆砌筑的砌体高。

(3)块体的尺寸、形状与灰缝的厚度。砌体中块体的高度增大，其块体的抗弯、抗剪及抗拉能力增大，其抗压强度提高；砌体中块体的长度增加时，块体在砌体中引起的弯应力、剪应力也增大，其抗压强度降低。因此，砌体强度随块体高度的增大而提高，随块体长度的增大而降低。块体的形状越规则，表面越平整，砌体的抗压强度越高。

灰缝厚时，容易铺砌均匀，对改善单块砖的受力性能有利，但砂浆横向变形的不利影响也相应增大；灰缝薄时，虽然砂浆横向变形的不利影响可大大降低，但难以保证灰缝的均匀与密实性，使单块块体处于弯剪作用明显的不利受力状态，严重影响砌体的强度。因此，应控制灰缝的厚度，使其既容易铺砌得均匀、密实，厚度又尽可能薄。实践证明：对于砖和小型砌块砌体，灰缝厚度应控制为 8～12 mm；对于料石砌体，一般不宜大于 20 mm。

(4)砌筑质量。砌体砌筑时水平灰缝的饱满度、水平灰缝厚度、块体材料的含水率及组砌方法等都关系着砌体质量的优劣。砂浆铺砌饱满、均匀，可改善块体在砌体中的受力性能，使之较均匀地受压，从而提高砌体抗压强度；反之，则降低砌体抗压强度。因此，《砌体结构工程施工质量验收规范》(GB 50203—2011)规定，砖墙水平灰缝的砂浆饱满度不得低于80%，砖柱水平灰缝和竖向灰缝饱满度不得低于90%。在保证质量的前提下，采用快速砌筑法能使砌体在砂浆硬化前即受压，可增加水平灰缝的密实性，从而提高砌体的抗压强度。砌体在砌筑前，应先将块体材料充分湿润。

砌体的抗压强度除以上一些影响因素外，还与砌体的龄期和抗压试验方法等因素有关。因为砂浆强度随龄期增长而提高，故砌体的强度也随龄期增长而提高，但在龄期超过 28 d 后，强度增长缓慢。砌体抗压时试件的尺寸、形状和加载方式不同，其所得的抗压强度也不同。

3. 砌体抗压强度设计值

砌体强度有抗压强度、轴心抗拉强度、弯曲抗拉强度和抗剪强度四种。砌体抗压强度有平均值、标准值与设计值之分。先由块材强度等级(或平均值)及砂浆抗压强度平均值按系统试验归纳得出的经验公式计算砌体抗压强度的平均值 f_k，然后根据保证值为95%原则确定其标准值 f_k，最后将标准值 f_k 除以材料分项系数 1.6，得出抗压强度的设计值 f。

施工质量控制等级为 B 级、龄期为 28 d、以毛截面面积计算的各类砌体的抗压强度设计值见表 15-1～表 15-6。

表 15-1　烧结普通砖和烧结多孔砖砌体的抗压强度设计值　　　　　　　　　　MPa

砖强度等级	砂浆强度等级					砂浆强度
	M15	M10	M7.5	M5	M2.5	0
MU30	3.94	3.27	2.93	2.59	2.26	1.15
MU25	3.60	2.98	2.68	2.37	2.06	1.05
MU20	3.22	2.67	2.39	2.12	1.84	0.94

续表

砖强度等级	砂浆强度等级					砂浆强度
	M15	M10	M7.5	M5	M2.5	0
MU15	2.79	2.31	2.07	1.83	1.60	0.82
MU10		1.89	1.69	1.50	1.30	0.67

注：当烧结多孔砖的孔洞率大于30%时，表中数值应乘以0.9

表 15-2　混凝土普通砖和混凝土多孔砖砌体的抗压强度设计值　　　　MPa

砖强度等级	砂浆强度等级					砂浆强度
	Mb20	Mb15	Mb10	Mb7.5	Mb5	0
MU30	4.61	3.94	3.27	2.93	2.59	1.15
MU25	4.21	3.60	2.98	2.68	2.37	1.05
MU20	3.77	3.22	2.67	2.39	2.12	0.94
MU15	—	2.79	2.31	2.07	1.83	0.82

表 15-3　蒸压灰砂普通砖和蒸压粉煤灰普通砖砌体的抗压强度设计值　　　　MPa

砖强度等级	砂浆强度等级				砂浆强度
	M15	M10	M7.5	M5	0
MU25	3.60	2.98	2.68	2.37	1.05
MU20	3.22	2.67	2.39	2.12	0.94
MU15	2.79	2.31	2.07	1.83	0.82

注：当采用专用砂浆砌筑时，其抗压强度设计值按表中数值采用

表 15-4　单排孔混凝土和轻骨料混凝土砌块对孔砌筑砌体的抗压强度设计值　　　　MPa

砌块强度等级	砂浆强度等级					砂浆强度
	Mb20	Mb15	Mb10	Mb7.5	Mb5	0
MU20	6.3	5.68	4.95	4.44	3.94	2.33
MU15	—	4.61	4.02	3.61	3.20	1.89
MU10	—	—	2.79	2.50	2.22	1.31
MU7.5				1.93	1.71	1.01
MU5	—	—	—		1.19	0.70

注：①对独立柱或厚度为双排组砌的砌块砌体，应按表中数值乘以0.7。
　　②对T形截面墙体、柱，应按表中数值乘以0.85

表 15-5　块体高度为180～350 mm 的毛料石砌体的抗压强度设计值　　　　MPa

料石强度等级	砂浆强度等级			砂浆强度
	M7.5	M5	M2.5	0
MU100	5.42	4.80	4.18	2.13
MU80	4.85	4.29	3.73	1.91
MU60	4.20	3.71	3.23	1.65

续表

料石强度等级	砂浆强度等级 M7.5	M5	M2.5	砂浆强度 0
MU50	3.83	3.39	2.95	1.51
MU40	3.43	3.04	2.64	1.35
MU30	2.97	2.63	2.29	1.17
MU20	2.42	2.15	1.87	0.95

注：对细料石砌体、粗料石砌体和干砌勾缝石砌体，表中数值应分别乘以调整系数1.4、1.2、0.8。

表 15-6　毛石砌体的抗压强度设计值　　　　　　　　　　　　　　MPa

毛石强度等级	砂浆强度等级 M7.5	M5	M2.5	砂浆强度 0
MU100	1.27	1.12	0.98	0.34
MU80	1.13	1.00	0.87	0.30
MU60	0.98	0.87	0.76	0.26
MU50	0.90	0.80	0.69	0.23
MU40	0.80	0.71	0.62	0.21
MU30	0.69	0.61	0.53	0.18
MU20	0.56	0.51	0.44	0.15

15.3.2　砌体的轴心抗拉、弯曲抗拉和轴心抗剪强度

与砌体的抗压强度相比，砌体的轴心抗拉、弯曲抗拉及抗剪强度都低很多。但有时也用它来承受轴心拉力、弯矩和剪力，如圆形水池池壁在液体的侧向压力作用下将产生轴向拉力作用；挡土墙在土压力作用下将产生弯矩、剪力作用；砖砌过梁在自重和墙体、楼面荷载作用下受到弯矩、剪力作用等。

砌体的轴心受拉、受弯和受剪可能发生以下三种破坏形态：

(1)砌体沿齿缝截面破坏，如图 15-6(a) 所示。

(2)砌体沿竖缝及块材截面破坏，如图 15-6(b) 所示。

(3)砌体沿水平通缝截面破坏，如图 15-6(c) 所示。

施工质量控制等级为 B 级、龄期为 18 d、以毛截面面积计算的各类砌体的轴心抗拉强度设计值、弯曲抗拉强度设计值及抗剪强度设计值见表 15-7。

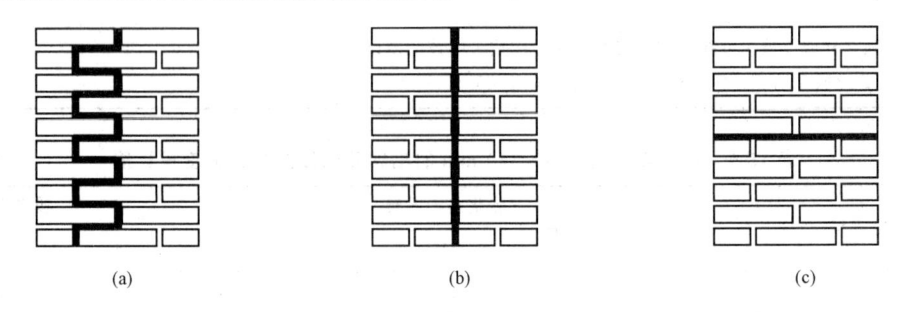

图 15-6　砌体的轴心受拉、受弯和受剪破坏形态
(a)沿齿缝截面破坏；(b)沿竖缝及块材截面破坏；(c)沿水平通缝截面破坏

表 15-7 毛石砌体的轴心抗拉、弯曲抗拉、抗剪强度设计值　　　　　　　　MPa

强度类别	破坏特征及砌体种类	≥M10	M7.5	M5	M2.5
轴心抗拉（沿齿缝）	烧结普通砖、烧结多孔砖	0.19	0.16	0.13	0.09
	混凝土普通砖、混凝土多孔砖	0.19	0.16	0.13	—
	蒸压灰砂普通砖、蒸压粉煤灰普通砖	0.12	0.10	0.08	—
	混凝土和轻骨料混凝土砌块	0.09	0.08	0.07	—
	毛石	—	0.07	0.06	0.04
弯曲抗拉（沿齿缝）	烧结普通砖、烧结多孔砖	0.33	0.29	0.23	0.17
	混凝土普通砖、混凝土多孔砖	0.33	0.29	0.23	—
	蒸压灰砂普通砖、蒸压粉煤灰普通砖	0.24	0.20	0.16	—
	混凝土和轻骨料混凝土砌块	0.11	0.09	0.08	—
	毛石	—	0.11	0.09	0.07
弯曲抗拉（沿通缝）	烧结普通砖、烧结多孔砖	0.17	0.14	0.11	0.08
	混凝土普通砖、混凝土多孔砖	0.17	0.14	0.11	—
	蒸压灰砂普通砖、蒸压粉煤灰普通砖	0.12	0.10	0.08	—
	混凝土和轻骨料混凝土砌块	0.18	0.06	0.05	—
抗剪	烧结普通砖、烧结多孔砖	0.17	0.14	0.11	0.08
	混凝土普通砖、混凝土多孔砖	0.17	0.14	0.11	—
	蒸压灰砂普通砖、蒸压粉煤灰普通砖	0.12	0.10	0.08	—
	混凝土和轻骨料混凝土砌块	0.09	0.08	0.06	—
	毛石	—	0.19	0.16	0.11

注：①对于用形状规则的块体砌筑的砌体，当搭接长度与块体高度的比值小于 1 时，其轴心抗拉强度设计值和弯曲抗拉强度设计值应按表中数值乘以搭接长度与块体高度比值后采用。
②表中数值是依据普通砂浆砌筑的砌体确定的，采用经研究性试验且通过技术鉴定的专用砂浆砌筑的蒸压灰砂普通砖、蒸压粉煤灰普通砖砌体，其抗剪强度设计值按相应普通砂浆强度等级砌筑的烧结普通砖砌体采用。
③对混凝土普通砖、混凝土多孔砖和轻骨料混凝土砌块砌体，表中的砂浆强度等级为≥Mb10、Mb7.5 及 Mb5

砌体强度设计值的调整系数 γ_a 见表 15-8。

表 15-8 砌体强度设计值的调整系数 γ_a

使用情况	调整系数
构件截面面积 $A<0.3 \text{ m}^2$ 的无筋砌体	$0.7+A$
构件截面面积 $A<0.2 \text{ m}^2$ 的配筋砌体	$0.8+A$

续表

使用情况		调整系数
采用等级小于 M5 的水泥砂浆砌筑的砌体	对表 15-1~表 15-6 中的数值	0.9
	对表 15-7 中的数值	0.8
验算施工中房屋的构件时		1.1

注：①表中构件截面面积 A 以 m^2 计。
②当砌体同时符合表中所列几种使用情况时，应将砌体的强度设计值连续乘以调整系数

知识拓展

无论是人与自然相关联的世界主题，还是绿水青山就是金山银山的中国主题，都提醒人们，以牺牲环境为代价换取经济增长已经成为历史。建设是硬道理，环境保护是硬任务。当前，许多市政工程项目，如城市道路、城市公园等，都开始采用建筑垃圾再生产品，如再生砖。对建筑垃圾通常的做法是，对大多数建筑垃圾进行分类、清理或粉碎后，再进行尺寸分级，不同尺寸可生产不同类型的建筑材料，例如，建筑垃圾回收骨料可用于制成建筑砂浆、抹灰砂浆、混凝土垫层等，也可用于制造砌块、砖、格子砖等建筑材料产品。而利用建筑垃圾、尾矿、粉煤灰等废弃物生产自保温砌块和墙板，是建筑业迈向绿色、可持续发展的重要举措。通过有效处理废弃物，减少资源的消耗，同时提升建筑的节能性能，这种绿色建筑材料必将成为未来建筑行业的发展方向。

模块小结

(1) 砌体是由块体和砂浆组砌而成的整体结构，本模块较为系统地介绍了砌体的种类、组成砌体的材料及其强度等级。在砌体结构设计时，应根据不同情况合理地选用不同的砌体种类和组成砌体材料的强度等级。

(2) 砌体主要用作受压构件，故砌体轴心抗压强度是砌体最重要的力学性能。应了解砌体轴心受压的破坏过程即单个块体先裂、裂缝贯穿若干皮砖或砌体、形成独立小柱后失稳破坏，以及影响砌体抗压强度的主要因素。

(3) 砌体受压破坏是从单个块体先裂开始的，推迟单个块体先裂，则可推迟形成独立小柱的破坏，故提高砌体的抗压强度可通过推迟单个块体先裂为突破口。砌体在轴心受压时，其内单个块体处于拉、压、弯、剪复合应力状态，这是单个块体先裂的主要原因，而改善这种复杂应力状态和提高砌体对这种应力状态的承受能力，是提高砌体抗压强度的有效途径。

课后习题

(1) 在砌体结构中，块体和砂浆的作用是什么？砌体对所用块体和砂浆各有何基本要求？
(2) 试述砌体轴心受压时的破坏特征。
(3) 影响砌体抗压强度的主要因素有哪些？
(4) 砌体轴心受拉和弯曲受拉的破坏形态有哪些？

模块 16　砌体结构设计概述

知识目标

(1) 掌握砌体房屋的构造要求；
(2) 了解混合结构房屋的承重体系；
(3) 了解多层砌体房屋抗震设计一般规定。

能力目标

(1) 了解过梁、挑梁、墙梁、雨篷的受力特点及构造要求；
(2) 熟悉砌体材料种类和砌体种类；
(3) 掌握砌体结构的构造要求；
(4) 熟练墙梁的种类和设计要求。

素养目标

(1) 培养对工作的责任感；
(2) 具备追求安全建筑结构的意识；
(3) 培养团队协作能力。

工程案例

2008年5月12日发生在汶川里氏8.0级的特大地震造成大量房屋建筑严重损坏，特别是砌体结构房屋，即使未倒塌也出现严重破坏不能继续使用，造成了巨大的人员伤亡和经济损失(图16-1)。

图 16-1　汶川地震后汶川地区砌体结构建筑

砌体结构在我国广泛应用于住宅、办公楼、学校、医院等建筑工程中。由于砌体结构材料具有明显的脆性性质，其抗拉、抗弯、抗剪强度均很低，以往的震害表明，相比钢筋混凝土结构或钢结构房屋，砌体结构房屋的抗震能力较差。此次地震区有数量众多的单层和多层砌体结构房屋，因建造年代和建设条件不同，建筑物震害情况呈现较大的差异性。因此，了解砌体结构建筑的特点及地震对其影响，结合砌体材料特点，提升砌体结构建筑的稳定性、安全性，是未来砌体结构建筑的发展方向。

16.1 建筑结构与抗震发展概况

在砌体结构房屋的设计中，承重墙、柱的布置十分重要。因为承重墙、柱的布置不仅影响着房屋建筑平面的划分和室内空间的大小，而且还决定着竖向荷载的传递路线及房屋的空间刚度，甚至影响房屋的工程造价。

在砌体结构中，一般将平行于房屋长向的墙体称为纵墙，平行于房屋短向的墙体称为横墙，房屋四周与外界相隔的墙体称为外墙，其余称为内墙。

在砌体结构中，纵横向墙体、屋盖、楼盖、柱和基础等构件互相连接，共同构成一个空间受力体系，承受着建筑物受到的水平和竖向荷载。根据建筑物竖向荷载传递路线的不同，可将混合结构房屋的承重体系划分为下列几种类型。

16.1.1 横墙承重体系

如果房屋的横墙间距较小，可将楼板直接搁置在横墙上，由横墙承重。这种方案房屋的整体性好，抗震性能好，且纵墙上可以开设较大窗洞。住宅或宿舍楼等建筑常采用此种方案。

横墙承重体系的房屋，其荷载传递的主要路线为楼(屋)面板→横墙→基础→地基。

横墙承重体系房屋的特点如下：

(1)横墙是主要承重墙，纵墙只承受墙体自重，并起围护、隔断和将横墙连成整体的作用。

(2)横墙间距较小(一般为3～4.5 m)，还有纵墙拉结。

(3)横墙承重体系楼盖结构简单，施工方便。

16.1.2 纵墙承重体系

如果房屋内部空间较大，横墙间距较大，一般采用纵墙承重。当房屋进深不大时，楼板直接搁置在纵墙上[图16-2(a)]。当房屋进深较大时，可将梁搁置在纵墙上，再将楼板搁置在梁上[图16-2(b)]。这种方案房屋整体性较差，抗震性能不如横墙承重方案，在纵墙上开窗洞受到一定限制。教学楼、办公楼、食堂等建筑常采用这种方案。

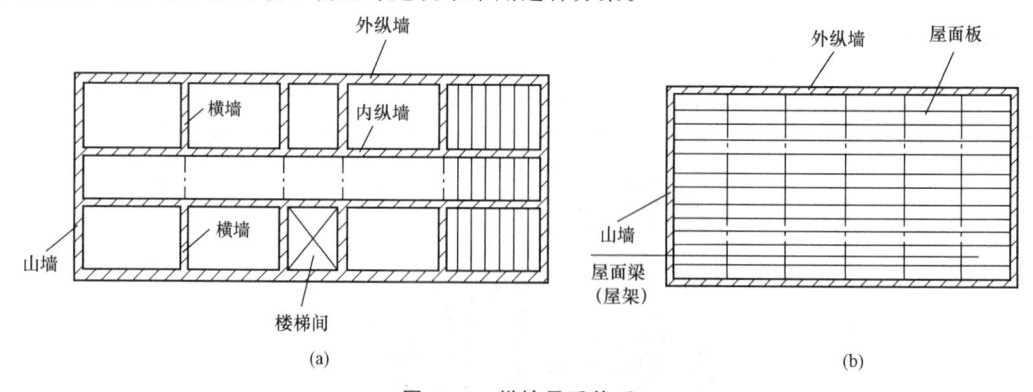

图 16-2 纵墙承重体系

(a)楼板直接搁置在纵墙上；(b)梁搁置在纵墙上，再将楼板搁置在梁上

纵墙承重体系荷载传递的主要路线为楼(屋)面板→屋面大梁(或屋架)→纵墙→基础→地基。

纵墙承重体系房屋的特点如下：

(1)纵墙是主要承重墙，室内空间较大，在使用上可灵活布置。

(2)纵墙上所受荷载较大，在纵墙上设置门窗洞口时将受到一定的限制。

(3)横墙的数量较少，房屋横向刚度较差。

(4)与横墙承重体系相比，墙体材料用量较少，楼面材料用量较多。

16.1.3 纵横墙承重体系

如果房屋横墙间距大小兼有，可将横墙间距小的楼板搁置在横墙上，由横墙承重，将横墙间距大的部分布置成纵墙承重，称为纵横墙承重体系(图16-3)。这种方案集中了横墙承重方案和纵墙承重方案的优点，其整体性介于横墙承重方案和纵墙承重方案之间。带内走廊的教学楼等建筑常采用此种方案。

纵横墙承重体系荷载传递路线如下：

$$楼(层)面板 \begin{Bmatrix} 梁 \rightarrow 纵墙 \\ 横墙或纵墙 \end{Bmatrix} \rightarrow 基础 \rightarrow 地基$$

纵横墙承重体系房屋的特点如下：

(1) 适用于多层的塔式住宅大楼，所有的墙体都承受楼面传来的荷载，且房屋在两个相互垂直的方向上刚度均较大，有较强的抗风能力。

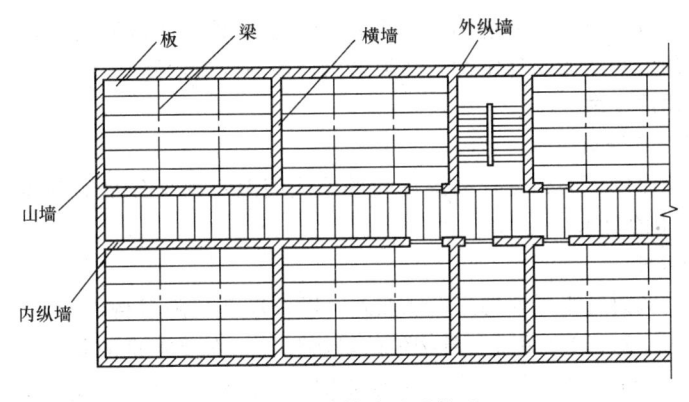

图 16-3 纵横墙承重体系

(2) 在占地面积相同的条件下，外墙面积较小。

(3) 砌体应力分布较均匀，可以减小墙厚，或墙厚相同时房屋可做得较高，且地基土压应力分布均匀。

16.1.4 内框架承重体系

由钢筋混凝土梁柱构成内框架，周边为砖墙，楼板沿纵向搁置在大梁上，这种承重方案称为内框架承重方案(图16-4)。此方案因内框架与周边墙体刚度差异较大，整体工作能力差，抗震性能差，仅在少数无抗震设防要求的多层厂房、商店等建筑中采用。

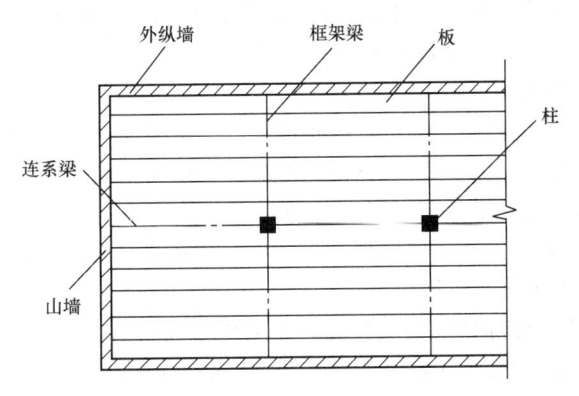

图 16-4 内框架承重体系

内框架承重体系的主要荷载传递路线如下：

$$板 \to 梁 \to \begin{Bmatrix} 外纵墙 \to 外纵墙基础 \\ 柱 \to 柱基础 \end{Bmatrix} \to 地基$$

内框架承重体系的特点如下：

(1)墙和柱都是主要承重构件。

(2)由于竖向承重构件的材料不同，钢筋混凝土柱和砖墙的压缩性能不一样，以及柱基础和墙基础的沉降量也不容易一致，设计时如果处理不当，结构容易产生不均匀的竖向变形，使结构中产生较大的附加内力。

(3)横墙较少，房屋的空间刚度较差，对抗震不利，在地震区应慎重使用这种结构体系。

16.2 砌体结构的构造要求

砌体结构房屋，除应进行承载能力计算和高厚比验算外，还应满足砌体结构的一般构造要求，同时保证房屋的空间刚度和稳定性，必须采取合理的构造措施。

16.2.1 一般构造要求

1. 材料的最低强度等级

地面以下或防潮层以下的砌体，潮湿房间的墙或潮湿室内外环境的砌体所用材料的最低强度等级应符合表15-1的要求。

2. 墙、柱最小尺寸

为了避免墙、柱截面过小导致稳定性能变差，以及局部缺陷对构件的影响增大，《砌体结构设计规范》(GB 50003—2011)规定了各种构件的最小尺寸：对于承重的独立砖柱，其截面尺寸不应小于240 mm×370 mm；对于毛石墙，其厚度不宜小于350 mm；对于毛料石柱，截面较小边长不宜小于400 mm；当有振动荷载时，墙、柱不宜采用毛石砌体。

3. 垫块设置

为了增强砌体房屋的整体性和避免局部受压损坏，《砌体结构设计规范》(GB 50003—2011)规定，对于跨度大于6 m的屋架和跨度大于下列数值的梁，应设置素混凝土垫块或钢筋混凝土垫块，当墙中设有圈梁时，垫块与圈梁宜浇成整体：砖砌体4.8 m，砌块和料石砌体4.2 m，毛石砌体3.9 m。

4. 壁柱设置

当大梁跨度大于或等于下列数值时，其支承处宜加设壁柱，或采用配筋砌体和在墙中设钢筋混凝土柱等措施对墙体予以加强：对于240 mm厚的砖墙，为6 m；对于180 mm厚的砖墙，为4.8 m；对于砌块和料石墙，为4.8 m。

5. 砌块砌体房屋的构造

(1)砌块砌体应分皮错缝搭砌，上下皮搭砌长度不得小于90 mm。当搭砌长度不满足上述要求时，应在水平灰缝内设置不少于2φ4的焊接钢筋网片（横向钢筋间距不应大于200 mm），网片每端均应超过该垂直缝，其长度不得小于300 mm。

(2)砌块墙与后砌隔墙交接处，应沿墙高每400 mm在水平灰缝内设置不少于2φ4、横筋间距不应大于200 mm的焊接钢筋网片。

(3)混凝土砌块房屋，宜将纵横墙交接处、距墙中心线每边不小于300 mm范围内的孔洞，采用强度等级不低于Cb20的混凝土将孔洞灌实，灌实高度应为墙身全高。

(4)混凝土砌块墙体的下列部位，若未设圈梁或混凝土垫块，则应采用强度等级不低于Cb20的混凝土将孔洞灌实：

1)搁栅、檩条和钢筋混凝土楼板的支承面下，高度不应小于200 mm的砌体。

2)屋架、梁等构件的支承面下，高度不应小于600 mm、长度不应小于600 mm的砌体。

3)挑梁支承面下，距墙中心线每边不应小于300 mm、高度不应小于600 mm的砌体。

6. 砌体中留槽洞及埋设管道时的构造要求

如果砌体中由于某些需求，必须留槽洞、埋设管道时，应该严格遵守下列规定：

(1)不应在截面长边小于500 mm的承重墙体、独立柱内埋设管线。

(2)不宜在墙体中穿行暗线或预留、开凿沟槽，当无法避免时应采取必要的措施或按削弱后的截面验算墙体的承载力。

(3)对受力较小或未灌孔的砌块砌体，允许在墙体的竖向孔洞中设置管线。

7. 夹心墙的构造要求

夹心墙是一种具有承重、保温和装饰等多种功能的墙体，一般在北方寒冷地区房屋的外墙使用。它由两片独立的墙体组合在一起，分为内叶墙和外叶墙，中间夹层为高效保温材料。内叶墙通常用于承重，外叶墙用于装饰等作用，内外叶墙之间采用金属拉结件拉结。

墙体的材料、拉结件的布置和拉结件的防腐等必须保证墙体在不同受力情况下的安全性和耐久性。因此，《砌体结构设计规范》(GB 50003—2011)规定必须符合以下构造要求：

(1)夹心墙应符合下列规定：

1)外叶墙的砖及混凝土砌块的强度等级不应低于MU10。

2)夹心墙的夹层厚度不宜大于120 mm。

3)夹心墙外叶墙的最大横向支承间距：设防烈度为6度时不宜大于9 m；7度时不宜大于6 m；8、9度时不宜大于3 m。

(2)夹心墙内外叶墙的连接应符合下列规定：

1)夹心墙宜用不锈钢拉结件。采用钢筋制作的钢筋网片时应先进行防腐处理。

2)当采用环形拉结件时，钢筋直径不应小于4 mm；当为Z形拉结件时，钢筋直径不应小于6 mm。拉结件应沿竖向梅花形布置，拉结件的水平和竖向最大间距分别不宜大于800 mm和600mm；对有振动或有抗震设防要求时，其水平和竖向最大间距分别不宜大于800 mm和400 mm。

3)当采用钢筋网片作为拉结件时，网片横向钢筋的直径不应小于4 mm，其间距不应大于400 mm；网片的竖向间距不宜大于600 mm，对有振动或有抗震设防要求时，不宜大于400 mm。

4)拉结件在内外叶墙上的搁置长度，不应小于叶墙厚度的2/3，且不应小于60 mm。

5)门窗洞口周边300 mm范围内应附加间距不大于600 mm的拉结件。

8. 墙、柱稳定性的一般构造要求

(1)预制钢筋混凝土板在混凝土圈梁上的支承长度不应小于80 mm，板端伸出的钢筋与圈梁可靠连接且同时浇筑；预制钢筋混凝土板在墙上的支承长度不应小于100 mm，并应按下列方法进行连接：

1)板支承于内墙时，板端钢筋伸出长度不应小于70 mm；板支承于外墙时，板端钢筋伸出长度不应小于100 mm；且均与支座处沿墙配置的纵筋绑扎，用强度等级不应低于C25的混凝土浇筑成板带。

2)预制钢筋混凝土板与现浇板对接时，预制板端钢筋应伸入现浇板中进行连接后，再浇筑现浇板。

(2)为了提高墙体稳定性和房屋整体性，在墙体转角处和纵横墙交接处应沿竖向每隔400～500 mm设拉结钢筋，其数量为每120 mm墙厚不少于1根直径6 mm的钢筋；或者采用焊接钢筋网片，埋入长度从墙的转角或交接处算起，对实心砖墙每边不小于500 mm，对多孔砖墙和砌块墙不小于700 mm。

(3)填充墙、隔墙应采取措施与周边构件进行可靠连接。例如，在框架结构中的填充墙可在框架柱上预留拉结钢筋，沿高度方向每隔500 mm预埋两根直径6 mm的钢筋。锚入钢筋混凝土柱内200 mm深，外伸500 mm(抗震设防时外伸1 000 mm)，砌砖时将拉结钢筋嵌入墙体的水平灰缝内。

(4)山墙处的壁柱宜砌至山墙顶部，且屋面构件与山墙应有可靠拉结。

9. 圈梁设置的构造要求

圈梁是沿建筑物外墙四周、内纵墙及部分横墙上设置的连续封闭梁。为了增强房屋的整体刚性，防止由于地基的不均匀沉降或较大振动荷载对房屋引起的不利影响，应在墙中设置现浇钢筋混凝土圈梁。

圈梁在砌体中主要用于承受拉力，当地基有不均匀沉降时，房屋可能发生向上或向下弯曲变形，这时设置在基础顶面和檐口部位的圈梁对抵抗不均匀沉降最为有效。如果房屋可能发生微凹形沉降，则基础顶面的圈梁受拉与上部砌体共同工作；如果发生微凸形沉降，则檐口部位圈梁受拉与下部砌体共同工作。由于不均匀沉降会引起墙体裂缝，墙体稳定性降低，另外温度收缩应力、地震作用等也会引起墙体开裂，破坏房屋的整体性和造成砌体的稳定性降低，所以为了解决这些问题，在砌体结构墙体中设置圈梁是比较有效的构造措施。

圈梁按《砌体结构设计规范》(GB 50003—2011)的规定，当受振动或建筑在软土地基上的砌体房屋可能出现不均匀沉降时，应增加圈梁的数量。为了保证圈梁发挥应有的作用，圈梁必须满足以下构造要求：

(1)圈梁宜连续地设在同一水平面上，并形成封闭状。当圈梁被门窗洞口截断时，应在洞口上部增设相同截面的附加圈梁。附加圈梁和圈梁的搭接长度不应小于其中对中垂直间距的2倍，且不得小于1 m。

(2)纵横墙交接处的圈梁应有可靠的连接。对于刚弹性和弹性方案房屋，圈梁应与屋架、大梁等构件可靠连接。

(3)钢筋混凝土圈梁的宽度宜与墙厚相同，当墙厚$h \geq 240$ mm时，其宽度不宜小于2/3，圈梁高度不应小于120 mm。纵向钢筋不应少于4Φ10，绑扎接头的搭接长度按受拉钢筋考虑，箍筋间距不应大于300 mm。

(4)圈梁兼作过梁时，在过梁部分的钢筋应按计算用量另行增配。

16.2.2 多层砌体房屋抗震设计一般规定

1. 多层砌体房屋的层数和总高度

(1)多层砌体房屋的层数和总高度不应超过表16-1的规定。

表16-1 多层砌体房屋的层数和总高度限值 m

房屋类别		最小抗震墙厚度/mm	烈度							
			6度	7度		8度		9度		
			0.05g	0.01g	0.15g	0.20g	0.30g	0.40g		
			高度	层数	高度	层数	高度	层数	高度	层数	高度	层数	高度	层数
多层砌体房屋	普通砖	240	21	7	21	7	21	7	18	6	15	5	12	4
	多孔砖	240	21	7	21	7	18	6	18	6	15	5	9	3
	多孔砖	190	21	7	18	6	15	5	15	5	12	4	—	—
	小砌块	190	21	7	21	7	18	6	18	6	15	5	9	3

续表

房屋类别		最小抗震墙厚度/mm	烈度										
			6度		7度				8度				9度	
			0.05g		0.01g		0.15g		0.20g		0.30g		0.40g	
			高度	层数	高度	层数	高度	层数	高度	层数	高度	层数	高度	层数
底部框架—抗震墙砌体房屋	普通砖、多孔砖	240	22	7	22	7	19	6	16	5	—	—	—	—
	多孔砖	190	22	7	19	6	16	5	13	4	—	—	—	—
	小砌体	190	22	7	22	7	19	6	16	5	—	—	—	—

注：普通砖包括烧结、蒸压、混凝土普通砖；小砌块为混凝土小型空心砌块的简称

(2) 横墙较少的多层砌体房屋，总高度比表 16-1 中的规定降低 3 m，层数相应减少一层；各层横墙均很少的多层砌体房屋，层数还应再减少一层。

(3) 抗震设防烈度为 6、7 度时，横墙较少的丙类多层砌体房屋，当按《建筑抗震设计标准(2024 年版)》(GB/T 50011—2010)规定采取加强措施并满足抗震承载力要求时，其高度和层数仍允许按表 16-1 中的规定采用。

横墙较少是指同一楼层内，开间大于 4.2 m 的房间占该层总面积的 40%以上。其中，开间不大于 4.2 m 的房间占该层总面积不到 20%且开间大于 4.8 m 的房间占该层总面积的 50%以上为横墙很少。

2. 多层砌体房屋的最大高宽比限制

多层砌体房屋的最大高宽比应符合表 16-2 的规定。

拓展知识：砌体结构强度练习题

表 16-2 多层砌体房屋的最大高宽比

烈度	6度	7度	8度	9度
最大高宽比	2.5	2.5	2	1.5

注：① 高度指室外地面到屋面板板顶的高度。
② 单边走廊的房屋总宽度不包括走廊宽度。
③ 建筑平面接近正方形时，其高宽比宜适当减小

3. 抗震横墙间距

多层房屋抗震横墙的间距不应超过表 16-3 的规定。

表 16-3 多层房屋抗震横墙的最大间距 m

房屋类型		烈度			
		6度	7度	8度	9度
多层砌体房屋	现浇或装配整体式钢筋混凝土楼、屋盖，装配式钢筋混凝土楼、屋盖，木楼屋盖	15	15	11	7
		11	11	9	4
		9	9	4	
底部框架—抗震墙砌体房屋	上部各层	同多层砌体房屋			
	底层或底部两层	18	15	11	

注：① 多层砌体房屋的顶层，除木屋盖外的最大横墙间距应允许适当放宽，但应采取相应加强措施。
② 多孔砖抗震横墙厚度为 190 mm，最大横墙间距应比表中数值减少 3 m

4. 多层房屋的局部尺寸限制

为了保证在地震时，不因局部墙段的首先破坏，而造成整片墙体的连续破坏，导致整体结构倒塌，必须对多层房屋的局部尺寸加以限制，见表 16-4。

表 16-4 多层房屋的局部尺寸限值   m

部位	6 度	7 度	8 度	9 度
承重窗间墙最小宽度	1.0	1.0	1.2	1.5
承重外墙尽端至门窗洞边的最小距离	1.0	1.0	1.2	1.5
非承重外墙尽端至门窗洞边的最小距离	1.0	1.0	1.0	1.0
内墙阳角至门窗洞边的最小距离	1.0	1.0	1.5	2.0
无锚固女儿墙（非出入口处）的最大高度	0.5	0.5	0.5	0.0

注：①局部尺寸不足时，应采取局部加强措施弥补，且最小宽度不宜小于 1/4 层高和表列数据的 80%。
②出入口处女儿墙应有锚固

5. 多层砌体房屋的结构布置

多层砌体房屋的震害统计表明，横墙承重体系抗震性能较好，纵墙承重体系抗震性能较差。应优先采用横墙或纵横墙混合承重的结构体系，并且多层砌体房屋的结构布置宜符合以下要求。

（1）在平面布置时，纵横向砌体抗震墙宜均匀对称，沿平面内对齐，沿竖向应上下连续，且纵横向墙体的数量不宜相差过大；应避免墙体的高度不一致而造成错层。

（2）楼梯间不应布置在房屋尽端和转角处。

（3）烟道、风道、垃圾道的设置不应削弱墙体，当墙体被削弱时应对墙体刚度采取加强措施，不宜采用无竖向配筋的附墙烟囱及出屋面的烟囱。

（4）当房屋立面高差大于 6 m、房屋有错层且楼板高差大于层高的 1/4，或房屋的各部分结构刚度及质量截然不同时，应设置防震缝，缝两侧均应设置墙体，缝宽应根据烈度和房屋高度确定，可采用 70～100 mm。

（5）不应采用无锚固的钢筋混凝土预制挑檐。

16.2.3 多层砌体房屋抗震构造措施

为了加强房屋的整体性，提高结构的延性和抗震性能，除进行抗震验算以保证结构具有足够的承载能力外，《建筑抗震设计标准（2024 年版）》（GB/T 50011—2010）和《砌体结构设计规范》（GB 50003—2011）还规定了墙体的一系列抗震构造措施。

1. 构造柱

（1）钢筋混凝土构造柱的设置。钢筋混凝土构造柱是指先砌筑墙体，而后在墙体两端或纵横墙交接处现浇的钢筋混凝土柱。唐山地震震害分析和近年来的试验表明：钢筋混凝土构造柱可以明显提高房屋的抵抗变形能力，增加建筑物的延性，提高建筑物的抗侧移能力，防止或延缓建筑物在地震影响下发生突然倒塌，减轻建筑物的损坏程度。因此，应根据房屋的用途、结构部位的重要性、设防烈度等条件，将构造柱设置在震害较重、连接比较薄弱、易产生应力集中的部位。

1）对于多层普通砖、多孔砖房应按下列要求设置钢筋混凝土构造柱。

构造柱设置部位一般情况下应符合表 16-5 的要求。

表 16-5 砖房构造柱的设置要求

房屋层数				设置部位
6 度	7 度	8 度	9 度	
≤五	≤四	≤三	—	楼、电梯间的四角处，楼梯斜梯段上下端对应的墙体处；外墙四角和对应转角；错层部位横墙与外纵墙交接处；大房间内外墙交接处；较大洞口两侧处	隔 12 m 或单元横墙与外纵墙的交接处；楼梯间对应的另一侧内横墙与外纵墙交接处
六	五	四	二	^	隔开间横墙（轴线）与外纵墙交接处，山墙与内纵墙交接处
七	六、十	五、六	三、四	^	内墙（轴线）与外纵墙交接处；内墙的局部较小墙垛处，内纵墙与横墙（轴线）交接处

2）外廊式和单面走廊式的多层房屋，应根据房屋增加一层后的层数，按表 16-5 的要求设置构造柱；而且单面走廊两侧的纵墙均应按外墙处理。

3）教学楼、医院等横墙较少的房屋，应根据房屋增加一层后的层数，按表 16-5 的要求设置构造柱；当教学楼、医院等横墙较少的房屋为外廊式或单面走廊式时，应按表 16-5 中第 2 款要求设置构造柱，但 6 度不超过四层、7 度不超过三层和 8 度不超过二层时，应按增加两层后的层数对待。

(2) 构造柱的构造要求（图 16-5）。

1）构造柱的最小截面可采用 240 mm×180 mm。目前在实际应用中，一般构造柱截面多取 240 mm×240 mm。纵向钢筋宜采用 4Φ12，箍筋直径可采用 6 mm，其间距不宜大于 250 mm，且在柱的上下端宜适当加密；6、7 度时超过 6 层，8 度时超过 5 层和 9 度时，构造柱纵向钢筋宜采用 4Φ14，箍筋间距不应大于 200 mm，房屋四角的构造柱可适当加大截面及配筋。

2）钢筋混凝土构造柱必须先砌墙、后浇柱，构造柱与墙连接处应砌成马牙槎，并应沿墙高每隔 500 mm，设置 2Φ6 水平钢筋和 Φ4 分布短筋。平面内点焊组成的拉结网片或 Φ4 点焊钢筋网片，每边伸入墙内不宜小于 1.0 m。但当墙上门窗洞边到构造柱边（墙马牙槎外齿边）的长度小于 1.0 m 时，则伸至洞边上。6、7 度时，底部 1/3 楼层，8 度时，底部 1/2 楼层，9 度时，全楼层，上述拉结钢筋和网片应沿墙体水平通长设置。

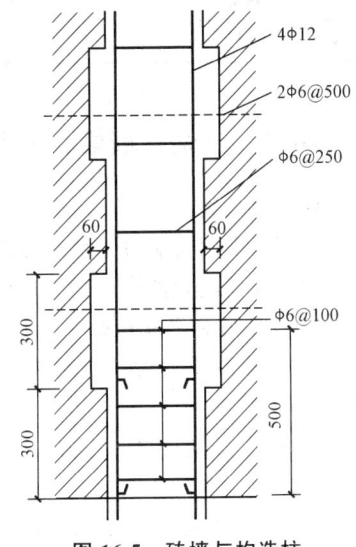

图 16-5 砖墙与构造柱

3）构造柱应与圈梁连接，以增加构造柱的中间支点。构造柱与圈梁连接处，构造柱的纵筋应在圈梁纵筋内侧穿过，保证构造柱纵筋上下贯通。

4）构造柱可不单独设置基础，但应伸入室外地面下 500 mm 或与埋深小于 500 mm 的基础圈梁相连。

2. 圈梁

抗震设防的房屋圈梁的设置应符合《建筑抗震设计标准(2024 年版)》(GB/T 50011—2010)的要求：

(1) 装配式钢筋混凝土楼（屋）盖、木屋盖的砖房按表 16-6 的要求设置圈梁。纵墙承重时抗震横墙上的圈梁间距应比表内规定适当加密。现浇或装配整体式钢筋混凝土楼（屋）盖与墙体有可靠连接的房屋可不另设圈梁，但楼板沿抗震墙体周边，均应加强配筋并应与相应的构造柱钢筋可靠连接。

圈梁的截面高度不应小于 120 mm，配筋应符合表 16-6 的要求。为了加强基础的整体性和刚性而增设的基础圈梁，其截面高度不应小于 180 mm，纵筋不应小于 4Φ12。

(2) 多层砌块房屋均应按表 16-7 的要求来设置现浇钢筋混凝土圈梁，圈梁宽度不小于 190 mm，配筋不应小于 4Φ12，箍筋间距不应大于 200 mm。

表 16-6　砖房现浇钢筋混凝土圈梁设置要求

墙类别	地震烈度		
	6、7 度	8 度	9 度
外墙和内纵墙	屋盖处和每层楼盖处	屋盖处和每层楼盖处	屋盖处和每层楼盖处
内横墙	同上，屋盖处间距不大于 4.5 m，楼盖处间距不大于 7.2 m，构造柱对应部位	同上，各层所有横墙，且间距不大于 4.5 m，构造柱对应部位	同上，各层所有横墙处

表 16-7　砖房圈梁配筋要求

配筋	地震烈度		
	6、7 度	8 度	9 度
最小纵筋	4Φ10	4Φ12	4Φ14
最大箍筋间距/mm	250	200	150

16.3　过梁、墙梁、挑梁及雨篷

16.3.1　过梁

为了承受门窗洞口上部墙体的重力和楼盖传来的荷载，并将其传给洞口两侧的墙体而设置的横梁称为过梁。

1. 过梁的种类及构造

(1) 砖砌平拱过梁。砖砌平拱过梁是指将砖竖立或侧立构成跨越洞口的过梁，其跨度不宜超过 1.2 m。

(2) 砖砌弧拱过梁。砖砌弧拱过梁是指将砖竖立或侧立呈弧形跨越洞口的过梁，当矢高 $f=(1/8\sim1/12)l_0$ 时，$l_n=2.5\sim3.0$ m；当矢高 $f=(1/5\sim1/6)l_0$ 时，$l_n=3.0\sim4.0$ m，此种形式过梁由于施工复杂，目前很少采用。

(3) 钢筋砖过梁。钢筋砖过梁是指在洞口顶面砖砌体下的水平灰缝内配置纵向受力钢筋而形成的过梁，其净跨 l_n 不宜超过 1.5 m。

(4) 钢筋混凝土过梁。钢筋混凝土过梁是采用较普遍的一种，可现浇，也可预制。其断面形式有矩形和 L 形。

目前常用的有钢筋砖过梁和钢筋混凝土过梁两种形式，如图 16-6 所示。

2. 过梁的计算要点

过梁的工作不同于一般的简支梁，砖砌过梁由于过梁与其上部砌体及墙间砌成一个整体，彼此共同工作，这样上部砌体不仅仅是过梁的荷载，而且，由于它本身的整体性而具有拱的作用，即部分荷载通过这种拱的作用直接传递到窗间墙上，从而减轻过梁的荷载。对于钢筋混凝土过梁，其受力状态类似墙梁中的托梁，处于偏心受拉状态。但工程上由于过梁的跨度通常不大，故将过梁按简支梁计算，并通过调整荷载的取值来考虑其有利影响。

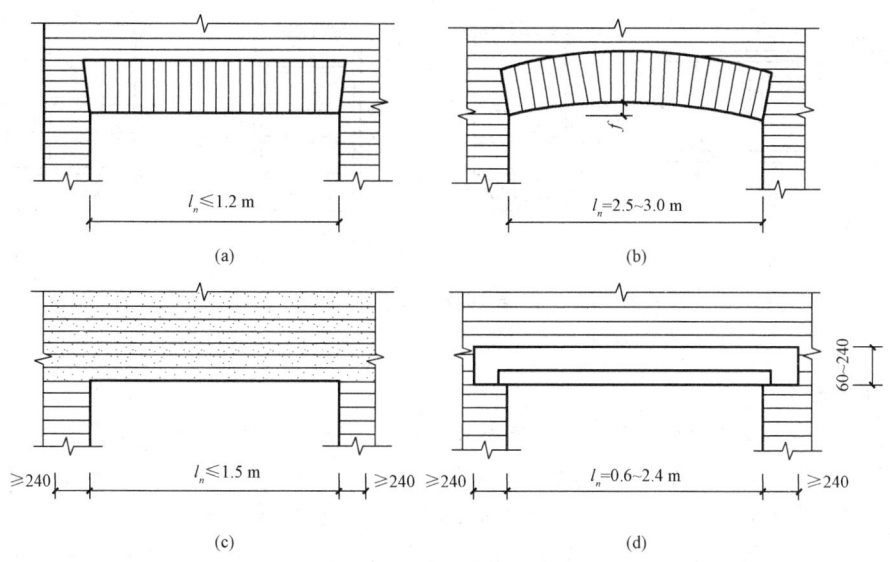

图 16-6 过梁的常用类型

(a)砖砌平拱过梁；(b)砖砌弧拱过梁；(c)钢筋砖过梁；(d)钢筋混凝土过梁

(1)过梁上的荷载。作用在过梁上的荷载包括一定高度内的砌体自重和过梁计算高度范围内的梁、板传来的荷载。

1)墙体荷载(图 16-7)：对于砖砌体，当过梁上的墙体高度 $h_w < l_n/3$ 时，应按墙体的均布自重采用，否则应按高度为 $l_n/3$ 墙体的均布自重来采用。对于砌块砌体，当过梁上的墙体高度 $h_w < l_n/2$ 时，应按墙体的均布自重采用，否则应按高度为 $l_n/2$ 墙体的均布自重采用。

2)梁、板荷载(图 16-8)：对于砖和砌块砌体，当梁、板下的墙体高度 $h_w < l_n$（l_n 为过梁的净跨）时，应计入梁、板传来的荷载，否则可不考虑梁、板传来的荷载。

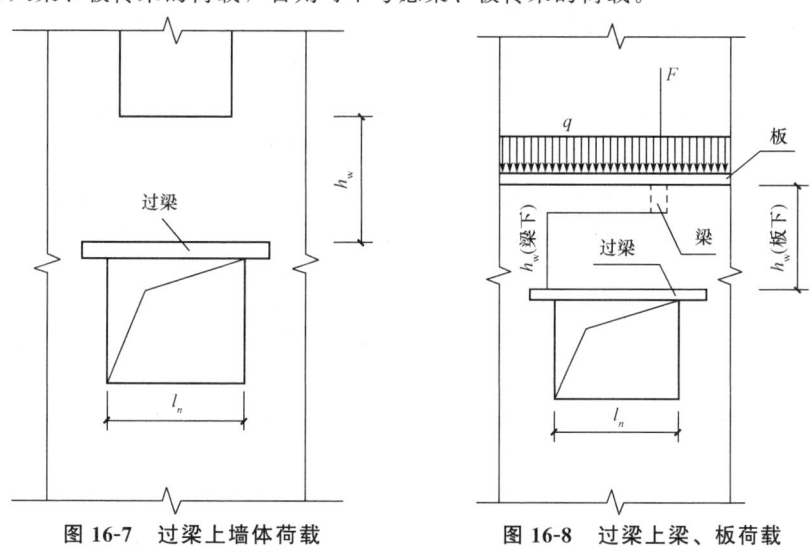

图 16-7 过梁上墙体荷载

图 16-8 过梁上梁、板荷载

(2)过梁的计算。按钢筋混凝土受弯构件计算，同时应验算过梁梁端支承处的砌体局部承压。

3. 钢筋混凝土过梁通用图集

钢筋混凝土过梁分为现浇过梁和预制过梁，预制过梁一般为标准构件，全国和各地区均有标准图集。

16.3.2 墙梁

墙梁是由钢筋混凝土托梁及其以上计算高度范围内的墙体所组成的组合构件，如图 16-9 所示。

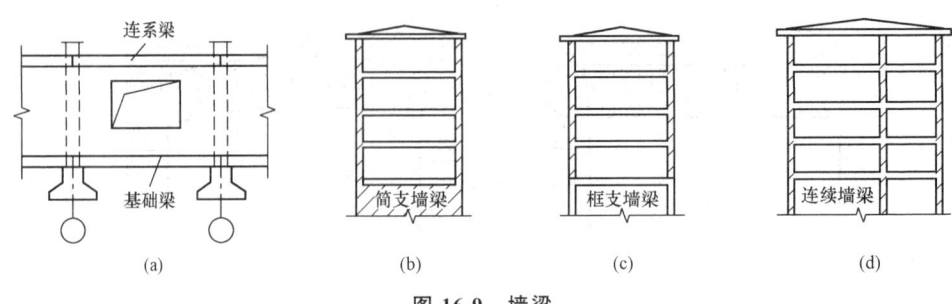

图 16-9 墙梁

(a)基础梁和连系梁；(b)简支墙梁；(c)框支墙梁；(d)连续墙梁

1. **墙梁的种类**

墙梁按是否承受楼屋盖荷载分为承重墙梁和自承重墙梁。前者除承受托梁和墙体自重外，还承受楼盖和屋盖荷载等。墙梁按支承形式分为简支墙梁、连续墙梁和框支墙梁。若按墙梁中墙体计算高度范围内有无洞口可分为有洞口墙梁和无洞口墙梁两种。墙梁中用于承托砌体墙和楼(屋)盖的钢筋混凝土简支梁、连续梁或框架梁，称为托梁。墙梁支座处与墙体垂直连接的纵向落地墙体，称为翼墙。多层混合结构中的商店、住宅，通常采用在二层楼盖处设置承重墙梁来解决低层大空间、上部小房间的矛盾。单层工业厂房围护墙的基础梁、连系梁也是典型的自承重墙梁的托梁。

采用烧结普通砖砌体、混凝土普通砖砌体、混凝土多孔砖砌体和混凝土砌块砌体的墙梁设计应符合表 16-8 的规定。墙梁计算高度范围内每跨允许设置一个洞口；洞口边缘至支座的中心距 a_i，距边支座不应小于 $0.15l_{0i}$。对于多层房屋的墙梁，各层洞口宜设置在相同的位置且宜上下对齐。墙梁的计算跨度 l_{0i}，对于简支墙梁和连续墙梁取 $1.1l_{ni}$ 或 $1.1l_{ni}$ 和 l_{ci} 两者较小值；l_{ni} 为净跨，l_{ci} 为支座中心线距离。对于框支墙梁取框架柱中心线间的距离 l_{ci}。墙体计算高度 h_w，取托梁顶面上一层墙体高度，当 $h_w > l_0$ 时，取 $h_w = l_0$；对连续墙梁或多跨框支墙梁 l_0 取各跨的平均值。

表 16-8 墙梁设计一般规定

墙梁类型	墙体总高 /m	跨度 /m	墙体高跨比 h_w/l_{0i}	托梁高跨比 h_b/l_{0i}	洞宽比 b_h/l_{0i}	洞高 h
承重墙梁	≤18	≤9	≥0.4	≥1/10	≤0.3	≤$5h_w/6$ 且 $h_w - h_n \geq 0.4$
自承重墙梁	≤18	≤12	≥1/3	≥1/15	≤0.8	

注：①墙体总高度指托梁顶面到檐口的高度，带阁楼的坡屋面应算到山尖墙 1/2 高度处。
②对自承重墙梁，洞口至边支座中心的距离不宜小于 $0.1l_{0i}$。门窗洞上至墙顶的距离不应小于 0.5 m。
③h_w—墙体计算高度；h_b—托梁截面高度；l_{0i}—墙梁计算跨度；b_h—洞口宽度；h_n—洞口高度，对于窗洞取洞顶至托梁顶面距离

2. **墙梁的受力特点**

试验表明，对于简支墙梁，当无洞口和跨中开洞墙梁，作用于简支墙梁顶面的荷载通过墙体拱的作用向支座传递。此时，托梁上、下部钢筋全部受拉，沿跨度方向钢筋应力分布比较均匀，处于小偏心受拉状态。托梁与计算高度范围内的墙体组成一拉杆拱机构。

偏开洞墙梁，墙梁顶部荷载通过墙体的大拱和小拱作用向两端支座及托梁传递。托梁既作为大拱的拉杆承受拉力，又作为小拱一端的弹性支座，承受小拱传来的竖向压力，产生较大的弯矩，一般处于大偏心受拉状态。托梁与计算范围内的墙体组成梁-拱组合受力机构。

而连续墙梁的托梁与计算高度范围内的墙体组成了连续组合拱受力体系。托梁大部分区段

处于偏心受拉状态，而托梁中间支座附近小部分区段处于偏心受压状态，框支墙梁将形成框架组合拱结构，托梁的受力与连续墙梁类似。

墙梁可能发生的破坏形态主要有以下三种：

(1)弯曲破坏。

(2)剪切破坏。剪切破坏有以下三种情况：

1)当墙体高跨比较小时($h_w/l_0<0.5$)，容易发生斜拉破坏，墙体在主拉应力作用下产生沿灰缝的阶梯形斜裂缝，斜拉破坏承载力较低。

2)当墙体高跨比较大时($h_w/l_0>0.5$)，容易发生斜压破坏，墙体在主压应力作用下沿支座斜上方形成较陡的斜裂缝，斜压破坏承载力较高。

3)当承受集中荷载时，破坏斜裂缝发生在支座和集中荷载作用点的连线上，破坏呈脆性，这种破坏称为劈裂破坏。

(3)局压破坏。

3. 墙梁的构造要求

墙梁应满足如下基本构造要求：

(1)托梁和框支柱的混凝土强度等级不应低于C30。

(2)托梁每跨底部的纵向受力钢筋应通长设置，不应在跨中弯起或截断；钢筋应采用机械连接或焊接。

(3)承重墙梁的托梁纵向钢筋配筋率不应小于0.6%。

(4)托梁上部通长布置的纵筋面积与跨中下部纵筋面积的比值不应小于0.4，当托梁截面高度大于或等于450 mm时，应沿梁高设置通长水平腰筋，其直径不应小于12 mm，间距不应大于200 mm。

(5)承重墙梁的托梁在砌体墙、柱上的支承长度不应小于350 mm，托梁纵向受力钢筋应伸入支座并应满足受拉钢筋的锚固要求。

(6)承重墙梁的块体强度等级不应低于MU10，计算高度范围内墙体的砂浆强度等级不应低于M10(Mb10)。

(7)墙梁的计算高度范围内的墙体厚度，对砖砌体不应小于240 mm，对混凝土砌块砌体不应小于190 mm。

(8)墙梁开洞时，应在洞口上方设置钢筋混凝土过梁，过梁支承长度不应小于240 mm，在洞口范围内不应施加集中荷载。

(9)承重墙梁的支座处应设置落地翼墙，翼墙厚度对砖砌体不应小于240 mm，对混凝土砌块砌体不应小于190 mm，翼墙宽度不应小于3倍墙梁墙厚，墙梁墙体与翼墙应同时砌筑。当不能设置翼墙时，应设置落地且上下贯通的混凝土构造柱。

(10)墙梁计算高度范围内的墙体，每天可砌高度不应超过1.5 m，否则应加设临时支撑。

16.3.3 挑梁

在砌体结构房屋中，一端埋入墙内，另一端悬挑在墙外的钢筋混凝土梁，称为挑梁。挑梁可能发生的破坏形态有以下三种：

(1)挑梁倾覆破坏：挑梁倾覆力矩大于抗倾覆力矩，挑梁尾端墙体斜裂缝不断开展，挑梁绕倾覆点发生倾覆破坏。

(2)梁下砌体局部受压破坏：当挑梁埋入墙体较深、梁上墙体高度较大时，挑梁下靠近墙边小部分砌体由于压应力过大而发生局部受压破坏。

(3)挑梁弯曲破坏或剪切破坏。

16.3.4 雨篷

雨篷是建筑入口处和顶层阳台上部用来遮挡雨雪、保护外门免受雨淋的构件。它与建筑类型、风格、体型有关。雨篷常为现浇,由雨篷板和雨篷梁两部分组成。

现浇雨篷的雨篷板为悬臂板,其悬挑长度由建筑要求来确定,一般为 600～1 200 mm。其厚度一般做成变截面厚度的,其根部厚度不小于 $l_n/10$(l_n 为板挑出长度)且不小于 80 mm,板端不小于 60 mm。雨篷梁两端伸入墙内的支承长度不小于 370 mm。

> **知识拓展**

砌体强度标准值与设计值

1. 砌体强度标准值与设计值

砌体强度标准值是结构设计时采用的强度基本代表值。砌体强度标准值的确定考虑了砌体强度的变异性,按照《统一标准》的要求,取具有 95% 保证率的强度值作为其标准值。砌体强度设计值是由可靠度分析或工程经验校准法确定,引入材料性能分项系数来体现不同情况的可靠度要求。各类砌体的强度标准值 f_k、设计值 f_m 的关系如下:

$$f_k = f_m - 1.645\sigma_f = (1 - 1.645\delta_f)f_m \tag{16-1}$$

$$f = \frac{f_k}{\gamma_f} \tag{16-2}$$

式中 σ_f——砌体强度的标准差;

δ_f——砌体强度的变异系数,按表 16-9 采用;

γ_f——砌体结构材料性能分项系数。

表 16-9 砌体强度的变异系数 δ_f

砌体类型	砌体抗压强度	砌体抗拉、抗弯、抗剪强度
各种砖、砌块、料石砌体	0.17	0.20
毛石砌体	0.24	0.26

我国砌体施工质量控制等级分为 A、B、C 三级,在结构设计时通常按 B 级考虑,即取 $\gamma_f = 1.6$;当按 C 级考虑时,取 $\gamma_f = 1.8$,即砌体强度设计值的调整系数 $\gamma_a = 1.60/1.8 = 0.89$;当按 A 级考虑时,取 $\gamma_f = 1.5$,可取 $\gamma_a = 1.05$。砌体强度与施工质量控制等级的上述规定,旨在保证相同可靠度的要求下,反映管理水平、施工技术和材料消耗水平的关系。工程施工时,质量控制等级由设计方和建设方商定,并应明确写在设计文件和施工图纸上。

当施工质量控制等级为 B 级时,根据块体和砂浆的强度等级,龄期为 28 d 的、以毛截面计算的各类砌体强度设计值请查询相关规范(施工阶段砂浆尚未硬化的新砌砌体的强度和稳定性,可按砂浆强度为零进行验算)。

单排孔混凝土砌块对孔砌筑时,灌孔砌体的抗压强度设计值应按下列公式计算:

$$f_g = f + 0.6\alpha f_c \tag{16-3}$$

$$\alpha = \delta\rho \tag{16-4}$$

式中 f_g——灌孔砌体的抗压强度设计值,不应大于未灌孔砌体抗压强度设计值的 2 倍;

f——未灌孔砌体的抗压强度设计值;

f_c——灌孔混凝土的轴心抗压强度设计值;

α——砌块砌体中灌孔混凝土面积和砌体毛面积的比值;

δ——混凝土砌块的孔洞率；

ρ——混凝土砌块砌体的灌孔率，是截面灌孔混凝土面积和截面孔洞面积的比值，不应小于33%。

砌块砌体的灌孔混凝土强度等级不应低于C20，且不应低于1.5倍的块体强度等级。单排孔混凝土砌块对孔砌筑时，灌孔砌体的抗剪强度设计值应按下列公式计算：

$$f_{vg} = 0.2 f_g^{0.55} \tag{16-5}$$

式中 f_{vg}——灌孔砌体的抗压强度设计值（MPa）。

式中其他符号意义同前。

2. 砌体强度设计值的调整

在某些特定的情况下，砌体强度设计值需乘以调整系数。例如：受起重机动力影响及受力复杂的砌体，要求提高其安全储备；截面面积较小的砌体构件，由于局部破损或缺陷等偶然因素会导致砌体强度有较大的降低，因此，在设计计算时需要考虑砌体强度的调整，即将上述砌体强度设计值乘以调整系数γ。

对于下列情况所列各种砌体的强度设计值应乘以调整系数：

(1) 起重机房屋砌体、跨度不小于9 m的梁下烧结普通砖砌体、跨度不小于7.2 m的梁下烧结多孔砖、蒸压灰砂砖、蒸压粉煤灰砖砌体、混凝土和轻骨料混凝土砌块砌体，$\gamma_a = 0.9$。

(2) 对无筋砌体构件，其截面面积A小于0.3 m^2时，$\gamma_a = 0.7 + A$，其中A以m^2为单位；对配筋砌体构件，当其中砌体截面面积A小于0.2 m^2时，$\gamma_a = 0.8 + A$。

(3) 当验算施工中房屋的构件时，$\gamma_a = 1.1$。

(4) 当施工质量控制等级为C级时，$\gamma_a = 0.89$。

施工阶段砂浆尚未硬化的新砌砌体的强度和稳定性，可按砂浆强度为零进行验算。对于冬期施工采用掺盐砂浆法施工的砌体，砂浆强度等级按常温施工的强度等级提高一级时，砌体强度和稳定性可不验算。配筋砌体不得用掺盐砂浆法施工。

模块小结

(1) 砌体是由块体和砂浆砌筑而成的整体材料，由砖砌体、石砌体或砌块砌体建造的结构，称为砌体结构。

(2) 影响砌体抗压强度的主要因素有块体和砂浆的强度、砂浆的变形与和易性、块体的规整程度和尺寸、砌体工程施工质量、试验方法及其他因素。

课后习题

(1) 砌体结构有哪些缺点？

(2) 怎样确定块体材料和砂浆的等级？

(3) 简述砌体受压过程及其破坏特征。

(4) 为什么砌体的抗压强度远小于单块块体的抗压强度？

第5篇　建筑结构抗震

教学引导

如果说西方建筑是石头的史书,那么中国传统建筑堪称木头的史诗。在中国古老、广袤的土地上,那些保存至今的古建筑是我国传统建筑文化的瑰宝,也是历史的见证者和记录者。历经千百年风雨与自然灾害的考验,古建筑的抗震减灾设计也为现代建筑提供着参考。

天津蓟县(今蓟州区)独乐寺观音阁是中国古代建筑中极其重要的杰作。它是一个空筒木结构的亭子,容纳一个巨大的观音图像,外观美观。

观音阁高 23 m,分上下两层,中间设平座一层,高高的台基之上,粗大的木柱分内外两周配置,外檐 18 根,内檐 10 根,排列疏朗,共有 24 种结构方式,没有用一颗钉子。著名建筑学家梁思成考证,蓟县独乐寺观音阁的斗拱,是我国尚存最古老的斗拱结构,是辽代所建,可谓集斗拱之大成。

据记载,观音阁不仅经历千年风雨,而且仅大的地震就经历过 28 次之多,往往是"官廨民宿无一存",唯独乐寺巍然屹立。康熙十八年(1679 年),北京东郊发生了 8 级地震,该寺距震中近在咫尺却安然无恙。1976 年唐山大地震波及蓟县,院墙和民居也坍塌了不少,独乐寺山门和观音阁仍安然无恙。可见斗拱结构确实十分科学、合理。

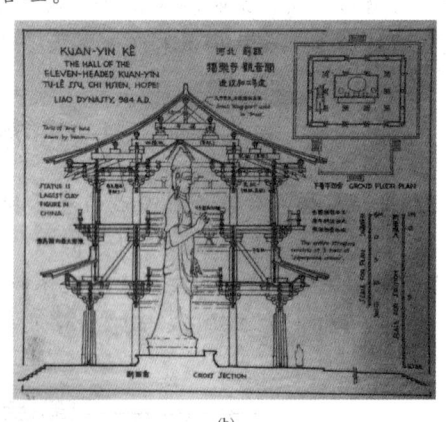

天津蓟县独乐寺观音阁
(a)观音阁实景;(a)梁思成手稿

导读

国内外震例表明,在绝大多数地震中,建筑物倒塌和破坏是地震中人员伤亡的主要原因。可以说,建筑结构承托着万千生命之重,而一个建筑物抗震能力的强弱,往往在设计阶段就已决定。建筑结构抗震设计的核心目标在于提升建筑物的抗震性能,确保在地震发生时建筑物能够承受住地震带来的影响,保持良好的结构和功能。人类目前无法避免地震的发生,但切实可行的抗震计算和抗震措施能有效地避免或减轻地震造成的灾害。

模块 17　建筑结构的抗震设防

知识目标

(1) 掌握抗震设防烈度的定义；
(2) 掌握"三水准"的抗震设防目标；
(3) 了解抗震设防类别和设防标准。

能力目标

(1) 能通过查阅规范得到我国主要城镇抗震设防烈度；
(2) 能通过建筑物的性质判断建筑的抗震设防类别；
(3) 能准确说出我国"三水准"的抗震设防目标。

素养目标

(1) 建立职业的敬畏感；
(2) 具备遵规守纪的意识；
(3) 培养自主创新及解决问题的能力。

工程案例

海南中心项目（图 17-1）位于海口市，占地 51 亩（1 亩≈666.67 m²），总建筑面积 39 万平方米，由一栋 428 m 主塔楼和两座配楼组成。作为"海南第一高楼"，海南中心是全球强台风地区唯一超过 400 m 的超高层建筑，抗震设防烈度高（8 度、0.3g），施工技术达到国内超高层建筑技术难度最高水平。

海南中心不仅仅是一座建筑，更是一个承载着海南自贸港建设梦想的舞台。在这里，世界 500 强企业、外向型企业、金融机构和驻华涉外机构都汇聚一堂，共同为海南自贸港的发展献力。

图 17-1　海南中心项目（效果图）

17.1 抗震设防烈度

17.1.1 地震烈度的概率密度分布

我国许多地区是强震活动区，建筑物和人民生命财产时常受到地震的危害。人们在这样的地区进行建设时，建筑物就需要考虑抗震措施，以确保生活与生产安全。而发生破坏性地震是一件随机性很强的事件，需要用概率的方法来预测某地区在未来一定时间内可能发生的最大地震。根据地震发生的概率密度(图17-2)，我国将地震烈度分为"多遇烈度""基本烈度"和"罕遇烈度"三种，分别称为"小震""中震"和"大震"。

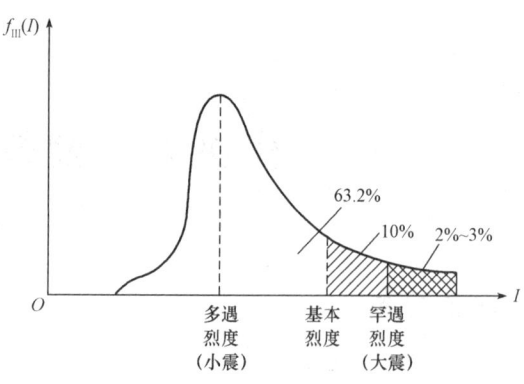

图 17-2 地震烈度概率密度函数图

（1）多遇烈度(小震)：发生频率较高的地震，我国地震烈度概率分布的众值为其概率密度函数的峰位，即发生频度较大的烈度。在50年设计基准期内，一般场地条件下，可能遭遇的超越概率为63%地震烈度。从地震烈度的重现期来看，是重现期为50年的地震烈度。

（2）基本烈度(中震)：在50年设计基准期内，一般场地条件下，可能遭遇的超越概率为10%的地震烈度。基本烈度地震的重现期为475年。

（3）罕遇烈度(大震)：在50年设计基准期内，一般场地条件下，可能遭遇的超越概率为2%~3%的地震烈度。罕遇烈度地震的重现期为1 641~2 475年，相当于2 000年左右重现一次的地震烈度。

17.1.2 抗震设防和抗震设防烈度

抗震设防是指对建筑物进行抗震设计并采取一定的抗震构造措施，以达到结构抗震的效果和目的。抗震设防的依据是抗震设防烈度。

抗震设防烈度是指按国家规定的权限批准作为一个地区抗震设防依据的地震烈度。一般情况下，取当地50年设计基准期内超越概率10%的地震烈度。这里需要注意，设计基准期和设计使用年限是两个不同的概念。

17.1.3 设计基本地震加速度

设计基本地震加速度为50年设计基准期超越概率10%的地震加速度的设计取值。抗震设防烈度和设计基本地震加速度值的对应关系，应符合表17-1的规定。这个取值与《中国地震动参数区划图》(GB 18306—2015)附录A所规定的"地震动峰值加速度"相当，即在0.10g和0.20g之间有一个0.15g的区域，0.20g和0.40g之间有一个0.30g的区域，在表17-1中用括号内数值表示。这两个区域内建筑的抗震设计要求，除另有具体规定外，应分别按抗震设防烈度7度和8度的要求进行抗震设计。

表 17-1 抗震设防烈度和设计基本地震加速度值的对应关系

抗震设防烈度	6	7	8	9
设计基本地震加速度值	0.05g	0.10(0.15)g	0.20(0.30)g	0.40g

17.2 抗震设防目标

地震是随机的，不但发生地震的时间、地点是随机的，而且发生的强度、频度也是随机的。要求所设计的工程结构在任何可能发生的地震强度下都不损坏是不经济的，也是不科学的。

工程结构抗震设防的基本目的就是在一定的经济条件下，最大限度地限制和减轻工程结构的地震破坏，避免人员伤亡，减少经济损失。对于一般较小的地震，由于其发生的可能性大，因此，要求遭受到这种较小的多遇地震时结构不损坏，在技术上是可行的，在经济上是合理的；对于罕遇的强烈地震，由于其发生的可能性小，当遇到这种强烈地震时，要求做到结构不损坏，这在经济上是不合理的。比较合理的思路是允许破坏，但结构不应倒塌。

为了实现这一目标，我国采用了"三水准"的抗震设防要求作为建筑工程结构抗震设计的基本准则，具体如下：

（1）第一水准：当遭受低于本地区设防烈度的多遇地震（小震）影响时，主体结构不受损害或不需要修理仍可继续使用，简称"小震不坏"。

（2）第二水准：当遭受相当于本地区设防烈度的设防地震（中震）影响时，可能发生损坏，但经一般性修理仍可继续使用，简称"中震可修"。

（3）第三水准：当遭受高于本地区设防烈度的罕遇地震（大震）影响时，不致倒塌或发生危及生命的严重破坏，简称"大震不倒"。

使用功能或其他方面有专门要求的建筑，当采用抗震性能化设计时，有更具体或更高的抗震设防目标。

17.3 抗震设计方法

在进行抗震设计时，原则上应满足"三水准"抗震设防目标的要求，在具体做法上为简化计算，《建筑抗震设计标准（2024年版）》（GB/T 50011—2010）（以下简称《抗震标准》）采取了两阶段设计方法：

（1）第一阶段设计：按小震作用效应和其他荷载效应的基本组合验算结构构件的承载能力，以及在小震作用下验算结构的弹性变形，以满足第一水准抗震设防目标的要求。采取改善结构延性的抗震构造措施。

（2）第二阶段设计：在大震作用下验算结构的弹塑性变形以满足第三水准抗震设防目标的要求。采取相应的结构措施和满足相应的构造要求。

对大多数比较规则的建筑结构，一般只进行第一阶段设计；对有特殊要求的建筑、地震时易倒塌的结构，以及有明显薄弱层的不规则结构，除进行第一阶段设计外，还要进行第二阶段设计。

17.4 抗震设防类别

对于不同的建筑物，地震破坏所造成的后果不同。因此，有必要对不同用途的建筑物采取不同的设防标准。《建筑工程抗震设防分类标准》（GB 50223—2008）根据建筑使用功能的重要性、在地震中和地震后建筑物的损坏对社会和经济产生的影响大小，以及在抗震防灾中的作用，将建筑物按其用途的重要性，划分为以下四个抗震设防类别。

（1）特殊设防类：指使用上有特殊设施，涉及国家公共安全的重大建筑工程和地震时可能发生严重次生灾害等特别重大灾害后果，需要进行特殊设防的建筑，简称甲类。

（2）重点设防类：指地震时使用功能不能中断或需要尽快恢复的生命线相关建筑，以及地震时可能导致大量人员伤亡等重大灾害后果，需要提高设防标准的建筑，简称乙类。

（3）标准设防类：指大量的除（1）、（2）、（4）款以外按标准要求进行设防的建筑，简称丙类。

（4）适度设防类：指使用上人员稀少且震损不致产生次生灾害，允许在一定条件下适度降低要求的建筑，简称丁类。

17.5 抗震设防标准

建筑抗震设防标准是衡量建筑抗震设防要求的尺度，由抗震设防烈度和建筑使用功能的重要性确定。

· 255 ·

各抗震设防类别建筑的抗震设防标准,应符合下列要求:

(1)标准设防类:应按本地区抗震设防烈度确定其抗震措施和地震作用,达到在遭遇高于当地抗震设防烈度的预估罕遇地震影响时不致倒塌或发生危及生命安全的严重破坏的抗震设防目标。

(2)重点设防类:应按高于本地区抗震设防烈度一度的要求加强其抗震措施;但抗震设防烈度为9度时应按比9度更高的要求采取抗震措施;地基基础的抗震措施,应符合有关规定。同时,应按本地区抗震设防烈度确定其地震作用。

(3)特殊设防类:应按高于本地区抗震设防烈度提高一度的要求加强其抗震措施;但抗震设防烈度为9度时应按比9度更高的要求采取抗震措施。同时,应按批准的地震安全性评价的结果且高于本地区抗震设防烈度的要求确定其地震作用。

(4)适度设防类:允许按本地区抗震设防烈度的要求适当降低其抗震措施,但抗震设防烈度为6度时不应降低。一般情况下,仍应按本地区抗震设防烈度确定其地震作用。

知识拓展

我国从20世纪50年代开始至90年代,相继编制了三次地震烈度区划图,通常被称为第一代、第二代、第三代地震烈度区划图。由于这三代区划图的编图原则不同,因此,各图的基本烈度的定义也不相同。

(1)第一代地震烈度区划图的编制原则:历史地震烈度的重复原则和相同发震构造发生相同地震烈度的类比原则。这一代的基本烈度被定义为"未来(无时限)可能遭遇历史上曾发生的最大地震烈度"。

(2)第二代地震烈度区划图中的基本烈度为未来100年一般场地土条件下可能遭遇的最大地震烈度。第二代地震烈度区划图的编制方法称为确定性方法,图中标示的烈度在对具体建设工程进行抗震设防时需做政策性调整。

(3)第三代地震烈度区划图采用了地震危险性分析的概率方法,并直接考虑了一般建设工程应遵循的防震标准,确定以50年超越概率10%的风险水准编制而成。

因此,基本烈度被定义为未来50年,一般场地条件下,超越概率10%的地震烈度。区划图的基本烈度也是一般建设工程(建筑物抗震分类标准中的丙类建筑)的设防烈度,也可以叫作一般建设工程的抗震设防要求。

模块小结

(1)"小震""中震"和"大震"的定义。
(2)抗震设防烈度。
(3)"三水准"的抗震设防目标。
(4)"两阶段"抗震设计方法。
(5)四个抗震设防类别及其抗震设防标准。

课后习题

(1)什么是"小震"?什么是"中震"?什么是"大震"?
(2)"小震""中震"和"大震"又可以分别被称为什么?
(3)请用12个字简述我国抗震设防目标。
(4)通过查阅相关规范,试判断自己所在城市抗震设防烈度。
(5)根据本模块所学内容,试判断自己所在教学楼的抗震设防类别。

模块 18　建筑结构抗震概念设计

知识目标

(1) 掌握建筑结构场地选择的原则；
(2) 掌握建筑结构抗震体型和体系选择的原则；
(3) 了解多道抗震设防的意义。

能力目标

(1) 能判断建筑结构场地选择是否合理；
(2) 能判断建筑结构抗震体型和体系选择是否合理；
(3) 能列举出隔震、减震设计建筑。

素养目标

(1) 树立为国家发展做贡献的理念；
(2) 培养认真严谨的工作态度；
(3) 培养基本工程伦理认识。

工程案例

上海中心大厦是我国自建的首座超 600 m 超高层建筑，建筑垂直高度为 632 m，它引入电磁原理的阻尼器——我国自主研发的"电涡流摆设式调谐质量阻尼器"(图18-1)。这是全球质量最大的阻尼器，达 1 000 t。这个被称为"上海慧眼"的巨大阻尼器，由12根钢索吊在大厦内部，每根钢索的直径可达 25 m。为了对抗大厦的摇晃，阻尼器会朝着反方向摆动，可有效起到减震的作用。

图 18-1　上海中心大厦阻尼器——"上海慧眼"

由工程抗震基本理论及长期工程抗震经验总结的工程抗震基本概念，往往是保证良好结构性能的决定因素，结合工程抗震基本概念的设计可称为"抗震概念设计"。

进行抗震概念设计，应当在开始工程设计时，把握好能量输入、房屋体型、结构体系、刚度分布、构件延性等几个重要方面，从根本上消除建筑中的抗震薄弱环节，再辅以必要的构造措施，就有可能使设计出的房屋建筑具有良好的抗震性能和足够的抗震可靠度。抗震概念设计自20世纪70年代提出以来越来越受到国内外工程界的普遍重视。

18.1 场地的选择

经调查统计，地震造成的建筑物破坏类型如下：
(1)由于地震时地面强烈运动，使建筑物在振动过程中因丧失整体性或强度不足或变形过大而破坏；
(2)由于水坝坍塌、海啸、火灾、爆炸等次生灾害所造成的破坏；
(3)由于断层错动、山崖崩塌、河岸滑坡、地层陷落等地面严重变形直接造成的破坏。

前两种破坏情况可以通过工程措施加以防治，而第(3)种情况，单靠工程措施很难达到预防目的，或者所花代价太大。因此，选择工程场址时，应该详细勘察，认清地形、地质情况，挑选对建筑抗震有利的地段，尽可能避开对建筑抗震不利的地段。

为了便于工程师确定建筑场地对建筑结构抗震性能的影响，《抗震标准》对建筑场地做了有利、一般、不利和危险地段的划分，见表18-1。

表 18-1 有利、一般、不利和危险地段的划分

地段类别	地质、地形、地貌
有利地段	稳定基岩，坚硬土，开阔、平坦、密实、均匀的中硬土等
一般地段	不属于有利、不利和危险的地段
不利地段	软弱土，液化土，条状突出的山嘴，高耸孤立的山丘，陡坡，陡坎，河岸和边坡的边缘，平面分布上成因、岩性、状态明显不均匀的土层(包括故河道、疏松的断层破碎带、暗埋的塘浜沟谷和半填半挖地基)，高含水率的可塑黄土，地表存在结构性裂缝等
危险地段	地震时可能发生滑坡、崩塌、地陷、地裂、泥石流等，以及发震断裂带上可能发生地表错位的部位

18.1.1 避开抗震危险地段

建筑抗震危险地段，一般是指地震时可能发生崩塌、滑坡、地陷、泥石流等地段，以及震中烈度为8度以上的发震断裂带在地震时可能发生地表错位的地段。

断层是地质构造上的薄弱环节。强烈地震时，断层两侧的相对移动还可能出露于地表，形成地表断裂。1976年唐山地震，在极震区内，一条北东走向的地表断裂，长8 km，水平错位达1.45 m。

陡峭的山区，在强烈地震作用下，常发生巨石塌落、山体崩塌。1932年云南东川地震，大量山石崩塌，阻塞了江河。1966年再次发生的6.7级地震，震中附近的一个山头，一侧山体就塌方近 8×10^5 m³。所以，在山区选址时，经踏勘，发现可能有山体崩塌、巨石滚落等潜在危险的地段，不能修建房屋建筑物。

2023年12月18日23时59分，甘肃临夏州积石山县发生6.2级地震，在本次地震中，青海省海东市民和县中乡村的金田村、草滩村发生了地震液化灾害，事发时许多低洼处的房屋被泥浆掩埋。根据无人机影像与专家初步判断，此次泥流是地震动使黄土液化、滑坡，从而引发的次生灾害。地震后由黄土液化引发的泥流在黄土高原地区已也有先例，例如，在1920年的甘肃海原县8.5级大地震中，黄土滑移了9 km，掩埋两座村庄。而最早的事例，可以追溯到1303年的山西洪洞8.0级地震。因此，对于那些存在液化或润滑夹层的坡地，也应视为抗震危险地段。

地下煤矿的大面积采空区,特别是废弃的浅层矿区,地下坑道的支护或被拆除,或因年久损坏,地震时的坑道坍塌可能导致大面积地陷,引起上部建筑毁坏,因此,采空区也应视为抗震危险地段,不得在其上修建房屋建筑物。

18.1.2 选择有利于抗震的场地

我国乌鲁木齐、东川、邢台、通海、唐山等地所发生的几次地震,根据震害普查所绘制的等震线图,在正常的烈度区内,常存在着小块的高一度或低一度的烈度异常区。此外,同一次地震的同一烈度区内,位于不同小区的房屋,尽管建筑形式、结构类别、施工质量等情况基本相同,但震害程度出现较大差异。究其原因,主要是地形和场地条件不同。

对建筑抗震有利的地段,一般是指位于开阔平坦地带的坚硬场地土或密实、均匀中硬场地土。对建筑抗震不利的地段,就地形而言,一般是指条状突出的山嘴、孤立的山包和山梁的顶部、高差较大的台地边缘、非岩质的陡坡、河岸和边坡的边缘;就场地土质而言,一般是指软弱土、易液化土、故河道、断层破碎带、暗埋塘浜沟谷或半挖半填地基等,以及在平面分布上成因、岩性、状态明显不均匀的地段。

地震工程学者大多认为,地震时,在孤立山梁的顶部,基岩运动有可能被加强。国内多次大地震的调查资料也表明,局部地形条件是影响建筑物破坏程度的一个重要因素。宁夏海原地震,位于渭河谷地的姚庄,烈度为 7 度;而相距仅 2 km 的牛家庄,因位于高出百米的突出的黄土梁上,烈度竟高达 9 度。

河岸上的房屋,常因地面不均匀沉降或地面裂隙穿过而裂成数段。这种河岸滑移对建筑物的危害,靠采取工程构造措施来防治是不经济的,一般情况下宜采取避开的方案。必须在岸边建房时,应采取可靠措施,消除下卧土层的液化性,提高灵敏黏土层的抗剪强度,以增强边坡稳定性。

不同类别的土壤,具有不同的动力特性,地震反应也随之出现差异。一个场地内,沿水平方向土层类别发生变化时,一幢建筑物不宜跨在两类不同土层上,否则可能危及该建筑物的安全。无法避开时,除考虑不同土层差异运动的影响外,还应采用局部深基础,使整个建筑物的基础落在同一种土层上。

饱和松散的砂土和粉土,在强烈地震动作用下,孔隙水压急剧升高,土颗粒悬浮于孔隙水中,从而丧失受剪承载力,在自重或较小附压下即产生较大沉陷,并伴随着喷水冒砂。当建筑地基内存在可液化土层时,应采取有效措施,完全消除或部分消除土层液化的可能性,并应对上部结构适当加强。

淤泥和淤泥质土等软土,是一种高压缩性土,抗剪强度很低。软土在强烈地震作用下,土体受到扰动,絮状结构遭到破坏,强度显著降低,不仅压缩变形增加,还会发生一定程度的剪切破坏,土体向基础两侧挤出,造成建筑物急剧沉降和倾斜。

天津塘沽港地区,地表下 3～5 m 为冲填土,其下为深厚的淤泥和淤泥质土。地下水水位为 -1.6 m。1974 年兴建的 16 幢 3 层住宅和 7 幢 4 层住宅,均采用筏板基础。1976 年地震前,累计沉降量分别为 200 mm 和 300 mm,地震期间的突然沉降量分别达 150 mm 和 200 mm。震后,房屋向一侧倾斜,房屋四周的外地坪、地面隆起。

此外,在选择高层建筑的场地时,应尽量建在基岩或薄土层上,或应建在具有"平均剪切波速"的坚硬场地上,以减少输入建筑物的地震能量,从根本上减轻地震对建筑物的破坏作用。

18.2 建筑体型的选择

一幢房屋的动力性能基本上取决于它的建筑设计和结构方案。建筑设计简单合理,结构方案符合抗震原则,就能从根本上保证房屋具有良好的抗震性能。反之,建筑设计追求奇特、复杂,结构方案存在薄弱环节,即使进行精细的地震反应分析,在构造上采取补强措施,也不一定能达到减轻震害的预期目的。

18.2.1 建筑平面布置

建筑物的平、立面布置宜规则、对称，质量和刚度变化均匀，避免楼层错层。国内外多次地震中均有不少震例表明，凡是房屋体型不规则，平面上凸出凹进，立面上高低错落，破坏程度均比较严重；而房屋体型简单、整齐的建筑，震害都比较轻。这里的"规则"包含了对建筑的平、立面外形尺寸，抗侧力构件布置、质量分布，以及强度分布等诸多因素的综合要求。这种"规则"对高层建筑尤为重要。

地震区的高层建筑，平面以方形、矩形、圆形为好；正六边形、正八边形、椭圆形、扇形也可以。三角形平面虽也属于简单形状，但是，由于它沿主轴方向不都是对称的，地震时容易产生较强的扭转振动，因而不是理想的平面形状。此外，带有较长翼缘的L形、T形、十字形、U形、H形、Y形平面也不宜采用。由于这些平面的较长翼缘，地震时容易因发生差异侧移而加重震害。

事实上，由于城市规划、建筑艺术和使用功能等多方面的要求，建筑不可能都设计为方形或圆形。《高规》对地震区高层建筑的平面形状做了明确规定，如图18-2和表18-2所示。此外，对这些平面的凹角处，应采取加强措施。

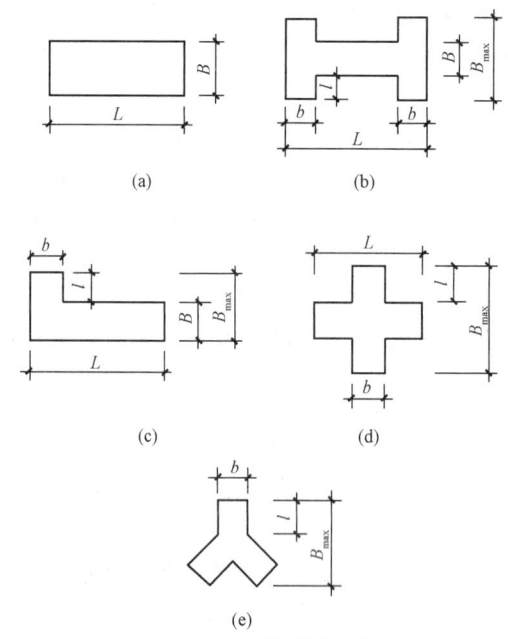

图 18-2 建筑平面示意
(a)矩形；(b)H形；(c)L形；(d)十字形；(e)Y形

表 18-2 平面尺寸及突出部位尺寸的比值限值

设防烈度	L/B	l/B_{max}	l/b
6、7度	≤6.0	≤0.35	≤2.0
8、9度	≤5.0	≤0.30	≤1.5

18.2.2 建筑立面布置

地震区建筑的立面也要求采用矩形、梯形、三角形等均匀变化的几何形状，尽量避免带有突然变化的阶梯形立面。因为立面形状的突然变化，必然带来质量和抗侧移刚度的剧烈变化，地震时，该突变部位就会剧烈振动或塑性变形集中而加重。

《高规》规定：建筑的竖向体型宜规则、均匀，避免有过大的外挑和收进。结构的侧向刚度宜下大上小，逐渐均匀变化，不应采用竖向布置严重不规则的结构。并要求抗震设计的高层建筑结构，其楼层侧向刚度不宜小于相邻上部楼层侧向刚度的 70% 或其上相邻三层侧向刚度平均值的 80%。

按《高规》的规定，高层建筑的高度限值分 A、B 两级，A 级是目前应用最广泛的高层建筑高度，B 级高度建筑应采取更严格的计算和构造措施。A 级高度高层建筑的楼层抗侧力结构的层间受剪承载力不宜小于其相邻上一层受剪承载力的 80%，不应小于其相邻上一层受剪承载力的 65%；B 级高度高层建筑的楼层抗侧力结构的层间受剪承载力不应小于其上一层受剪承载力的 75%。并指出，抗震设计时，当结构上部楼层收进部位到室外地面的高度 H_1 与房屋高度 H 之比大于 0.2 时，上部楼层收进后的水平尺寸 B_1 不宜小于下部楼层水平尺寸 B 的 75%[图 18-3(a)、(b)]；当上部结构楼层相对于下部楼层外挑时，上部楼层的水平尺寸 B_1 不宜大于下部楼层的水平尺寸 B 的 1.1 倍，且水平外挑尺寸 a 不宜大于 4 m[图 18-3(c)、(d)]。

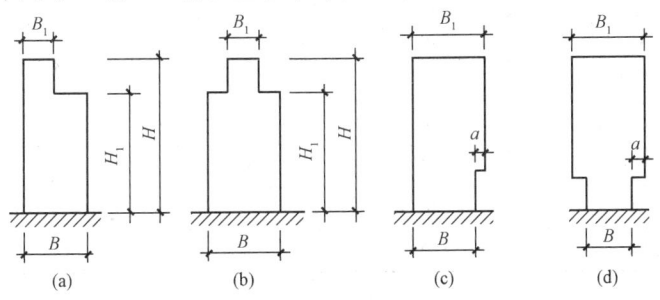

图 18-3 建筑结构竖向收进和外挑示意
(a)、(b)竖向收进；(c)、(d)竖向外挑

18.2.3 房屋的高度

一般而言，房屋越高，所受到的地震力和倾覆力矩越大，破坏的可能性也越大。过去一些国家曾对地震区的房屋做过限制，随着地震工程学科的不断发展，地震危险性分析和结构弹塑性时程分析方法日趋完善，特别是通过世界范围地震经验的总结，人们已认识到"房屋越高越危险"的概念不是绝对的，是有条件的。

墨西哥城是人口超过 2 000 万的特大城市，高层建筑很多。1957 年太平洋沿岸发生的 7.7 级地震，以及 1985 年 9 月前后相隔 36 h 的 8.1 级和 7.5 级地震，均有大量高层建筑倒塌(图 18-4)。在 1985 年地震中，倒塌率最高的是 10～15 层楼房，倒塌或严重破坏的共有 164 幢。然而，由著名地震工程学者 Newmark 设计，于 1956 年建造的高 181 m 的拉丁美洲塔(图 18-5)经受住了 3 次大地震的考验，几乎无损害。这一事实说明，高度并不是地震破坏的唯一决定性因素。

图 18-4 墨西哥城地震震后照片

图 18-5 拉丁美洲塔

就技术经济而言，各种结构体系都有它自己的最佳适用高度。根据我国当前科研成果和工程实际情况，《抗震标准》和《高规》对各种结构体系适用范围内建筑物的最大高度均作出了规定。根据《高规》，不同结构体系的钢筋混凝土高层建筑的最大适用高度见表18-3。此外，《抗震标准》还规定：对平面和竖向不规则的结构或Ⅳ类场地上的结构，适用的最大高度应适当降低。

表 18-3 钢筋混凝土高层建筑的最大适用高度　　　　　　　　　　　　　　m

结构体系		非抗震设计	抗震设防烈度				
			6度	7度	8度		9度
					0.20g	0.30g	
框架		70	60	50	40	35	24
框架-剪力墙		150	130	120	100	80	50
剪力墙	全部落地剪力墙	150	140	120	100	80	60
	部分框支剪力墙	130	120	100	80	50	不应采用
筒体	框架核心筒	160	150	130	100	90	70
	筒中筒	200	180	150	120	100	80
板柱—剪力墙		110	80	70	55	40	不应采用

18.2.4 房屋的高宽比

相对于建筑物的绝对高度，建筑物的高宽比更为重要。因为建筑物的高宽比值越大，即建筑物越高瘦，地震作用下的侧移越大，地震引起的倾覆作用越严重。巨大的倾覆力矩在柱（墙）和基础中所引起的压力和拉力比较难以处理。

世界各国对房屋的高宽比都有比较严格的限制。我国对混凝土结构高层建筑高宽比的要求是按结构类型和地震烈度区分的，见表18-4。

表 18-4 钢筋混凝土高层建筑结构适用的最大高宽比

结构体系	非抗震设计	抗震设防烈度		
		6、7度	8度	9度
框架	5	4	3	—
板柱—剪力墙	6	5	4	—
框架-剪力墙、剪力墙	7	6	5	4
框架-核心筒	8	7	6	4
筒中筒	8	8	7	5

18.2.5 防震缝的合理设置

合理地设置防震缝，可以将体型复杂的建筑物划分为"规则"的建筑物，从而可降低抗震设计的难度及提高抗震设计的可靠度。但设置防震缝会给建筑物的立面处理、地下室防水处理等带来一定的难度，并且防震缝如果设置不当，还会引起相邻建筑物的碰撞，从而加重地震破坏的程度。在国内外历史地震中，不乏建筑物碰撞的事例。

天津友谊宾馆，东段为8层，高37.4 m，西段为11层，高47.3 m，东西段之间防震缝的宽度为150 mm。1976年唐山地震时，该宾馆位于8度区内，东西段发生相互碰撞，防震缝顶部的砖砌封墙震坏后，一些砖块落入缝内，卡在东西段上部设备层大梁之间，导致大梁在持续的振动中被挤断。此外，建造在软土或液化地基上的房屋，地基不均匀沉陷引起的楼房倾斜，更加大了碰撞的可能性和破坏的严重程度。

近年来，国内一些高层建筑一般通过调整平面形状和尺寸，并在构造上及施工时采取一些措施，尽可能不设置伸缩缝、沉降缝和防震缝。不过，遇到下列情况，还是应设置防震缝，将整个建筑划分为若干个简单的独立单元。

(1) 房屋长度超过表 18-5 中规定的伸缩缝最大间距，又无条件采取特殊措施而必须设置伸缩缝时；

(2) 平面形状、局部尺寸或立面形状不符合规范的有关规定，而又未在计算和构造上采取相应措施时；

(3) 地基土质不均匀，房屋各部分的预计沉降量（包括地震时的沉陷）相差过大，必须设置沉降缝时；

(4) 房屋各部分的质量或结构抗侧移刚度大小悬殊时。

表 18-5 伸缩缝的最大间距

结构体系	施工方法	最大间距/m
框架结构	现浇	55
剪力墙结构	现浇	45

对于多层砌体结构房屋，当房屋立面高差在 6 m 以上，或房屋有错层且楼板高差较大，或各部分结构刚度、质量截然不同时，宜设置防震缝，缝两侧均应设置墙体，缝宽应根据烈度和房屋高度确定，一般为 70～100 mm。

需要说明的是，对于抗震设防烈度为 6 度以上的房屋，所有伸缩缝和沉降缝，均应符合防震缝的要求。另外，对体型复杂的建筑物不设防震缝时，应对建筑物进行较精确的结构抗震分析，估计其局部应力和变形集中及扭转影响，判明其易损部位，采取加强措施或提高变形能力的措施。

18.3 结构材料和结构体系的选择

18.3.1 结构材料的选择

在建筑方案设计阶段，研究建筑形式的同时，需要考虑选用哪种结构材料，以及采用什么样的结构体系，以便能够根据工程的各方面条件，选用既符合抗震要求又经济实用的结构类型。

结构选型涉及的内容较多，应根据建筑的重要性、设防烈度、房屋高度、场地、地基、基础、材料和施工等因素，经技术、经济条件比较综合确定。单从抗震角度考虑，一种好的结构形式，应具备下列性能：

(1) 延性系数高；

(2) "强度/重力"比值大；

(3) 均质性好；

(4) 正交各向同性；

(5) 构件的连接具有整体性、连续性和较好的延性，并能发挥材料的全部强度。

按照上述标准来衡量，常见建筑结构类型，依其抗震性能优劣而排列的顺序如下：

(1) 钢(木)结构；

（2）型钢混凝土结构；

（3）混凝土—钢混合结构；

（4）现浇钢筋混凝土结构；

（5）预应力混凝土结构；

（6）装配式钢筋混凝土结构；

（7）配筋砌体结构；

（8）砌体结构等。

钢结构具有极好的延性、良好的连接、可靠的节点，以及在低周往复荷载下有饱满稳定的滞回曲线。在历次地震中，钢结构建筑的表现均很好，但也有个别建筑因竖向支撑失效而破坏。就地震实践中总的情况来看，钢结构的抗震性能优于其他各类材料组成的结构。

J. H. Rainer 等调查了从 1964 年到 1995 年在北美、日本等地发生的七次主要地震中轻型木结构房屋的地震表现和抗震性能。对七次地震中死亡人数的统计数据表明，地震中在轻型木结构房屋中死亡的人数不到总死亡人数的 1%。在强烈地震中，虽然有不同程度的非结构构件损伤，绝大多数轻型木结构房屋未见结构性破坏。J. H. Rainer 等得出如下结论："在美国加利福尼亚州、阿拉斯加、纽芬兰、加拿大魁北克和日本的地震中，多数木结构房屋经受了 0.6g 及更大的地面峰值加速度，没有造成倒塌和严重的人员伤亡，通常也没有明显的损坏迹象。这表明木结构房屋满足生命安全的目标要求，而地震中许多只造成轻微损坏的例子也显示木框架建筑有潜力满足更严格的损坏控制标准的要求。"

实践证明，只要经过合理的抗震设计，现浇钢筋混凝土结构也能具有足够的抗震可靠度。它具有以下优点：

（1）通过现场浇筑，可形成具有整体式节点的连续结构；

（2）就地取材；

（3）造价较低；

（4）有较大的抗侧移刚度，从而具有较小结构侧移，保护非结构构件免遭破坏；

（5）良好的设计可以保证结构具有足够的延性。

但是，钢筋混凝土结构也存在以下缺点：

（1）周期性往复水平荷载作用下，构件刚度因裂缝开展而递减；

（2）构件开裂后钢筋的塑性变形，使裂缝不能闭合；

（3）低周往复荷载下，杆件塑性铰区反向斜裂缝的出现，将混凝土挤碎，产生永久性的"剪切滑移"。

国内外的震害调查均表明，砌体结构由于自重大，强度低，变形能力差，在地震中表现出较差的抗震能力。在唐山地震中，80%的砌体结构房屋倒塌。但砌体结构造价低，施工技术简单，可居住性好。事实表明，加设构造柱和圈梁，是提高砌体结构房屋抗震能力的有效途径。

18.3.2 结构体系的选择

不同的结构体系，其抗震性能、使用效果和经济指标也不同。《抗震标准》关于抗震结构体系，有下列各项要求：

（1）应具有明确的计算简图和合理的地震作用传递途径。

（2）要有多道抗震防线，应避免因部分结构或构件破坏而导致整个体系结构丧失抗震能力或对重力荷载的承载能力。

（3）应具备必要的强度、良好的变形能力和耗能能力。

（4）宜具有合理的刚度和强度分布，避免因局部削弱或变形形成薄弱部位，产生过大的应力集中或塑性变形集中；对可能出现的薄弱部位，应采取措施提高抗震能力。

就常见的多层及中高层建筑而言，砌体结构在地震区一般适用于6层及6层以下的居住建筑。框架结构平面布置灵活，通过良好的设计可获得较好的抗震能力，但框架结构抗侧移刚度较差，在地震区一般用于10层左右体型较简单和刚度较均匀的建筑物。对于层数较多、体型复杂、刚度不均匀的建筑物，为了减小侧移变形，减轻震害，应采用中等刚度的框架-剪力墙结构或剪力墙结构。

此外，选择结构体系还要考虑建筑物刚度与场地条件的关系。当建筑物自振周期与地基土的特征周期一致时，容易产生共振而加重建筑物的震害。建筑物的自振周期与结构本身刚度有关，在设计房屋之前，一般应首先了解场地和地基土及其特征周期，调整结构刚度，避开共振周期。

对于软弱地基宜选用桩基础、筏板基础或箱形基础。岩层高低起伏不均匀或有液化土层时最好采用桩基础，后者桩尖必须穿入非液化土层，防止失稳。筏板基础的混凝土和钢筋用量较大，刚度也不如箱形基础。当建筑物层数不多、地基条件又较好时，也可以采用单独基础或十字交叉带形基础等。

18.3.3 抗震等级

抗震等级是结构构件抗震设防的标准，钢筋混凝土房屋应根据烈度、结构类型和房屋高度采用不同的抗震等级，并应符合相应的计算、构造措施和材料要求。抗震等级的划分考虑了技术要求和经济条件，随着设计方法的改进和经济水平的提高，抗震等级将做相应调整。抗震等级共分为四级，它体现了不同的抗震要求，其中一级抗震要求最高。《抗震标准》对丙类多层及高层钢筋混凝土结构房屋的抗震等级划分见表18-6。

表18-6　丙类多层及高层现浇钢筋混凝土结构抗震等级

结构类型			设防烈度						
			6		7		8		9
框架结构	高度/m		≤24	>24	≤24	>24	≤24	>24	≤24
	框架		四	三	三	二	二	一	一
	大跨度框架		三		二		一		一
框架-抗震墙结构	高度/m		≤60	>60	≤24	25～60	>60	≤24	25～60	>60	≤24	25～50
	框架		四	三	四	三	二	三	二	一	二	一
	抗震墙		三		三	二		二	一		一	
抗震墙结构	高度/m		≤80	>80	≤24	25～80	>80	≤24	25～80	>80	≤24	25～60
	抗震墙		四	三	四	三	二	三	二	一	二	一
部分框支抗震墙结构	高度/m		≤80	>80	≤24	25～80	>80	≤24	25～80		
	抗震墙	一般部位	四	三	四	三	二	三	二		
		加强部位	三	二	三	二	一	二	一		
	框支层框架		二		二		一			
框架-核心筒结构	框架		三		二		一		一	
	核心筒		二		二		一		一	
筒中筒结构	外筒		三		二		一		一	
	内筒		三		二		一		一	

续表

结构类型		设防烈度						
		6		7		8		9
板柱－抗震墙结构	高度/m	≤35	>35	≤35	>35	≤35	>35	
	框架、板柱的柱	三	二	二	二	一	一	
	抗震墙	二	二	二	一	二	一	

注：①建筑场地为Ⅰ类时，除6度外应允许按表内降低一度所对应的抗震等级采取抗震构造措施，但相应的计算要求不应降低；
②接近或等于高度分界时，应允许结合房屋不规则程度及场地、地基条件确定抗震等级；
③大跨度框架指跨度不小于18 m的框架；
④高度不超过60 m的框架-核心筒结构按框架-抗震墙的要求设计时，应按表中框架-抗震墙结构的规定确定其抗震等级。

由表18-6可知，在同等设防烈度和房屋高度的情况下，对于不同的结构类型，抗侧力构件抗震要求可低于主要抗侧力构件，即抗震等级低些。如框架-抗震墙结构中的框架，其抗震要求低于框架结构中的框架；相反，其抗震墙则比抗震墙结构有更高的抗震要求。在框架-抗震墙结构中，当采取基本振型分析时，若抗震墙部分承受的地震倾覆力矩不大于结构总地震倾覆力矩的50%，考虑到此时抗震墙的刚度较小，其框架部分的抗震等级应按框架结构划分。

另外，对同一类型结构抗震等级的高度分界，《抗震标准》主要按一般工业与民用建筑的层高考虑，故对层高特殊的工业建筑应酌情调整。设防烈度为6度、建于Ⅰ~Ⅲ类场地上的结构，不需做抗震验算，但需按抗震等级设计截面，满足抗震构造要求。

不同场地对结构的地震反应不同，通常Ⅳ类场地较高的高层建筑的抗震构造措施与Ⅰ~Ⅲ类场地相比应有所加强，而在建筑抗震等级的划分中并未引入场地参数，没有以提高或降低一个抗震等级来考虑场地的影响，而是通过提高其他重要部位的要求(轴压比、柱纵筋配筋率控制；加密区箍筋设置等)来加以考虑。

18.4 多道结构抗震设防

多道抗震防线包括以下内容：

(1)一个抗震结构体系应由若干个延性较好的分体系组成，并由延性较好的结构构件连接起来协同工作。例如，框架-抗震墙体系是由延性框架和抗震墙两个系统组成的。双肢或多肢抗震墙体则是由若干个单肢墙分系统组成的。

(2)抗震结构体系应有最大可能数量的内部、外部赘余度，有意识地建立起一系列分布的屈服区，以使结构能够吸收和耗散大量的地震能量，一旦破坏也易于修复。

多道抗震防线对抗震结构是必要的。一次大地震，某场地产生的地震动，能造成建筑物破坏的强震持续时间，少则几秒，多则几十秒，甚至更长。这样长时间的地震动，一个接一个的强脉冲对建筑物产生多次往复式冲击，造成累积式的破坏。如果建筑物采用的是单一结构体系，仅有一道抗震防线，该防线一旦破坏后，接踵而来的持续地震动就会促使建筑物倒塌。特别是当建筑物的自振周期与地震动卓越周期相近时，建筑物由此而发生的共振，更加速其倒塌进程。如果建筑物采用的是多重抗侧力体系，第一道防线的抗侧力构件在强震作用下破坏后，后面第二甚至第三防线的抗侧力构件立即接替，抵挡住后续的地震动的冲击，可保证建筑物最低限度的安全，免于倒塌。在遇到建筑物自振周期与地震动卓越周期相同或接近的情况时，多道防线就更显示出其优越性。当第一道抗侧力防线因共振而破坏，第二道防线接替后，建筑物自振周期将出现较大幅度的变动，与地震动卓越周期错开，减轻地震的破坏作用。

1985年9月墨西哥8.1级地震中的一些情况可以用来说明这一点。这次地震时，远离震中约350 km的墨西哥城，某一场地记录到的地面运动加速度曲线，历时60 s，峰值加速度为$0.2g$，根据地震记录计算出的反应谱曲线，显示出地震动卓越周期为2 s，震后调查结果表明，位于该场地上的自振周期接近2 s的框架体系高层建筑，因发生共振而大量倒塌；而嵌砌有砖填充墙的框架体系高层建筑，尽管破坏十分严重，却很少倒塌。

18.5 结构整体性

结构的整体性是保证结构各部件在地震作用下协调工作的必要条件。建筑物在地震作用下丧失整体性后，或者由于整个结构变成机动构架而倒塌，或者由于外围构件平面外失稳而倒塌。所以，要使建筑具有足够的抗震可靠度，确保结构在地震作用下不丧失整体性，结构整体性是必不可少的条件之一。

(1)现浇钢筋混凝土结构。施工质量良好的现浇钢筋混凝土结构和型钢混凝土结构具有较好的连续性和抗震整体性。强调施工质量良好是因为，即使全现浇钢筋混凝土结构，施工不当也会使结构的连续性遭到削弱甚至破坏。

(2)钢结构。钢材基本属于各向同性的均质材料，且质轻高强、延性好，是一种很适用于建筑抗震结构的材料，在地震作用下，高层钢结构房屋由于钢材材质均匀，强度易于保证，所以结构的可靠性大；轻质高强的特点使钢结构房屋的自重轻，从而所受地震作用减小；良好的延性使结构在很大的变形下仍不致倒塌，从而保证结构在地震作用下的安全性。但是，钢结构房屋如果设计和制造不当，在地震作用下，可能发生构件的失稳和材料的脆性破坏或连接破坏，使钢材的性能得不到充分发挥，造成灾难性后果。钢结构建筑抗震性能的优劣取决于结构的选型，当结构体型复杂、平立面特别不规则时，可按实际需要在适当部位设置防震缝，从而形成多个较规则的抗侧力结构单元。此外，钢结构构件应合理控制尺寸，防止局部失稳或整体失稳，如对梁翼缘和腹板的宽厚比、高厚比都作出明确规定，还应加强各构件之间的连接，以保证结构的整体性，抗震支承系统应保证在地震作用时结构的稳定。

(3)砌体结构。震害调查及研究表明，圈梁及构造柱对房屋抗震有较重要的作用，它可以加强纵横墙体的连接，以增强房屋的整体性；圈梁还可以箍住楼(屋)盖，增强楼盖的整体性并增加墙体的稳定性；也可以约束墙体的裂缝开展，抵抗由于地震或其他原因引起的地基不均匀沉降而对房屋造成的破坏。因此，地震区的房屋，应按规定设置圈梁及构造柱。

18.6 隔震与减震设计

由震源产生的地震力，通过一定途径传递到建筑物所在场地，引起结构的地震反应。一般来说，建筑物的地震位移反应沿高度从下向上逐级加大，而地震内力自上而下逐级增加。当建筑结构某些部分的地震力超过该部分所能承受的力时，结构将产生破坏。

在抗震设计的早期，人们曾企图将结构物设计为"刚性结构体系"。这种体系的结构地震反应接近地面地震运动，一般不发生结构强度破坏。但这样做的结果必然导致材料的浪费，诚如著名的地震工程专家Rosenblueth所说的那样："为了满足我们的要求，人类所有财富可能都是不够的，大量的一般结构将成为碉堡"。作为刚性结构体系的对立体系，人们还设想了"柔性结构体系"，即通过大大减小结构物的刚性来避免结构与地面运动发生类共振，从而减轻地震力。但是，这种结构体系在地震动作用下结构位移过大，在较小的地震时即可能影响结构的正常使用，同时，将各类工程结构都设计为柔性结构体系，也存在实践上的困难。长期的抗震工程实践证明：

将一般结构物设计为"延性结构"是适宜的。适当控制结构物的刚度与强度,使结构构件在强烈地震时进入非弹性状态后仍具有较大的延性,从而可以通过塑性变形消耗地震能量,使结构物至少保证"坏而不倒",这就是对"延性结构体系"的基本要求。在现代抗震设计中,实现延性结构体系设计是工程师所追求的抗震基本目标。

然而,延性结构体系的结构,仍然是被动地抵御地震作用。对于多数建筑物,当遭遇相当于当地基本烈度的地震袭击时,结构即可能进入非弹性破坏状态,从而导致建筑物装修与内部设备的破坏,造成巨大的经济损失。对于某些生命线工程(如电力、通信部门的核心建筑),结构及内部设备的破坏可以导致生命线网络的瘫痪,所造成的损失更是难以估量。所以,随着现代化社会的发展,各种昂贵设备在建筑物内部配置的增加,延性结构体系的应用也有了一定的局限性。面对新的社会要求,各国地震工程学家一直在寻求新的结构抗震设计途径。以隔震、减震、制振技术为特色的结构控制设计理论与实践,便是这种努力的结果。

隔震是通过某种隔离装置将地震动与结构隔开,以达到减小结构振动的目的。隔震方法主要有基底隔震和悬挂隔震等类型。

减震是通过采用一定的耗能装置或附加子结构吸收或消耗地震传递给主体结构的能量,从而减轻结构的振动。减震方法主要有消能减震、吸振减震、冲击减震等类型。

北京大兴机场的主航站楼,面积为105万平方米,作为重要的生命线工程,它的抗震设防要求是在遭遇地震影响时,不但要确保航站楼结构完好,还要保证仪器设备正常运转和人员安全,并在灾后发挥应急救援作用。如果采用传统抗震设计,恐怕难以实现设防目标,而采用隔震技术能使它的结构安全性大大提高,同时也有效解决了其与地铁、城铁等轨道交通对接时的振动问题。机场航站楼核心区地下一层柱顶处设置成了隔震层,隔震装置采用了铅芯橡胶隔震支座、普通橡胶隔震支座、滑移隔震橡胶支座和黏滞阻尼器等,整个航站楼总共使用了1 320套隔震、减震装置(图18-6)。

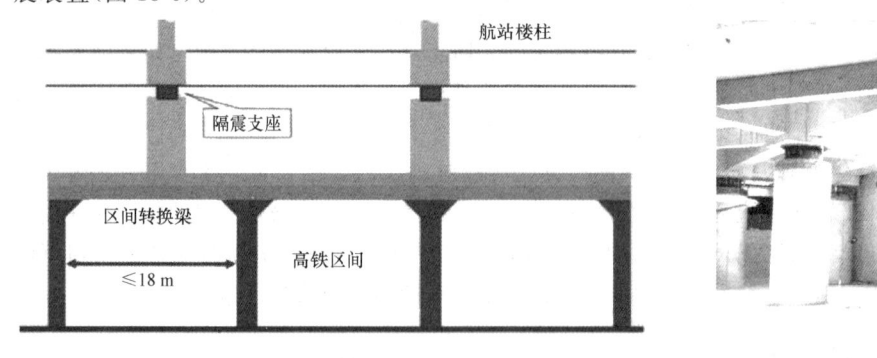

图18-6 北京新机场隔震、减震设计
(a)原理示意;(b)隔震支座

知识拓展

未来的抗震设计将会更加注重建筑物的智能化监测系统。安装传感器和监测设备,可以实时监测建筑物的结构变形和地震动态响应,及时发现和预测潜在的安全隐患,以便采取相应的措施进行修复和加固,避免发生灾害事故。

模块小结

(1)建筑结构场地选择的原则。
(2)建筑结构抗震体型选择的原则。
(3)结构材料和结构体系选择的原则。
(4)多道抗震设防概念。
(5)隔震与减震措施。

课后习题

(1)简述《抗震标准》对建筑抗震有利、一般、不利和危险的地段划分。
(2)简述《抗震标准》对建筑形体及其构件布置的要求。
(3)简述《抗震标准》对建筑结构体系的要求。
(4)什么是"多道抗震设防"?
(5)请通过查阅相关资料,列举两个采取隔震与减震措施的建筑与同学们分享。

模块 19　地震作用和建筑结构抗震

知识目标

(1)掌握单自由度体系的水平地震作用；
(2)了解多自由度体系的水平地震作用；
(3)了解竖向地震作用计算。

能力目标

(1)能进行单自由度体系的水平地震作用计算；
(2)能判断多自由度体系的水平地震作用计算方法；
(3)能进行简单的竖向地震作用计算。

素养目标

(1)培养职业责任底线意识；
(2)具备脚踏实地学习、工作的态度；
(3)具备创新意识。

工程案例

记录地震和强风对超高层的影响，有助于检查、对比原设计参数在抗震、抗扭等方面的合理性，从而在设计类似新大楼时，能考虑采用更为理想的材料配制，因而受到灾害学专家和结构工程师的广泛关注。基于此，上海市地震局经与中国金茂股份有限公司协商，于 2000 年在金茂大厦(图 19-1)安装数台强震仪。

图 19-1　上海金茂大厦

19.1 地震作用

如前所述,地震时释放的能量主要以地震波的形式向外传递,引起地面运动,使原来处于静止状态的建筑受到动力作用而产生振动。结构振动时的速度、加速度及位移等,称为结构的地震反应,结构的地震反应是地震动通过结构惯性引起的,因此,地震作用(结构地震惯性力)是间接作用,而不称为荷载。但工程上为应用方便,有时将地震作用等效为某种形式的荷载作用,这时可称为等效地震荷载。

进行结构抗震反应分析的第一步,就是确定结构动力计算简图。

结构动力计算的关键是结构惯性的模拟,由于结构的惯性是结构质量引起的,因此,结构动力计算简图的核心内容是结构质量的描述。

描述结构质量的方法有两种:一种是连续化描述(分布质量);另一种是集中化描述(集中质量)。例如,采用连续化方法描述结构的质量,结构的运动方程将为偏微分方程的形式,而一般情况下偏微分方程的求解和实际应用不方便。因此,工程上常采用集中化方法描述结构的质量,以此确定结构动力计算简图。

采用集中质量方法确定结构动力计算简图时,需要先定出结构质量集中位置。可取结构各区域主要质量的质心为质量集中位置,将该区域主要质量集中在该点上,忽略其他次要质量或将次要质量合并到相邻主要质量的质点上去。

19.2 单自由度体系的水平地震作用

19.2.1 计算简图及公式推导

确定结构各质点运动的独立参量数为结构运动的体系自由度。空间中的一个自由质点可以有三个独立位移,因此,一个自由质点在空间有三个自由度。当考虑结构的竖向约束作用而忽略质点竖向位移时,质点则仅有水平面上的两个自由度。

为简化分析,仅考虑单向水平地震作用,得到单自由度体系在地震作用下变形与受力(图 19-2)。

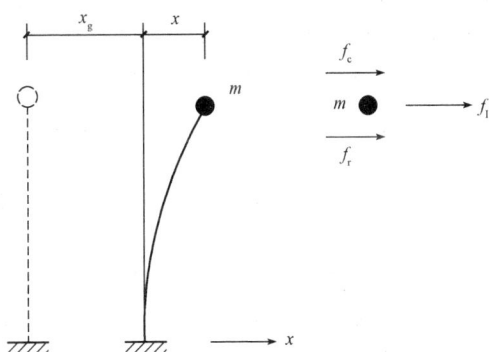

图 19-2 单自由度体系在地震作用下的变形与受力

在地面运动 x_g 作用下,结构发生振动,产生相对地面的位移 x、速度 $\dot{x}$ 和加速度 $\ddot{x}$。若取质点 m 为隔离体,则该质点上作用有三种力,即惯性力 f_I、阻尼力 f_c 和弹性恢复力 f_r。

惯性力是质点的质量与绝对加速度的乘积,但方向与质点运动加速度方向相反,即

$$f_I = -m(\ddot{x}_g + \ddot{x}) \tag{19-1}$$

式中 m——质点质量;

$\ddot{x}_g$——地面运动加速度。

阻尼力是由结构内摩擦及结构周围介质(如空气、水等)对结构运动的阻碍造成的,阻尼力的大小一般与结构运动速度有关。按照黏滞阻尼理论,阻尼力与质点速度成正比,但方向与质点运动速度相反,即

$$f_c = -c\dot{x} \tag{19-2}$$

式中 c——阻尼系数。

弹性恢复力是使质点从振动位置恢复到平衡位置的力,由结构弹性变形产生。根据胡克(Hooke)定理,该力的大小与质点偏离平衡位置的位移成正比,但方向相反,即

$$f_r = -kx \tag{19-3}$$

式中 k——体系刚度,即使质点产生单位位移,需在质点上施加的力。

根据达朗贝尔(D'Alembert)原理,质点在上述三个力作用下处于平衡,即

$$f_1 + f_c + f_r = 0 \tag{19-4}$$

将式(19-1)~式(19-3)代入式(19-4),得

$$m\ddot{x} + c\dot{x} + kx = -m\ddot{x}_g \tag{19-5}$$

式(19-5)即为单自由度体系的运动方程。

对于结构设计来说,关注的是结构最大反应,为此,将质点所受最大惯性力定义为单自由度体系的地震作用,即

$$F = |m(\ddot{x}_g + \ddot{x})|_{max} = m|\ddot{x}_g + \ddot{x}|_{max} \tag{19-6}$$

将式(19-5)改写为

$$m(\ddot{x}_g + \ddot{x}) = -(c\dot{x} + kx) \tag{19-7}$$

并注意到物体振动的一般规律为加速度最大时,速度最小。则由式(19-7)近似可得

$$|m(\ddot{x}_g + \ddot{x})|_{max} = k|x|_{max} \tag{19-8}$$

即

$$F = k|x|_{max} \tag{19-9}$$

上式的意义是求得地震作用后,即可按静力分析方法计算结构的最大地震位移反应。

19.2.2 地震反应谱

为便于求地震作用,将单自由度体系的地震最大绝对加速度反应与其自振周期 T 的关系定义为地震加速度反应谱,或简称地震反应谱,记为 $S_a(T)$。

地震(加速度)反应谱可理解为一个确定的地面运动,通过一组阻尼比相同但自振周期各不相同的单自由度体系,所引起的各体系最大加速度反应与相应体系自振周期间的关系曲线。

影响地震反应谱的因素有两个:一是体系阻尼比;二是地震动。

一般体系阻尼比越小,体系地震加速度反应越大,因此地震反应谱值越大。

地震动记录不同,显然地震反应谱也将不同,即不同的地震动将有不同的地震反应谱,或地震反应谱总是与一定的地震动相对应。因此,影响地震动的各种因素也将影响地震反应谱。

表征地震动特性有三要素,即振幅、频谱和持续时间。由于单自由度体系振动系统为线性系统,地震动振幅对地震反应谱的影响将是线性的,即地震动振幅越大,地震反应谱值也越大,且它们之间呈线性比例关系。因此,地震动振幅仅对地震反应谱值大小有影响。

地震动频谱反映地震动不同频率简谐运动的构成,由共振原理可知,地震反应谱的"峰"将分布在振动的主要频率成分段上。因此,地震动的频谱不同,地震反应谱的"峰"的位置也将不同。地震动频谱对地震反应谱的形状有影响。因而,影响地震动频谱的各种因素,如场地条件、震中距等,均对地震反应谱有影响。

地震动持续时间影响单自由度体系地震反应的循环往复次数,一般对其最大反应或地震反应谱影响不大。

19.2.3 设计反应谱

由地震反应谱可方便地计算单自由度体系水平地震作用为

$$F = mS_a(T) \tag{19-10}$$

然而，地震反应谱除受体系阻尼比的影响外，还受地震动的振幅、频谱等影响，不同的地震动记录，地震反应谱也不同。当进行结构抗震设计时，由于无法确知今后发生地震的地震动时程，因而无法确定相应的地震反应谱。可见，地震反应谱直接用于结构的抗震设计有一定的困难，而需要专门研究可供结构抗震设计用的反应谱，称为设计反应谱。

将式(19-10)改写为

$$F = mg \frac{|\ddot{x}_g|_{\max}}{g} \cdot \frac{S_a(T)}{|\ddot{x}_g|_{\max}} = Gk\beta(T) \tag{19-11}$$

式中 G——体系的质量；

k——地震系数；

$\beta(T)$——动力系数。

式中其他符号意义同前。

1. 地震系数

地震系数的定义为

$$k = \frac{|\ddot{x}_g|_{\max}}{g} \tag{19-12}$$

通过地震系数可将地震动振幅对地震反应谱的影响分离出来。一般，地面运动加速度峰值越大，地震烈度越大，即地震系数与地震烈度之间有一定的对应关系。根据统计分析，烈度每增加一度，地震系数大致增加一倍。表 19-1 是《抗震标准》采用的地震系数 k 与基本烈度的对应关系。

表 19-1 地震系数 k 与基本烈度对应关系

基本烈度	6	7	8	9
地震系数 k	0.05	0.10(0.15)	0.20(0.30)	0.40

注：括号中数值分别用于设计基本地震加速度为 $0.15g$ 和 $0.30g$ 的地区

2. 动力系数

动力系数的定义为

$$\beta(T) = \frac{S_a(T)}{|\ddot{x}_g|_{\max}} \tag{19-13}$$

即体系最大加速度反应与地面最大加速度之比，意义为体系加速度放大系数。

$\beta(T)$实质为规则化的地震反应谱。

为使动力系数能用于结构抗震设计，采取以下措施得到$\bar{\beta}(T)$。

(1)取确定的阻尼比$\xi=0.05$，因大多数实际建筑结构的阻尼比都为 0.05 左右。

(2)按场地、震中距将地震动记录分类。

(3)计算每一类地震动记录动力系数的平均值。

$\bar{\beta}(T)$经平滑后如图 19-3 所示，可供结构抗震设计采用。

图中：$\beta_{\max}=2.25$；$\beta_0=1=0.45\beta_{\max}/\eta_2$；$T_g$为特征周期，与场地条件和设计地震分组有关，按表 19-2 确定；T为结构自振周期；γ为衰减指数，$\gamma=0.9$；η_1为直线下降段斜率调整系数，$\eta_1=0.02$；η_2为阻尼调整系数，$\eta_2=1.0$。

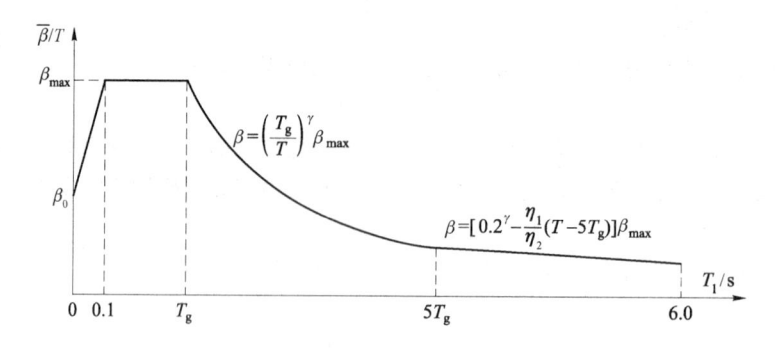

图 19-3 动力系数谱曲线

表 19-2 特征周期值 T_g s

设计地震分组	场地类别				
	I_0	I_1	II	III	IV
第一组	0.20	0.25	0.35	0.45	0.65
第二组	0.25	0.30	0.40	0.55	0.75
第三组	0.30	0.35	0.45	0.65	0.90

3. 地震影响系数

为应用方便，令

$$\alpha(T) = k\bar{\beta}(T) \tag{19-14}$$

$\alpha(T)$ 称为地震影响系数。

由于 $\alpha(T)$ 与 $\bar{\beta}(T)$ 仅相差一常系数地震系数，因而 $\alpha(T)$ 的物理意义与 $\bar{\beta}(T)$ 相同，是一设计反应谱。同时，$\alpha(T)$ 的形状与 $\bar{\beta}(T)$ 也相同，如图 19-4 所示。

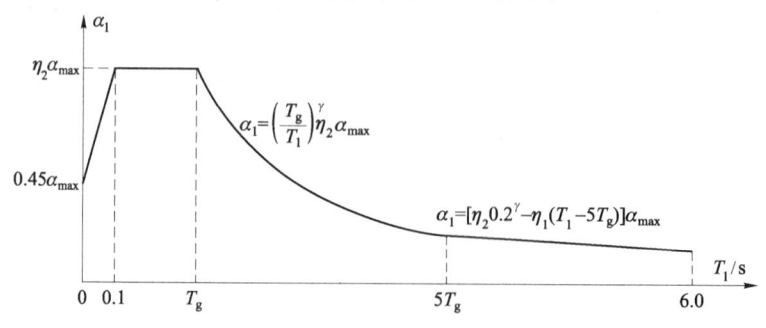

图 19-4 地震影响系数谱曲线

目前，我国建筑抗震采用两阶段设计：第一阶段进行结构强度与弹性变形验算时采用多遇地震烈度，其 k 值相当于基本烈度的 1/3；第二阶段进行结构弹塑性变形验算时采用罕遇地震烈度，其 k 值相当于基本烈度的 1.5~2 倍（烈度越高，k 值越小）。由此，可得各设计阶段的 α_{max} 值，见表 19-3。

表 19-3 水平地震影响系数最大值 α_{max}

地震影响	设防烈度			
	6	7	8	9
多遇地震	0.04	0.08(0.12)	0.16(0.24)	0.32

续表

地震影响	设防烈度			
	6	7	8	9
罕遇地震	—	0.50(0.72)	0.90(1.20)	1.40

注：括号中数值分别用于设计基本地震加速度取 $0.15g$ 和 $0.30g$ 的地区

【例 19-1】 已知一水塔结构，可简化为单自由度体系，$m=10\,000$ kg，位于Ⅱ类场地第二组，基本烈度为 7 度（地震加速度为 $0.10g$），阻尼比 $\xi=0.03$，求该结构在多遇地震下的水平地震作用。

【解】 查表 19-3，$\alpha_{\max}=0.08$；查表 19-2，$T_g=0.4$ s。此时应考虑阻尼比对地震影响系数形状的调整。

$$\eta_2 = 1 + \frac{0.05-\xi}{0.08+1.6\xi} = 1 + \frac{0.05-0.03}{0.08+1.6\times 0.03} = 1.16$$

$$\gamma = 0.9 + \frac{0.05-\xi}{0.3+6\xi} = 0.9 + \frac{0.05-0.03}{0.3+6\times 0.03} = 0.942$$

$$\alpha = \left(\frac{T_g}{T}\right)^{\gamma}\alpha_{\max} = \left(\frac{0.4}{1.99}\right)^{0.942} \times (0.08\times 1.16) = 0.020\,5$$

$$F = \alpha G = 0.0\,205 \times 10\,000 \times 9.81 = 2\,011(\text{N})$$

19.3 多自由度体系的水平地震作用

19.3.1 计算简图

实际工程中的多层建筑和高层建筑，不能简化为单质点体系，而是将连续的结构离散为有限个质点，质点的重力荷载代表值集中到楼盖和屋盖标高处，各质点由无质量的弹性直杆连系并支承于地面上，即构成多质点弹性体系。

在单向水平地面运动作用下，多自由度体系的变形如图 19-5 所示。

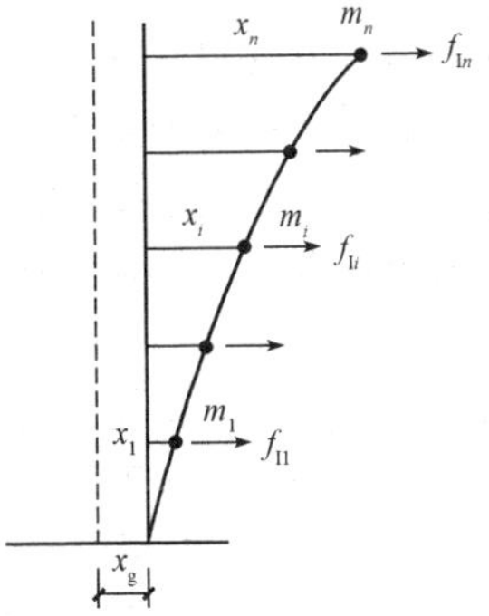

设该体系各质点的相对水平位移为 $x_i(i=1,2,\cdots,n)$，其中 n 为体系自由度数，则各质点所受的水平惯性力为

$$f_{I1} = -m_1(\ddot{x}_g+\ddot{x}_1)$$
$$f_{I2} = -m_2(\ddot{x}_g+\ddot{x}_2)$$
$$\cdots$$
$$f_{In} = -m_n(\ddot{x}_g+\ddot{x}_n) \quad (19\text{-}15)$$

图 19-5 多自由度体系在地震作用下的变形

19.3.2 多质点体系的振型和自振周期

对于 n 个质点的弹性体系，具有 n 个自振频率和相对应的 n 个自振周期。其中，最低的自振频率称为基本自振频率，对应的自振周期 T_1 称为基本自振周期。与 n 个自振周期相对应的是 n 个振动振型，称为 n 个主振型。T_1 对应的振型称为第一主振型或基本振型（也即基本振型的振动周期最长、自振频率最低），其他的振型依次称为第二、第三……、第 n 振型，并统称为高振型。

振型描述的是振动过程中各质点的相对位置。当按某一振型振动时，各质点的相对位移保持一定的比值，各质点的速度比保持同一比值（图 19-6）。

在一般初始条件下，任一质点的振动都是由各主振型叠加而成的复合振动。而振型越高时，由于阻尼造成的振动衰减得越快，因此通常只需考虑较低的几个振型。

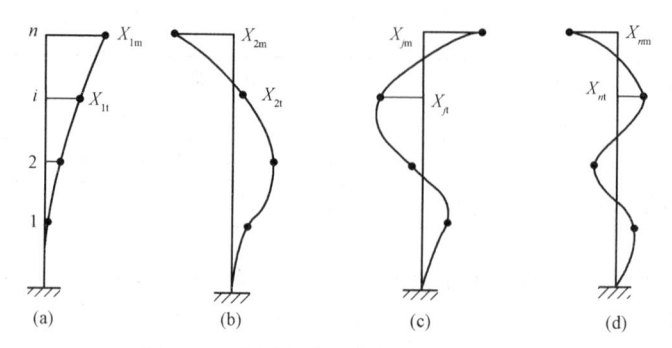

图 19-6　多质点体系的振型（$n=4$ 时）
(a)第一振型；(b)第二振型；(c)第 j 振型；(d)第 n 振型

19.3.3　多自由度弹性体系的地震作用计算方法

多质点弹性体系的地震作用计算方法有时程分析法、振型分解反应谱法、底部剪力法。

1. 时程分析法

时程分析法也称为直接动力法。采用该法时，按建筑场地类别和地震设计分组选用不少于两组的实际强震记录（加速度记录）和一组人工模拟的加速度时程曲线，将其对质点体系的运动方程积分，从初始状态一步步积分至地震波终止，从而得到对应于相应地震波的结构地震反应时程曲线。全部计算必须由计算机计算完成，这种方法也称为逐步积分法。

2. 振型分解反应谱法

如前所述，n 层的多层或高层建筑，将每层的质量集中到楼盖和屋盖标高处，用无质量的弹性直杆相连，形成了 n 个质点的多质点体系，具有 n 个主振型。在计算时，假定每个质点只能平动而不能在竖向平面内转动（这种计算模型称为剪切型层模型）。任一质点的振动虽然都是由各主振型叠加而成的复合振动，但可以分解为 n 个主振型，进而可列出 n 个运动微分方程所组成的微分方程组。

利用主振型的正交性可将该微分方程组转换为对应每一主振型的 n 个独立的、可与单质点体系相类比的运动微分方程，利用单质点体系的运动微分方程的解，则可求得每个主振型情形下的各质点的水平地震作用标准值：

$$F_{ji}=\alpha_j\gamma_j x_{ji}G_i \quad (i=1,2,\cdots,n;\ j=1,2,\cdots,m) \tag{19-16}$$

式中　F_{ji}——j 振型 i 质点的水平地震作用标准值；

α_j——相应于 j 振型自振周期的地震影响系数；

γ_j——j 振型的参与系数；

x_{ji}——j 振型 i 质点的水平相对位移；

G_i——集中于质点 i 的重力荷载代表值。

其中：

$$\gamma_j=\frac{\sum_{i=1}^{n}x_{ji}G_i}{\sum_{i=1}^{n}x_{ji}^2 G_i} \tag{19-17}$$

求得每一主振型下（$j=1,2,\cdots$）每一质点上的水平地震作用标准值后，就可利用力学方法求得该振型下水平地震作用标准值的效应 S_j（可以是内力，也可以是变形），正如前面所述，质点的振动是一种复合振动，需要把各个振型下的地震作用效应进行组合。《抗震标准》采用如下"平方和开平方"的方法：

$$S_{EK}=\sqrt{\sum S_j^2} \tag{19-18}$$

式中 S_{EK}——水平地震作用标准值的效应;

S_j——振型水平地震作用标准值的效应,可只取前 2~3 个振型($j=1$,2,3);当基本自振周期大于 1.5 s 或房屋高宽比大于 5 时,振型个数应适当增加。

3. 底部剪力法

采用振型分解反应谱法计算结构最大地震反应精度较高,一般情况下无法采用手算,必须通过计算机计算,且计算量较大。

理论分析表明,当建筑物高度不超过 40 m,结构以剪切变形为主且质量和刚度沿高度分布较均匀时,结构的地震反应将以第一振型反应为主,而结构的第一振型接近直线。为简化满足上述条件的结构地震反应计算,假定:

(1)结构的地震反应可用第一振型反应表征。

(2)结构的第一振型为线性倒三角形,如图 19-7 所示,即任意质点的第一振型位移与其高度成正比。

根据上述结构的振动特点,在计算各质点的地震作用时,只考虑基本振型,并假定基本振型为直线,则利用振型分解反应谱法的计算公式(取 $j=1$),由于此时水平位移 x_i 与质点 i 的高度 H_i 成正比,则有:

$$F_i = \alpha_1 \gamma_1 x_i G_i = \alpha_1 \gamma_1 H_i G_i \tan\alpha \tag{19-19}$$

结构底部总剪力:

$$F_{EK} = \sum F_i = \alpha_1 \gamma_1 \tan\alpha \sum_{i=1}^{n} H_i G_i \tag{19-20}$$

其中:

$$\gamma_i = \frac{\sum_{i=1}^{n} G_i x_i}{\sum_{i=1}^{n} G_i x_i^2} = \frac{\tan\alpha \sum_{i=1}^{n} G_i H_i}{\tan^2\alpha \sum_{i=1}^{n} G_i H_i^2} \tag{19-21}$$

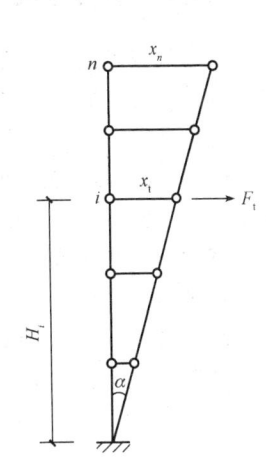

图 19-7 底部剪力法的基本振型

将式(19-21)代入式(19-20):

$$F_{EK} = \alpha_1 \frac{(\sum_{i=1}^{n} G_i H_i)^2}{\sum_{i=1}^{n} G_i H_i^2} \tag{19-22}$$

结构的总重力荷载代表值 $G = \sum_{i=1}^{n} G_i$,将式(19-22)乘以 $\dfrac{G}{\sum_{i=1}^{n} G_i}$,得到

$$F_{EK} = \alpha_1 \frac{(\sum_{i=1}^{n} G_i H_i)^2}{\sum_{i=1}^{n} G_i H_i^2} \times \frac{G}{\sum_{i=1}^{n} G_i} = \alpha_1 \cdot \xi \cdot G \tag{19-23}$$

$$\xi = \frac{(\sum_{i=1}^{n} G_i H_i)^2}{(\sum_{i=1}^{n} G_i H_i^2)(\sum_{i=1}^{n} G_i)} \tag{19-24}$$

系数 ξ 仅取决于 G_i、H_i,结构及其荷载一旦确定,则 ξ 值即可求出。考虑结构可靠度要求,采用数学方法对式(19-24)进行最优处理,可得 $\xi = 0.85$,则

$$F_{EK} = 0.85\alpha_1 G = \alpha_1 G_{eq} \tag{19-25}$$

式中　G_{eq}——结构等效总重力荷载，多质点体系 $G_{eq}=0.85\times G$，单质点体系应取总重力荷载代表值。

则由式(19-19)和式(19-20)得到

$$F_i = \frac{G_i H_i}{\sum_{i=1}^{n} G_j H_j} \quad (19\text{-}26)$$

由底部剪力法的计算过程可以看出：结构的底部剪力 F_{EK} 是在各质点水平地震作用计算前就需要求出的，底部剪力法即由此得名。

19.4　竖向地震作用

震害调查表明，在烈度较高的震中区，竖向地震对结构的破坏也会有较大影响。烟囱等高耸结构和高层建筑的上部在竖向地震的作用下，因上下振动，而会出现受拉破坏，对于大跨度结构，竖向地震引起的结构上下振动惯性力，相当于增加了结构的上下荷载作用。因此，《抗震标准》规定：设防烈度为8度和9度区的大跨度屋盖结构、长悬臂结构、烟囱及类似高耸结构和设防烈度为9度区的高层建筑，应考虑竖向地震作用。

19.4.1　高耸结构及高层建筑

可采用类似水平地震作用的底部剪力法，计算高耸结构及高层建筑的竖向地震作用，即先确定结构底部总竖向地震作用，再计算作用在结构各质点上的竖向地震作用(图19-8)。

竖向地震作用计算公式为

$$F_{Evk} = \alpha_{vmax} G_{eq} \quad (19\text{-}27)$$

$$F_{vi} = \frac{G_i H_i}{\sum G_j H_j} F_{Evk} \quad (19\text{-}28)$$

式中　F_{Evk}——结构总竖向地震作用标准值；

　　　F_{vi}——质点 i 的竖向地震作用标准值；

　　　α_{vmax}——竖向地震影响系数的最大值；

　　　G_{eq}——结构等效总重力荷载，可取其重力荷载代表值的75%。

分析表明，竖向地震反应谱与水平地震反应谱大致相同，因此，竖向地震影响系数谱与水平地震影响系数谱形状类似。因高耸结构或高层建筑竖向振动周期很短，一般处在地震影响系数最大值的周期范围内，同时注意到竖向地震动加速度峰值为水平地震动加速度峰值的1/2～2/3，因而可近似取竖向地震影响系数最大值为水平地震影响系数最大值的65%，则有

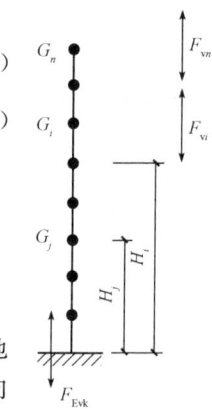

图19-8　结构竖向地震作用计算简图

$$\alpha_{v1} = 0.65\alpha_{max} \quad (19\text{-}29)$$

19.4.2　大跨度结构

大量分析表明，对平板型网架、大跨度屋盖、长悬臂结构的大跨度结构的各主要构件，竖向地震作用内力与重力荷载的内力比值彼此相差一般不大，因而可以认为竖向地震作用的分布与重力荷载的分布相同，其大小可按下式计算：

$$F_v = \zeta_v G \quad (19\text{-}30)$$

式中　F_v——竖向地震作用标准值；

　　　G——重力荷载标准值；

　　　ζ_v——竖向地震作用系数，按表19-4采用。

表 19-4 竖向地震作用系数

结构类型	烈度	场地类型		
		Ⅰ	Ⅱ	Ⅲ、Ⅳ
平板型网架、钢屋架	8	可不计算(0.10)	0.08(0.12)	0.10(0.15)
	9	0.15	0.15	0.20
钢筋混凝土屋架	8	0.10(0.15)	0.13(0.19)	0.13(0.19)
	9	0.20	0.25	0.25

19.5 结构抗震验算

19.5.1 结构抗震计算原则

各类建筑结构的抗震计算，应遵循下列原则：

(1)一般情况下，可在建筑结构的两个主轴方向分别考虑水平地震作用并进行抗震验算，各方向的水平地震作用全部由该方向抗侧力构件承担。

(2)有斜交抗侧力构件的结构，当相交角度大于15°时，宜分别考虑各抗侧力构件方向的水平地震作用。

(3)质量和刚度分布明显不对称的结构，应计入双向水平地震作用下的扭转影响；其他情况，应允许采用调整单向地震作用效应的方法计入扭转和双向水平地震影响，调整系数值：一般情况下，结构平面短边构件取1.15，长边构件取1.05，角部构件取1.3，当结构扭转刚度较小时，结构周边各构件取不小于1.3。

(4)8度和9度时的大跨度结构、长悬臂结构、烟囱和类似高耸结构及9度时的高层建筑，应考虑竖向地震作用。

19.5.2 结构抗震计算方法的确定

可将前面介绍的结构抗震计算方法总结如下：

(1)底部剪力法。把地震作用当作等效静力荷载，计算结构最大地震反应。

(2)振型分解反应谱法。利用振型分解原理和反应谱理论进行结构最大地震反应分析。

(3)时程分析法。选用一定的地震波，直接输入所设计的结构，然后对结构的运动平衡微分方程进行数值积分，求得结构在整个地震时程范围内的地震反应。时程分析法有两种，一种是振型分解时程分析法，另一种是逐步积分时程分析法。

底部剪力法是一种拟静力法，结构计算量最小，但因忽略了高振型的影响，且对第一振型也做了简化，因此计算精度稍差。振型分解反应谱法是一种拟动力方法，计算量稍大，但计算精度较高，计算误差主要来自振型组合时关于地震动随机特性的假定。时程分析法是一完全动力方法，计算量大，而计算精度高。但时程分析法计算的是某一确定地震动的时程反应，不像底部剪力法和振型分解反应谱法考虑了不同地震动时程记录的随机性。

底部剪力法、振型分解反应谱法和振型分解时程分析法，因建立在结构的动力特性基础上，只适用于结构弹性地震反应分析。而逐步积分时程分析法，则不仅适用于结构非弹性地震反应分析，也适用于作为非弹性特例的结构弹性地震反应分析。

采用什么方法进行抗震设计，可根据不同的结构和不同的设计要求分别对待。在多遇地震作用下，结构的地震反应是弹性的，可按弹性分析方法进行计算；在罕遇地震作用下，结构的地震反应是非弹性的，则要按非弹性方法进行抗震计算。对于规则、简单的结构，可以采用简化方法进行抗震计算；对于不规则、复杂的结构，则应采用较精确的方法进行计算。对于次要结构，可按简化方法进行抗震计算；对于重要结构，则应采用精确方法进行抗震计算。为此，《抗震标准》规定，各类建筑结构的抗震计算采用下列方法：

(1)高度不超过 40 m，以剪切变形为主且质量和刚度沿高度分布比较均匀的结构，以及近似于单质点体系的结构，可采用底部剪力法；

(2)除(1)外的建筑结构，宜采用振型分解反应谱法；

(3)特别不规则建筑、甲类建筑和表 19-5 所列高度范围内的高层建筑，应采用时程分析法进行多遇地震下的补充计算，可取多条时程曲线计算结果的平均值与振型分解反应谱法计算结果的较大值。

表 19-5 采用时程分析法的房屋高度范围 m

7度和8度时Ⅰ、Ⅱ类场地	>100
8度Ⅲ、Ⅳ类场地	>80
9度	>60

采用时程分析法进行结构抗震计算时，应注意下列问题。

(1)地震波的选用。最好选用本地历史上的强震记录，如果没有这样的记录，也可选用震中距和场地条件相近的其他地区的强震记录，或者选用主要周期接近的场地卓越周期或其反应谱接近当地设计反应谱的人工地震波。其中，实际强震记录的数量不应少于总数的 2/3。地震波的加速度峰值可按表 19-6 取用。

表 19-6 地震波加速度峰值 m/s^2

设防烈度	6	7	8	9
多遇地震	0.18	0.35(0.55)	0.70(1.10)	1.44
罕遇地震	1.0	2.2(3.10)	4.0(5.10)	6.2

(2)最小底部剪力要求。弹性时程分析时，每条时程曲线计算所得结构底部剪力不应小于振型分解反应谱法计算结果的 65%，多条时程曲线计算所得结构底部剪力的平均值不应小于振型分解反应谱法的 80%。如果不满足这一最小底部剪力要求，可将地震波加速度峰值提高，以使时程分析的最小底部剪力要求得以满足。

(3)最少地震波数。为考虑地震波的随机性，采用时程分析法进行抗震设计需要至少选用两条实际强震记录和一条人工模拟的加速度时程曲线，取 3 条或 3 条以上地震波反应计算结果的平均值或最大值进行抗震验算。

19.5.3 结构抗震验算内容

为满足"小震不坏、中震可修、大震不倒"的抗震要求，《抗震标准》规定进行下列内容的抗震验算：

(1)多遇地震下结构允许弹性变形验算，以防止非结构构件(隔墙、幕墙、建筑装饰等)破坏。

(2)多遇地震下强度验算，以防止结构构件破坏。

(3)罕遇地震下结构的弹塑性变形验算，以防止结构倒塌。

"中震可修"抗震要求，通过构造措施加以保证。

1. 多遇地震下结构允许弹性变形验算

因砌体结构刚度大、变形小，以及厂房对非结构构件要求低，故可不验算砌体结构和厂房结构的允许弹性变形，而只验算框架结构、填充墙框架结构、框架-剪力墙结构、框架-支撑结构和框支结构的框支层部分的允许弹性变形。

其验算公式为

$$\Delta u_e \leqslant [\theta_e]h \tag{19-31}$$

式中 Δu_e——多遇地震作用标准值产生的楼层内最大的弹性层间位移；计算时，除以弯曲变形为主的高层建筑外，可不扣除结构整体弯曲变形；应计入扭转变形，各作用分项系数均应采用 1.0；钢筋混凝土结构构件的截面刚度可采用弹性刚度；

$[\theta_e]$——弹性层间位移角限值，宜按表 19-7 采用；

h——计算楼层层高。

表 19-7 结构层间弹性位移角限值

结构类型	$[\theta_e]$
钢筋混凝土框架	1/500
钢筋混凝土框架-抗震墙、板柱－抗震墙、框架-核心筒	1/800
钢筋混凝土抗震墙、筒中筒	1/1 000
钢筋混凝土框支层	1/1 000
多、高层钢结构	1/250

2. 多遇地震下结构强度验算

经分析，下列情况可不进行结构强度抗震验算，但仍应符合有关构造措施。

(1) 6 度时的建筑(建造于Ⅳ类场地上较高的高层建筑与高耸结构除外)。

(2) 7 度时Ⅰ、Ⅱ类场地，柱高不超过 10 m 且两端有山墙的单跨及多跨等高的钢筋混凝土厂房(锯齿形厂房除外)，或柱顶标高不超过 4.5 m、两端均有山墙的单跨及多跨等高的砖柱厂房。

除上述情况的所有结构，都要进行结构构件的强度(或承载力)的抗震验算，验算公式为

$$S \leqslant R/\gamma_{RE} \tag{19-32}$$

3. 罕遇地震下结构弹塑性变形验算

在罕遇地震下，结构薄弱层(部位)的层间弹塑性位移应满足下式要求：

$$\Delta u_p \leqslant [\theta_p]h \tag{19-33}$$

式中 Δu_p——层间弹塑性位移；

h——结构薄弱层的层高或钢筋混凝土结构单层厂房上柱高度；

$[\theta_p]$——层间弹塑性位移角限值，按表 19-8 采用。对钢筋混凝土框架结构，当轴压比小于 0.4 时，可提高 10%；当柱子全高的箍筋构造采用比规定的最小配箍特征值大 30%时，可提高 20%，但累计不超过 25%。

表 19-8 结构层间弹塑性位移角限值

结构类型	$[\theta_e]$
单层钢筋混凝土柱排架	1/30
钢筋混凝土框架	1/50
底部框架砌体房屋中的框架-抗震墙	1/100
钢筋混凝土框架-抗震墙、板柱－抗震墙、框架-核心筒	1/100
钢筋混凝土抗震墙、筒中筒	1/120
多、高层钢结构	1/50

《抗震标准》规定：
(1)下列结构应进行弹塑性变形验算：
1)8度Ⅲ、Ⅳ类场地和9度时，高大的单层钢筋混凝土厂房的横向排架；
2)7～9度时楼层屈服强度系数小于0.5的钢筋混凝土框架结构和框排结构；
3)采用隔震和消能减震设计的结构；
4)甲类建筑和9度时乙类建筑中的钢筋混凝土结构和钢结构；
5)高度大于150 m的结构。
(2)下列结构宜进行弹塑性变形验算：
1)表19-5所列高度范围且竖向不规则类型的高层建筑；
2)7度Ⅰ、Ⅱ类场地和8度时乙类建筑中的钢筋混凝土结构和钢结构；
3)板柱－抗震墙结构和底部框架砖房；
4)高度不大于150 m的其他高层钢结构；
5)不规则的地下建筑结构及地下空间综合体。

知识拓展

由于地震动是多维运动，当结构在平面两个主轴方向均存在偏心时，则沿两个方向的水平地震动都将引起结构扭转振动。此外，地震动绕地面竖轴扭转分量，也对结构扭转动力反应有影响，但由于目前缺乏地震动扭转分量的强震记录，因而，由该原因引起的扭转效应还难以确定。

模块小结

(1)地震影响系数。
(2)时程分析法。
(3)振型分解反应谱法。
(4)底部剪力法。
(5)竖向地震作用计算。
(6)结构抗震验算。

课后习题

(1)什么是地震作用？什么是地震反应？
(2)计算地震作用时结构的质量或重力荷载应怎样取值？
(3)什么是地震系数和地震影响系数？它们有何关系？
(4)一般结构应进行哪些抗震验算？以达到什么目的？
(5)结构抗震计算有几种方法？各种方法在什么情况下采用？

附录 1 荷载取值

附表 1-1 常用材料与构件自重

类别	名称	自重	备注
隔墙及墙面 /(kN·m^{-2})	双面抹灰板条墙	0.90	每面抹灰厚 16~24 mm，龙骨在内
	水泥粉刷墙面	0.36	20 mm 厚，水泥粗砂
	剁假石墙面	0.50	25 mm 厚，包括打底
	贴瓷砖墙面	0.50	包括水泥砂浆打度，共厚 25 mm
屋面 /(kN·m^{-2})	水泥平瓦屋面	0.50~0.55	
	屋顶天窗	0.35~0.40	9.5 mm 夹丝玻璃，框架自重在内
	捷罗克防水层	0.10	厚 8 mm
	油毡防水层（包括改性沥青防水卷材）	0.05	一层油毡刷油两遍
		0.25~0.30	四层做法，一毡二油上铺小石子
		0.30~0.35	六层做法，二毡三油上铺小石子
		0.35~0.40	八层做法，三毡四油上铺小石子
屋架、门窗 /(kN·m^{-2})	钢屋架	0.12+0.011×跨度	无天窗，包括支撑，按屋面水平投影面积计算，跨度以米计算
	铝合金窗	0.17~0.24	
	木门	0.10~0.20	
	钢铁门	0.40~0.45	
	铝合金门	0.27~0.30	
预制板 /(kN·m^{-2})	预应力空心板	1.73	板厚 120 mm，包括填缝
		2.58	板厚 180 mm，包括填缝
	大型屋面板	1.30，1.47，1.75	板厚 180 mm，240 mm，300 mm，包括填缝
建筑用压型钢板 /(kN·m^{-2})	单波型 V-300（S-30）	0.12	波高 173 mm，板厚 0.8 mm
	双波型 W-500	0.11	波高 130 mm，板厚 0.8 mm
	多波型 V-125	0.065	波高 35 mm，板厚 0.6 mm
建筑墙板 /(kN·m^{-2})	彩色钢板金属幕墙板	0.11	两层，彩色钢板厚 0.6 mm，聚苯乙烯芯材厚 25 mm
	彩色钢板岩棉夹心板	0.24	钢板厚 100 mm，两屋彩色钢板，Z 形龙骨岩棉芯材
	GRC 空心隔墙板	0.30	长 2400~2 800 mm，宽 600 mm、厚 60 mm
	GRC 墙板	0.11	厚 10 mm
	玻璃幕墙	1.0~1.50	一般可按单位面积玻璃自重增大 20%~30%采用
	泰柏板	95	板厚 10 mm，钢丝网片夹聚苯乙烯保温屋，每面抹水泥砂浆厚 20 mm

续表

类别	名称	自重	备注
地面 /(kN·m⁻²)	硬木地板	0.20	厚25 mm，剪刀撑、钉子等自重在内，不包括格栅自重
	水磨石地面	0.65	10 mm 面层，20mm 水泥砂浆打底
	地板格栅	0.20	仅格栅自重
顶棚 /(kN·m⁻²)	V形轻钢龙骨吊顶	0.12	一层 9 mm 纸面石膏板、无保温层
		0.17	二层 9 mm 纸面石膏板、有厚 50 mm 的岩棉板保温层
基本材料 /(kN·m⁻³)	素混凝土	22～24	振捣或不振捣
	钢筋混凝土	24～25	
	加气混凝土	5.50～7.50	单块
	焦渣混凝土	10～14	填充用
	石灰砂浆、混合砂浆	17	
	水泥砂浆	20	
	瓷面砖	17.80	150 mm×150 mm×8 mm(5556 块/m³)
	岩棉	0.50～2.50	
	水泥膨胀珍珠岩	3.50～4	
	水泥蛭石	4～6	
砌体 /(kN·m⁻³)	浆砌机砖	19	
	浆砌矿渣砖	21	
	浆砌焦渣砖	12.50～14	
	三合土	17	灰∶砂∶土=(1∶1∶9)～(1∶1∶4)
	浆砌毛方石	20.80	砂岩

附表1-2 民用建筑楼面均布活荷载标准值及其组合值系数频遇值系数和准永久值系数

项次	类别	标准值 /(kN·m⁻²)	组合值系数 Ψ_c	频遇值系数 Ψ_f	准永久值系数 Ψ_q
1	(1)住宅、宿舍、旅馆、医院病房、托儿所、幼儿园	2.0	0.7	0.5	0.4
	(2)办公楼、教室、医院门诊室	2.5	0.7	0.6	0.5
2	食堂、餐厅、试验室、阅览室、会议室、一般资料档案室	3.0	0.7	0.6	0.5
3	礼堂、剧场、影院、有固定座位的看台、公共洗衣房	3.5	0.7	0.5	0.3
4	(1)商店、展览厅、车站、港口、机场大厅及其旅客等候室	4.0	0.7	0.6	0.5
	(2)无固定座位的看台	4.0	0.7	0.5	0.3
5	(1)健身房、演出舞台	4.5	0.7	0.6	0.5
	(2)运动场、舞厅	4.5	0.7	0.6	0.3

续表

项次	类别		标准值 /(kN·m^{-2})	组合值系数 Ψ_c	频遇值系数 Ψ_f	准永久值系数 Ψ_q
6	(1)书库、档案库、储藏室(书架高度不超过2.5 m)		6.0	0.9	0.9	0.8
	(2)密集柜书库(书架高度不超过2.5 m)		12.0	0.9	0.9	0.8
7	通风机房、电梯机房		8.0	0.9	0.9	0.8
8	厨房	(1)餐厅	4.0	0.7	0.7	0.7
		(2)其他	2.0	0.7	0.6	0.5
9	浴室、卫生间、盥洗室		2.5	0.7	0.6	0.5
10	走廊、门厅	(1)宿舍、旅馆、医院病房、托儿所、幼儿园、住宅	2.0	0.7	0.5	0.4
		(2)办公楼、餐厅、医院门诊部	3.0	0.7	0.6	0.5
		(3)教学楼及其他可能出现人员密集的情况	3.5	0.7	0.5	0.3
11	楼梯	(1)多层住宅	2.0	0.7	0.5	0.4
		(2)其他	3.5	0.7	0.5	0.3
12	阳台	(1)可能出现人员密集的情况	3.5	0.7	0.6	0.5
		(2)其他	2.5	0.7	0.6	0.5

注：当采用楼面等效均布活荷载方法设计楼面梁时，表中的楼面活荷载标准值的折减系数取值不应小于下列规定值：
① 表中第1(1)项当楼面梁从属面积不超过25 m^2(含)时，不应折减；超过25 m^{2}时，不应小于0.9；
② 表中第1(2)7项当楼面梁从属面积不超过50 m^2(含)时，不应折减；超过50 m^{2}时，不应小于0.9；
③ 表中第8~12项应采用与所属房屋类别相同的折减系数

附表1-3 汽车通道及客车停车库的楼面均布活荷载

类别		标准值 /(kN·m^{-2})	组合值系数 Ψ_c	频遇值系数 Ψ_f	准永久值系数 Ψ_q
单向板楼盖 (2 m≤板跨 L)	定员不超过9人的小型客车	4.0	0.7	0.7	0.6
	满载总重不大于300 kN的消防车	35.0	0.7	0.5	0.0
双向板楼盖 (3 m≤板跨短边 L≤6 m)	定员不超过9人的小型客车	5.5−0.5 L	0.7	0.7	0.6
	满载总重不大于300 kN的消防车	50.0−5.0 L	0.7	0.5	0.0
双向板楼盖(6 m≤板跨短边 L)和无梁楼盖 (柱网不小于6 m×6 m)	定员不超过9人的小型客车	2.5	0.7	0.7	0.6
	满载总重不大于300 kN的消防车	20.0	0.7	0.5	0.0

注：当采用楼面等效均布活荷载方法设计楼面梁时，表中的楼面活荷载标准值的折减系数对单向板楼盖的次梁和槽形板的纵肋不应小于0.8，对单向板楼盖的主梁不应小于0.6，对双向板楼盖的梁不应小于0.8

附表 1-4　活荷载按楼层的折减系数

墙、柱、基础计算截面以上的层数	2～3	4～5	6～8	9～20	＞20
计算截面以上各楼层活荷载总和的折减系数	0.85	0.70	0.65	0.60	0.55

附表 1-5　屋面均布活荷载标准值及其组合值系数、频遇值系数和准永久值系数

项次	类别	标准值 /(kN·m^{-2})	组合值系数 Ψ_c	频遇值系数 Ψ_f	准永久值系数 Ψ_q
1	不上人的屋面	0.5	0.7	0.5	0.0
2	上人的屋面	2.0	0.7	0.5	0.4
3	屋顶花园	3.0	0.7	0.6	0.5
4	屋顶运动场地	4.5	0.7	0.6	0.4

附录2 钢筋的公称直径、公称截面面积及理论质量

附表2-1 钢筋的公称直径、公称截面面积及理论质量

mm	不同根数钢筋的公称截面面积									单根钢筋理论质量/(kg·m^{-1})
	1	2	3	4	5	6	7	8	9	
6	28.3	57	85	113	142	170	198	226	255	0.222
8	50.3	101	151	201	252	302	352	402	453	0.395
10	78.5	157	236	314	393	471	550	628	707	0.617
12	113.1	226	339	452	565	678	791	904	1 017	0.888
14	153.9	308	461	615	769	923	1 077	1 231	1 385	1.21
16	201.1	402	603	804	1 005	1 206	1 407	1 608	1 809	1.58
18	254.5	509	763	1 017	1 272	1 527	1 781	2 036	2 290	2.00(2.11)
20	314.2	628	942	1 256	1 570	1 884	2 199	2 513	2 827	2.47
22	380.1	760	1 140	1 520	1 900	2 281	2 661	3 041	3 421	2.98
25	490.9	982	1 473	1 964	2 454	2 945	3 436	3 927	4 418	3.85(4.10)
28	615.8	1 232	1 847	2 463	3 079	3 695	4 310	4 926	5 542	4.83
32	804.2	1 609	2 413	3 217	4 021	4 826	5 630	6 434	7 238	6.31(6.65)
36	1 017.9	2 036	3 054	4 072	5 089	6 107	7 125	8 143	9 161	8
40	1 256.6	2 513	3 770	5 027	6 283	7 540	8 796	10 053	11 310	9.87(10.34)
50	1 963.5	3 928	5 892	7 856	9 820	11 784	13 748	15 712	17 676	15.42(16.28)

注：括号内为预应力螺纹钢筋的数值

附表2-2 钢绞线的公称直径、公称截面面积及理论质量

种类	公称直径/mm	公称截面面积/mm^2	理论质量/(kg·m^{-1})
1×3	8.6	37.7	0.296
	10.8	58.9	0.462
	12.9	84.8	0.666
1×7标准型	9.5	54.8	0.430
	12.7	98.7	0.775
	15.2	140	1.101
	17.8	191	1.500
	21.6	285	2.237

附表 2-3 钢丝的公称直径、公称截面面积及理论质量

公称直径/mm	公称截面面积/mm²	理论质量/(kg·m⁻¹)
5.0	19.63	0.154
7.0	38.48	0.302
9.0	63.62	0.499

附表 2-4 钢筋混凝土板每米宽的钢筋截面面积　　　　　　　　　　　　　　　mm²

钢筋间距	钢筋直径													
	3	4	5	6	6/8	8	8/10	10	10/12	12	12/14	14	14/16	16
70	101	180	280	404	561	719	920	1 121	1 369	9 191	1 907	2 199	2 536	2 872
75	94.3	168	262	377	524	671	859	1 047	1 277	1 508	1 780	2 052	2 367	2 681
80	88.4	157	245	354	491	629	805	981	1 198	1 414	1 669	1 924	2 218	2 513
85	83.2	148	231	333	462	592	758	924	1 127	1 331	1 571	1 811	2 088	2 365
90	78.5	140	218	314	437	559	716	872	1 064	1 257	1 483	1 710	1 972	2 234
95	74.5	132	207	298	414	529	678	826	1 008	1 190	1 405	1 620	1 868	2 116
100	70.6	126	196	283	393	503	644	785	958	1 131	1 335	1 539	1 775	2 011
110	64.2	114	178	257	357	457	585	714	871	1 028	1 214	1 399	1 614	1 828
120	58.9	105	163	236	327	419	537	654	798	942	1 113	1 283	1 480	1 676
125	56.5	101	157	226	314	402	515	628	766	905	1 068	1 231	1 420	1 608
130	54.4	96.6	151	218	302	387	495	604	737	870	1 027	1 184	1 366	1 547
140	50.5	89.7	140	202	281	359	460	561	684	808	954	1 099	1 268	1 436
150	47.1	83.8	131	189	262	335	429	523	639	754	890	1 026	1 183	1 340
160	44.1	78.5	123	177	246	314	403	491	599	707	834	962	1 110	1 257
170	41.5	73.9	115	166	231	296	379	462	564	665	785	905	1 044	1 183
180	39.2	69.8	109	157	218	279	358	436	532	628	742	855	985	1 117
190	37.2	66.1	103	149	207	265	339	413	504	595	703	810	934	1 058
200	35.3	62.8	98.2	141	196	251	322	393	479	565	668	770	888	1 005
220	32.1	57.1	89.2	129	179	229	293	357	436	514	607	700	807	914
240	29.4	52.4	81.8	118	164	210	268	327	399	471	556	641	740	838
250	28.3	50.3	78.5	113	157	201	258	314	383	452	534	616	710	804
260	27.2	48.3	75.5	109	151	193	248	302	369	435	513	592	682	773
280	25.2	44.9	70.1	201	140	180	230	280	342	404	477	550	634	718
300	23.6	41.9	65.5	94.2	131	168	215	262	319	377	445	513	592	670
320	22.1	39.3	61.4	88.4	123	157	201	245	299	353	417	481	554	628

注：表中 6/8、8/10 等是指两种直径的钢筋交替放置

附表 2-5 矩形和 T 形截面受弯构件正截面承载能力计算系数表

ξ	γ_s	α_s	ξ	γ_s	α_s
0.01	0.995	0.010	0.31	0.845	0.262
0.02	0.990	0.020	0.32	0.840	0.269
0.03	0.985	0.030	0.33	0.835	0.276
0.04	0.980	0.039	0.34	0.830	0.282
0.05	0.975	0.049	0.35	0.825	0.289
0.06	0.970	0.058	0.36	0.820	0.295
0.07	0.965	0.068	0.37	0.815	0.302
0.08	0.960	0.077	0.38	0.810	0.308
0.09	0.995	0.086	0.39	0.805	0.314
0.10	0.950	0.095	0.40	0.800	0.320
0.11	0.945	0.104	0.41	0.795	0.326
0.12	0.940	0.113	0.42	0.790	0.332
0.13	0.935	0.112	0.428	0.786	0.336
0.14	0.930	0.130	0.43	0.785	0.338
0.15	0.925	0.139	0.44	0.780	0.343
0.16	0.920	0.147	0.45	0.775	0.349
0.17	0.915	0.156	0.46	0.770	0.354
0.18	0.910	0.164	0.47	0.765	0.360
0.19	0.905	0.172	0.48	0.760	0.365
0.20	0.900	0.180	0.49	0.755	0.370
0.21	0.895	0.188	0.50	0.750	0.375
0.22	0.890	0.196	0.51	0.745	0.380
0.23	0.885	0.204	0.518	0.741	0.384
0.24	0.880	0.211	0.52	0.740	0.385
0.25	0.875	0.219	0.53	0.735	0.390
0.26	0.870	0.226	0.54	0.730	0.394
0.27	0.865	0.234	0.55	0.725	0.399
0.28	0.860	0.241	0.56	0.720	0.403
0.29	0.855	0.248	0.57	0.715	0.408
0.30	0.850	0.255	0.576	0.712	0.410

注：ξ 和 γ_s 也可以按公式 $\xi = 1 - \sqrt{1-2\alpha_s}$，$\gamma_s = \dfrac{1+\sqrt{1-2\alpha_s}}{2}$ 计算

附表 2-6　均布荷载和集中荷载作用下等跨连续梁的内力系数

均布荷载：$M = K q l_0^2$，$V = K_1 q l_0$

集中荷载：$M = K F l_0$，$V = K_1 F$

式中：q——单位长度上的均布荷载；

　　　F——集中荷载；

　　　K、K_1——内力系数，由表中相应栏内查得。

<table>
<tr><td colspan="8" align="center">两跨梁</td></tr>
<tr><td rowspan="2">序号</td><td rowspan="2">荷载简图</td><td colspan="2">跨内最大弯矩</td><td>支座弯矩</td><td colspan="4">横向剪力</td></tr>
<tr><td>M_1</td><td>M_2</td><td>M_B</td><td>V_A</td><td>$V_{B左}$</td><td>$V_{B右}$</td><td>V_C</td></tr>
<tr><td>1</td><td></td><td>0.070</td><td>0.070</td><td>−0.125</td><td>0.375</td><td>−0.625</td><td>0.625</td><td>−0.375</td></tr>
<tr><td>2</td><td></td><td>0.096</td><td>−0.025</td><td>−0.063</td><td>0.437</td><td>−0.563</td><td>0.063</td><td>0.063</td></tr>
<tr><td>3</td><td></td><td>0.156</td><td>0.156</td><td>−0.188</td><td>0.312</td><td>−0.688</td><td>0.688</td><td>−0.312</td></tr>
<tr><td>4</td><td></td><td>0.203</td><td>−0.047</td><td>−0.094</td><td>0.406</td><td>−0.594</td><td>0.094</td><td>0.094</td></tr>
<tr><td>5</td><td></td><td>0.222</td><td>0.222</td><td>−0.333</td><td>0.667</td><td>−1.334</td><td>1.334</td><td>−0.667</td></tr>
<tr><td>6</td><td></td><td>0.278</td><td>−0.056</td><td>−0.167</td><td>0.833</td><td>−1.167</td><td>0.167</td><td>0.167</td></tr>
</table>

<table>
<tr><td colspan="11" align="center">三跨梁</td></tr>
<tr><td rowspan="2">序号</td><td rowspan="2">荷载简图</td><td colspan="2">跨内最大弯矩</td><td colspan="2">支座弯矩</td><td colspan="6">横向剪力</td></tr>
<tr><td>M_1</td><td>M_2</td><td>M_B</td><td>M_C</td><td>V_A</td><td>$V_{B左}$</td><td>$V_{B右}$</td><td>$V_{C左}$</td><td>$V_{C右}$</td><td>V_C</td></tr>
<tr><td>1</td><td></td><td>0.080</td><td>0.025</td><td>−0.100</td><td>−0.100</td><td>0.400</td><td>−0.600</td><td>0.500</td><td>−0.500</td><td>0.600</td><td>−0.400</td></tr>
</table>

续表

序号	荷载简图	跨内最大弯矩 M_1	跨内最大弯矩 M_2	支座弯矩 M_B	支座弯矩 M_C	横向剪力 V_A	横向剪力 $V_{B左}$	横向剪力 $V_{B右}$	横向剪力 $V_{C左}$	横向剪力 $V_{C右}$	横向剪力 V_C
2		0.101	−0.050	−0.050	−0.050	0.450	−0.550	0.000	0.000	0.550	−0.450
3		−0.025	0.075	−0.050	−0.050	−0.050	−0.050	0.500	−0.500	0.050	0.050
4		0.073	0.054	−0.117	−0.033	0.383	−0.617	0.583	−0.417	0.033	0.033
5		0.094	—	−0.067	0.017	0.433	−0.567	0.083	0.083	−0.017	−0.017
6		0.175	0.100	−0.150	−0.150	0.350	−0.650	0.500	−0.500	0.650	−0.350
7		0.213	−0.075	−0.075	−0.075	0.425	−0.575	0.000	0.000	0.575	−0.425
8		−0.038	0.175	−0.075	−0.075	−0.075	−0.075	0.500	−0.500	0.075	0.075
9		0.162	0.137	−0.175	−0.050	0.325	−0.675	0.625	−0.375	0.050	0.050
10		0.200	—	−0.100	0.025	0.400	−0.600	0.125	0.125	−0.025	−0.025
11		0.244	0.067	−0.267	−0.267	0.733	−1.267	1.000	−1.000	1.267	−0.733
12		0.289	−0.133	−0.133	−0.133	0.866	−1.134	0.000	0.000	1.134	−0.866
13		−0.044	0.200	−0.133	−0.133	−0.133	−0.133	1.000	−1.000	0.133	0.133
14		0.229	0.170	−0.311	−0.089	0.689	−1.311	1.222	−0.778	0.089	0.089
15		0.274	—	−0.178	0.044	0.822	−1.178	0.222	0.222	−0.044	−0.044

续表

四跨梁

序号	荷载简图	跨内最大弯矩 M_1	M_2	M_3	M_4	支座弯矩 M_B	M_C	M_D	横向剪力 V_A	$V_{B左}$	$V_{B右}$	$V_{C左}$	$V_{C右}$	$V_{D左}$	$V_{D右}$	V_E
1		0.077	0.036	0.036	0.077	−0.107	−0.071	−0.107	0.393	−0.607	0.536	−0.464	0.464	−0.536	0.607	−0.393
2		0.100	−0.045	0.081	−0.023	−0.054	−0.036	−0.054	0.446	−0.554	0.018	0.018	0.482	−0.518	0.054	0.054
3		0.072	0.061	0.056	0.098	−0.121	−0.018	−0.058	0.380	−0.620	0.603	−0.397	−0.040	−0.040	0.558	−0.442
4		—	0.056	—	—	−0.036	−0.107	−0.036	−0.036	−0.036	0.429	−0.571	0.571	−0.429	0.036	0.036
5		0.094	0.071	—	—	−0.067	0.018	−0.004	0.433	−0.567	0.085	0.085	−0.040	−0.022	0.004	0.004
6		—	0.116	0.183	0.169	−0.049	−0.054	0.013	−0.049	−0.049	0.496	−0.504	0.571	0.067	−0.013	−0.013
7		0.169	0.116	0.116	0.169	−0.161	−0.107	−0.161	0.339	−0.661	0.553	−0.446	0.446	−0.554	0.661	−0.339
8		0.210	−0.067	0.183	−0.040	−0.080	−0.054	−0.080	0.420	−0.580	0.027	0.027	0.473	−0.527	0.080	0.080
9		0.159	0.146	—	0.206	−0.181	−0.027	−0.087	0.319	−0.681	0.654	−0.346	−0.060	−0.060	0.587	−0.413
10		—	0.142	0.142	—	−0.054	−0.161	−0.054	0.054	−0.054	0.393	−0.607	0.607	−0.393	0.054	0.054

续表

序号	荷载简图	跨内最大弯矩 M_1	M_2	M_3	M_4	支座弯矩 M_B	M_C	M_D	横向剪力 V_A	$V_{B左}$	$V_{B右}$	$V_{C左}$	$V_{C右}$	$V_{D左}$	$V_{D右}$	V_E
11		0.202				−0.100	0.027	−0.007	0.400	−0.600	0.127	0.127	−0.033	−0.033	0.007	0.007
12		—	0.173			−0.074	−0.080	0.020	−0.074	−0.074	0.493	−0.507	0.100	0.100	−0.020	−0.020
13		0.238	0.111	0.111	0.238	−0.286	−0.191	−0.286	0.714	−1.286	1.095	−0.905	0.905	−1.095	1.286	−0.714
14		0.286	−0.111	0.222	−0.048	−0.143	−0.095	−0.143	0.875	−1.143	0.048	0.048	0.952	−1.048	0.143	0.143
15		0.226	0.194	—	0.282	−0.321	−0.048	−0.155	0.679	−1.321	1.274	−0.726	−0.107	−0.107	1.155	−0.845
16		—	0.175	0.175	—	−0.095	−0.286	−0.095	−0.095	−0.095	0.810	−1.190	1.190	−0.810	0.095	0.095
17		0.274		—		−0.178	0.048	−0.012	0.822	−1.178	0.226	0.226	−0.060	−0.060	0.012	0.012
18		—	0.198			−0.131	−0.143	0.036	−0.131	−0.131	0.988	−1.012	0.178	0.178	−0.036	−0.036

· 293 ·

参 考 文 献

[1] 中华人民共和国住房和城乡建设部. GB 50009—2012 建筑结构荷载规范[S]. 北京：中国建筑工业出版社，2012.
[2] 中华人民共和国住房和城乡建设部. GB/T 50010—2010 混凝土结构设计标准(2024 年版)[S]. 北京：中国建筑工业出版社，2011.
[3] 中华人民共和国住房和城乡建设部. JGJ 3—2010 高层建筑混凝土结构技术规程[S]. 北京：中国建筑工业出版社，2011.
[4] 中华人民共和国住房和城乡建设部. GB 50003—2011 砌体结构设计规范[S]. 北京：中国计划出版社，2012.
[5] 杜绍堂，赵萍. 工程力学与建筑结构[M]. 北京：科学出版社，2016.
[6] 黄明. 混凝土结构及砌体结构[M]. 重庆：重庆大学出版社，2005.
[7] 胡兴福. 建筑结构[M]. 3 版. 北京：高等教育出版社，2013.
[8] 罗向荣. 混凝土结构[M]. 北京：高等教育出版社，2007.
[9] 吕西林. 高层建筑结构[M]. 3 版. 武汉：武汉理工大学出版社，2011.
[10] 徐锡权. 建筑结构[M]. 2 版. 北京：北京大学出版社，2013.